國家社科基金重大項目“中國歷史上的災害與國家治理能力建設研究”階段性成果

全國高等院校古籍整理研究工作委員會直接資助項目資助成果

明代氣象史料編年

第三册

展龍◎編

社會科學文獻出版社
SOCIAL SCIENCES ACADEMIC PRESS (CHINA)

孝宗弘治年間

（一四八八至一五〇五）

弘治元年（戊申，一四八八）

正月

庚戌，夜，月食不及一分，免救護。月犯軒轅右角星。（《明孝宗實録》卷九，第188頁）

甲寅，户部言："河南歲額秋粮一百七十六萬九千六百餘石，内會（廣本、閣本、抱本'會'下有'計'字）起運上供及給選〔邊〕者一百二十五萬四千五百餘石。所司近以地方水災奏免数多，今計起運数内尚少五十一萬餘石，宜令所司于一應内有徵粮草内先儘起運之数，仍于該免数内酌量災之輕重，加徵三之一，以備存留支用，如不敷，再設法區處。"從之。（《明孝宗實録》卷九，第190～191頁）

戊午，昏刻，東方流星大如盞，色青白，尾跡有光，自正東向東南行至雲中。（《明孝宗實録》卷九，第195頁）

庚申，是日，曉刻，月犯南斗魁第二星。（《明孝宗實録》卷九，第197頁）

丁酉，震雷。有蜚，早禾不獲。（同治《香山縣志》卷二二《祥異》）

有蝗，旱。夏大水。（民國《龍山鄉志》卷二《災祥》）

有蝗。（康熙《陽春縣志》卷一五《祥異》；康熙《廣東通志》卷二一

《災祥》）

蝗。（康熙《平樂縣志》卷六《災祥》；嘉慶《永安州志》卷四《祥異》；道光《灌陽縣志》卷二〇《事紀》；民國《來賓縣志·禨祥》）

大旱，饑，人相食。自正月不雨，至九月。（民國《華容縣志》卷一三《祥異》）

雨水冰。（同治《奉新縣志》卷一六《祥異》）

大旱，正月不雨至于九月。（隆慶《岳州府志》卷八《禨祥》）

大旱，自正月不雨至九月。（康熙《臨湘縣志》卷一《祥異》）

大旱，正月不雨至九月。慈利、安鄉人相食。（乾隆《直隸澧州志林》卷一九《祥異》）

大旱，正月不雨至九月。（同治《安福縣志》卷二九《禨祥》）

閏正月

丁卯，是日，南京雷電交作。（《明孝宗實録》卷一〇，第205頁）

庚辰，免徵雲南黑、琅二井鹽課司各年鹽課三萬六十六引有奇，以水災故也。（《明孝宗實録》卷一〇，第223頁）

癸巳，是日，日暈。（《明孝宗實録》卷一〇，第236頁）

甲午，辰刻，日暈，生左右珥，又生背氣，色青赤，良久散。（《明孝宗實録》卷一〇，第236頁）

二月

戊戌，昏刻，南京見老人星，見丁位，色赤黄。（《明孝宗實録》卷一一，第239頁）

己亥，未剌，黄塵四塞。（《明孝宗實録》卷一一，第241頁）

癸丑，是日曉刻，金星犯壘壁陣東第六星。（《明孝宗實録》卷一一，第253頁）

三月

丙寅，以雨不止，命視學移初九日。（《明孝宗實録》卷一二，第269頁）

壬申，夜，廣西融縣雨雹，壞城楼垣及軍民屋舍，男女傷死者四人。（《明孝宗實録》卷一二，第277頁）

己丑，午刻，日暈，色赤黄，良久散。（《明孝宗實録》卷一二，第287頁）

雨雹。鼠殺稼。（民國《羅城縣志》卷一二《前事》）

大澇，自三月至五月，始霽。（乾隆《德安縣志》卷一四《祥祲》）

四月

甲寅，上以天氣炎熱，命两法司、錦衣衛將見監問罪囚，笞罪無干證者釋之，徒流以下減等發落，重罪情可矜疑并枷號者，具奏以聞。於是，免死充軍者十四人，免死决杖發回養親者十人，免枷號者四十三人。（《明孝宗實録》卷一三，第315～316頁）

庚申，天壽山雨雹。（《明孝宗實録》卷一三，第319頁）

壬戌，禮部尚書周洪謨等言："天壽山雷電風雹，各陵樓殿廚亭并各監廳屋瓦獸角，擊碎甚多。"（《明孝宗實録》卷一三，第320～321頁）

大風雨，海溢，發屋走石，海溢平地數丈，漂没陵谷，死者不知其數。（民國《台州府志》卷一三四《大事略》）

大風雨，發屋□（疑系"走"字）石，海溢。（光緒《黄巖縣志》卷三八《變異》）

大風雨。（康熙《臨海縣志》卷一一《災變》）

衡水等縣大旱。（嘉靖《真定府志》卷九《事紀》）

海溢平地數丈，漂没陵谷，死者不知其數。（康熙《臨海縣志》卷一一《災變》）

大風雨，發屋走石，水溢。（康熙《仙居縣志》卷二九《災異》）

大風雨，發屋走石，海水溢。（嘉靖《太平縣志》卷一《祥異》）

不雨，至于八月，晚禾不獲，饑。（嘉靖《香山縣志》卷八《祥異》）

五月

丙寅，四川嘉、瀘、邛、南溪、内江、洪、雅等州縣地震，并瀘州及長

寧縣雨氂。（《明孝宗實録》卷一四，第 329 頁）

丁卯，南京刑科給事中周紘等言："伏見南京今年閏正月雷電交作，大雪連朝，謹按《春秋》傳曰：正月雷未可以出，電未可以見，而大雷電，此陽失節也。雷已出，電已見，則雪不當復降，而大雨雪，此陰氣縱也。臣等私憂過計，敢昧死為陛下陳之。"上納之。（《明孝宗實録》卷一四，第 329 頁）

戊辰，是日卯刻，木星見於巳位。（《明孝宗實録》卷一四，第 331 頁）

庚午，是日卯刻，金星見於辰位。（《明孝宗實録》卷一四，第 332 頁）

癸酉，禮部郎中張祥言："伏覩五月五日，午門外賜宴群臣。臣切惟憲宗純皇帝賓天未久，山陵工作方畢，尋有雷雹之災。陛下克謹天戒，痛自修省，且詔羣臣，各秉心修職，用回天意，群臣可不惕然加懼以副聖心。"（《明孝宗實録》卷一四，第 335～336 頁）

丙子，是日辰刻，南京雷電霹靂大作，壞洪武門吻獸。巳刻復作，壞孝陵御道樹。（《明孝宗實録》卷一四，第 339 頁）

丁丑，夫何近日天壽山雨雹，損壞各陵明楼香殿獸角、海馬、飛仙等件。清寧宫後夜間有火塊起落二次，皆非常之變也。考之載籍，雨雹者，陰脅陽之象。又曰，人君惡聞其過，抑賢用邪，則雹與雨俱，信讒則雹下毁瓦。（《明孝宗實録》卷一四，第 340 頁）

丁丑，昏刻，月犯南斗魁第三星。（《明孝宗實録》卷一四，第 342 頁）

庚辰，是日曉刻，金星犯六諸王星。（《明孝宗實録》卷一四，第 344 頁）

丁亥，工科給事中夏昂以災異言十二事。一，天下之道，載諸經史，宜令講官明白開陳，毋得避忌。至於祖宗成憲，尤當以時省覽，究心講習，以正其心，而端出治之本。一，邇者山陵有雨雹之異，陝西有星變之災，願益講學正心，用賢納諫，上下一心，求臻實效，庶災異可弭……疏上，命所司詳議以聞。（《明孝宗實録》卷一四，第 351 頁）

戊子，是日曉刻，月犯昴宿。（《明孝宗實録》卷一四，第 354 頁）

辛巳，疾風暴雨竟日。（弘治《重修無錫縣志》卷二七《祥異》）

十八日，風潮泛漲，平没如洋，渰死男婦二千九百五十一口，飄蕩民廬一千五百四十三間，倒塌縣治、倉庫、牆垣殆盡。（正德《常州府志續集》

卷五《祥異》）

十八日，大雨渰禾。（崇禎《吴縣志》卷一一《祥異》）

十八日，大風雨。時風雨從東北來，勢猛非常，渰禾折木，飛鳥殞傷，半日而止。（弘治《常熟縣志》卷一《灾祥》）

靖江大風雨，潮，没渰死老幼男婦二千九百五十一口，漂去民居一千五百四十三間。（康熙《常州府志》卷三《祥異》）

大風雨，潮淹死老幼男婦二千九百五十一口，漂去民居一千五百四十三間，合邑公宇頹圮。歲大祲。冬，大雨雪，孤山登陸。（光緒《靖江縣志》卷八《祲祥》）

大旱，自五月至八月不雨，早晚禾稼盡槁。（嘉慶《蘭谿縣志》卷一八《祥異》）

益陽、瀏陽大旱，五月至八月不雨，民食樹皮。（乾隆《長沙府志》卷三七《災祥》）

風潮，漂没民居四百餘家。（萬曆《揚州府志》卷二二《異攷》）

至八月不雨，早晚禾盡槁。（嘉慶《蘭谿縣志》卷一八《祥異》）

不雨，至于六月，田疇龜坼，苗欲槁死。（弘治《桐城縣志》卷二《題詠》）

大水。（萬曆《將樂縣志》卷一二《災祥》）

蝗，旱。夏大水，桑園圍海舟基潰。（宣統《南海縣志》卷二《前事補》）

至秋八月不雨，民食樹皮，積屍横道。（嘉慶《沅江縣志》卷二二《祥異》）

六月

癸巳，日食。（《明孝宗實録》卷一五，第359頁）

丁未，月食，以不及一分，免救護。（《明孝宗實録》卷一五，第371頁）

己酉，午刻，南京雷電霹靂，毁鷹揚衛倉樓并聚寶門旗竿。（《明孝宗實録》卷一五，第378頁）

庚戌，是日曉刻，火星犯六諸王星。（《明孝宗實録》卷一五，第378頁）

甲寅，曉刻，木星見於未位。（《明孝宗實録》卷一五，第379頁）

丁巳，户部言："山、陜、河南比歲旱災，而平陽、西安、河南、懷慶四郡尤甚。蓋以古之王侯將相、賢人君子塚墓名在其間，而近時權豪以古器珍玩之好，輒盜發取之。乞申飭禁約，庶足以弭亢暘之咎。"上命巡按御史〔督〕所司嚴禁之，被災尤重之地，爾户部預為區畫賑恤。（《明孝宗實録》卷一五，第380頁）

戊午，河南等府荒旱相仍，國子監監生（答?）禄祺等四十人奏乞放回原籍省親，上特許之。（《明孝宗實録》卷一五，第382頁）

庚申，是日曉刻，月犯鬼宿西南星。金星犯鬼宿東南星。（《明孝宗實録》卷一五，第382頁）

溧水大旱，應天饑。（光緒《金陵通紀》卷一〇中）

至八月不雨。（乾隆《桐廬縣志》卷一六《災異》）

七月

癸亥，南京刑科給事中周紘等言："今年春夏以來，南京雨雪風雷，災異迭見。又天壽山雷電風雹，震驚陵寢，六月朔日有食之，且亢陽益甚。"（《明孝宗實録》卷一六，第383頁）

甲戌，監察御史曹璘言："近日以來，星隕地震，太白歲星晝見。禁門有雷擊之異，皇陵有雨雹頹瓦之異……"（《明孝宗實録》卷一六，第393頁）

丙子，是日曉刻，金星犯軒轅火星。（《明孝宗實録》卷一六，第399頁）

癸未，南京監察御史張昺等言："近陛下以嗣統免喪告廟，遣附馬都尉周景祭告孝陵。將祭之時，陰雲忽變，暴風大作。臣等愚昧，未知致變之由，豈聖祖在天之神，以是啟陛下之淵衷，俾益謹履霜堅冰之戒耶？請畧陳之。邇者科道交章，臣工迭疏，言路闢矣，而扈蹕糾儀者，不免於錦衣捶撻之辱，是言路將塞之漸也。"上納之。（《明孝宗實録》卷一六，第400頁）

癸未，是日曉刻，金星犯軒轅左角星。（《明孝宗實録》卷一六，第401頁）

癸未，順天府密雲縣地震有聲。（《明孝宗實録》卷一六，第401頁）

戊子，是日曉刻，金星犯靈臺中星。（《明孝宗實録》卷一六，第403頁）

霜，秋無禾。（嘉靖《通許縣志》卷上《祥異》）

大風折木，飛鳥殞傷，半日而止。（崇禎《吴縣志》卷一一《祥異》）

八月

己亥，是日曉刻，老人星見丙位，色赤黄。（《明孝宗實録》卷一七，第412頁）

壬寅，晚刻，東方流星如雞子，色赤，尾有光，起東南，行丈余，發光如盌，至西北漸散。（《明孝宗實録》卷一七，第412頁）

壬寅，四川漢、茂二州也〔地〕震，仆黄頭等六寨碉房三十七户，人口有壓死者。（《明孝宗實録》卷一七，第412～413頁）

壬寅，四川德陽、石泉二縣地震。（《明孝宗實録》卷一七，第413頁）

癸卯，石泉縣地復震。（《明孝宗實録》卷一七，第415頁）

甲辰，亥刻，陝西山丹衛地震有聲。（《明孝宗實録》卷一七，第416頁）

戊申，是日巳刻，南方流星如盞，色青白，自南行丈餘，發光如盌，西南至近濁，尾化白雲氣，曲（抱本作“屈”）曲如蛇形，良久散。（《明孝宗實録》卷一七，第419頁）

庚戌，夜，月掩昴宿。（《明孝宗實録》卷一七，第420頁）

癸丑，夜，月犯井宿東扇北第一星。（《明孝宗實録》卷一七，第421頁）

乙卯，曉刻，月犯鬼宿東南星。（《明孝宗實録》卷一七，第422頁）

庚申，是日曉刻，火星犯積薪星。（《明孝宗實録》卷一七，第425頁）

壬子，大風折木，或折其枝，或拔其根，雖喬棟亦然。今風雲雷雨，壇松木卧地，亦其時之折而僅存者。（順治《高平縣志》卷九《祥異》）

寧鄉雨雹。（乾隆《汾州府志》卷二五《事考》）

九月

乙丑，未刻，甘肅凉州衛天鳴，聲如雷。（《明孝宗實録》卷一八，第430頁）

戊辰，昏刻，月犯斗宿南星。（《明孝宗實録》卷一八，第431頁）

壬申，直隸元城縣地震。（《明孝宗實録》卷一八，第432頁）

癸酉，夜，火星犯鬼宿西北星。（《明孝宗實録》卷一八，第433頁）

甲戌，是日曉刻，火星犯積尸氣星。（《明孝宗實録》卷一八，第433頁）

甘露降於儒學柏樹上。（道光《泌陽縣志》卷三《災祥》）

十月

癸卯，以旱災免河南開封等五府并汝州今年夏稅麥一（廣本作“二”）十三萬九千六十六石，絲八萬四百二十兩，并逃絶户無徵麥五萬八百九石，絲三萬一百二十三兩，宣武等七衛夏稅子粒麥七千七百三十一石，并逃故無徵麥六百九十石有奇。（《明孝宗實録》卷一九，第448～449頁）

丙午，是日辰刻，日生左右珥，色赤黄。（《明孝宗實録》卷一九，第449頁）

丁未，酉刻，山西解州天鳴。（《明孝宗實録》卷一九，第450頁）

戊申，是日曉刻，月犯天罇西星。辰刻，日暈，色青赤，又生左右珥，色赤黄，良久散。（《明孝宗實録》卷一九，第453頁）

庚戌，内閣大學士劉吉等言：“……皇上聖明過文帝遠甚，豈肯受非理之獻。況今年自冬以來，京師久陰不雨，川廣等處旱災民饑，皇上勞心焦思，又嘗訓戒百官，同加修省。臣等祗承德意，夙夜懷慙，深慮輔導無狀，罪莫能逃。”上深納之。（《明孝宗實録》卷一九，第454頁）

戊午，免湖廣武昌等衛屯糧五千二百五十石有奇，以旱災故也。（《明孝宗實録》卷一九，第460頁）

雷大鳴，擊樹木。（康熙《樂平縣志》卷一三《祥異》）

十一月

丁丑，下欽天監監副吴昊、張紳、高鍾等于都察院獄，以本監奏是月十六夜月食不應故也。（《明孝宗實録》卷二〇，第476頁）

丁丑，夜，月犯鬼宿東南星。（《明孝宗實録》卷二〇，第476頁）

戊寅，夜，月犯軒轅右角星。（《明孝宗實録》卷二〇，第476頁）

己卯，夜，月生芒如齒，長三尺餘，色蒼白。(《明孝宗實録》卷二〇，第477頁)

乙酉。以水旱災，免河南開封等府并汝州所屬弘治元年分秋粮米三十三萬三千五百二十三石有奇，草四十三萬五千九十五束，及逃絶人户無徵米二十四萬九千七百六十八石有奇，草三十一萬五千一百二十八束，宣武等衛秋粮子粒一萬七千八百二十二石。(《明孝宗實録》卷二〇，第481頁)

唐縣雷電，大雪經月。(嘉慶《南陽府志》卷一《祥異》)

大雪。(康熙《陽春縣志》卷一五《祥異》)

十二月

癸巳，巡按浙江監察御史陳金以崇德縣大雷電、暴雨之變上疏。(《明孝宗實録》卷二一，第486頁)

甲午，四川建昌、越巂、寧番等衛并成都等府，潼川、遂寧等州同時地震，并雷電、雨雹、陰霾，自辛卯至是日乃止。(《明孝宗實録》卷二一，第486～487頁)

庚戌，巡按湖廣監察御史姜洪言："湖廣連年荒旱，民窮特甚，而所司方督造馬快船，乞暫停止，以甦民困。"從之。(《明孝宗實録》卷二一，第494～495頁)

壬子，是日曉刻，月犯房宿南第二星。夜，東方流星如盞，色青白，自角宿東行至氐宿。(《明孝宗實録》卷二一，第496頁)

丙辰，以旱災停徵湖廣布政司弘治元年以前上供藥材，從巡按御史姜洪奏也。(《明孝宗實録》卷二一，第498頁)

二日，虹見，夜雷。四日，夜，雷電，大雨。(道光《石門縣志》卷二三《祥異》)

夜，虹現，大雷電，雨冰四日。(光緒《嘉興府志》卷三五《祥異》)

虹見，雷電，雨冰，凡四日。(光緒《嘉善縣志》卷三四《祥眚》)

夜，虹見，大雷電，雨冰四日。(萬曆《秀水縣志》卷一〇《祥異》)

元年、三年十二月，杭州水。九月，地震。（乾隆《海寧州志》卷一六《灾祥》）

是年

大旱。（嘉靖《應山縣志》卷上《祥異》；嘉靖《随志》卷上；嘉靖《常德府志》卷一《祥異》；嘉靖《馬湖府志》卷七《雜志》；康熙《武昌縣志》卷七《災異》；康熙《金華縣志》卷三《祥異》；康熙《龍陽縣志》卷一《祥異》；乾隆《溧水縣志》卷一《庶徵》；乾隆《瀘溪縣志》卷二二《祥異》；嘉慶《中部縣志》卷二《祥異》；光緒《武昌縣志》卷一〇《祥異》；民國《湯溪縣志》卷一《編年》；民國《金華縣志》卷一六《五行》；民國《高淳縣志》卷一二《祥異》）

夏，大雨。（嘉靖《漢中府志》卷九《災祥》；光緒《洋縣志》卷一《紀事沿革表》）

旱，令張錞禱雨于古城巖。（康熙《休寧縣志》卷八《禨祥》）

休寧旱。（道光《徽州府志》卷一六《祥異》）

播州大旱。（乾隆《貴州通志》卷一《祥異》；道光《遵義府志》卷二一《祥異》）

德安旱。（光緒《德安府志》卷二〇《祥異》）

大旱，人相食。（光緒《荆州府志》卷七六《災異》）

旱。（嘉靖《商城縣志》卷八《祥異》；康熙《孝感縣志》卷一四《祥異》；乾隆《辰州府志》卷六《星野考》；嘉慶《内江縣志》卷五二《祥異》；同治《黄陂縣志》卷一《祥異附》；同治《瀏陽縣志》卷一四《祥異》；光緒《射洪縣志》卷一七《祥異》；光緒《孝感縣志》卷七《災祥》；光緒《桃源縣志》卷一二《災祥》）

大旱，疫。（光緒《麻城縣志》卷一《古大事》）

南畿大旱，應天饑。（同治《上江兩縣志》卷二下《大事下》）

大風折木。（同治《陽城縣志》卷一八《兵祥》）

大水。（康熙《交河縣志》卷七《災祥》；光緒《丹徒縣志》卷五八

《祥異》）

晝晦五日，行者以炬。（民國《景東縣志稿》卷一《災異》）

大旱。二年、三年旱亦如之。（萬曆《金華府志》卷二五《祥異》）

秋，大水。（康熙《續修陳州志》卷四《災異》；民國《項城縣志》卷三一《祥異》；民國《淮陽縣志》卷八《災異》；民國《商水縣志》卷二四《雜事》）

邑夏大旱至冬，人相食。（雍正《郾陽縣志》卷一《災祥》）

旱，饑。（嘉靖《固始縣志》卷九《災異》；嘉靖《壽州志》卷八《災祥》；萬曆《祁門縣志》卷四《災祥》；嘉慶《息縣志》卷八《内記上·災異》）

旱，飢。（嘉靖《固始縣志》卷九《災異》）

颶風壞學舍，知府劉璟重修。（嘉慶《松江府志》卷三二《學校》）

大旱，停解馬。（萬曆《江浦縣志》卷一《縣紀》）

水。（乾隆《吴江縣志》卷四〇《災變》）

旱，大饑。（同治《霍邱縣志》卷一六《祥異》）

大旱，民大饑。（天啟《鳳陽新書》卷四《星土》）

旱。令張錞禱雨於古城巖。（康熙《休寧縣志》卷八《禨祥》）

大旱，饑。（嘉慶《黟縣志》卷一一《祥異》）

旱，人相食。（嘉靖《漢陽府志》卷二《方域》）

德安旱，免本年夏税。（道光《安陸縣志》卷一四《祥異》）

蘄州大旱，麻城大旱，疫。（光緒《黄州府志》卷四〇《祥異》）

荆州大旱，人相食。（乾隆《石首縣志》卷一《災祥》）

岳州大旱，饑，華容人相食。自正月不雨至九月，田中無苗，百物食盡，又兼時疫流行，道殣相望。華容人有相食者。雖發粟散賑，不能徧。（乾隆《岳州府志》卷二九《事紀》）

雨粽〔棕〕，若馬鬃然，白淄色，落土後隨化，地生白毛。是年旱。（道光《龍安府志》卷一〇《祥異》）

邑大旱。（乾隆《潼川府志》卷五《名宦》）

大旱，斗米千錢，民多流殍。（民國《遂寧縣志》卷八《雜記》）

大旱，斗米三（疑當作“千”）錢，人多流殍。（民國《潼南縣志》卷六《祥異》）

蝗。（同治《蒼梧縣志》卷一七《紀事》）

柳州大水，自融縣抵武臨，房屋漂没過半。（嘉靖《廣西通志》卷四〇《祥異》）

天雨棕，若馬鬃然，緇白色，落土隨化，地生白毛。（光緒《内江縣志》卷一〇《祥異》）

大旱，人相食。（雍正《樂至縣志·祥異》；道光《安岳縣志》卷一五《祥異》）

大旱，天雨白毛。（乾隆《威遠縣志》卷一《祥異》）

雨粽〔棕〕，若馬鬃然，白緇色，落土後隨化，地生白毛。是年旱。（光緒《資州直隸州志》卷三〇《祥異》）

雨棕，若馬鬃然，白緇色，落土後隨化。是年旱，又連日大火。（道光《富順縣志》卷三七《災祥》）

饑，旱。（光緒《井研志》卷四一《紀年》）

大旱，永寬出粟千石以賑，奏授七品服。甲子復旱，子越、泰宗、興宗各出粟七百石。（道光《重慶府志》卷八《行誼》）

大旱，饑，人相食。夏秋不雨。（萬曆《營山縣志》卷八《災祥》）

秋，雹。（雍正《石樓縣志》卷三《祥異》）

冬，大雪。（光緒《高明縣志》卷一五《前事》）

元年、二年三縣大水。（光緒《丹陽縣志》卷三〇《祥異》）

元年、二年大水。（光緒《金壇縣志》卷一五《祥異》；光緒《丹徒縣志》卷五八《祥異》）

元年、二年、七年、八年，均水。（民國《金壇縣志》卷一二《祥異》）

元年、二年、三年，大旱。（康熙《金華縣志》卷三《祥異》）

弘治二年（己酉，一四八九）

正月

壬戌，酉刻，金星晝見于申位。（《明孝宗實録》卷二二，第505頁）

乙丑，是日夘刻，日生右珥，色赤黄。（《明孝宗實録》卷二二，第506頁）

丁卯，昏刻，月犯昴東第一星。（《明孝宗實録》卷二二，第507頁）

庚午，昏刻，金星犯木星。（《明孝宗實録》卷二二，第507頁）

癸酉，夜，月犯軒轅右角星。（《明孝宗實録》卷二二，第508頁）

甲戌，午刻，日昏，色青赤，白虹彌天，良久散。（《明孝宗實録》卷二二，第508頁）

戊寅，卯剌，日生左（抱本無“左”字）右珥，色赤黄，良久散。（《明孝宗實録》卷二二，第511頁）

庚辰，昏剌，金星犯外屏西第二（廣本、抱本作“三”）星。（《明孝宗實録》卷二二，第513頁）

辛巳，卯剌，日生五色雲氣及右珥，良久散。（《明孝宗實録》卷二二，第513頁）

甲申，夜，月犯牛宿下星。（《明孝宗實録》卷二二，第513頁）

甲申，是日，南京雨霾。（《明孝宗實録》卷二二，第513頁）

丙戌，是日巳剌，日生交暈，又生左右珥，白虹彌天，良久散。（《明孝宗實録》卷二二，第516頁）

二月

壬辰，内閣大學士劉吉等上疏言：“欽蒙皇上命太監韋泰等傳奉聖意，以一冬無雪，春初風旱，又四川奏報地震，災異頗重，欲求所以弭灾之道，且欲致祈禱……”上納之。（《明孝宗實録》卷二三，第520頁）

癸巳，以四川旱灾截湖廣歲漕京倉米二十萬石賑濟。遣户部郎中田鐸同漕運叅將郭鋐督運至夷陵州等處，聽四川布政司遣官就彼交收。仍遣户部郎中江漢先赴四川會巡撫等官從宜賑濟。（《明孝宗實録》卷二三，第521～522頁）

甲午，内閣大學士劉吉等奏："欽蒙皇上取祈禱祝文，臣等因思即今天氣未降，地氣尚凍，農工未興舉，所以昨日具奏，意望待二月半後另議。仰惟皇上憂民之切，惓惓如此，但臣等不知此意出于皇上聖心一念之誠，抑左右之人見今久無雨雪，欲勸舉行也。若出于聖心一念之誠，當從臣等所言，二月半後舉行；若出于左右之勸，此必奸人。因此月初七日，月在畢宿，是將雨之候，以此乘機勸上祈禱，幸而得雨，彼將借此以惑聖聰，欲復李孜省、鄧常恩故事，希求陞賞。"（《明孝宗實録》卷二三，第522～523頁）

乙未，以水灾免直隷營州、天津密雲等十四衛所弘治元年屯田（廣本、閣本、抱本作"糧"）一萬二百二十一石，草五千九百六十七束，順天府霸、薊等九州縣秋粮三千四百一十石，草一十萬四百三十一束。（《明孝宗實録》卷二三，第524頁）

丁酉，夜，月犯井宿東扇北第一星。（《明孝宗實録》卷二三，第524頁）

戊戌，夜，月犯天罇西星。（《明孝宗實録》卷二三，第525頁）

己亥，以水旱災，免直隷蘇州府衛并山西太原等府衛弘治元年秋糧災四分以上者。（《明孝宗實録》卷二三，第526頁）

己亥，申刻，日生左（抱本作"右"）珥，色淡，右珥，色赤黄，良久，雲蔽之。（《明孝宗實録》卷二三，第526頁）

壬寅，是日辰刻，日生左右珥，色赤黄，随生背氣，色青赤，又生半暈、交暈、抱氣、格氣，各色淡，良久散。（《明孝宗實録》卷二三，第528頁）

壬寅，四川威州地震，有聲如雷。（《明孝宗實録》卷二三，第528頁）

壬寅，南京見老人星，見丁位，色赤黄。（《明孝宗實録》卷二三，第528頁）

甲辰，山西代州天鳴。（《明孝宗實録》卷二三，第528頁）

丁未，以四川旱災，暫停本年織解生絹。（《明孝宗實録》卷二三，第529頁）

丁未，是日曉刻，金星犯壘壁陣東第六星。月犯心宿西第一星。（《明孝宗實録》卷二三，第529～530頁）

戊申，夜，月犯天江南第一星。（《明孝宗實録》卷二三，第530頁）

辛亥，河南開封府晝晦如夜，黄塵障天，赤光如火。（《明孝宗實録》卷二三，第535頁）

漢陽、應山雨豆，種之，蔓生不實。（萬曆《湖廣總志》卷四六《災祥》）

三月

庚申，申刻，金星晝見于未位。（《明孝宗實録》卷二四，第539頁）

辛酉，昏刻，火星犯鬼宿。（《明孝宗實録》卷二四，第539頁）

癸亥，京師連日黄塵四塞，風霾蔽天。（《明孝宗實録》卷二四，第541頁）

壬申，以久旱，命十六日為始，致齋三日至十九日。遣英國公張懋告天地，新寧伯譚祐告社稷，平江伯陳鋭告山川。是日，遂雨一晝夜。至十八日，又大雨，遠近霑足。（《明孝宗實録》卷二四，第550頁）

戊寅，監察御史司馬亜言："今年正月以来，陰霾晝晦，地震山崩，災異頻仍，人心警駭。臣切惟陛下天地之宗子也，天心仁爱如此，倘不加警畏，何以盡事父母之道乎？"（《明孝宗實録》卷二四，第552頁）

戊寅，廣西濱（舊校改"濱"作"賓"）州雨雹，大如雞子，擊斃牧豎三人，并壞公私廬舍禾稼。（《明孝宗實録》卷二四，第553頁）

己卯，夜，月犯羅堰下星。（《明孝宗實録》卷二四，第554頁）

庚辰，貴州安庄衛大雷雨、雪、雹，壞麥苗并屋瓦。（《明孝宗實録》卷二四，第554頁）

甲申，以旱災免直隸鎮江府弘治元年秋粮八萬一千二百（廣本、抱本

“一千二百”作“一千”）二十五石有奇，草七萬三千七百九十八包有奇。（《明孝宗實録》卷二四，第556頁）

二十，巳時，賓州颶風飵作，大雨雹，倏忽天色昏暗，狂風大作，自西北起，走石折木。尋驟雨迅雷，大雹如雞子，破屋害稼，殺鳥雀，傷牛畜，未時稍止。（嘉靖《廣西通志》卷四〇《祥異》）

雨雹如雞子大，擊殺人畜。（民國《遷江縣志》第五編《災祥》）

四月

辛卯，陝西洮州衛雨冰雹，水湧高三四丈，人畜有渰没者。（《明孝宗實録》卷二五，第560頁）

甲午，直隸懷安衛及保安右衛地震，有聲如雷。（《明孝宗實録》卷二五，第562頁）

戊戌，禮部言：“山西……近解州天（廣本、抱本‘天’下有‘鼓’字）鳴有聲，永和縣空中起火虹，光墜地，天鳴如雷，今代州及振武衛復天（廣本、抱本‘天’下有‘鼓’字）鳴，人馬盡驚。”從之。（《明孝宗實録》卷二五，第565頁）

庚子，南京大風雨，雷擊毁神樂觀祖師殿。（《明孝宗實録》卷二五，第566頁）

甲辰，夜，月犯南斗杓第二星。（《明孝宗實録》卷二五，第567頁）

庚戌，上以天氣炎熱，命兩法司、錦衣衛將見監問罪囚。笞罪無干證者宥之，徒流以下者减等發落，重罪情可矜疑并枷號者，具奏以聞。于是免死充軍者五人，免死决杖發回養親者十人，免枷號者二十一人。（《明孝宗實録》卷二五，第570頁）

辛亥，以水災免直隸海州夏麥九千二百六（抱本作“六百二”）十四石有奇。（《明孝宗實録》卷二五，第571頁）

丁巳，四川丹棱縣地震。（《明孝宗實録》卷二五，第577頁）

庚子，雷毁神樂觀祖師殿。乙未，神樂觀火。（光緒《金陵通紀》卷一〇中）

五月

癸亥，木星晝見于巳位。（《明孝宗實録》卷二六，第581頁）

丙戌，金星晝見于未位。（《明孝宗實録》卷二六，第591頁）

大水。（光緒《福安縣志》卷三七《祥異》）

漳水溢臨漳縣羊羔口。今舊魏治西四十里有南北羊羔二村，湮没魏縣田廬。（民國《大名縣志》卷二六《祥異》）

洪水為災，較之成化五年損五六尺。（嘉靖《福寧州志》卷一二《祥異》）

河決開封黄沙岡，抵紅船灣，凡六處，入沁河。所經州縣多災，省城尤甚。（《明史·五行志》，第450頁）

黄河自儀境龐家口北徙，居民田廬渰没。是年河决，支流分為三：其一决封丘金龍口，至曹州入張秋；其一出中牟，下尉氏，合潁水入淮；其一泛濫于原武、陽武、蘭陽、儀封、考城。命刑部侍郎白昂治之，役丁夫二十五萬，水患稍寧。（乾隆《儀封縣志》卷四《河渠》）

六月

壬辰，未刻，南京雷電，大風雨。（《明孝宗實録》卷二七，第596頁）

壬辰，申刻，日生左右珥，色赤黄。（《明孝宗實録》卷二七，第596頁）

甲午，禮部奏："陝西洮州衛四月中有地震、雨雹、冰塊，水湧三四丈，渰没軍民房舍人口之異。貴州安莊衛有風雨大作，雷震雪雹擊損田苗，沙泥壅没倉厫、鋪舍之異。請行守臣各加修省，嚴飭邊備。"從之。（《明孝宗實録》卷二七，第597頁）

甲午，是日卯刻，木星晝見于巳位。（《明孝宗實録》卷二七，第597頁）

丙午，以旱災免應天府及直隸徽州、太平、寧國、安慶、池州五府并廣德州弘治元年分秋糧米一十六萬五千一百三十四石，草四十八萬四千二百六十八包，直隸建陽、新安、安慶、宣州四衛屯糧五千九百二十六石有奇。（《明孝宗實録》卷二七，第598～599頁）

初七日夜，颶風挾雨自東北來，聲如怒雷，民居林木摧折甚多，禾稻損十之四。（弘治《温州府志》卷一七《祥異》）

大雨水。（乾隆《銅陵縣志》卷一三《祥異》）

大水。（嘉靖《河間府志》卷七《祥異》；嘉靖《霸州志》卷九《災異》；萬曆《任丘志集》卷八《祥異》；萬曆《寧津縣志》卷四《祥異》；順治《易水志》卷上《災異》；康熙《三河縣志》卷上《災異》；康熙《獻縣志》卷八《祥異》；康熙《武强縣新志》卷七《災祥》；雍正《高陽縣志》卷六《機祥》；乾隆《滿城縣志》卷八《災祥》；光緒《阜城縣志》卷二一《祥異》；光緒《定興縣志》卷一九《災祥》；光緒《蠡縣志》卷八《災祥》；民國《成安縣志》卷一五《故事》；民國《新城縣志》卷二二《災禍》）

颶風暴雨，摧屋折木。（民國《平陽縣志》卷五八《祥異》）

京師大水。（光緒《順天府志》卷六九《祥異》）

通、漷大水。（康熙《通州志》卷一一《災異》）

霪雨。（康熙《玉田縣志》卷八《祥眚》；康熙《遵化州志》卷一《災異》）

大雨，水溢，房屋傾倒，人畜多溺。（康熙《大城縣志》卷八《災祥》）

大水，軍民房屋傾倒，人畜溺死。（民國《文安縣志》卷終《志餘》）

大水，田廬漂没。（民國《清苑縣志》卷六《災祥表》）

大水，城市乘桴，野田漂没無遺。（嘉靖《雄乘》卷下《祥異》）

颶風暴雨，如成化丙戌。（隆慶《平陽縣志·災祥》）

大水，壞民廬舍。（嘉靖《真陽縣志》卷九《祥異》；萬曆《汝南志》卷二四《災祥》；康熙《上蔡縣志》卷一二《編年》）

七月

壬戌，刑部尚書何喬新言：“六月以来，淫雨為災，京城内外房屋多有傾頽，通州張家灣、盧溝橋一帶，被害尤甚。意者刑罰未盡當罪，以致於是。請勑兩京法司詳審罪囚，勿拘成案。其通州等處被水之家，視近日京城例，一體賑恤。”從之。（《明孝宗實録》卷二八，第609頁）

癸亥，早朝畢，勑諭禮部曰：“近日，京城雨水為災，南京又奏大風雷雨之異。朕當檢身飭行，祗示謹天戒。爾文武百官其各加修省，勉圖報稱。政事有缺失當舉行改正者，斟酌精當以聞。”（《明孝宗實録》卷二八，第609～610頁）

戊辰，遼東都司夜有大星，光如電，起東北，墜西北，有聲如雷。（《明孝宗實録》卷二八，第614頁）

癸酉，順天府府尹張海等言：“本府并永平、河間、保定等府所屬州縣水潦為患，民不聊生，前寄養及孳生馬并牛驢倒失追償未完者，請暫停免，待豐稔之日追補。其管馬官坐欠馬停俸者，亦請暫令支給，以養其廉。”從之。（《明孝宗實録》卷二八，第618～619頁）

乙亥，夜，月暈木星。（《明孝宗實録》卷二八，第623頁）

丁丑，兵部尚書馬文升等以災異言十三事：一，嚴飭武備。謂四方迭報水旱、雨雹、地震之異，凶饉之餘，事變難測。乞通行天下鎮廵等官各督所屬練兵馬、葺城池，以防姦宄。仍行兩京提督守備糸贊等官嚴練，以備調遣。從之。（《明孝宗實録》卷二八，第625～626頁）

戊寅，户部尚書李敏奏：“河間、永平二府近被水災，請分遣郎中陳瑗等往賑之。户給米一石，如近日京城例。其溺死者，加一石；無主者，官為掩埋；貧不能自存者，量為修葺廬舍，并免夏秋糧税。”從之。仍命給畿内貧户二麥種各一石，令及時播種。（《明孝宗實録》卷二八，第628頁）

乙酉，薊州遵化寬河地震四次，有聲如雷。（《明孝宗實録》卷二八，第638頁）

永平屬縣大水。（民國《盧龍縣志》卷二三《史事》）

議准：順天、河間、永平等府水災，渰死人口之家及漂流房屋頭畜之家，量給米有差。（乾隆《獻縣志》卷一八《祥異》）

大水。（民國《交河縣志》卷一〇《祥異》）

遂城大雨水。（康熙《安肅縣志》卷三《災異》）

京師霪雨。（光緒《順天府志》卷六九《祥異》）

夏，旱。秋，雨。枯禾歧枝發穗，豐於往年。（光緒《分水縣志》卷一〇《雜志》）

八月

癸巳，晚刻，金星晝（抱本無“晝”字）見於辰位。（《明孝宗實録》卷二九，第651頁）

丙申，以旱災免南京横海等四十二衛弘治元年屯糧之半。（《明孝宗實録》卷二九，第652頁）

庚子，是日辰刻，金星晝見於巳位。（《明孝宗實録》卷二九，第656頁）

甲辰，晚刻，西方生赤氣，南北横天。（《明孝宗實録》卷二九，第658頁）

九月

丙辰，雲南大理衛雨雹傷禾。（《明孝宗實録》卷三〇，第665頁）

己未，是日辰刻，日生左珥，色赤黄。（《明孝宗實録》卷三〇，第668頁）

甲戌，以水災暫停徵河南開封等府虧欠種馬駒，并備用馬匹。（《明孝宗實録》卷三〇，第675頁）

辛巳，昏刻，東方流星大如盞，色青白，光燭地，自外屏東南行至近濁，尾跡炸散，後二小星随之。（《明孝宗實録》卷三〇，第679頁）

十月

己丑，夜，金星犯左執法星。（《明孝宗實録》卷三一，第685頁）

甲午，遼東廣寧衛夜有星，自西北往東南，有光如電，聲如雷。（《明孝宗實録》卷三一，第693頁）

己亥，夜，月犯天陰下星。（《明孝宗實録》卷三一，第696頁）

辛丑，以旱災免直隷寧山衛弘治二年屯粮二千九百五十九石有奇。（《明孝宗實録》卷三一，第697頁）

乙巳，酉刻，日生右珥，色赤黄。（《明孝宗實録》卷三一，第703頁）

丙午，夜，月犯軒轅右角星。（《明孝宗實録》卷三一，第 703 頁）

十一月

丙辰，以水災免直隸隆慶州秋粮三千二百石，草四千一百束有奇。（《明孝宗實録》卷三二，第 712 頁）

丁巳，以順天（廣本、閣本“天”下有“府”字）所屬州縣水災，命支京通二倉粟米各二萬石，薊州倉一萬石，并發户部原折粮銀五萬兩，與本府預備倉粮兼放支，以濟饑民。仍許軍民人等得輸粟若銀，受散官、冠帶如例。（《明孝宗實録》卷三二，第 712 頁）

戊午，以水灾免直隸鎮江府夏税麥二萬九千七百八石有奇。（《明孝宗實録》卷三二，第 712 頁）

戊辰，夜，月暈連環，貫左右珥，接北斗，色倉白，良久方散。（《明孝宗實録》卷三二，第 716～717 頁）

己巳，辰刻，日生左右珥，色赤黄。（《明孝宗實録》卷三二，第 717 頁）

辛未，户部員外郎陳瑗言：“順天府所屬州縣近罹水災，民實貧困，凡官馬之寄養於民者，多致倒死。請即俸（閣本作‘俵’）給各營騎操，而以各營朋買馬價付太僕寺官庫，以俟支用。”兵部覆奏，從之。（《明孝宗實録》卷三二，第 717 頁）

癸酉，四川威、茂二州同日地震有聲。（《明孝宗實録》卷三二，第 718 頁）

戊寅，順天府薊州地震。（《明孝宗實録》卷三二，第 719 頁）

壬午，是日昏刻，金星犯土星。（《明孝宗實録》卷三二，第 720 頁）

十二月

甲申朔，日食。（《明孝宗實録》卷三三，第 721 頁）

乙酉，陝西平涼府之開城縣及鞏昌府并會寧縣地震有聲。（《明孝宗實録》卷三三，第 721 頁）

癸巳，夜，月暈木星，其暈（抱本無“其暈”二字）色蒼白，良久漸散。（《明孝宗實録》卷三三，第 724 頁）

乙未，以水災免直隸保定等五府今年秋糧十一萬九千四百餘石，草二百二十八萬九千五（抱本作“一”）百七十束，綿花三萬四千三十四斤，保定左等十二衛屯粮二萬二千三百餘石。（《明孝宗實録》卷三三，第724頁）

丙申，廣東陽春縣自壬辰地震，甲午再震，至是日又震，皆有聲。（《明孝宗實録》卷三三，第725～726頁）

庚子，以水災免直隸隆慶州永寧縣秋粮六百石，草七千八百二十束有奇。（《明孝宗實録》卷三三，第726頁）

辛丑，夜，月犯軒轅右角星。（《明孝宗實録》卷三三，第727頁）

丁未，以水旱災免河南開封等六府并汝州麥二十一萬三千三百四十餘石，絲一十一萬九千九百六十餘兩，宣武、彰德等八衛所麥二萬九百石有奇。（《明孝宗實録》卷三三，第728頁）

庚戌，以水災免天津等八衛秋青草九十八萬束，其軍士採草行粮並停支。（《明孝宗實録》卷三三，第729頁）

庚戌，以水災免騰驤右衛屯粮二百七十石，草二百一十六束，永清左衛屯粮二千五十一石五斗。（《明孝宗實録》卷三三，第729頁）

庚戌，命燕山右等三十二衛及直隸瀋陽、營州等衛所，并薊州所屬驛遞該納今年秋青草，每束暫折收銀一分，以水災故也。（《明孝宗實録》卷三三，第729～730頁）

是年

大旱。（天啟《荆門州志》卷五《忠孝》；道光《建德縣志》卷二〇《祥異》；民國《金華縣志》卷一六《五行》；民國《全椒縣志》卷一六《祥異》）

河决金龍口，衝張秋，由大清河入海。（民國《齊河縣志》卷首《大事記》）

夏，大旱。（乾隆《汀州府志》卷四五《祥異》；光緒《沔陽州志》卷一《祥異》）

夏，大旱，知府吴文度禱雨應期，歲不為災。（光緒《長汀縣志》卷三

二《祥異》)

夏，大水。(康熙《永平府志》卷三《災祥》；道光《重修武强縣志》卷一〇《禨祥》)

夏，華容蛟，水壞民舍。蛟自土石出者以千數，澗水陡高丈餘，蕩析民居，漂流畜産，老穉亦有溺死者。是秋，民家倉黍皆化為蛾。(民國《華容縣志》卷一三《祥異》)

大水，蛟龍羣起山谷間。(道光《桐城續修縣志》卷二三《祥異》)

霪雨，大水，民饑，發粟平糴。(民國《順義縣志》卷一六《雜事記》)

河決開封，陳州被害。(民國《淮陽縣志》卷八《災異》)

随、應雨豆。(光緒《淮安府志》卷二〇《祥異》)

河決封邱金龍口，冲張秋，命户部侍郎白昂塞之。(道光《東阿縣志》卷二三《祥異》)

建德大旱。(光緒《嚴州府志》卷二二《祥異》)

夏秋，大水。(民國《青縣志》卷一三《祥異》)

春，雨小豆。(嘉靖《漢陽府志》卷二《方域》)

春夏不雨，民群聚掘新冢，出死者搥碎之，謂之“打旱骨樁”。是後，遇旱則發冢，雖孝子慈孫無可柰何矣。(嘉靖《通許縣志》卷上《祥異》)

夏，大水，蛟龍羣走。(乾隆《望江縣志》卷三《災異》)

夏，大旱。郡守吴文度禱雨應期，歲不為災。(乾隆《長汀縣志》卷二六《雜記》)

夏，縣大水。縣自元年旱饑，又兼時疫流行，至是大水，災患頻仍，民多死徙。(乾隆《平江縣志》卷二四《事紀》)

大水，傷禾。(光緒《邢臺縣志》卷三《前事》)

大水，傷禾稼。(民國《沙河縣志》卷一一《祥異》)

大水，禾稼盡傷。(道光《内邱縣志》卷三《水旱》)

水。(光緒《永年縣志》卷一九《祥異》)

溢羊羔口，魏縣大水，宇屋皆傾。(乾隆《大名縣志》卷八《圖説》)

大城大雨雹。（光緒《順天府志》卷六九《祥異》）

大水。（萬曆《香河縣志》卷一〇《災祥》；乾隆《銅陵縣志》卷一三《祥異》；同治《安化縣志》卷三四《五行》；光緒《金壇縣志》卷一五《祥異》；光緒《撫州府志》卷五〇《人物》；光緒《丹陽縣志》卷三〇《祥異》；光緒《丹徒縣志》卷五八《祥異》）

大水，饑。（乾隆《寶坻縣志》卷一四《禨祥》；光緒《寧河縣志》卷一六《禨祥》）

大水，滹沱溢，壞城。（光緒《正定縣志》卷八《災祥》）

肅州大蝗。（光緒《甘肅新通志》卷二《祥異》）

河決荆隆口。（乾隆《東明縣志》卷七《灾祥》）

河決原武，黄水入睢西鄉，田禾淹没，民多溺死。（光緒《睢寧縣志稿》卷一五《祥異》）

大水，蛟龍群起山谷。（順治《安慶府太湖縣志》卷九《災祥》；康熙《安慶府志》卷六《祥異》）

大水，蛟龍群起山谷間。（康熙《桐城縣志》卷一《祥異》）

河決原武，泛濫宿之苻離，田廬淹没，民多溺死。（光緒《宿州志》卷三六《祥異》）

河決原武，黄水由睢入境，北鄉田禾悉没，人民溺死。（乾隆《靈璧縣志略》卷四《災異》）

北洋通海斗門大小十二，弘治二年水决南岸。（民國《福建通志》卷二《水利》）

河徙汴城東北，經杞之外，黄歷歸德，自徐、邳入淮。（乾隆《杞縣志》卷二《祥異》）

黄河自南徙縣北，大水，渰没流亡者半。（嘉靖《儀封縣志》卷下《災祥》）

河決原武，吞汴，沁河奔衝放溢，墊溺之害，浸及城邑。（順治《封邱縣志》卷七《藝文》）

（河）决封丘金龍，漫扵長垣，昏墊之患，比昔為甚。今直趨杜勝集，

流或斷堤，尤為要害。乃設官守之。（嘉靖《長垣縣志》卷八《災祥》）

旱。（嘉靖《馬湖府志》卷七《雜志》；同治《當陽縣志》卷二《祥異》）

雨暘時若。（同治《續修寧鄉縣志》卷二《祥異》）

大旱，物鮮結實。（康熙《乳源縣志》卷五《良吏傳》）

復大旱，餓殍布野。（嘉慶《内江縣志》卷五二《祥異》；道光《龍安府志》卷一〇《祥異》）

綿竹縣大旱。（嘉靖《四川總志》卷一六《災祥》）

大旱，餓莩布野。（光緒《資州直隸州志》卷三〇《祥異》）

敘州大旱，大饑，餓莩布野。（民國《南溪縣志》卷六《雜記》）

復大旱，大饑，餓殍布野。（乾隆《富順縣志》卷一七《祥異》）

大雪，平地三尺，人多凍死。（康熙《霍邱縣志》卷三《祥異》）

大雪，平地三尺，貧民多凍死。（嘉靖《固始縣志》卷九《災異》）

夏秋日大水。（嘉靖《興濟縣志書》卷上《祥異》）

夏麥秀兩岐，穀有三四穗者。冬大雪。（民國《重修臨潁縣志》卷一三《災祥》）

冬，大雪。（嘉靖《許州志》卷八《祥異》）

冬，有雪。（乾隆《番禺縣志》卷一八《事紀》）

冬，大雪，平地三尺，民多凍死。（乾隆《鳳陽縣志》卷一五《紀事》）

弘治三年（庚戌，一四九〇）

正月

庚申，襄陽之鄰境頻年旱荒，民有自宫者王俊等十六人。襄王見淑，奏乞留府應用，禮部言："俊等故違禁例，長史不能諫王，請並治以罪。"命逮問俊等罪。（《明孝宗實録》卷三四，第736頁）

庚申，金星犯土星。（《明孝宗實録》卷三四，第736頁）

辛酉，四川汶川縣地震，有聲如雷。（《明孝宗實録》卷三四，第736頁）

己巳，以水災免直隸永平府所屬州縣弘治二年秋糧十之五，草束十之六，及直隸永平衛屯糧十之四，盧龍衛十之七，東勝左衛并興州右屯衛俱十之五，開平中屯衛十之八，山海、撫寧二衛俱十之六。（《明孝宗實録》卷三四，第738頁）

庚午，夜，西方流星如盞，色青白，光燭地，自五車行丈餘，發光如盌，西北行至近濁，尾迹炸散，後小二（舊校改“小二”作“二小”）星隨之。（《明孝宗實録》卷三四，第739頁）

壬申，是日曉刻，金星犯羅堰星。（《明孝宗實録》卷三四，第742頁）

戊寅，是日辰刻，日暈，生背氣，色淡，又生左右珥，色赤黄。（《明孝宗實録》卷三四，第748頁）

己卯，以水災免直隸隆慶衛，并居庸關等驛弘治二年地畝糧一千三百六十石有奇。（《明孝宗實録》卷三四，第748～749頁）

壬午，是日昏刻，南京東北方雷發聲。（《明孝宗實録》卷三四，第752頁）

二月

戊子，四川茂州地震，有聲如雷。（《明孝宗實録》卷三五，第754頁）

己丑，夜，月犯昴宿。（《明孝宗實録》卷三五，第755頁）

壬辰，以水災免河南開封等六府，并汝州弘治二年分秋糧三十七萬五千八石，草四十八萬二千二百七十餘束，及懷慶等八衛屯糧六千三十餘石。（《明孝宗實録》卷三五，第756頁）

甲午，户部以水旱災請免直隸淮安府弘治二年分秋糧米九萬六千七百餘石，草二十六萬七千三百四十餘包。（《明孝宗實録》卷三五，第758頁）

乙未，是日巳刻，南京雨靄，至酉刻方息。（《明孝宗實録》卷三五，第759頁）

壬寅，以水災免直隸蘇州府崇明縣弘治二年分秋糧米五千二百六十餘石，草六（廣本作“四”）千四百三十餘包。（《明孝宗實録》卷三五，第762頁）

壬寅，四川越嶲衛地震有聲。（《明孝宗實録》卷三五，第762頁）

丁未，夜，東方流星如盞，色青白，光燭地，自貫索東行至天市垣内而散。（《明孝宗實録》卷三五，第763～764頁）

己酉，老人星見丁位，色赤黄。（《明孝宗實録》卷三五，第769頁）

春，湖廣旱。二月，免被災夏税秋糧。（道光《永州府志》卷一七《事紀畧》）

免南畿被災秋糧。（同治《上江兩縣志》卷二下《大事下》）

三月

己未，四川嘉定州地震，有聲如雷。（《明孝宗實録》卷三六，第779頁）

庚午，四川儀隴縣空中有紅白火燄，長三丈餘，自縣治東北流至正東，約六十餘里而墜，聲震如雷。（《明孝宗實録》卷三六，第785頁）

乙亥，以水旱災免直隸淮安、楊〔揚〕州、鳳陽三府，及鳳陽等衛所弘治二年米豆二十九萬四千三十餘石，草五十一萬八百五十餘包。發太倉銀一萬兩賑給順天府東安等縣達官舍餘人等，及糶永豐等倉糧每米一石官收價四錢五分。既而順天府言："固安、文安二縣饑民獨多，貧不能糴，請暫將永豐等倉糧驗口給賑，每口月支米二斗，與銀兼支，秋收抵斗還官。"從之。（《明孝宗實録》卷三六，第786～787頁）

慶陽雨石無數，大者如鵝卵，小者如芡實。（光緒《甘肅新通志》卷二《祥異》）

四月

丁亥，昏刻，月犯井宿東扇北第二星。（《明孝宗實録》卷三七，第791頁）

壬辰，禮部以廣東陽春縣，四川威、茂二州，陝西平凉、鞏昌二府俱有地震之異，乞下所司各加修省，以防意外之患，從之。（《明孝宗實録》卷三七，第791～792頁）

丙午，以水災免直隸涿鹿衛左、中二衛弘治二年屯糧二千八百石有奇。（《明孝宗實録》卷三七，第798頁）

吹沙晝晦。（嘉靖《通許縣志》卷上《祥異》）

五月

戊午，直隸武進縣大雨雹。（《明孝宗實録》卷三八，第 803 頁）

甲子，上以天氣炎熱，命兩法司錦衣衛將見監囚犯笞罪無干證者釋之，徒流以下減等發落，重罪情可矜疑并枷號者，具奏以聞。于是，免死充軍者八人，免死决杖發回養親者十四人，免枷號者二十三人。（《明孝宗實録》卷三八，第 810 頁）

丁卯，是日曉，望，月食。（《明孝宗實録》卷三八，第 810 頁）

淫雨，溪水驟漲，壞民田廬。（康熙《衢州府志》卷三〇《五行》）

大水。（萬曆《龍游縣志》卷一〇《災祥》）

霪雨，溪水驟漲，壞民田廬。（民國《衢縣志》卷一《五行》）

霪雨，溪水驟漲，漂没民居。（嘉慶《西安縣志》卷二二《祥異》）

六月

壬午朔，陝西靖虜衛大風，天地昏暗，變為紅光，如火，良久方息。（《明孝宗實録》卷三九，第 819 頁）

甲申，廣東廉州府地震，有聲如雷。（《明孝宗實録》卷三九，第 821 頁）

戊子，是日曉刻，火星犯六諸王西第一星。（《明孝宗實録》卷三九，第 823 頁）

庚寅，密雲古北口大雨雹。（《明孝宗實録》卷三九，第 824 頁）

乙巳，陝西臨洮府、河州大雨雹，山崩地陷。（《明孝宗實録》卷三九，第 828 頁）

戊申，陝西岷州衛及鞏昌府寧遠縣俱地震，有聲如雷。（《明孝宗實録》卷三九，第 828 頁）

大雨，龍井、鳳凰兩山水暴漲，淹田禾。（乾隆《杭州府志》卷五六《祥異》）

大旱，民困極。予率僚屬徒步迎神以禱，甫及市而密雲四布，須臾雷雨大作。（光緒《嚴州府志》卷二四《藝文》）

向年災眚殘烈，尚未清散，居民嘉禾已播。當伏六之月，元陽愈烈……公蒞任方三日，即齋沐，越宿行禱於壇……行禮方畢，陰雲四布，及午，大雨如注。是歲大豐。（光緒《蓬州志》忠義篇第十一）

七月

壬子，昏刻，南京雷電驟雨，壞午門西城墻。（《明孝宗實録》卷四〇，第 829 頁）

癸亥，以蟲旱災免貴州永寧衛弘治二年分屯糧二千三百四十石有奇。（《明孝宗實録》卷四〇，第 833 頁）

庚午，南京見木星，晝見於巳位，色赤黄。（《明孝宗實録》卷四〇，第 840 頁）

癸酉，夜，火星入井宿。（《明孝宗實録》卷四〇，第 842 頁）

甲戌，是日曉刻，月犯天街星。（《明孝宗實録》卷四〇，第 843 頁）

己卯，以災旱免南京廣洋等二十七衛屯糧之半。（《明孝宗實録》卷四〇，第 847 頁）

八月

辛卯，夜，月犯牛宿下星。（《明孝宗實録》卷四一，第 855 頁）

乙巳，是日昏刻，西方流星大如盞，色青白，尾有光，自正西中天西南行近濁，後二小星随之。（《明孝宗實録》卷四一，第 863 頁）

丙午，是日曉刻，南京見老人星，見丙位，色赤黄。（《明孝宗實録》卷四一，第 863 頁）

九月

丁卯，以旱災免山東東昌府弘治三年夏税十之四，濟、兖、青、萊、登五府及濟南等四衛、武定等四守禦所税糧各十之三。（《明孝宗實録》卷四

二，第873頁）

戊辰，夜，月掩六諸王東第二星。（《明孝宗實録》卷四二，第874頁）

閏九月

乙酉，工科左給事中王敞言："國家賦財大半仰給蘇杭等處，今雨暘愆期，民多流徙。内臣奉旨催督織造，供億之煩，倍於往昔。惟期速成，不邺民怨。乞降旨取回，止令巡撫等官責成所司，自可集事。"工部覆請命内官不必取回，姑戒勅之。（《明孝宗實録》卷四三，第880頁）

甲辰，申刻，南京見金星，見於未位。（《明孝宗實録》卷四三，第886頁）

十月

庚申，以旱災免河南開封府弘治三年夏税麥十三萬四千七百三十七石，絲七萬八千五百一十七兩。（《明孝宗實録》卷四四，第894頁）

壬戌，廣東肇慶府地震，有聲如雷。（《明孝宗實録》卷四四，第900頁）

丙寅，山西平陽府地震，有聲如雷。（《明孝宗實録》卷四四，第901頁）

辛未，巳刻，日暈，生戟、背二氣，色淡，又生左右珥，色赤黄。（《明孝宗實録》卷四四，第901頁）

癸酉，以水災暫免順天府州縣貧民該徵馬匹。（《明孝宗實録》卷四四，第901～902頁）

十一月

丁亥，山西太原府地震有聲。（《明孝宗實録》卷四五，第908頁）

乙未，四川威州地震，有聲如雷。（《明孝宗實録》卷四五，第910頁）

戊戌，是日昏刻，彗星見于天津南，芒長尺餘，尾指東北。金星犯壘壁（閣本作"壁"）陣東第六星。夜，月犯軒轅右角星。（《明孝宗實録》卷四五，第911頁）

庚子，是日午刻，日生右珥，色赤黄。（《明孝宗實録》卷四五，第911頁）

辛丑，是日昏刻，彗星犯人星。（《明孝宗實録》卷四五，第913頁）

甲辰，内閣大學士劉吉等言："邇者言象示警（抱本、閣本作'戒'），妖星出于天津，歷人星杵臼，將近營室。考之載籍：妖星見為兵，為飢，為水旱，死亡之徵。"又曰："天下大亂，仰惟皇上即位三年，端拱循省，未嘗輕易出一號令，行一不當理之事。然而災變如此，是皆臣等不職所致。謹以一得愚見上陳，伏望皇上審察而圖之。今天下連年風雨不調，南直隸、河南、山西、陝西旱，北直隸蝗虫，四川、湖廣皆薄收，江西、福建、山東等處所收僅能自足，邊境夷狄窺伺中國，亦未見敉寧。倘明年再似今年，閭閻無豊稔之樂，盜賊萌竊發之機，中原有事，河道阻塞，京城百萬生靈必致驚惶無措，禍亂之作亦不難也。"（《明孝宗實録》卷四五，第914～915頁）

丙午，夜，東方流星大如盞，色青白，光燭地，自織女東北行至近濁。（《明孝宗實録》卷四五，第917頁）

十二月

戊申朔，彗星入室宿。（《明孝宗實録》卷四六，第919頁）

丁巳，夜，客星見天市垣内，色蒼白，徐徐東南行。（《明孝宗實録》卷四六，第922頁）

己未，申刻，京師地震者再。（《明孝宗實録》卷四六，第922頁）

庚申，是日，昏刻，彗星犯天倉。（《明孝宗實録》卷四六，第924頁）

癸亥，是日未刻，日暈，生左右珥，色淡，又生背氣，色赤黄（抱本脱"黄"以上十几字）。（《明孝宗實録》卷四六，第931頁）

戊辰，是日，昏刻，客星見天倉下，色蒼白，漸向壁宿。（《明孝宗實録》卷四六，第933頁）

是年

山東旱。（民國《齊河縣志》卷首《大事記》）

水。（乾隆《杭州府志》卷五六《祥異》）

夏，南京旱。（光緒《金陵通紀》卷一〇中）

夏，霪雨。（同治《江山縣志》卷一二《祥異》）

大水。（萬曆《保定縣志》卷九《災異》；康熙《續修陳州志》卷四《災異》；光緒《丹陽縣志》卷三〇《祥異》；光緒《霑益州志》卷四《祥異》；民國《項城縣志》卷三一《祥異》；民國《全椒縣志》卷一六《祥異》；民國《淮陽縣志》卷八《災異》）

旱，蠲賑有差。（乾隆《平原縣志》卷九《災祥》）

夏，旱。（嘉靖《隨志》卷上）

夏，旱，既而大雨。冬，大雪月餘。（萬曆《江浦縣志》卷一《縣紀》）

夏，霪雨，江水驟漲，壞田廬甚。（同治《江山縣志》卷一二《祥異》）

夏，彩雲見於西天。（宣統《楚雄縣志》卷一《祥異》）

蝗。（光緒《永年縣志》卷一九《祥異》）

旱。（乾隆《曲阜縣志》卷二九《通編》；民國《鄉寧縣志》卷八《大事記》）

遼東水災。（民國《奉天通志》卷一五《大事》）

大蝗，是歲免税。（萬曆《肅鎮華夷志》卷四《災祥》）

湖水泛溢，民苦於税。（乾隆《金澤小志·行誼》）

大旱。（民國《金華縣志》卷一六《五行》）

又旱。（嘉慶《蘭谿縣志》卷一八《祥異》）

六縣旱。（弘治《徽州府志》卷一〇《祥異》）

河決原武，氾濫陽武。（乾隆《陽武縣志》卷三《建置》）

復旱，以二年倍熟，不為災。三年大水。（嘉靖《黄陂縣志》卷中《災祥》）

陽朔縣龍潭水潮，一日三湧。（雍正《廣西通志》卷三《機祥》）

霑益州大水。（隆慶《雲南通志》卷一七《災祥》）

冬，大雪三十餘日。（嘉靖《六合縣志》卷二《災祥》）

三年、四年，又旱。（嘉慶《蘭谿縣志》卷一八《祥異》）

弘治四年（辛亥，一四九一）

正月

辛卯，四川茂州地震有聲。（《明孝宗實録》卷四七，第945頁）

丙申，以水災免遼東三萬等衛弘治三年屯糧有差。（《明孝宗實録》卷四七，第949～950頁）

丁酉，以旱災免陝西西安等府及西安左等衛弘治三年秋糧子粒有差。（《明孝宗實録》卷四七，第952頁）

丁酉，夜，月犯氐宿東南星。（《明孝宗實録》卷四七，第952頁）

甲辰，以旱災免山西太原等府及太原左等衛弘治三年秋糧子粒有差。（《明孝宗實録》卷四七，第957頁）

至五月，霪雨不輟，禾没民饑。明年五月復潦。（康熙《桐鄉縣志》卷二《災祥》）

至六月，淫雨，低鄉不得栽禾。（崇禎《吴縣志》卷一一《祥異》）

至六月，霪雨，平地如江河，民不得稼。（道光《璜涇志稿》卷七《災祥》）

至六月，霪雨，民不得稼。（嘉靖《常熟縣志》卷一〇《災異》）

二月

戊申，巡按陝西監察御史李興言："陝西自去歲六月以来，山崩、地震、大旱、早霜、冬雷、星變。凡在臣僚皆當修省，而巡撫、巡按官尤宜身任其責，不宜諉諸天數。因自劾巡按無狀，且劾巡撫都御史蕭禎不恤民窮，忽畧邊務，及妄舉按察使婁謙，并擅用官錢等事。乞别選剛方忠勤之士代之。"命下其奏扵所司。（《明孝宗實録》卷四八，第959頁）

庚戌，是日午刻，日生交暈及左右珥，色赤黄，時白虹彌天，日下復生戟氣。（《明孝宗實録》卷四八，第962頁）

壬子，昏刻，月與木星相犯。夜，月犯六諸王西第一星。是日，南京見老人星，見丁位，色赤黄。（《明孝宗實録》卷四八，第964頁）

乙丑，夜，月犯房宿北第二星。（《明孝宗實録》卷四八，第968頁）

三月

庚辰，昏刻，月犯六諸王西第三星。（《明孝宗實録》卷四九，第989～990頁）

己丑，陝西靖虜衛乾鹽池地震有聲。（《明孝宗實録》卷四九，第993頁）

庚寅，以久旱致齋三日。（《明孝宗實録》卷四九，第993頁）

乙未，初，涼州有星隕如月之變。（《明孝宗實録》卷四九，第994頁）

庚子，以水災免河南所屬河南等府州，并宣武等衛所弘治三年秋糧子粒有差。（《明孝宗實録》卷四九，第996頁）

癸卯，河南裕州、汝州雨雹，大者如墻杵，積厚盈二三尺，壞屋宇禾稼。（《明孝宗實録》卷四九，第998頁）

乙巳，是日酉刻，南京見西南流星，大如盞，色赤，起雲中，行丈餘，發光如盌大，有聲，尾跡炸散。（《明孝宗實録》卷四九，第998頁）

大旱。（嘉靖《真定府志》卷九《事紀》）

大旱，禱祀北嶽。（順治《渾源州志》附《恒岳志》卷上）

四月

丁未，河南彰德府地震有聲。（《明孝宗實録》卷五〇，第999頁）

戊申，以旱災免直隸鳳陽等府並武平等衛，真〔直〕隸真定等府，神武、保定等衛，直隸潼關衛並蒲州守禦千户所弘治三年秋粮子粒有差。（《明孝宗實録》卷五〇，第999頁）

己酉，陝西洮州衛雨雹及冰塊，水高三四丈，漫城廓，漂房舍，衝没田

苗，人畜多渰死者。（《明孝宗實録》卷五〇，第1000頁）

辛酉，是日卯刻，南京見金星，晝見於辰位。山西澤州天鳴，聲如雷。夜，月食。（《明孝宗實録》卷五〇，第1003頁）

乙丑，上以天氣炎熱，特勅司禮監太監韋大（廣本、閣本、抱本作"泰"）同、三法司等官審録罪囚。（《明孝宗實録》卷五〇，第1003頁）

丙寅，以旱災免大寧都司茂山衛弘治三年屯粮九百一十石有奇。（《明孝宗實録》卷五〇，第1004頁）

辛未，以旱災免湖廣漢陽等府，及武昌等十四衛弘治三年秋粮草子粒有差。（《明孝宗實録》卷五〇，第1007頁）

辛未，是日辰刻，金星晝見于巳位。（《明孝宗實録》卷五〇，第1007頁）

八日，西安天雨毛，其長尺許，黎黑色。（《説聽》卷三）

烈風迅雷自西北起，突然冰雹塞空而下，頃刻尺餘深，禾稼盡傷，林木偃拔，人畜在野，趨避不及，亦有因傷而死者。（康熙《邳州志》卷一《祥異》）

以旱遣太常寺卿李璋祭禱中嶽。（康熙《登封縣志》卷三《嶽祀》）

雨雹，傷麥禾，四境皆赤地。（嘉靖《長垣縣志》卷八《災祥》）

五月

久雨害稼。（光緒《青浦縣志》卷二九《祥異》）

蝗。（萬曆《樂亭志》卷一一《祥異》；康熙《通州志》卷一一《災異》；康熙《永平府志》卷三《災祥》；嘉慶《灤州志》卷一《祥異》）

祁陽旱。（乾隆《湖南通志》卷一四二《祥異》）

六月

辛亥，是日丑刻，京師地震者三。（《明孝宗實録》卷五二，第1027頁）

癸丑，以旱灾免陝西甘州左（抱本作"右"）等十一衛所弘治三年屯田子粒有差。（《明孝宗實録》卷五二，第1027～1028頁）

癸丑，是日曉刻，金星犯天關星。(《明孝宗實録》卷五二，第1028頁)

辛未，四川茂、眉二州地震有聲，動揺廬舍。(《明孝宗實録》卷五二，第1035頁)

雹，大如雞子。（嘉慶《湖口縣志》卷一七《祥異》；同治《德化縣志》卷五三《祥異》；同治《九江府志》卷五三《祥異》)

大水傷禾。(康熙《嘉興府志》卷二《祥異》；光緒《嘉興府志》卷三五《祥異》)

大雨，水害稼。二十四日午後，大雨如注，抵暮。（康熙《錢塘縣志》卷一二《災祥》)

大雨，水壞稼。武林紀事：六月二十四日午後，大雨如注，抵暮，龍井山、鳳凰山俱發洪水，暴漲，淹没田禾，衝決雲居山城垣。(康熙《仁和縣志》卷二五《祥異》)

雨紅水于故都御史錢鉞家。(萬曆《錢塘縣志・灾祥》)

雨雹。(同治《都昌縣志》卷一六《祥異》)

復旱……齋沐告神，禮至午夜，大雨徹曉，田中水深尺餘。是歲又豐。(光緒《蓬州志》忠義篇第十一)

七月

丁亥，是日卯刻，南京見木（廣本、抱本作“水”）星，晝見于巳位。(《明孝宗實録》卷五三，第1042頁)

癸巳，是日，曉刻，木星犯井宿東扇北第二星。(《明孝宗實録》卷五三，第1046頁)

丙申，夜，月犯天高東北星。(《明孝宗實録》卷五三，第1047頁)

壬寅，河南開封府地震有聲。(《明孝宗實録》卷五三，第1049頁)

八月

癸丑，是日曉刻，南京見老人星，見丙位，色赤黄。（《明孝宗實録》卷五四，第1056頁)

乙卯，南京地震，動揺屋宇，繼而風雨晦冥，雷電大作，直隸揚州、淮安二府同日地震。(《明孝宗實録》卷五四，第1057頁)

辛未，以旱灾免直隸揚州衛，及通州、泰州、鹽城三守禦千户所弘治三年屯田糧有差。(《明孝宗實録》卷五四，第1068頁)

十一日，河北徙，決縣城。(嘉靖《蘭陽縣志》卷一《河瀆》)

以蘇松、浙江水災，詔停織造段匹。(嘉慶《松江府志》卷二六《田賦》)

水。(光緒《蘇州府志》卷一四三《祥異》)

昌化縣大水。(乾隆《杭州府志》卷五六《祥異》)

以浙江水災，其織造緞疋俱令停止。(康熙《桐鄉縣志》卷三《郵典》)

九月

戊寅，以旱灾免廣西桂、梧、潯、南、柳、度〔慶〕六府及南丹、柳州等衛所弘治三年秋糧子粒有差。(《明孝宗實録》卷五五，第1069~1070頁)

庚辰，夜，月犯建星北第二星。(《明孝宗實録》卷五五，第1071頁)

庚寅，夜，月犯天街下星。(《明孝宗實録》卷五五，第1074頁)

甲午，南京工部等科給事中毛理〔珵〕等言："八月十一日，南京地震，屋宇摇動，繼而風雨晦冥，雷電大作，及蘇松等處夏間大水，淮揚等處蝗飛蔽天，此皆灾異之大者。"命所司知之。(《明孝宗實録》卷五五，第1074頁)

己亥，直隸三屯等營及灤陽等營同日地震有聲。(《明孝宗實録》卷五五，第1077頁)

庚子，陕西秦州及寧遠、伏羌、禮三縣地震，聲如雷，房屋震動。(《明孝宗實録》卷五五，第1077頁)

大旱。(光緒《蘭谿縣志》卷八《祥異》)

十月

丙午，遼東盖州衛地震，有聲如雷。(《明孝宗實録》卷五六，第1080頁)

丙辰，夜，月犯天陰下星。（《明孝宗實録》卷五六，第1086頁）

丁巳，河南光山縣有紅光如電，自西南往東北，聲如鼓，久之，入地化為石，大如斗。是日，光州及商城亦見火（閣本作“大”）星飛，其紅光有聲，如光山所見者。（《明孝宗實録》卷五六，第1086頁）

庚申，南京監察御史朱惪等上言：“比者灾異迭見，而南京一路尤甚，旱澇不常，軍民告病，甫及秋收之際，蝗蝻驟生，禾稼傷殘，繼又地震不寧，屋宇摇動。”（《明孝宗實録》卷五六，第1087頁）

辛酉，廣東萬州地震，有聲如雷。（《明孝宗實録》卷五六，第1088頁）

丙寅，夜，東方流星大如盞，色青白，自五諸侯行丈餘，發光如盌，東北行至鬼宿。（《明孝宗實録》卷五六，第1089頁）

十一月

甲戌，真定府星隕西北，紅光燭天，俄天鳴西南，聲如鼓，又若奔車，良久方正〔止〕。（《明孝宗實録》卷五七，第1093頁）

乙亥，以水災免蘇、松、常、鎮、太平、寧國、應天六〔七〕府所屬，並蘇州、太倉、鎮海三衛，浙江嘉、湖、杭三府所屬，並杭州前、右二衛，湖州守禦千户所弘治四年夏秋粮税有差。（《明孝宗實録》卷五七，第1095頁）

庚寅，巡撫南直隸都御史侶鍾言：“江南今歲水旱相仍，蘇松等處低田傷于水，而徽寧等處高田傷于旱，將（廣本、閣本、抱本‘將’上有‘乞’字）各府歲納紵絲、紗羅、綾絹、絨線等件，及皮礶、硃密、青緑（舊校改‘皮礶、硃密、青緑’作‘皮蠟、硃蜜、青碌’）、銅鐵、銀箔等物（一作‘料’）暫且停止。其蘇、湖二府今歲兑軍粮米，請以五十萬石折價收銀，石止折銀七錢，軍民有願納銀入粟，量給散官冠帶，或紀名于籍，建坊牌以表之。各府縣有罪應贖者，俱令納米于被災處所，以備賑濟，並（廣本、閣本、抱本‘並’下有‘存留’二字）許〔滸〕墅鈔關所收三年、四年未解銀錢以助之。”（《明孝宗實録》卷五七，第1099～1100頁）

己丑，以旱灾免浙江台、處、金、衢四府弘治四年税粮有差。（《明孝

宗實録》卷五七，第1102頁）

壬辰，昏刻，木星犯井宿東扇北第二星。（《明孝宗實録》卷五七，第1105頁）

以水免嘉、湖、杭三府屬并杭州二衛、湖州所夏税秋糧有差。（同治《湖州府志》卷四二《蠲賑》）

水災，免秋糧有差。（道光《武康縣志》卷一《地域》）

以水災免夏税秋糧。（乾隆《平湖縣志》卷五《蠲卹》）

十二月

甲辰，萬全都司及直隸保安州同日地震。（《明孝宗實録》卷五八，第1117頁）

壬子，夜，月犯天街下星。（《明孝宗實録》卷五八，第1117頁）

癸丑，以旱災免陝西洮州衛及三十族番軍弘治三年屯粮五千四百七十三石，草八千七十五束有奇。（《明孝宗實録》卷五八，第1118頁）

庚申，夜，月暈，色蒼白。（《明孝宗實録》卷五八，第1120頁）

癸亥，河南守臣以光州、商城、羅山近各有星變之異，引咎自責，以為職業不修所致，並言河南當荐飢之余（舊校改“余”作“餘”），民困未蘇，今歲雖頗收成，然中間十四州縣又有河決雨雹之災，去冬今秋地復屢震……（《明孝宗實録》卷五八，第1120～1121頁）

乙丑，夜，月犯氐宿西南星。（《明孝宗實録》卷五八，第1125頁）

是年

平陰旱，民饑。（乾隆《泰安府志》卷二九《祥異》）

春夏大水，傷禾，饑。（光緒《嘉善縣志》卷三四《祥眚》）

夏，大雨雹，禾稼盡傷，人畜多擊死。（咸豐《邳州志》卷六《民賦下》）

夏，大雨雹，頃刻盈尺，禾盡傷，人畜在野者多擊死。（康熙《睢寧縣舊志》卷九《災祥》）

祁陽旱。（道光《永州府志》卷一七《事紀畧》）

雨水害稼。（乾隆《婁縣志》卷一五《祥異》；嘉慶《松江府志》卷八〇《祥異》）

風潮。（嘉靖《靖江縣志》卷四《編年》；光緒《靖江縣志》卷八《祲祥》）

峪河水放溢害稼及民廬舍。（康熙《文水縣志》卷一《祥異》）

水旱迭作。（崇禎《烏程縣志》卷四《災異》；同治《湖州府志》卷四四《祥異》）

大旱，民採蕨食之。（光緒《永康縣志》卷一一《祥異》）

旱。（崇禎《義烏縣志》卷一八《災祥》；乾隆《縉雲縣志》卷三《災眚》；光緒《縉雲縣志》卷一五《災祥》）

大旱。（嘉靖《應山縣志》卷上《祥異》；康熙《永康縣志》卷一五《祥異》；嘉慶《義烏縣志》卷一九《祥異》；道光《東陽縣志》卷一二《禨祥》）

水。（光緒《歸安縣志》卷二七《祥異》）

大水。（乾隆《昌化縣志》卷一〇《祥異》；同治《長興縣志》卷九《災祥》；民國《昌化縣志》卷一五《災祥》；民國《廣平縣志》卷一二《灾異》）

金華城中火，延燒縣治，義烏、武義大旱。（萬曆《金華府志》卷二五《祥異》）

以去冬及春，天時亢旱，遣吏部侍郎彭韶禱祀北嶽。（光緒《曲陽縣志》卷五《大事記》）

夏，又大旱，且蟲，苗欲死，民困尤甚。（光緒《嚴州府志》卷二四《藝文》）

夏，淮安、揚州蝗。（《明史·五行志》，第438頁）

夏，大雨雹，頃刻盈尺，禾盡傷，人畜在野者多擊死。（康熙《睢寧縣舊志》卷九《災祥》）

夏，旱。（嘉慶《黟縣志》卷一一《祥異》）

浙江府二、廣西府八，及陝西洮州衛旱。（《明史·五行志》，第

483 頁）

廣平大水，曲周尤甚。（同治《曲周縣志》卷一九《雜事》）

遣通政司元守直祭泰山，祈雨。（民國《重修泰安縣志》卷六《歷代巡望》）

旱，民饑。（光緒《肥城縣志》卷一〇《雜志》）

大旱，民饑。（嘉慶《平陰縣志》卷四《災祥》）

大水，平地如江湖，人不得稼。（乾隆《吴江縣志》卷四〇《災變》）

水災。（嘉慶《重修毗陵志》卷五《祥異》）

（河）决蘭陽。五年，復决金龍等口，又决張秋。（乾隆《淮安府志·河渠敘》）

浙西旱，民大饑。（崇禎《寧志備考》卷四《祥異》）

水災，免夏税秋糧有差。（同治《孝豐縣志》卷四《賑恤》）

旱，民絶秋望，餓莩載途。（嘉靖《武義縣志》卷五《祥異》）

大旱，饑。（光緒《廬江縣志》卷一六《祥異》）

黄河積淩水，民遭墊溺。（萬曆《儀封縣志》卷四《祥異》）

秋，大水為災，西關街衢通舟楫，民居多被漂没。（民國《西鄉縣志·災祲》）

遼東大風晝晦，雨蟲蒲地，黑殼大如蠅。（《稗史彙編》卷一七一《灾祲》）

辛亥、壬子，雨水害稼。（正德《松江府志》卷三二《祥異》）

雨水害稼。五年壬子，復然。（同治《上海縣志》卷三〇《祥異》）

雨水害稼，五年復然。（光緒《重修華亭縣志》卷二三《祥異》）

雨水害稼，明年復然。（光緒《川沙廳志》卷一四《祥異》）

四年、五年相繼大旱。（同治《當陽縣志》卷二《祥異》）

四、五、六年，俱有年。（嘉靖《石埭縣志》卷二《祥異》）

四年、五年，吴中大水。（乾隆《吴江縣志》卷四一《治水》）

四年、五年、七年，江南連遭大水。（嘉靖《吴邑志》卷一二《水》）

四年、五年大水。至六年，百姓饑疫，死者不可勝數。正德四年亦如此。（道光《崑新兩縣志》卷三六《藝文》）

大水，平地如江湖，人不得稼。五年如之。（乾隆《震澤縣志》卷二七《災祥》）

弘治五年（壬子，一四九二）

正月

甲戌，昏刻，流星如盞，色青白，光燭地，自軒轅東南行至近濁。（《明孝宗實録》卷五九，第 1131 頁）

庚辰，昏刻，月犯六諸王星。（《明孝宗實録》卷五九，第 1131 頁）

己丑，以水災免遼東廣寧、前屯等六衛弘治四年屯田子粒有差。（《明孝宗實録》卷五九，第 1132 頁；民國《奉天通志》卷一五《大事》）

旱，大饑。（嘉靖《夏津縣志》卷四《災異》）

東昌府等處旱，大饑。（康熙《山東通志》卷六三《災祥》）

至四月，不雨。（康熙《朝城縣志》卷一〇《災祥》）

不雨，至四月，民不得稼。（嘉靖《濮州志》卷八《災異》）

二月

癸卯，以水災免蘇、松、嘉、湖等府衛糧草子粒有差，其非全災者暫停徵納，以三分為率，自弘治五年為始，每年帶徵一分。（《明孝宗實録》卷六〇，第 1146 頁）

戊申，夜，月犯天關星。（《明孝宗實録》卷六〇，第 1149 頁）

己酉，昏刻，月犯井宿西扇北第二星。（《明孝宗實録》卷六〇，第 1149 頁）

庚戌，以水災免河南歸德、蘭陽、儀封、陽武等九州縣糧草有差。（《明孝宗實録》卷六〇，第 1151 頁）

甲寅，昏刻，南京見老人星，見丁位，色赤黄。（《明孝宗實録》卷六〇，第 1154 頁）

乙卯，以水災免直隷順德府南和、任縣秋糧、馬草四分者各免一分。（《明孝宗實録》卷六〇，第1154頁）

癸亥，卯刻，日生右珥，色赤黄。（《明孝宗實録》卷六〇，第1156頁）

乙丑，是日晚刻，月犯羅堰上星。（《明孝宗實録》卷六〇，第1157頁）

己巳，以旱災免浙江金華、杭州等府税糧有差，仍免是年供用物料十分之三。（《明孝宗實録》卷六〇，第1159頁）

己巳，夜，北方生黑氣，東西亘天。（《明孝宗實録》卷六〇，第1159頁）

以水災免蘇、松府衛糧草子粒有差。（光緒《常昭合志稿》卷一二《蠲賑》）

以旱災免徵。夏秋，浙江水。（乾隆《杭州府志》卷五六《祥異》）

詔以水災免蘇、松等府衛糧草子粒有差。（嘉慶《松江府志》卷二六《田賦》）

以水災免蘇、松等府衛糧草子粒有差。（光緒《常昭合志稿》卷一二《蠲賑》）

杭州府以旱災免徵税糧，仍免是年供應物料十分之三。（康熙《錢塘縣志》卷一一《恤政》）

以水災免糧草子粒。（光緒《平湖縣志》卷八《蠲恤》）

以水災免嘉、湖等府糧草子粒有差。其非全災者停徵。（同治《湖州府志》卷四二《蠲賑》）

三月

乙亥，京師風霾蔽天。（《明孝宗實録》卷六一，第1162頁）

河决黄陵岡，潰張秋東隄，由大清河入海。（道光《東阿縣志》卷二三《祥異》）

甘露降。（康熙《隴州志》卷八《祥異》）

隴州甘露降。（乾隆《鳳翔府志》卷一二《祥異》）

河決黄陵崗，淹東平、平陰民田。是年東平大饑，新泰、肥城大饑。萊蕪水。（乾隆《泰安府志》卷二九《祥異》）

河決黄陵崗，淹没民田數千頃。（萬曆《兖州府志》卷一五《災祥》）

河決黄陵崗，滸没及境。（康熙《魚臺縣志》卷四《災祥》）

河復決黄陵崗，東徑曹、濮，潰運道入海。（康熙《曹州志》卷一九《災祥》）

河決黄陵崗，潰張秋東隄，由大清河入海。命太監李興、平江伯陳鋭、都御史劉大夏往治之。（道光《東阿縣志》卷二三《祥異》）

河決黄陵崗，淹東平及平陰民田，是年，東平大饑。（光緒《東平州志》卷二五《五行》）

大雨水。（民國《東莞縣志》卷三一《前事略》）

四月

庚戌，寧夏地震。（《明孝宗實録》卷六二，第1197頁）

丁巳，上以天氣炎熱，命兩法司錦衣衛將見監問罪囚，笞罪無干證者釋之，徒流以下者減等發落，重罪情可矜疑并枷號者，具奏以聞。於是，免枷號者五人。（《明孝宗實録》卷六二，第1199頁）

丁巳，偏頭關地震。（《明孝宗實録》卷六二，第1199頁）

癸亥，順天府香河縣雨雹傷禾。（《明孝宗實録》卷六二，第1203頁）

乙丑，山東莒、沂二州及安丘郯城縣雨雹，大者如酒杯，傷人畜，損禾稼。（《明孝宗實録》卷六二，第1204～1205頁）

二十五日，雹傷麥稼，縣東南甚。（嘉靖《通許縣志》卷上《祥異》）

河溢汴梁之東，蘭陽、鄆城諸縣皆被其患，又決金龍口，東注，潰黄陵崗，下張秋。（乾隆《祥符縣志》卷三《河渠》）

大水。（嘉靖《随志》卷上）

南海、從化大雨水。南海饑。南海基圍震潰，禾稼蕩盡。有司命工築補，賑濟流民一萬餘人。（嘉靖《廣東通志初稿》卷三七《祥異》）

五月

乙亥，酉刻，金星晝見于申位。（《明孝宗實録》卷六三，第 1208 頁）

辛巳，致仕太子少保禮部尚書鄒幹上疏言："浙西水旱相仍，民窮盜起，請行蠲恤之政。"（《明孝宗實録》卷六三，第 1209 頁）

丙申，是日酉刻，南京金星晝見於申位。（《明孝宗實録》卷六三，第 1226 頁）

大水，蠲免積年逋賦，及四年夏税秋糧有差。（民國《太倉州志》卷二六《祥異》）

大水，民多流移，大疫。（光緒《嘉興府志》卷三五《祥異》）

大水傷禾。（光緒《嘉善縣志》卷三四《祥眚》）

象山縣大水。（嘉靖《寧波府志》卷一四《禨祥》）

春復雨，至五月大水，太湖汎溢，田禾盡没，民多流徙。大疫。（崇禎《吴縣志》卷一一《祥異》）

大水。（乾隆《象山縣志》卷一二《禨祥》；嘉慶《直隸太倉州志》卷五八《祥異》）

大水。是年淫雨無時，積水不洩，因禾皆成巨浸，居民不能插蒔，流移者衆。夏復大疫。（嘉靖《常熟縣志》卷一〇《災異》）

復潦。（康熙《桐鄉縣志》卷二《災祥》）

高貴山蛟起，水没乾明寺，僧皆溺死。六月螟。（嘉靖《應山縣志》卷上《祥異》）

水損禾稼。（道光《英德縣志》卷一五《災異》）

大理點蒼緑玉溪大水，高數十丈，至一塔寺分爲兩股，衝斷西門城闕，水入城，没房舍，死者二百餘人。（乾隆《大理府志》卷二八《災祥》）

五月、六月不雨。（嘉靖《随志》卷上）

六月

甲辰，是日未刻，日生承氣，色赤黄。（《明孝宗實録》卷六四，第

1231 頁）

丁未，以水災免直隸廬、鳳、淮、揚四府，徐、滁、和三州及鳳陽等十七衛所弘治四年税糧有差。（《明孝宗實録》卷六四，第 1233 頁）

戊申，夜，東方流星大如盞，色青色（舊校删“青”下“色”字）白，光燭地，自天大（抱本無“大”字）將軍東北行至五車。（《明孝宗實録》卷六四，第 1234 頁）

癸丑，夜，月犯建星。（《明孝宗實録》卷六四，第 1235 頁）

癸亥，夜，月犯畢宿大星。（《明孝宗實録》卷六四，第 1239 頁）

甲子，寧夏地震，明日又震。（《明孝宗實録》卷六四，第 1240 頁）

丁未，免南畿去年被災税糧。徽郡遭旱，當亦在被災之内，不識舊志何以不書免糧事也。（道光《徽州府志》卷五《郵政》）

大雨水溢，禾稼淹没，東里巷可乘舟。（乾隆《潮州府志》卷一一《災祥》）

無雲而震。（同治《香山縣志》卷二二《祥異》）

二十四日午後，大雨如注，抵暮，龍井山、鳳凰山俱發洪水，暴漲，渰没田禾。（萬曆《杭州府志》卷六《國朝事紀中》）

七月

壬午，陝西禮縣地震有聲。（《明孝宗實録》卷六五，第 1245 頁）

甲午，以水災免蘇、松、常、嘉、湖五府正官朝覲，從巡撫都御史侣鍾奏也。（《明孝宗實録》卷六五，第 1249 頁）

戊戌，户部言：“舊例，凡災三分以下者税糧不免，三分以上遞減之。比順天府所屬州縣以旱災覈實數告，間有不當免者。但京畿民困，尤宜加恤，今年夏税請照數悉與蠲免。”從之。（《明孝宗實録》卷六五，第 1254 頁）

河大決黄陵岡荆隆口北，犯張秋；漕河與汶水合，至滎澤、歸德，入淮之路盡淤。（民國《泗陽縣志》卷九《河渠》）

八月

己亥朔，曉刻，火星入鬼宿，犯積尸氣星。（《明孝宗實録》卷六六，

第 1257 頁）

丁未，是日，曉刻，火星犯木（抱本作“水”）星。（《明孝宗實録》卷六六，第 1260 頁）

丙辰，山東海豐縣雨雹，擊死人畜。（《明孝宗實録》卷六六，第 1270 頁）

戊午，是日，曉刻，南京見老人星，見午位，色赤黄。夜，月犯六諸王星。（《明孝宗實録》卷六六，第 1270 頁）

辛酉，遼東盖州衛地震，有聲如雷。（《明孝宗實録》卷六六，第 1272 頁）

壬戌，以水旱災停徵山東、河南及直隸大名等府備用馬十之三，并量免各處協濟夫役。從給事中王綸（抱本作“倫”）奏也。（《明孝宗實録》卷六六，第 1272 頁）

甲子，以水災免浙江杭州、紹興二府縣正官明年朝覲。（《明孝宗實録》卷六六，第 1272 頁）

乙丑，以水災停南京、兩浙、蘇松等處之額外織造者，并取回督造官員。從南京給事中楊廉等奏也。（《明孝宗實録》卷六六，第 1272 頁）

大旱，自八月至明年五月，不雨。（民國《高密縣志》卷一《總紀》）

九月

壬申，寧夏地震。（《明孝宗實録》卷六七，第 1277 頁）

庚辰，陝西河州地震，有聲如雷。（《明孝宗實録》卷六七，第 1278 頁）

丁亥，河南信陽州有大星，紅光映天，自西北流至東北而隕，聲如鼓。（《明孝宗實録》卷六七，第 1283 頁）

丁亥，陝西渭南縣地震。（《明孝宗實録》卷六七，第 1283 頁）

辛卯，山西絳州地震有聲。（《明孝宗實録》卷六七，第 1284 頁）

甲午，以河南旱災并河決，免開封、衛輝、彰德、懷慶四府州縣正官明年朝覲，從巡撫等官奏也。（《明孝宗實録》卷六七，第 1284 ~ 1285 頁）

乙未，陝西臨洮府地震。（《明孝宗實録》卷六七，第 1286 頁）

大雪，至次年三月方止，深丈餘，中有如血者五寸，山畜枕藉而死。（民國《英山縣志》卷一四《祥異》）

十月

己亥，遼東盖州地震，有聲如雷。（《明孝宗實録》卷六八，第1287頁）

甲辰，是日，昏刻，月犯牛宿中星。（《明孝宗實録》卷六八，第1289頁）

乙巳，夜，火星犯靈臺上星。（《明孝宗實録》卷六八，第1291頁）

己酉，是日辰刻，木星見於未位。夜，月犯外屏西第二星。（《明孝宗實録》卷六八，第1293頁）

壬子，遼東廣寧前屯地方天鼓鳴，聲如雷。（《明孝宗實録》卷六八，第1294頁）

癸丑，曉刻，月犯天高星。（《明孝宗實録》卷六八，第1294頁）

甲寅，夜，月犯司怪星。（《明孝宗實録》卷六八，第1295頁）

丙辰，以廣東廣、惠、南、韶四府民被水災，命有司賑恤之。（《明孝宗實録》卷六八，第1297頁）

辛酉，辰刻，金星見于巳位。同日卯刻，南京見木星，見于巳位。（《明孝宗實録》卷六八，第1303頁）

乙丑，未刻，日生左右珥，色赤黄。（《明孝宗實録》卷六八，第1306頁）

辛酉，雷電，雨如春；甲子，夕陽而雷，昏而電，雨甚，夜分乃止；乙丑，烈風帀〔蔽〕日。（同治《香山縣志》卷二二《祥異》）

十一月

己巳，卯刻，南京見金星（閣本“見金星”作“鬼星”，疑誤），晝見於辰位。（《明孝宗實録》卷六九，第1309頁）

癸酉，户科給事中王璽奏四川事宜，一，備儲蓄，謂四川累遭荒旱，逃亡者眾……（《明孝宗實録》卷六九，第1309頁）

乙亥，以水災免應天、蘇、松、常、鎮等府弘治五年歲辦皮張、蠟密（抱本作“蜜”）等料三之二，令軍民人等有願納銀米以助賑濟者，授以軍職，不治事不為例。（《明孝宗實録》卷六九，第1312頁）

乙亥，是日卯刻，南京風霾。（《明孝宗實録》卷六九，第1312頁）

庚辰，山東按察司副使沈鐘言：“臣提調所屬學校，自濟南至兖州，第見郊野蕭條，場無稼穡，流民扶老携幼，呻吟道路。蓋由今歲山東天久不雨，曹濮一帶黄河衝决。朝廷遣工部侍郎陳政巡視河决，役夫數萬修築隄防。臣竊謂隄防不可不修，而民情亦不可不念。今天氣漸寒，役夫止月給米三斗，其衣裳單薄，將必有受凍而死者。欲乞暫停工役，俟来春二三月後即并督成之，庶民不深怨，而事亦易集。”工部覆議，請仍行侍郎陳政酌量處置。從之。（《明孝宗實録》卷六九，第1314頁）

庚辰，是日，曉刻，水星犯罰星。昏刻，月犯畢星。（《明孝宗實録》卷六九，第1314頁）

戊子，夜，北方流星大如盞，色赤，光燭地，自紫微東蕃外西北行至近濁，後二小星随之。（《明孝宗實録》卷六九，第1315頁）

丙申，是日，曉刻，火星犯上相星。（《明孝宗實録》卷六九，第1316頁）

免應天等府税銀。六合大雪。（光緒《金陵通紀》卷一〇中）

十二月

辛亥，夜，東方有白氣，南北亘天，長十餘丈，去地五尺（抱本、閣本作“丈”）。（《明孝宗實録》卷七〇，第1319頁）

癸丑，是日曉刻，月犯軒轅右角星。（《明孝宗實録》卷七〇，第1320頁）

戊午，夜，月犯角宿南星，火星犯進賢星。（《明孝宗實録》卷七〇，第1324頁）

庚申，以水災免浙江杭、嘉、湖、紹、金五府弘治五年歲辦香蕈、蓮肉等料三之二。（《明孝宗實録》卷七〇，第1324頁）

甲子，是日辰刻，日生左珥，色赤黄，良久散。（《明孝宗實録》卷七〇，第1327～1328頁）

是年

春，旱，大饑。（萬曆《安邱縣志》卷一下《總紀》；康熙《杞紀》卷

五《繫年》；咸豐《青州府志》卷六三《祥異記上》；民國《壽光縣志》卷一五《大事記》）

春，旱，大飢。（嘉靖《武城縣志》卷九《祥異》）

夏，旱。（康熙《鹽山縣志》卷九《災祥》；民國《鹽山新志》卷二九《祥異表》）

夏，南畿水。（光緒《金陵通紀》卷一〇中）

大水，壞民居。（同治《樂昌縣志》卷一二《灾祥》）

大雨水。（乾隆《番禺縣志》卷一八《事紀》；咸豐《順德縣志》卷三一《前事畧》；光緒《潮陽縣志》卷一三《灾祥》）

大水，漂民居，淹禾稼。（雍正《揭陽縣志》卷四《祥異》；光緒《揭陽縣續志》卷四《事紀》）

大水，禾稼無收，民飢。知縣楊子器發錢穀，量口賑濟。次年無穀，民不能耕種，又自他邑載稻種，詣各鄉分給之。（光緒《崑新兩縣續修合志》卷五一《祥異》）

風潮。（嘉靖《靖江縣志》卷四《編年》；光緒《靖江縣志》卷八《祲祥》）

旱。（康熙《堂邑縣志》卷七《災祥》；乾隆《宣平縣志》卷一一《紀異》；道光《觀城縣志》卷一〇《祥異》；道光《博平縣志》卷一《禨祥考》；光緒《宣平縣志》卷一九《災祥》；民國《無棣縣志》卷一六《祥異》）

旱，大饑。（嘉靖《高唐州志》卷七《祥異》；嘉靖《夏津縣志》卷四《災異》）

東昌等處旱，大饑，館陶斗米百錢。（雍正《館陶縣志》卷一二《災祥》）

大旱。（康熙《安陸府志》卷一《郡紀》；乾隆《昌邑縣志》卷七《祥異》；乾隆《福山縣志》卷一《災祥》；乾隆《海陽縣志》卷三《災祥》；民國《萊陽縣志》卷首《大事記》；民國《福山縣志稿》卷八《災祥》；民國《萊陽縣志》卷首《大事記》）

大旱，民絶食。（光緒《日照縣志》卷七《祥異》）

大水，歲饑。（乾隆《平原縣志》卷九《災祥》）

浙江水。太湖泛溢，田禾淹，饑。（同治《湖州府志》卷四四《祥異》）

又水。（光緒《歸安縣志》卷二七《祥異》）

象山縣大水。（雍正《寧波府志》卷三六《附祥異》）

宣平旱。（雍正《處州府志》卷一六《雜事》）

大水，禾稼無收。次年民飢，不能力穡，縣父母楊公子器以錢穀量口賑濟，又載稻種詣各鄉分給之。（萬曆《崑山縣志》卷八《災異》）

冬無雪，春無雨，禾稼不生，民饑，捕鼠食者眾。（光緒《陽穀縣志》卷九《災異》）

自春徂夏不雨，井涸樹枯。歲饑，民不堪命，父子兄弟離散，各不相保焉。（民國《莘縣志》卷一二《機異》）

復大水。（雍正《舒城縣志》卷二〇《卓行》）

夏，大水。饑。（民國《龍山鄉志》卷二《災祥》）

夏，大水。（道光《高要縣志》卷一〇《前事》；道光《封川縣志》卷一〇《前事》）

大水圮城。（嘉靖《真定府志》卷一六《兵防》）

旱，大饑，斗米百錢。（民國《館陶縣志》卷五《災祥》）

大旱，民飢。（光緒《臨漳縣志》卷一《紀事沿革》）

旱，民流移就食。（乾隆《德平縣志》卷三《五行》）

秋水復決，由大清河入海。（民國《齊河縣志》卷首《大事記》）

旱，大饑，人相食。（康熙《海豐縣志》卷四《事記》）

旱，蝗。賑。（嘉靖《昌樂縣志》卷一《祥異》）

各屬大旱。（光緒《增修登州府志》卷二三《水旱豐饑》）

蝗，大旱，饑，人相食。（乾隆《沂州府志》卷一五《記事》）

旱，饑。（光緒《費縣志》卷一六《祥異》）

雨雹傷稼。（嘉慶《莒州志》卷一五《記事》）

大旱。民大飢，流移四方。（康熙《肥城縣志》卷下《災祥》）

大旱，饑。（乾隆《新泰縣志》卷七《災祥》；同治《宜昌府志》卷一

《天文》；同治《長陽縣志》卷七《災祥》）

大旱，飢。（嘉靖《歸州志》卷四《災異》）

大水，饑。（民國《萊蕪縣志》卷二二《大事記》）

張秋河決，大水没民田。（嘉慶《平陰縣志》卷四《災祥》）

會通河溢，壞官民廬舍無算。（道光《濟甯直隸州志》卷一之二《五行》）

河决黄陵崗，淹没民田數千頃，郭城亦被其害。（嘉靖《鄆城志》卷下《災祥》）

河決黄陵崗，渰没民田數千頃。（光緒《曹縣志》卷一八《災祥》）

（河）復决金龍口，次年役夫十二萬塞之。（民國《定陶縣志》卷一〇《藝文》）

河復决荆隆口。（乾隆《東明縣志》卷七《灾祥》）

旱，大饑，疫。斗米百錢。（宣統《聊城縣志》卷一一《通志》）

雨水害稼。（正德《松江府志》卷三二《祥異》；萬曆《青浦縣志》卷六《祥異》）

大水，禾稼無收。次年民飢，不能力穡，知崑山縣事楊子器以錢穀量口賑濟，又載稻種，詣各鄉分給之。（康熙《淞南志》卷五《災祥》）

大水，禾稼無收。次年民饑，不能力穡，知縣楊子器發錢穀量口賑濟，次年，無穀，民不能耕種，又自他邑載稻種，詣各鄉分給之。（光緒《崑新兩縣續修合志》卷三七《祥異》）

水。（光緒《武進陽湖縣志》卷二九《祥異》）

大水，免秋糧十二萬二千石有奇。（嘉慶《宜興縣志》卷末《祥異》）

海溢。（民國《海寧州志稿》卷四〇《祥異》）

水，太湖泛溢，田禾淹。（同治《長興縣志》卷九《災祥》；光緒《烏程縣志》卷二七《祥異》）

迅雷擊祠寧公署獸脊。（光緒《廣德州志》卷五八《祥異》）

旱，賑。（嘉靖《内黄縣志》卷八《祥異》）

河決荆隆口，黄陵崗犯張秋，長垣被水。（咸豐《大名府志》卷四《年紀》）

螟。（同治《瀏陽縣志》卷一四《祥異》）

雷擊府學東廡先賢楊龜山像位。（嘉靖《常德府志》卷一《祥異》）

大雨水，廣、潮俱大水。南海饑。（康熙《廣東通志》卷二一《災祥》）

颶風大水，失潮。時普君墟可乘船，通鄉惟高地不浸。（道光《佛山忠義鄉志》卷六《鄉事》）

大水，府城民居淹圮甚多。（同治《韶州府志》卷一一《祥異》）

樂昌大水，翁源、下鄉溪水溢。（同治《韶州府志》卷一一《祥異》）

海、潮、揭、饒同日大水，漂民居，淹禾稼。（嘉靖《潮州府志》卷八《災祥》）

颶風，大水失潮。南海基圍震潰，禾稼蕩盡。有司命工築補，賑濟流民一萬餘人。（康熙《南海縣志》卷三《災祥》）

田禾不收。（康熙《儋州志》卷二《祥異》）

梧州八府旱。（同治《蒼梧縣志》卷一七《紀事》）

大旱，饑饉，斗米銀貳錢，死者殆不可勝計。（萬曆《廣西太平府志》卷二《祥異》）

大雨水，歲饑。（康熙《平樂縣志》卷六《災祥》；嘉慶《永安州志》卷四《祥異》）

大水。（雍正《雲龍州志》卷一一《災祥》）

秋，陰雨彌旬，牆復頹壞。（弘治《永平府志》卷一《城池》）

冬，無雪。（道光《衡山縣志》卷四八《僭竊》）

冬，無雪。春，無雨，禾稼不生。民饑，捕鼠食者衆。（康熙《陽穀縣志》卷四《災異》）

冬，六合大雪。（萬曆《應天府志》卷三《郡紀下》）

壬子、癸丑，山東連旱，黎庶艱食，壯者流移，幼者賣去，其諸老與病不能行者，待斃而已。（《蓬窗類紀》）

弘治六年（癸丑，一四九三）

正月

丁卯朔，遼東都司及復州、海州、金州三衛地震有聲。（《明孝宗實録》卷七一，第 1331 頁）

丙子，昏刻，月犯司怪星。（《明孝宗實録》卷七一，第 1333 頁）

癸未，是日辰刻，南京風霾。（《明孝宗實録》卷七一，第 1336 頁）

丁亥，以水旱災免山東弘治五年分鹽課六萬八千一百七十八引有奇。（《明孝宗實録》卷七一，第 1337 頁）

五日，蘭谿大雷，天雨黑水，又自五月至八月不雨，無麥禾，又平渡鎮火燬巡司。（萬曆《金華府志》卷二五《祥異》）

十六日，雨土寸餘，晨晦至夕。（嘉靖《通許縣志》卷上《祥異》）

有大星隕，光芒燭地。其冬大雪，深丈餘。（民國《磁縣縣志》第二十章第二節《明清災異》）

二月

庚子，是日曉刻，火星犯平道星。夜，金星犯羅堰星。（《明孝宗實録》卷七二，第 1345～1346 頁）

癸卯，江西南昌府武寧縣藿溪源等處多被水災，其田有衝成河洲不可復耕者千七百餘畝，有沙壅成田可墾為業者二千四十餘畝，有人口渰没見年無收者二千三百七十餘畝。從之。（《明孝宗實録》卷七二，第 1346 頁）

丙辰，以水災免南京、瀋陽右等三十九衛弘治四年屯糧六萬四千三百四十石有奇。（《明孝宗實録》卷七二，1353 第頁）

辛酉，昏刻，南京老人星見于丁位，色赤黄。（《明孝宗實録》卷七二，第 1360 頁）

癸亥，先是，以山東旱災，拎弘治五年兑運糧二十八萬石，内免十二萬石。至是，巡撫都御史請併以十六萬石准江南折銀例，每石徵銀六錢，以紓民困。從之。（《明孝宗實録》卷七二，第 1361 頁）

甲子，曉刻，金星犯壘壁陣西第六星。（《明孝宗實録》卷七二，第 1361 頁）

乙丑，山東嶧縣地震，有聲如雷。（《明孝宗實録》卷七二，第 1361 頁）

朔，雨雹如彈丸。（咸豐《順德縣志》卷三一《前事畧》）

朔，雨雹大如彈丸。夏大水。是歲大饑。（康熙《順德縣志》卷一三《紀異》）

三月

丁卯，夜，北方流星如盞，色青白，光燭地，自紫微垣西蕃内西北行至近濁。（《明孝宗實録》卷七三，第 1363 頁）

己巳，以河南、山東、山西、北直隸等處亢旱，命巡撫等官禱于嶽鎮、海瀆之神。從兵部尚書馬文升奏也。（《明孝宗實録》卷七三，第 1364 頁）

庚午，以水旱災免直隸鳳陽衛（抱本無“衛”字）及河南衛輝等府、彰德等衛所弘治五年糧草子粒有差。（《明孝宗實録》卷七三，第 1364 頁）

壬申，是日曉刻，土星犯壘壁陣西第六星。（《明孝宗實録》卷七三，第 1365 頁）

甲戌，火星犯上相星。（《明孝宗實録》卷七三，第 1365 頁）

乙亥，陝西臨洮府地震有聲。（《明孝宗實録》卷七三，第 1366 頁）

乙亥，夜，月犯軒轅右角星。（《明孝宗實録》卷七三，第 1366 頁）

丙子，寧夏地震。（《明孝宗實録》卷七三，第 1367 頁）

戊寅，夜，南京見月生暈，随生左右連環暈，上生白虹彌天及斗，俱有蒼白色。（《明孝宗實録》卷七三，第 1368 頁）

己卯，以瀋陽、河間等十六衛被蟲旱災，預給官軍三月俸糧。（《明孝宗實録》卷七三，第 1368 頁）

癸未，是日曉刻，月犯房宿。（《明孝宗實録》卷七三，第 1370 頁）

甲申，金星犯壘壁陣東第四星。（《明孝宗實録》卷七三，第1370頁）

忻州大風，晝晦。（萬曆《太原府志》卷二六《災祥》）

四月

丙申，夜，火星犯左執法星。（《明孝宗實録》卷七四，第1377頁）

丁酉，以蝗災免直隸永平府遷安、撫寧二縣及撫寧、興州右屯二衛，建昌等營，河流口等關弘治五年分糧草子粒有差。（《明孝宗實録》卷七四，第1378頁）

戊戌，陝西寧夏地震有聲。（《明孝宗實録》卷七四，第1379頁）

甲辰，河南開封、衛輝二府，山東東昌、兗州二府及直隸元城縣各地震有聲。（《明孝宗實録》卷七四，第1389～1390頁）

丙午，以蠱（廣本、抱本、閣本作“蟲”）旱災免遼東廣寧前屯等二十四衛弘治五年屯糧有差。（《明孝宗實録》卷七四，第1390頁）

乙卯，山東沂水縣雨雹，大者如盌，殺麥黍。（《明孝宗實録》卷七四，第1398頁）

庚申，上以天氣炎熱，命兩法司、錦衣衛將見監罪（閣本“罪”下有“犯”字）囚笞罪及無干證者皆釋之，徒流以下減等發落，重罪情可矜疑并枷號者，具奏以聞。於是免枷號者二十三人，仍命行南京法司一體寬恤。（《明孝宗實録》卷七四，第1399頁）

庚申，是日曉刻，月犯外屏星。（《明孝宗實録》卷七四，第1400頁）

辛酉，自去冬無雪，至于是月不雨，勅諭文武群臣曰：“朕以涼德纘承祖宗鴻業，宵旰靡寧，圖惟治理。乃者天道弗順，自去冬迄今，亢旱踰時，田苗枯槁，民庶驚惶，朕甚憂懼。已嘗齋心露禱，及遣官祭天下（抱本作‘地’）神祇，而連日狂風屢作，雨澤少降，揆厥所由，豈朕與爾文武群臣交修之道，猶有所未至耶?”（《明孝宗實録》卷七四，第1401頁）

丙午，以蟲災免遼東廣寧前屯等二十四衛弘治五年屯糧有差。（民國《奉天通志》卷一五《大事》）

丁酉，以蝗災免遷安、撫寧去年田租。（民國《遷安縣志》卷五《記

事篇》）

八日，飛沙迷空，如紅霧，氣甚寒。（嘉靖《通許縣志》卷上《祥異》）

旱饑。（民國《增修膠志》卷五三《祥異》）

秋，决河。四月，山東旱飢，是年以水災免鹽課。（民國《續修東阿縣志》卷一五《祥異》）

昌化縣大風拔木，火光繞山。少頃，驟雨如注。（乾隆《杭州府志》卷五六《祥異》）

大旱。（嘉靖《真定府志》卷九《事紀》）

大旱，禱祀北嶽。（順治《渾源州志》附《恒岳志》卷上）

屯留隕霜殺桑。（萬曆《山西通志》卷二六《雜志》）

大風拔木，火光繞山。少頃，驟雨如注。（民國《昌化縣志》卷一五《災祥》）

以旱遣右副都御史徐恪祭禱中嶽。（康熙《登封縣志》卷三《嶽祀》）

五月

癸酉，禮科都給事中林元甫等應詔陳七事，謂："今山東、河南、北直隸雨雪愆期，人民流亡殆盡。乞多方措置，或開中鹽引，或借臨清、德州水次倉糧數萬石，特柬大臣一員亟往設法賑濟。"（《明孝宗實録》卷七五，第1419頁）

乙亥，以順天府大興、宛平二縣旱災，命發預備倉賑之。下户兩月，稍優者一月，大口各給糧三斗，小口半之。從府尹黄傑請也。（《明孝宗實録》卷七五，第1422頁）

乙亥，陝西宁夏地震。（《明孝宗實録》卷七五，第1423頁）

戊寅，是日昏刻，月犯鍵閉星。（《明孝宗實録》卷七五，第1429頁）

庚辰，以水旱災免湖廣黄州等府州縣，及荆州等衛所弘治五年糧草子粒有差。（《明孝宗實録》卷七五，第1429頁）

庚辰，四川茂州地震，有聲如雷。（《明孝宗實録》卷七五，第1429頁）

甲申，夜，南方流星如盞，色青白，光燭地，自天津西南行至河鼓炸散。（《明孝宗實録》卷七五，第1433頁）

乙酉，都察院左都御史白昂應詔言：“山東一方旱甚，請於今歲漕運糧内借四十萬石以賑之。”從之。（《明孝宗實録》卷七五，第1433頁）

丁亥，遼東有流星大如斗，紅光如電，有聲如鼓。（《明孝宗實録》卷七五，第1439頁）

大水。（民國《太倉州志》卷二六《祥異》）

因久旱命陝西巡撫王宗彝祭西嶽。（光緒《華嶽志》卷七《紀事》）

大水，民大飢。（咸豐《順德縣志》卷三一《前事畧》）

至七月，水。有蟲大如蚊，棲於林木牆壁，羣飛蔽空，旬日，得雨始滅。（崇禎《吴縣志》卷一一《祥異》）

大水，有蟲大如蚊，棲于屋壁樹木，群飛蔽空，旬日得雨，始滅。（嘉靖《常熟縣志》卷一〇《災異》；道光《璜涇志稿》卷七《災祥》）

水。民饑，縣官賑濟。（康熙《南海縣志》卷三《災祥》）

大水彌旬，的鵝、長嶺諸地淹没，禾盡漂流。（嘉靖《貴州通志》卷一〇《祥異》）

自春徂夏五月望，向旱，不雨。（天啟《滇志》卷一九《藝文》）

閏五月

乙未，以水災免應天、蘇州等府并鎮海等衛弘治五年秋糧子粒共一百八十二萬六千六百八十四石，草八十萬六千八百五十一包有奇。（《明孝宗實録》卷七六，第1447頁）

戊戌，宣府隆慶、懷来二衛地震有聲。（《明孝宗實録》卷七六，第1449頁）

庚子，禮部覆奏平江伯陳鋭所言節省供用事，謂：“天時亢旱，河道乾涸……”（《明孝宗實録》卷七六，第1450頁）

壬寅，申刻，京師雨霾。(《明孝宗實録》卷七六，第 1451 頁)

甲辰，太常寺少卿兼翰林院侍講學士李東陽奏："近奉勅諭，以久旱求言。臣被擢先朝，継塵侍從，職在講筵，不關政務……"(《明孝宗實録》卷七六，第 1451～1452 頁)

乙巳，以水災免兩浙運司鹽課弘治二年至四年已徵在官而消折者七千一百三十引有奇，五年未徵者三千三十五引有奇。(《明孝宗實録》卷七六，第 1463 頁)

乙巳，户部覆奏禮科左給事中夏昂所言二事。一，謂北直隷、山東、河南亢旱日久，請令所司預以賑濟……(《明孝宗實録》卷七六，第 1466 頁)

乙巳，陝西禮縣地震，有聲如雷，動摇屋宇。(《明孝宗實録》卷七六，第 1467 頁)

丁未，順天府薊州大風雨、暴雷，拔木偃禾，牛馬有震死者。(《明孝宗實録》卷七六，第 1469 頁)

己酉，四川邛州、嘉定州及叙南衛地震有聲。(《明孝宗實録》卷七六，第 1470 頁)

丙辰，夜，東方流星大如盞，色赤，光燭地，自奎宿北行至閣道。(《明孝宗實録》卷七六，第 1475 頁)

己未，以水災免河南祥符、陳留、原武、封丘四縣弘治五年秋糧有差。(《明孝宗實録》卷七六，第 1478 頁)

朔，雨雹。(嘉靖《延津志・祥異》)

六月

丙寅，蝗飛過京師三日，自東（閣本无"東"字）南向西北，日為之蔽。(《明孝宗實録》卷七七，第 1483 頁)

丁卯，山西石州吴城驛空中無雲，而震者再。(《明孝宗實録》卷七七，第 1484 頁)

丁亥，京師大霧四日。(《明孝宗實録》卷七七，第 1492 頁)

旋風飄失民廬。(康熙《德清縣志》卷一〇《災祥》)

丁卯，石州吴城驛無雲而震者再。（光緒《山西通志》卷八六《大事記》）

二十七日，旋風大作，其家之屋廬、器件、牲畜為風所卷。（康熙《德清縣志》卷一〇《災祥》）

大旱。（乾隆《許州志》卷一〇《祥異》；民國《重修臨潁縣志》卷一三《災祥》；民國《許昌縣志》卷一九《祥異》）

大水。饑。（同治《平江縣志》卷五〇《祥異》）

七月

丙辰，陝西寧遠縣天鼓鳴。（《明孝宗實録》卷七八，第1506頁）

庚申，南京見老人星，見丙位，色赤黄。（《明孝宗實録》卷七八，第1509頁）

大水，發倉賑濟之。四月至五月，霪雨數旬，洪水壞壤五十餘日。父老悉請上司告匱。命下，發米一千賑濟之，民賴存活。（康熙《英德縣志》卷三《災異》）

冀州大雨水害稼，民饑。（嘉靖《冀州志》卷七《災異》）

螟。（正德《永康縣志》卷七《祥異》）

初三日，大風雨，自卯至申揚沙石，開元寺西塔葫蘆傾覆，林木折無數，城鋪粉堞頹十之九，壞官私廬舍、商舶民船不可勝計。（乾隆《晉江縣志》卷一五《祥異》）

初三日，大風雨，自卯至申，發屋瓦，折林木，害禾苗，城垣塌。是年大有秋，明年麥復大熟。（嘉慶《惠安縣志》卷三五《祥異》）

八月

癸亥朔，陝西寧夏地震。（《明孝宗實録》卷七九，第1511頁）

己巳，山西長子縣雨雹，大者如拳，傷禾稼十之二（抱本作“三”），人有擊死者。（《明孝宗實録》卷七九，第1512頁）

己巳，臨晉縣空中雨飛蟲，如雪。（《明孝宗實録》卷七九，第

1512 頁）

庚午，夜，北方流星（疑“星”下有“大”字）如盞，赤色，光燭地，自文星東北行至近濁。（《明孝宗實録》卷七九，第 1512 頁）

辛未，京師雨雹，大者如彈丸。（《明孝宗實録》卷七九，第 1513 頁）

辛未，廣東潮州府地震有聲。（《明孝宗實録》卷七九，第 1513 頁）

辛未，是日，昏刻，月犯建星。（《明孝宗實録》卷七九，第 1513 頁）

壬申，夜，月犯牛宿中星。南京見月暈生黑氣，東西長百餘丈。（《明孝宗實録》卷七九，第 1513 頁）

甲戌，以旱災免順天府所屬州縣弘治六年分夏麥一萬五千三百九十餘石。（《明孝宗實録》卷七九，第 1513 頁）

丙子，遼東盖州衛地震，有聲如雷。（《明孝宗實録》卷七九，第 1515 頁）

丁丑，夜，月食。（《明孝宗實録》卷七九，第 1515 頁）

庚辰，夜，月犯畢宿。（《明孝宗實録》卷七九，第 1516 頁）

癸未，夜，月犯井宿。（《明孝宗實録》卷七九，第 1516 頁）

庚寅，是日，曉刻，木星犯靈臺星。（《明孝宗實録》卷七九，第 1519 頁）

淫雨三月不絶。（乾隆《重修懷慶府志》卷三二《物異》）

颶風大作，民多溺死。（道光《新會縣志》卷一四《祥異》）

大水。冬，大雪，平地深三四尺，民多凍死。（乾隆《許州志》卷一〇《祥異》；民國《許昌縣志》卷一九《祥異》；民國《重修臨潁縣志》卷一三《災祥》）

丙戌，大風拔木。（嘉靖《增城縣志》卷一九《大事通志》）

颶風大作，民多溺死。（道光《新會縣志》卷一四《祥異》）

丙戌，颶風大作，舟中溺死甚眾。（道光《開平縣志》卷八《事紀》）

九月

壬辰朔，山東郯城縣地震有聲。（《明孝宗實録》卷八〇，第 1521 頁）

甲午，卯刺，南京木星晝見抡巳位。（《明孝宗實録》卷八〇，第1521頁）

丁酉，以旱災免陝西西安等七府弘治六年夏税有差。（《明孝宗實録》卷八〇，第1522頁）

庚子，河南桐柏縣天鳴聲如雷。（《明孝宗實録》卷八〇，第1522頁）

壬寅，以旱災免直隸河間、保定二府弘治六年夏税有差。（《明孝宗實録》卷八〇，第1523頁）

癸卯，是日卯時，木星晝見抡已位。（《明孝宗實録》卷八〇，第1524頁）

戊申，停臨清鈔關，折支粟米，收銀解京。以山東旱災嘗借其米賑濟，今歲既稔，撫臣為之請也。（《明孝宗實録》卷八〇，第1527頁）

己酉，以旱災免陝西西安左等二十五衛所弘治六年屯糧有差。（《明孝宗實録》卷八〇，第1527頁）

甲寅，以旱災免河南開封等府弘治六年夏田税糧之半。（《明孝宗實録》卷八〇，第1529頁）

丙辰，夜，北方流星大如盞，色青白，光燭地，自北斗杓東北行至郎炸散。（《明孝宗實録》卷八〇，第1529頁）

十三日，大雪，至七年三月。（光緒《霍山縣志》卷一五《祥異》）

十三日，大雪，至次年三月，積深丈餘，中有如血者五寸，獸畜枕藉而死。（萬曆《六安州志》卷八《妖祥》）

十三日，大雪，至次年三月二十七日止。積深丈餘，中有如血者五寸，山畜枕藉而死。（嘉慶《舒城縣志》卷三《祥異》）

十三日，大雪，至次年甲寅三月，積深丈餘，中有如血者五寸，獸畜枕藉而死。（乾隆《霍山縣志》卷末《祥異》）

十八日，大雷。（光緒《蘭谿縣志》卷八《祥異》）

十八日，又雷。（嘉慶《蘭谿縣志》卷一八《祥異》）

二十五日，大雪，村落莫辨，河冰堅合，禽鳥絶飛，至次年二月終始霽，歲大熟。（民國《太和縣志》卷一二《災祥》）

二十五日，大雪，至次年二月終乃霽。（順治《潁州志》卷一《郡紀》）

二十五日，大雪，村落莫辨，河冰堅合，禽鳥絶飛，至次年二月始霽。

（民國《太和縣志》卷一二《災祥》）

大雪，自秋九月二十二日至七年春三月乃止，山谷皆迷，行人絶迹，民間盡燬屋壞器，以薪爨。（光緒《五河縣志》卷一九《祥異》）

大雨雪，自九月至次年正月。（光緒《盱眙縣志稿》卷一四《祥祲》）

大雨雪，九月至次年正月。（嘉慶《備修天長縣志稿》卷九下《災異》）

大雪，至次年三月乃止，積深丈餘，中有五寸如血，野畜枕藉而死。（光緒《廬江縣志》卷一六《祥異》）

大雨雪，至於七年二月。（乾隆《靈璧縣志略》卷四《災異》）

大雨雪，自九月至次年二月，民毁廬舍，以供爨燎。（光緒《宿州志》卷三六《祥異》）

泗州大雨雪，始自九月二十二日，至於明年正月乃止，山谷皆迷，行人絶路，民多毁屋器，以供薪爨。（嘉靖《泗志備遺》卷中《災患》）

大雪，自秋九月二十二日至七年春正月乃止，山谷皆迷，行人絶跡，民間毁屋壞器，以供薪爨。（康熙《五河縣志》卷一《祥異》）

大雪，自九月至明年二月。（天啟《鳳陽新書》卷四《星土》）

大雨雪，九月至于次年正月。（嘉靖《皇明天長志》卷七《災祥》）

至次年正月，大雨雪。（萬曆《滁陽志》卷八《災祥》；道光《來安縣志》卷四《祥異》）

江夏雪，至明年正月，每夜震雷雨雪。是冬，漢陽、安陸州、應山、應城皆大雪，鄖陽大雪，平地三尺餘，人畜多凍死。（民國《湖北通志》卷七五《災異》）

雪，至明年正月，每夜震電雨雪。（乾隆《江夏縣志》卷一五《祥異》）

十月

丁卯，夜，東方流星如盞，色青白，尾跡有光，自狼星旁東南行至近濁。（《明孝宗實録》卷八一，第1534頁）

乙亥，夜，月犯畢宿右股（抱本作“服”）星。（《明孝宗實録》卷八一，第1538頁）

丁丑，以水災免南京留守等三十四衛弘治五年屯糧五千三百石有奇。（《明孝宗實録》卷八一，第1538頁）

庚辰，是日夾刻，東有星如雞子大，色青白，起柳宿至近濁。（《明孝宗實録》卷八一，第1541～1542頁）

辛巳，是日丑刻，南方有星如雞子大，色青白，起南河，東南（廣本無“南”字）行至近濁，尾跡炸散。是日申刻，日生左右珥，色赤黄，良久散。（《明孝宗實録》卷八一，第1542頁）

冰，至于十二月。（同治《衡陽縣志》卷二《事紀第二》）

南京雨雪連旬。（光緒《金陵通紀》卷一〇中）

望，大雪，至七年春二月晦方止，溪間街道皆平漫，淺者亦五六尺。（康熙《虹縣志》卷上《祥異》）

震電大雪，至于明年春正月。（嘉靖《應山縣志》卷上《祥異》）

大冰，歲終方解。（嘉靖《衡州府志》卷七《祥異》）

大雪，至七年春正月止。是年冬十二月至七年春正月，每夜雷雨大作。（光緒《德安府志》卷二〇《祥異》）

十一月

辛丑，是日子刻，太陰與司怪星相犯。（《明孝宗實録》卷八二，第1549頁）

乙巳，夜，月暈，生連環左右珥，接北斗，色蒼白，良久散。（《明孝宗實録》卷八二，第1549頁）

丙午，是日辰刻，日生左右珥，色赤黄，良久散。（《明孝宗實録》卷八二，第1549頁）

戊午，直隷合肥縣地震有聲。（《明孝宗實録》卷八二，第1555頁）

己未，昏刻，金星犯星（閣本無“星”字）土星。（《明孝宗實録》卷八二，第1555～1556頁）

庚申，順天府府尹黄傑言：“畿内地方水旱相因，貧民流移來京城者以萬計，晝丐夜露，多轉溝壑。乞收入養濟院，全活必衆，實發政施仁之首政也。”户部議以在京養濟院狹小，豈能例應給糧遣還。但隆寒之時，恐在道失所，宜命順天府籍其名于官，大者人給糧三斗，小者半之，俟春暖仍送回，俾所在有司賑濟。從之。（《明孝宗實録》卷八二，第1556頁）

鄖陽大雪，至十二月壬戌夜，雷電大作，明日復震。後五日，雪止，平地三尺餘，人畜多凍死。（同治《鄖陽府志》卷八《祥異》；《明史·五行志》，第426頁）

冬，大雨雪，自十一月至次年正月，民多燬屋供炊，有凍餓死者。（光緒《永城縣志》卷一五《災異》）

雷電大雪，經月不止。（萬曆《南陽府志》卷二《祥異》）

大雪，至十二月壬戌夜大雷電，癸亥復震。丁卯，雪乃止，平地三尺餘，人畜多凍死。（民國《鄖西縣志》卷一四《祥異》）

十七日，晦三晝夜。（嘉靖《通許縣志》卷上《祥異》）

十二月

辛酉朔，河南汝寧府雷電，雪積數尺。（《明孝宗實録》卷八三，第1557頁）

辛酉朔，是日申刻，南京金星晝見於未位。（《明孝宗實録》卷八三，第1557頁）

壬戌，夜，南京雷電風雨，拔孝陵樹。（《明孝宗實録》卷八三，第1557頁）

壬戌，湖廣鄖陽府大雪。自前月十五日至于是日夜，雷震電發，明日復震，後五（抱本無“五”字）日雪止，平地三尺餘，人畜凍死無算。（《明孝宗實録》卷八三，第1557頁）

乙丑，申刻，金星晝見於本（廣本作“未”，抱本誤作“米”）位。（《明孝宗實録》卷八三，第1558頁）

庚午，昏刻，月犯畢宿。（《明孝宗實録》卷八三，第1559頁）

癸酉，以旱災免山西太原等府并平陽等衛所弘治六年夏税屯糧有次（廣本、閣本、抱本作“差”）。（《明孝宗實録》卷八三，第1560頁）

庚辰，直隸阜平縣天鼓鳴，地震，有聲如雷。（《明孝宗實録》卷八三，第1562頁）

乙酉，以水災免直隸真定等四府并神武等七衛所弘治六年糧草子粒有差。（《明孝宗實録》卷八三，第1564頁）

大水，漂没民舍。（嘉慶《涇縣志》卷二七《災祥》）

冬，連雨雪。十二月，大水，漂没民舍。（嘉慶《寧國府志》卷一《祥異附》）

冬，連雨雪。十二月，大水，所至漂没。（嘉慶《南陵縣志》卷一六《祥異》；民國《南陵縣志》卷四八《祥異》）

壬戌，雷雨拔孝陵樹。（同治《上江兩縣志》卷二下《大事下》；光緒《金陵通紀》卷一〇中）

大水，漂没民舍。（嘉慶《涇縣志》卷二七《災祥》）

南昌府大雪，樹木結冰。（康熙《南昌郡乘》卷五四《祥異》）

大雨雪，凍死萬人。（雍正《撫州府志》卷三《祥異》）

是年

春，大旱。（乾隆《沂州府志》卷一五《記事》；民國《臨沂縣志》卷一《通紀》）

大雨水。（康熙《安慶府志》卷六《祥異》；乾隆《銅陵縣志》卷一三《祥異》）

旱，饑。（民國《齊河縣志》卷首《大事記》）

春，大旱，饑，民掘鼠為食。（光緒《壽張縣志》卷一〇《雜事》）

大雨水，亢處生苔，下處産蛙，民苦濕疾。（道光《桐城續修縣志》卷二三《祥異》）

河水灌縣城。（民國《中牟縣志・祥異》）

襄陽旱。（同治《宜城縣志》卷一〇《祥異》）

水災，右副督御史何鑑巡撫江南，用便宜發漕米賑饑，與侍郎徐貫疏吴淞白茆諸渠。（光緒《崑新兩縣續修合志》卷五一《祥異》）

徐州旱。（民國《銅山縣志》卷四《紀事表》）

建昌縣大水。（同治《南康府志》卷二三《祥異》）

會通河溢，淹没官民舍千餘，運船覆者無算。（康熙《陽穀縣志》卷四《災異》；光緒《陽穀縣志》卷九《災異》）

旱，詔蠲田租，發粟以賑。（乾隆《平原縣志》卷九《災祥》）

冬，大雪六十日，爨葦幾絶，沿海堅冰，時以爲創聞。（民國《阜寧縣新志》卷末《雜志》）

冬，大雪六十日，爨葦幾絶，大寒，凝海。（光緒《淮安府志》卷四〇《雜記》；光緒《安東縣志》卷五《民賦下》）

冬，大雪五十日，民凍餒，及屋廬壓死者甚衆。（隆慶《高郵州志》卷一二《災祥》；嘉慶《高郵州志》卷一二《雜類》）

冬，益陽、湘鄉、寧鄉、瀏陽大雪，凍幾三月，冰堅厚數尺如石，路平坦，無復江河溝壑之阻，行者一日兼二三日之程。（乾隆《長沙府志》卷三七《災祥》）

冬，大寒。（嘉慶《上海縣志》卷一九《祥異》；同治《上海縣志》卷三〇《祥異》）

冬，大雨雪，深丈餘。（康熙《續修陳州志》卷四《災異》；民國《淮陽縣志》卷八《災異》）

冬，雨雪三月，民多凍餒死者。（光緒《虞城縣志》卷一〇《災祥》）

大雪三月。（嘉靖《壽州志》卷八《災祥》；康熙《蒙城縣志》卷二《祥異》；同治《霍邱縣志》卷一六《祥異》；民國《重修蒙城縣志》卷一二《祥異》）

大雪彌四月。（乾隆《新野縣志》卷八《祥異》）

冬，大雪。（道光《武陟縣志》卷一二《祥異》）

春，大雪，恒寒。（同治《瀏陽縣志》卷一四《祥異》）

春，大旱，曹、鄆禾稼不生。民饑，掘鼠爲食。（康熙《曹州志》卷一九《災祥》）

春，大旱，鄆城等處饑民，掘鼠爲食。（光緒《鄆城縣志》卷九《災祥》）

饑，瘟疫大作，人死者十之三。秋，河大決，陸地行舟。（道光《博平縣志》卷一《禨祥考》）

春夏大雨、大水、大雹，四序皆災，傷稼，民多殍疫，禽畜俱損。（乾隆《望江縣志》卷三《災異》）

夏，大旱。（光緒《曲陽縣志》卷五《大事記》）

夏，旱，饑。（乾隆《曲阜縣志》卷二九《通編》）

夏，大霖雨，河流驟盛，而荆隆口一支尤甚。（乾隆《東明縣志》卷八《藝文》）

夏，仍潦，是年低田半收。（弘治《常熟縣志》卷一《灾祥》）

夏，三吴水溢，匯為巨浸，巡撫都御史何公鑒驛書以聞。（正德《常州府志續集》卷三《祥異》）

旱，民饑。（道光《冠縣志》卷一〇《祲祥》）

夏，大霖雨，遂决運道。（順治《祥符縣志》卷一《山川》）

夏，大霖雨，河流驟盛，而荆隆口一支尤甚，遂决張秋，運河東岸併没，水奔注於海。由是運道淤涸，漕舟阻絶。（乾隆《儀封縣志》卷一二《藝文》）

夏，大霖雨，河流驟盛，而荆隆口一支尤甚，遂决張秋，運河東岸併汶水奔注入海。（嘉靖《長垣縣志》卷九《碑記》）

大旱。（嘉靖《太康縣志》卷四《五行》；萬曆《湖廣總志》卷六八《宦跡》；康熙《大城縣志》卷八《災祥》；康熙《文安縣志》卷一《災祥》）

飛蝗蔽天，盡傷禾稼。（光緒《清河縣志》卷三《災異》；民國《清河縣志》卷一七《附祥異表》）

大蝗。（嘉靖《威縣志》卷一《祥異》）

漢中大旱。（道光《褒城縣志》卷六《城署》）

以水災免鹽課。（乾隆《歷城縣志》卷二《總紀》）

蝗。（光緒《費縣志》卷一六《祥異》）

遣巡撫山東左僉都御史王霽祭泰山，祈雨。（民國《重修泰安縣志》卷六《歷代巡望》）

淫雨，人苦濕，多疾。（康熙《朝城縣志》卷一〇《災祥》）

河決張秋東堤，由大清河入海。（康熙《東阿縣志》卷八《紀事》）

天旱，禾菽焦槁。（乾隆《沛縣志》卷九《藝文》）

大雨水，民苦濕疾。（康熙《安慶府志》卷六《祥異》）

大雨水，傷稼，民多礙。（道光《宿松縣志》卷二八《祥異》）

大水，原隰皆淤塗，民苦濕疾。（順治《安慶府太湖縣志》卷九《災祥》）

大水，民饑。（康熙《安慶府潛山縣志》卷一《祥異》）

大水，免秋糧有差。（同治《建昌縣志》卷一二《祥異》）

海風大作，海船入平田，官為鑿渠乃出。其秋沿里禾無收。（弘治《興化府志》卷一五《災祥》）

颶風大作，明倫堂壞。（康熙《僊遊縣志・文廟重脩志》）

河水灌城。（天啟《中牟縣志》卷二《物異》）

旱。（同治《襄陽縣志》卷七《祥異》；同治《徐州府志》卷五下《祥異》）

洪水衝壓（田地）。（乾隆《保昌縣志》卷四《田賦》）

穀將垂成，旱，禱之舉應。（光緒《蓬州志》忠義篇第十一）

大水。（嘉靖《貴州通志》卷一〇《祥異》）

夏，大霖雨，黃河滔天，橫溢四出，決大潭口，由九家而東，決韓家墳，由荆隆口而下。又決楊家口、毋寺口，併流北注。吾邑四野盡為水潭，城郭官民幾盡蕩没。（順治《封邱縣志》卷七《藝文》）

夏秋，武甯縣大水，衝没千七百餘畝，沙壅二千四十餘畝。奏允發倉賑濟，及蠲免有差。（同治《南昌府志》卷六五《雜類》）

大雨雪，自秋九月至次年春正月乃止。（乾隆《盱眙縣志》卷一四《菑祥》）

大雪。（嘉慶《無爲州志》卷三四《禨祥》）

大雪三月，饑、凍死者甚眾。（嘉慶《懷遠縣志》卷九《五行》）

大雪塞户，民爲洞而出。（光緒《柘城縣志》卷一〇《災祥》）

大雪塞户，民鑿穴而出。（康熙《鹿邑縣志》卷八《災祥》）

大雪，平地三尺餘，民多凍死。（嘉靖《固始縣志》卷九《災異》）

大雪，凡四閱月。（萬曆《南陽府志》卷二《祥異》）

大雪，冰厚三尺。（嘉靖《漢陽府志》卷二《方域》）

大雨雪。（民國《高淳縣志》卷一二《祥異》）

冬，雨雪，九三月越，平地雪深丈餘，積寒沍凍，樹木摧折，禽獸死山中，民多凍餒而死。（萬曆《合肥縣志·祥異》）

冬，大雪，至次年春三月始霽。（雍正《巢縣志》卷二一《瑞異》）

冬，大寒，雨淋彌月，野鳥獸餓死，牛馬皆蜷踡如蝟，室廬圮壞，貧民凍死。（萬曆《滁陽志》卷八《災祥》）

雨雪，嚴寒，林木枯摧，行人多凍死。（同治《萍鄉縣志》卷一《祥異》）

冬，嚴寒，林木枯摧，人行凍死。（正德《袁州府志》卷九《祥異》）

冬，雨雪，嚴寒，樹木枯摧。（正德《瑞州府志》卷一一《災祥》）

冬，嚴寒，林木枯摧，人多凍死。（民國《萬載縣志》卷一之三《祥異》）

冬，大雪，深丈餘。（嘉靖《河南通志》卷四《祥異》；萬曆《重修磁州志》卷八《雜述》；乾隆《濟源縣志》卷一《祥異》；乾隆《原武縣志》卷一〇《祥異》；乾隆《重修懷慶府志》卷三二《物異》；民國《孟縣志》卷一〇《祥異》）

冬，大雨雪，踰月不霽，民多凍餒死者。（嘉靖《夏邑縣志》卷五《災異》）

冬，大雨雪，深丈餘。（乾隆《陳州府志》卷三〇《河渠》）

冬，大雪恒寒，民艱道行。（康熙《廣濟縣志》卷二《灾祥》）

冬，大雪，至明年三月，雪雨雷電間作。（乾隆《鍾祥縣志》卷一《祥異》）

冬，大雪，恒寒。（嘉靖《沔陽志》卷一《郡紀》；康熙《景陵縣志》卷二《災祥》）

冬，大雪，冰堅如石厚數尺，路平坦如砥。（同治《湘鄉縣志》卷五上《祥異》）

冬，益陽、湘鄉、寧鄉大雪，凍幾三月，冰堅厚數尺如石，路平坦，無復江河溝壑之阻，行者一日兼二三日之程。（康熙《長沙府志》卷八《祥異》）

冬，大雪，凍幾三月，冰堅厚數尺如石，路平坦，無復江河溝壁之阻。（同治《安化縣志》卷三四《五行》）

弘治七年（甲寅，一四九四）

正月

丁酉，夜，月犯畢宿。（《明孝宗實録》卷八四，第1575頁）

己亥，昏刻，東方流星大如盞，色青白，有光，自中天南行至近濁，後三小星随之。（《明孝宗實録》卷八四，第1576頁）

癸卯，寧夏地震有聲。（《明孝宗實録》卷八四，第1576頁）

庚子，以水災免直隷保定、河間二府弘治六年秋糧四萬二千二百六十（抱本作“百”，疑誤）餘石，草六十七萬七千九百八十餘束，并免河間、保定等十八衛所屯糧一萬八千九百餘石，草七千一百六十餘束。（《明孝宗實録》卷八四，第1576頁）

庚子，昏刻，月犯井宿東扇南第一星。（《明孝宗實録》卷八四，第1576頁）

癸卯，曉刻，木星犯靈臺星。（《明孝宗實録》卷八四，第 1576 頁）

庚戌，初以河南水旱（抱本無“旱”字）災免弘治六年夏税麥二十五萬二千七百石，絲十四萬六千六百餘兩。至是，鎮巡等官復謂災重而免輕。户部請原免五分者，今免七分；原免四分半者，今免六分（抱本“分”下有“半”字），四分以下遞減。其都司樣田并各衛所屯田減免之數，亦以是爲差，而開封等府六十七州縣并宣武等十三衛所去年秋田亦被災。今覈實分數已至，請如前例量免。俱從之。（《明孝宗實録》卷八四，第 1577 頁）

辛亥，南京禮科給事中馬子聰等言：“去歲十月以來，雨雪連旬，陰雲蔽日。十二月初二日夜，雷電震耀，風雨交作，林木拔起無數，而獨於孝陵為多，民居破壞，商賈罷市。夫雷當以八月收聲，隆冬盛寒，忽有此異，其所感召，必有由然。”（《明孝宗實録》卷八四，第 1579 頁）

辛亥，夜，月犯鍵閉星。（《明孝宗實録》卷八四，第 1580 頁）

壬子，以順天府所屬州縣直隸永清右等衛所水災，薊州（廣本、閣本、抱本“州”下有“等州”二字）縣忠義中等衛所并馬蘭谷（閣本作“峪”）等營堡蝗災，免弘（後脱“治”字）六年糧草有差。（《明孝宗實録》卷八四，第 1580 頁）

壬子，昏刻，東方流星大如盞，色青白，有光，自中天南行至近濁，後三小星随之（抱本、閣本脱“之”以上二十八字）。（《明孝宗實録》卷八四，第 1581 頁）

甲寅，以水災免直隸懷寧縣秋糧三萬三千八百六十三石有奇，草五萬七千五百九十二包，安慶衛屯糧一千五百四十八石有奇。（《明孝宗實録》卷八四，第 1581～1582 頁）

丁巳，巡撫鳳陽都御史張瑋言：“去（疑脱‘年’字）十月至十二月内，鳳陽等府，滁、和、六安等州轟雷掣電，雨雪交作，又或陰霧四塞。”巡按監察御史史瑛亦言：“安慶、太平等府自去年十一月初以来，霪雨大雪，連月傾降。冰雪堆集（廣本、抱本作‘積’），樹木倒折，屋墻頽壞，圩陂河塘俱被渰浸（閣本作‘没’），寒冷異常，民多凍死。”俱命所司知

之。(《明孝宗實録》卷八四，第 1582 頁)

丁巳，昏刻，有星大如雞彈，色青白，有光，東南行至濁（抱本、閣本脱“濁”以上十八字)。(《明孝宗實録》卷八四，第 1582 頁)

遼東義州等衛自正月以來亢旱，五月以後霪雨連綿，淹没禾稼。(民國《奉天通志》卷一六《大事》)

每夜雷電作。(雍正《應城縣志》卷七《祥異》)

二月

壬戌，以旱災免直隸徐州并所屬四縣弘治六年夏税麥三萬一百十一（當作“一十”）八石，絲一萬七千一百一十八兩有奇。(《明孝宗實録》卷八五，第 1586 頁)

乙丑，以旱災免湖廣襄陽、河南南陽等府州縣并各衛所弘治六年夏税之半。(《明孝宗實録》卷八五，第 1587 頁)

辛未，昏刻，金星犯昴宿。(《明孝宗實録》卷八五，第 1589 頁)

甲戌，昏刻，南極老人星見丁位，色赤黄。(《明孝宗實録》卷八五，第 1589 頁)

丁丑，雲南曲靖軍民府地震，有聲如雷，震倒軍民房屋二百餘間，壓死三人。(《明孝宗實録》卷八五，第 1590 頁)

壬午，巡按監察御史韓明奏：“江西南昌、九江等府自去年夏秋霪雨水潦，交冬風雪連綿，沿江田地盡被渰没，軍民房屋、城垣、圩蕩亦多浸壞，菜麥牛羊凍死殆盡。十二月中大雪，樹木結成冰，小者根株盡倒，大者枝柯壓折屋瓦，十室九破，道路阻塞，薪米騰貴，小民大困。”命所司知之。(《明孝宗實録》卷八五，第 1592 頁)

乙酉，以旱災，免山西平陽府所屬州縣及平陽等六衛所弘治六年糧草之半。(《明孝宗實録》卷八五，第 1593 頁)

三月

壬辰，福建龍溪、龍巖二縣地震有聲。(《明孝宗實録》卷八六，第

1597 頁）

己亥，遼東廣寧等衛狂風大作，晝暝，有黑殼蟲墮地，大如蒼蠅，久之俱入土。又瀋陽、錦州城垛墻為大風所仆者百餘丈，又野火燒唐帽山堡，人馬多死傷者。（《明孝宗實録》卷八六，第 1601 頁）

庚子，以水災免直隷懷寧等縣秋糧三萬三千八百六十三石有奇，草五萬七千五百九十二包，安慶衛屯糧一千五百四十八石有奇。（《明孝宗實録》卷八六，第 1601 ~ 1602 頁）

辛亥，山東登州府地震有聲，遼東盖州衛地震，有聲如雷，次日復震。（《明孝宗實録》卷八六，第 1607 頁）

丙辰，山西解州空中有星大如盃，俄散而為五，各長數尺，焰騰似火，既而天明（抱本、閣本作“鳴”），有聲如鼓。河南陝州有星大如斗，光芒照地，自東南流于西北，零散而隕，有聲如雷。（《明孝宗實録》卷八六，第 1608 ~ 1609 頁）

南畿蝗。夏，溧水大水。（光緒《金陵通紀》卷一〇中）

南畿蝗。（同治《上江兩縣志》卷二下《大事下》）

兩畿蝗。（《明史・五行志》，第 438 頁）

雨黑豆。三月朔，日食，秋大疫。（乾隆《銅陵縣志》卷一三《祥異》）

四月

己巳，陝西莊浪衛地震有聲。（《明孝宗實録》卷八七，第 1615 頁）

丁亥，上以天氣炎熱，命兩法司、錦衣衛將見監罪囚，笞罪（閣本作“杖”）、徒流以下無干證者釋之、減等發落，重罪情可矜疑並枷號者，具奏以聞，於是免枷。（《明孝宗實録》卷八七，第 1620 頁）

初三日夜，北風大作，雨雹傷稼。（順治《潁州志》卷一《郡紀》）

大水。（康熙《應山縣志》卷二《兵荒》；光緒《淮安府志》卷二〇《祥異》）

大雨水，暴雨數日，城垣崩塌幾百丈，公私第宅傾頹，漂流無算。（嘉靖《廣西通志》卷四〇《祥異》）

五月

癸巳，夜，北方流星如盞，色青白，光燭地，自紫微垣東藩外行至文昌，尾跡炸散。（《明孝宗實録》卷八八，第 1621 頁）

戊戌，欽天監天文生聞顯言五事……六年十月庚辰二鼓，東有星如雞彈大，色青白，光起柳宿，東行至近濁。四鼓，南有星亦如雞彈大，光起南河，東南行至近濁，尾跡炸散。十一月甲辰夜三鼓，太陰與司怪星相犯。（《明孝宗實録》卷八八，第 1623～1624 頁）

甲辰，昏刻，木星犯靈臺星。（《明孝宗實録》卷八八，第 1631 頁）

乙巳，以水災免直隸徐州及豐、沛二縣弘治六年秋糧八千三百四十三石有奇，草一萬四百五十餘包。（《明孝宗實録》卷八八，第 1631 頁）

庚戌，辰刻，金星晝見扵巳位。（《明孝宗實録》卷八八，第 1633 頁）

大雨，水漲。秋，水淹田禾。（光緒《嘉善縣志》卷三四《祥眚》）

大雨，水漲。秋，水渰田禾。（光緒《嘉興府志》卷三五《祥異》）

六月

辛酉，是日卯刻，南京金星晝見扵辰位。（《明孝宗實録》卷八九，第 1638 頁）

癸亥，酉刻，南京暴風雷雨，壞孝陵樹。（《明孝宗實録》卷八九，第 1639 頁）

乙丑，酉刻，日生右珥，色赤（廣本、閣本、抱本“赤”下有“黄”字）。（《明孝宗實録》卷八九，第 1640 頁）

辛未，四川茂州地震有聲。（《明孝宗實録》卷八九，第 1647 頁）

辛巳，夜，月犯畢宿。（《明孝宗實録》卷八九，第 1651 頁）

月中，雷電大風，驟雨如注，平地水深三尺餘，城郭公廨及民居類皆傾壞。（民國《奉天通志》卷一六《大事》）

七月

戊子，直隸蘇、常、鎮江三府風雨驟作，潮水泛溢，拔木飄瓦，平地水高五尺餘，沿江地水高一丈，坍塌房屋城垣，民多溺死。（《明孝宗實録》卷九〇，第 1653 頁）

庚寅，是日，南京大風雨，壞殿宇城樓吻獸，拔太廟、天地、社稷諸壇及孝陵樹。（《明孝宗實録》卷九〇，第 1654 頁）

甲午，以水災免直隸景州追補孳生馬駒七十二匹。（《明孝宗實録》卷九〇，第 1655 頁）

庚子，夜，月犯羅堰上星。（《明孝宗實録》卷九〇，第 1656 頁）

壬寅，昏刻，月犯泣星。（《明孝宗實録》卷九〇，第 1657 頁）

乙巳，是日寅刻，京師地震。（《明孝宗實録》卷九〇，第 1658 頁）

辛亥，遼東義州等衛自正月以来亢旱，五月以後霪雨連綿，渰没禾稼，六月中雷電大風，驟雨如注，平地水深三尺餘，城郭、公廨及民居類皆傾壞。及是奏至，命所司知之。（《明孝宗實録》卷九〇，第 1662 頁）

辛亥，福建福州府地震有聲。（《明孝宗實録》卷九〇，第 1662 頁）

壬子，户部以蘇、松、嘉、湖等處大水，恐漕運京儲不足，請以北直隸及山東、河南歲輸宣府、大同二邊夏麥五萬五千四百餘石，及秋粟三十三萬八千餘石，俱輸于京倉，以補不足之數。而以太倉折糧銀三十四萬六千七百餘兩，輸于二邊，以補改運之數。待蘇松等府勘災至日，酌量徵免多寡，定擬本色折色，解補太倉銀米之數。從之。（《明孝宗實録》卷九〇，第 1662～1663 頁）

壬子，是日曉刻，金星犯鬼宿西南星。（《明孝宗實録》卷九〇，第 1664 頁）

丙辰，福建福州府雷火，焚屏山頂城樓。（《明孝宗實録》卷九〇，第 1664 頁）

海溢，自年冬不雨。（嘉靖《臨山衛志》卷二《紀異》）

大風雨，海溢。（乾隆《金山縣志》卷一八《祥異》）

會稽、餘姚海溢。（萬曆《紹興府志》卷一三《災祥》）

旱，知州馬暾遍禱未應，乃索廢祀而脩之。是月十七日，率僚屬師生耆老即碑側設壇祭之，雨隨降，民遂有秋。（弘治《潞州志》卷二《祠廟》）

己丑，風雨如元年。（弘治《無錫縣志》卷二七《祥異》）

八月

辛酉，先是，天津等八衛被水，弘治六年秋青草令折納三運，本色四運。至是，委官主事李憲言："本色尚欠三運，無從採納，請並從折徵例。"户部覆奏，從之。（《明孝宗實録》卷九一，第1666～1667頁）

辛酉，是日巳刻，西方流星大如盞，色赤黄，光燭地，自中天西行至近濁，尾跡炸散。大同府空中有火塊大如斗，自東北流至西南，墜地有聲，頃之化白氣一道，良久散。（《明孝宗實録》卷九一，第1667頁）

乙丑，是日，曉刻，南京老人星見丙位，色赤黄。（《明孝宗實録》卷九一，第1669頁）

丙寅，昏刻，月犯鍵星。（《明孝宗實録》卷九一，第1669頁）

丙子，酉刻，日生右珥，色赤黄。（《明孝宗實録》卷九一，第1677頁）

戊寅，夜，南京地震。（《明孝宗實録》卷九一，第1677頁）

辛巳，是日曉刻，月犯軒轅右角星。夜，金星犯軒轅左角星。（《明孝宗實録》卷九一，第1678頁）

九月

丁亥，巡撫直隸都御史何鑑，以水災上救荒事宜謂："今東南民力已竭，而國用歲額不可虧。惟拎歲運量許折色輕齎，庶國用不虧，而民力少舒。乞將今年蘇、松、嘉、湖四府兑軍糧内許折徵八十萬石，每石為銀八錢。兩京諸司官禄俸坐派蘇、松、常、嘉、湖五府者，許並折銀。各府派納南京各衛倉糧，亦許折十萬石，每石為銀七錢。其各衛倉粮量添一斗之直，以給官軍，起運内府。"（《明孝宗實録》卷九二，第1683頁）

丁亥，是日曉刻，金星犯靈臺中星。（《明孝宗實録》卷九二，第1684頁）

庚寅，巡撫直隸都御史何鑑奏：“今年春夏以来，淫雨大注，山水暴漲，太湖泛溢，所在田廬悉為飄没。加以連歲災傷，民病益甚，如不預為之處，則民將流離失所，意外之患恐有不能無者。乞將明年各衛所該造軍器暫為停免，織造官暫為取回。”工部覆奏謂：“江南災荒誠有如鑑所言者，宜從其請。”得旨，造軍器准暫停止，織造官不必取回。（《明孝宗實録》卷九二，第1687頁）

丙申，禮部尚書倪岳等言：“近日南京風雨驟作，太廟、孝陵等處樹木有拔仆者，且飄落殿宇、廊廡、廚庫、明樓、碑亭等處琉璃、吻獸、垂帶、飛仙、勾頭、筒瓦及褁城坍塌鋪坐（舊校改‘坐’作‘座’）。又今年三月以來，甘肅、遼東、宣府，并山東、福建、雲南、四川等處地震有聲如雷，或震倒城垣房屋，壓死人口。遼東大風，吹倒城垣房屋，天色黑暗，吹落黑蟲滿地，大如蠅。自正月至五月不雨，以後霪雨連綿，渰没禾稼。山西天鳴，白日有星如杯，散為五塊，又有火如斗，墜地化為白氣。河南白日有星如斗，零散而隕，有聲如雷，又有星大如轆軸，赤光随之。宣府白日有星如斗，隕地有聲，化為白氣。四川瘟疫盛行，長寧等縣病死男婦三千餘人。南直隸蘇、松等府狂風驟雨，平地水湧丈餘，坍塌官民房屋二萬二千八百九十餘間，城垣鋪舍五十餘處，渰死人口二百八十三人，海潮逆湧，江水泛溢（廣本、抱本作‘濫’）。浙江湖州等府縣天雨連綿，江湖泛漲，居民房屋、橋梁、圩岸，類皆浸壞，城垣、公廨亦多傾仆。湖廣武昌等府州縣天雨不止，洪水泛漲，四望無涯，軍民房屋俱被渰没，城垣公廨等項俱被崩塌。通衢撐駕小船，老幼移徙山林。廣東肇慶府洪水入城，渰倒城垣、官民公廨、倉廒、房屋等項。廣西柳州等府縣江水泛漲高者丈餘，崩塌城垣、衙門、公廨，漂流軍民房屋。臣等謹按《傳》記有曰：‘狂恒雨若，蒙恒風若。’又曰：‘大星隕下，陽失其位，災害之萌也。’又曰：‘流星晝見，民災兵動。’又曰：‘陽伏而不能出，陰迫而不能升，扵是有地震。’又曰：‘百姓愁怨，陰氣盛則為大水。’竊見南京祖宗根本重地，甘肅、宣府、遼東、雲南皆邊方重地，其河南、山東、山西、浙江、江西、湖廣、福建、廣東、廣西、南直隸皆藩屏要地。不過六、七月間，各官所奏災異如是之多，而又遠近相同，彼此互見，揆之往牒，亦所罕聞。若不痛加修弭，誠恐變生不虞，猝難捄藥。"（《明孝宗實録》卷九二，第1690~1692頁）

丁酉，丑刻，南京地震有聲。（《明孝宗實録》卷九二，第1693頁）

庚子，兵科都給事中楊瑛言："比以江南水患，遣工部侍郎徐貫奉勑往治之。竊聞東南水患，近年特甚，高田下地均為一壑，早禾晚稼率成一空，男婦號呼，餓莩枕藉，加之風雨壞屋，居民壓死。今所差大臣若專事疏濬，而不以賑貸為急，恐待哺之民，救死不贍，縱或迫扵刑威，勉強趨赴，然孱餒之軀，亦難效力。"（《明孝宗實録》卷九二，第1694頁）

辛丑，夜，月犯天高星。（《明孝宗實録》卷九二，第1695頁）

壬寅，是日曉刻，金星犯亢宿。（《明孝宗實録》卷九二，第1696頁）

壬寅，又近年以来四方水旱相仍，人民饑窘，河決、地震、雷電、風雨之變頻頻奏報。（《明孝宗實録》卷九二，第1696~1697頁）

癸卯，夜，月犯井宿東扇南第一星。（《明孝宗實録》卷九二，第1697頁）

壬子，朝鮮國、海南夷十一人以捕魚為颶風漂其舟至福建漳州府。時無譯者，莫知其所自来。福建守臣送至京大通事譯審，乃得其實。（《明孝宗實録》卷九二，第1699~1700頁）

甲寅，是日曉刻，火星犯木星。（《明孝宗實録》卷九二，第1700頁）

大風，屋瓦皆落。（光緒《金陵通紀》卷一〇中）

以水災留關鈔户監備賑。（光緒《常昭合志稿》卷一二《蠲賑》）

有龍□於益都陽水，漂没人物甚多。（康熙《益都縣志》卷一〇《祥異》）

夏，大水。秋九月，大風，屋瓦俱落。（光緒《溧水縣志》卷一《庶徵》）

夏，大水。九月，大風，屋瓦俱落。（民國《高淳縣志》卷一二《祥異》）

大水無秋，九月賑之。（道光《震澤鎮志》卷三《災祥》）

大風落屋瓦。（同治《上江兩縣志》卷二下《大事下》）

十月

丁巳，滁州地震有聲。（《明孝宗實録》卷九三，第1701頁）

己未，以旱災免陝西西安等七府并西安等八衛糧二十七萬四千八百八十石有奇。（《明孝宗實録》卷九三，第1702頁）

乙丑，兵部尚書馬文升等言："今年七月中，福建福州府地震有聲，及雷火焚燬城樓。又天時久旱，米價騰貴，及浙江布政司并南北直隸亦各有地震水旱之災。山東、河南起夫修河，動十數萬，加以所在倉廩空虚，武備不足，恐民窮盜起，宜預為之防。請勅各鎮廵官員嚴督所司操習武備，并行南京内外守備官亦加嚴禁。"從之。（《明孝宗實録》卷九三，第1706頁）

辛未，巳刻，南京地震有聲。（《明孝宗實録》卷九三，第1711頁）

戊寅，山東按察司副使楊茂元奏："山東連年荒旱，今歲積雨為災。"（《明孝宗實録》卷九三，第1714頁）

癸未，陝西西安府地震，明日，高陵縣復震。（《明孝宗實録》卷九三，第1716頁）

海溢。十月至十二月，不雨。（光緒《餘姚縣志》卷七《祥異》）

餘姚冬十月至十二月，不雨。（萬曆《紹興府志》卷一三《災祥》）

大雪，震雹，至于正月。（嘉靖《隨志》卷上）

十一月

壬辰，曉刻，金星犯房宿。（《明孝宗實録》卷九四，第1723頁）

癸巳，亥刻，南京地震。（《明孝宗實録》卷九四，第1724頁）

乙未，夜，月犯外屏星。金星犯罰星。（《明孝宗實録》卷九四，第1725頁）

丁酉，是日卯刻，南京（脱"木"字）星晝見於午位。（《明孝宗實録》卷九四，第1726頁）

癸卯，是日曉刻，木星見扵己位。夜，月犯酒旗星。（《明孝宗實録》卷九四，第1729頁）

丙午，是日曉刻，金星犯天江星。夜，月犯左執法星。（《明孝宗實録》卷九四，第1731頁）

戊申，夜，月犯火星。（《明孝宗實録》卷九四，第1731頁）

辛亥，福建建寧府夜有流星自東南至西北，有聲如雷。（《明孝宗實録》卷九四，第1734頁）

壬子，夜，京師地連震有聲。（《明孝宗實録》卷九四，第1735頁）

壬子，居庸關地震有聲。（《明孝宗實録》卷九四，第1735頁）

十二月

丁巳，陝西肅州天鼓鳴。（《明孝宗實録》卷九五，第1738頁）

己未，以旱災免山西平陽、大同及行都司所屬糧十萬六千三百五十石有奇。（《明孝宗實録》卷九五，第1738頁）

癸亥，是日曉刻，火星犯亢宿南第一星。（《明孝宗實録》卷九五，第1740頁）

乙丑，以水災免順天府所屬州縣及直隷東勝右等衛所糧草有差。（《明孝宗實録》卷九五，第1741頁）

丙寅，是日曉刻，尾宿天江旁客星見，自庚午至庚辰徐行近斗宿。（《明孝宗實録》卷九五，第1743頁）

丁卯，遼東盖州地震有聲。（《明孝宗實録》卷九五，第1745頁）

己卯，廵撫南直隷都御史何鑑言："江西諸府水患，民饑方甚，而朝廷遣重臣治水，大興工役，無以食之。"（《明孝宗實録》卷九五，第1751頁）

除夕大風，火作，城内延燒數百家。（民國《遂寧縣志》卷八《雜記》）

是年

冬，嚴寒，林木枯摧，行人凍死。（民國《分宜縣志》卷一六《祥異》）

冬，嚴寒，林木枯摧，人多凍死。（民國《萬載縣志》卷一之三《祥異》）

雨雪嚴寒，林木枯摧，行人多凍死。（同治《萍鄉縣志》卷一《祥異》；民國《昭萍志略》卷一二《祥異》）

蝗。（光緒《永年縣志》卷一九《祥異》）

春，永州、永明等縣霖雨傷麥。（道光《永州府志》卷一七《事紀畧》）

春，水災。（民國《項城縣志》卷三一《祥異》）

夏，大水。（萬曆《彭澤縣志》卷七《災異》；同治《瑞昌縣志》卷一〇《祥異》；民國《滎經縣志》卷一三《五行》）

江南水災，准以存留折銀二十萬兩兑軍米三十萬石，分賑各屬。（道光《徽州府志》卷五《郵政》）

雨黑豆。（乾隆《銅陵縣志》卷一三《祥異》）

大水。（嘉靖《漢陽府志》卷二《方域》；康熙《續修陳州志》卷四《災異》；嘉慶《湖口縣志》卷一七《祥異》；同治《湖州府志》卷四四《祥異》；同治《建昌縣志》卷一二《祥異》；同治《奉新縣志》卷一六《祥異》；光緒《歸安縣志》卷二七《祥異》；光緒《烏程縣志》卷二七《祥異》；民國《淮陽縣志》卷八《災異》；民國《吴縣志》卷五五《祥異考》）

海溢，平地水五尺，沿江者一丈，民多溺死。（光緒《蘇州府志》卷一四三《祥異》）

鎮江潮溢，平地水五尺，沿江者一丈，民多溺死。（嘉慶《丹徒縣志》卷四六《祥異》；光緒《丹徒縣志》卷五八《祥異》）

大水，冒城郭，行舟入市，田滰幾盡。（乾隆《吴江縣志》卷四〇《災變》；乾隆《震澤縣志》卷二七《災祥》）

水益甚，給事中邑人葉紳疏請疏導，朝廷從之。（乾隆《吴江縣志》卷四一《治水》）

大水，冒城郭，舟行入市。（民國《太倉州志》卷二六《祥異》）

風潮。（嘉靖《靖江縣志》卷四《編年》；光緒《靖江縣志》卷八《祲祥》）

春，南昌府大水。蠲秋糧十分之七。（康熙《南昌郡乘》卷五四《祥異》）

春，雨，木冰。（嘉靖《寧州志》卷六《祥異》）

春，武寧縣雨，木冰。（同治《南昌府志》卷六五《雜類》）

自去冬無雪，今春少雨，田苗未能播種。（弘治《衡山縣志》卷五《文類》）

饑。（光緒《保定府志》卷四〇《祥異》）

旱。（乾隆《寶坻縣志》卷一四《禨祥》；道光《蓬溪縣志》卷一六《祥異》；光緒《增修灌縣志》卷一四《祥異》；光緒《射洪縣志》卷一七《祥異》；光緒《井研志》卷四一《紀年》；民國《潼南縣志》卷六《祥異》）

大雨雹。（康熙《大城縣志》卷八《災祥》）

大旱，五穀不登，果蔬盡歉。（崇禎《永年縣志》卷二《災祥》）

吴中大水，命工部侍郎徐貫與主事祝萃會同巡撫都御史何鑑委知蘇州府史簡，開浚吴江長橋水竇疏太湖之水以及吴淞江。（崇禎《松江府志》卷一八《水利》）

大水，免夏麥一萬四百九十石，秋糧九萬九千八百石有奇。（嘉慶《宜興縣志》卷末《祥異》）

銅陵雨黑豆。秋大疫。（乾隆《池州府志》卷二〇《祥異》）

雨黑豆。秋大疫。（光緒《青陽縣志》卷二《祥異》）

大水，封郭洲羅公池岸崩五里許。（嘉靖《九江府志》卷一《祥異》）

河決，東城被衝。（乾隆《太康縣志》卷八《雜志》）

漢（水）大漲。（同治《漢川縣志》卷一四《祥祲》）

大水，民居漂没，舟航入市。（乾隆《新化縣志》卷二五《祥異》）

潦水浸頹。（民國《懷集縣志》卷二《建置》）

南寧府等處旱，民饑。（嘉靖《廣西通志》卷四〇《禨祥》）

橫州、永淳旱，饑。（嘉靖《南寧府志》卷一一《祥異》）

大雨，鳳凰山崩。（嘉靖《貴州通志》卷一〇《祥異》）

秋水淹田禾。（光緒《嘉善縣志》卷三四《祥眚》）

秋，飛蝗入境。作文自責，蝗皆入海死。（光緒《高密縣鄉土志·政績》）

廬州大雪，色微紅。又雨豆，茶、黑、褐三色。（乾隆《江南通志》卷一九七《禨祥》）

冬，樹枝凍折。（民國《興國州志》卷三一《祥異》）

冬，大雪，恒寒。（萬曆《襄陽府志》卷三三《祥災》）

冬，大冰，樹枝盡墮。（康熙《武昌府志》卷三《災異》）

七年、八年水。（光緒《金壇縣志》卷一五《祥異》）

七年、九年，大水。（同治《南康府志》卷二三《祥異》）

弘治八年（乙卯，一四九五）

正月

戊戌，夜，月犯軒轅右角星。（《明孝宗實録》卷九六，第1765頁）

庚子，四川建昌衛自寅至卯地震有聲。（《明孝宗實録》卷九六，第1765頁）

辛丑，月（廣本、閣本、抱本“月”上有“夜”字）犯左執法星。（《明孝宗實録》卷九六，第1765頁）

壬寅，月（廣本、閣本、抱本“月”上有“夜”字）犯進賢星。（《明孝宗實録》卷九六，第1766頁）

癸卯，曉刻，月犯木星。（《明孝宗實録》卷九六，第1766頁）

乙巳，夜，月犯氐宿東北星。（《明孝宗實録》卷九六，第1767頁）

丙午，以水災免南京錦衣等衛弘治七年屯糧之半。（《明孝宗實録》卷

九六，第 1767 頁）

丙午，夜，月犯罰星。（《明孝宗實録》卷九六，第 1767 頁）

丁未，比来各處雨雹、河决、星隕、地震，大水為殃，狂風作孽，運舟遭煨燼之虞，再歲罹旱蝗之虐，災異之多，莫此為甚。（《明孝宗實録》卷九六，第 1768 頁）

庚戌，是日曉刺，客星入危宿犯上星。（《明孝宗實録》卷九六，第 1771～1772 頁）

壬子，以旱災免四川成都等府州及重慶等衛所弘治七年秋糧子粒之半。（《明孝宗實録》卷九六，第 1772 頁）

餘姚正月至三月，不雨。（萬曆《紹興府志》卷一三《災祥》；乾隆《紹興府志》卷八〇《祥異》）

至二月，不雨。（嘉靖《臨山衛志》卷二《紀異》；萬曆《新修餘姚縣志》卷二三《禨祥》；光緒《餘姚縣志》卷七《祥異》）

二月

乙卯，朔，日食。（《明孝宗實録》卷九七，第 1775 頁）

丁巳，是日曉刻，木星犯進賢星。（《明孝宗實録》卷九七，第 1775 頁）

庚申，以旱災免直隸潼關衛、蒲州守禦千户所弘治七年屯田子粒一百八十七石有奇。（《明孝宗實録》卷九七，第 1777～1778 頁）

庚申，昏刻，月犯畢宿右股星。（《明孝宗實録》卷九七，第 1778 頁）

辛酉，陝西肅州衛天鼓鳴，星隕。（《明孝宗實録》卷九七，第 1778 頁）

丁卯，昏刻，月犯靈臺星。（《明孝宗實録》卷九七，第 1781 頁）

庚午，寧夏地震。（《明孝宗實録》卷九七，第 1781 頁）

庚午，昏刻，南京老人星見丁位，色赤黄。（《明孝宗實録》卷九七，第 1781 頁）

壬申，浙江永嘉縣狂風暴雨，雨雹大如雞卵，小如彈丸，擊壞公私廬

舍，及殺秧麥、禽鳥，抵晚，積地尺餘，白霧四起。（《明孝宗實録》卷九七，第1781頁）

癸酉，寧夏地復震。（《明孝宗實録》卷九七，第1781頁）

乙亥，陝西肅州天鼓鳴。（《明孝宗實録》卷九七，第1785頁）

戊寅，曉刻，火星犯房宿。（《明孝宗實録》卷九七，第1786頁）

十八日申刻，永嘉有風，起自西北，呌哨而南。俄頃黑雲蔽天，暴雹随至，洊湃若萬馬踘蹋聲，大者如拳，小者如鷄子，毁屋瓦，傷禽畜，木實盡落，麥苗俱仆。父老以為百年無此雹也。（弘治《温州府志》卷一七《祥異》）

黄陵崗滚水石壩工成，張秋决口，新塞河復南下，運道無阻。（民國《清平縣志》卷三《河渠》）

大旱，自二月不雨至七月，饑民嗷嗷待哺。（民國《鹽乘縣志》卷一三《政略》）

三月

戊子，遼東鎮東等堡狂風，天黄黑，東南火星飛躍，大如斗，燬公館倉廒，人馬多死傷者。（《明孝宗實録》卷九八，第1790頁）

辛卯，宣府龍門衛地震有聲。（《明孝宗實録》卷九八，第1793頁）

壬辰，以水旱災免湖廣武昌等府及黄州等衛弘治七年夏税秋糧有差。（《明孝宗實録》卷九八，第1793頁）

甲午，山東登州府地震二次，俱有聲如雷。（《明孝宗實録》卷九八，第1794頁）

己亥，直隸桐城縣雨雹，深五寸，殺二麥。當塗縣蝗蝻生，食草枝，秧苗畧盡。（《明孝宗實録》卷九八，第1796頁）

己亥，寧夏地震一日十二次，有聲如雷。（《明孝宗實録》卷九八，第1796頁）

辛丑，陝西靖虜衛地震，有聲如雷。（《明孝宗實録》卷九八，第1797頁）

辛丑，夜，月犯東咸東第一星。（《明孝宗實録》卷九八，第1797頁）

壬寅，寧夏廣武營地震有聲，自辛丑至是日凡六次。（《明孝宗實録》卷九八，第1801~1802頁）

甲辰，申刻，陝西肅州天鼓鳴。（《明孝宗實録》卷九八，第1802頁）

丙午，以水災免直隸鳳陽等府縣及鳳陽等衛所弘治七年夏税子粒之半。（《明孝宗實録》卷九八，第1803頁）

戊申，以水災免江西南昌等府縣及南昌前等衛所弘治七年秋糧子粒有差。（《明孝宗實録》卷九八，第1808頁）

己酉，陝西肅州衛嘉峪關地震有聲。（《明孝宗實録》卷九八，第1809頁）

己酉，直隸邳、泗二州及桃源、清河、儀真、安東縣暴風雨雹殺麥。（《明孝宗實録》卷九八，第1809頁）

己酉，淮、鳳州縣暴風雨雹殺麥。（《明史·五行志》，第430頁）

己酉，暴風，雨雹殺麥。（光緒《五河縣志》卷一九《祥異》）

蘭谿之黄盆畈，天雨黄土。（萬曆《金華府志》卷二五《祥異》）

縣北黄溢畈中天雨黄土，有大如碗者，然甚輕，至地即碎。（嘉慶《蘭谿縣志》卷一八《祥異》）

己亥，桐城雨雹，深五尺，殺二麥。（《明史·五行志》，第430頁）

己未，酉（時），暴風，雨雹殺麥。（光緒《五河縣志》卷一九《祥異》）

大雨，連月不休，山谷化為水，田苗秧皆没，地麥不登，鄉人目為“病春羊”。（康熙《永州府志》卷二四《災祥》）

四月

甲寅朔，宣府懷来衛地震有聲。（《明孝宗實録》卷九九，第1814頁）

丙辰，以水災免遼東廣寧左屯等十七衛弘治七年屯糧有差。（《明孝宗實録》卷九九，第1814頁）

丁巳，山東歷城縣有星自東北流墜西南，紅光燭天，其聲如雷。（《明

孝宗實録》卷九九，第1816頁）

庚申，山西榆社、陵川、襄垣、長子、沁源五縣隕霜，殺麥豆桑。（《明孝宗實録》卷九九，第1816頁）

癸亥，昏刻，月犯左執法星。（《明孝宗實録》卷九九，第1819頁）

辛未，江西沿（閣本作“鉛”）山縣夜有星如輪，流至西北而隕，其聲如雷。（《明孝宗實録》卷九九，第1821頁）

壬申，直隸當塗縣蝗。（《明孝宗實録》卷九九，第1821頁）

癸酉，昏刻，火星犯氐宿東南星。（《明孝宗實録》卷九九，第1822頁）

甲戌，山西太平縣天鼓鳴。（《明孝宗實録》卷九九，第1823頁）

丙子，命直隸鎮江府原派本府并揚州府倉糧，每石暫折征銀三錢，以水災故也。（《明孝宗實録》卷九九，第1823～1824頁）

丙子，山東沂州雨雹殺麥黍，人畜有死者。（《明孝宗實録》卷九九，第1824頁）

庚辰，陝西渭南縣、遼東盖州衛同日地震，有聲如雷。（《明孝宗實録》卷九九，第1826頁）

壬午，上以天氣炎熱，命兩法司、錦衣衛將見監罪囚，公罪無干證者釋之，徒流以下减等發落，重罪情可矜疑并枷號者，具奏以聞。於是免死者五人，免枷號者二十五人。（《明孝宗實録》卷九九，第1832頁）

乙亥，泗、邳雨雹，深五寸，殺麥及菜。（咸豐《邳州志》卷六《民賦下》）

所屬俱大旱，斗米百錢，民多饑死，惟深州、欒城爲甚。（嘉靖《真定府志》卷九《事紀》）

蝗。（光緒《永平府志》卷三〇《紀事》）

大旱。（乾隆《饒陽縣志》卷下《事紀》）

高平隕霜。（嘉靖《山西通志》卷三一《災祥》）

辛酉，慶陽諸府縣衛所三十五，隕霜，殺麥豆禾苗。（《明史·五行志》，第428頁）

辛酉，隕霜，殺麥豆禾苗。（乾隆《環縣志》卷一〇《紀事》）

乙亥，常州、泗、邳雨雹，深五寸，殺麥及菜。（《明史·五行志》，第430頁）

五月

乙酉，四川建昌衛地震。（《明孝宗實録》卷一〇〇，第1833頁）

己丑，以水災免應天及蘇、松、常、鎮、太、寧、池、安八府及蘇州、建陽、宣州、安慶四衛弘治七年分糧草子粒有差。（《明孝宗實録》卷一〇〇，第1835頁）

己丑，四川灌縣及威州地震，有聲如雷。（《明孝宗實録》卷一〇〇，第1835頁）

庚子，夜，月犯牛宿。（《明孝宗實録》卷一〇〇，第1839頁）

庚戌，環縣及廣陽衛雨雹。（《國榷》卷四三，第2765頁）

南京陰雨踰月，壞朝陽門，北城堵。是月，免南畿被災秋糧。（光緒《金陵通紀》卷一〇中）

以水災免蘇州等府去年糧草有差，又免本年夏麥十之三。（光緒《常昭合志稿》卷一二《蠲賑》）

水災，免七年糧草子粒有差，又免本年夏麥十之三。（同治《上海縣志札記》卷一）

不雨，至於秋八月，民大饑。（同治《袁州府志》卷一《祥異》；民國《萬載縣志》卷一之三《祥異》）

六月

壬子朔，南京陰雨，自五月二日至是日。（《明孝宗實録》卷一〇一，第1847頁）

乙卯，申刻，京師雨雹。（《明孝宗實録》卷一〇一，第1849頁）

丙辰，昏刻，月犯靈臺星。（《明孝宗實録》卷一〇一，第1849頁）

戊午，四川威州、灌縣、汶水縣地震有聲。（《明孝宗實録》卷一〇一，

第1849～1850頁）

庚申，順天府霸州雨雹傷禾苗，禽鳥多死者。（《明孝宗實録》卷一〇一，第1850頁）

癸亥，夜，火星犯氐宿東南星，月犯東咸星。（《明孝宗實録》卷一〇一，第1850頁）

甲子，直隸黟縣雨黑白豆，味不可食。（《明孝宗實録》卷一〇一，第1851頁）

壬申，山西安邑縣雨雹傷禾。（《明孝宗實録》卷一〇一，第1854頁）

丙子，夜，流星大如盞，色青白，光燭地，自房宿西南行至近濁。（《明孝宗實録》卷一〇一，第1857頁）

大旱，饑。（嘉靖《宣府鎮志》卷六《災祥考》；康熙《龍門縣志》卷二《災祥》；乾隆《蔚縣志》卷二九《祥異》；乾隆《宣化縣志》卷五《災祥》；乾隆《萬全縣志》卷一《災祥》；道光《保安州志》卷一《祥異》；同治《西寧縣新志》卷一《災祥》；光緒《懷來縣志》卷四《災祥》；民國《陽原縣志》卷一六《前事》；民國《懷安縣志》卷一〇《志餘》）

七月

甲申，陝西山丹衛雨雹，傷禾。（《明孝宗實録》卷一〇二，第1860頁）

乙酉，陝西洮州衛雪冰（舊校改“雪冰”作“冰雹”）殺禾，暴水至，人畜多漂溺死者。（《明孝宗實録》卷一〇二，第1860頁）

丙戌，甘肅西寧等處大雨雹，殺禾及孳畜。（《明孝宗實録》卷一〇二，第1860頁）

戊子，金星晝見於申位。夜，月犯氐宿東北星。（《明孝宗實録》卷一〇二，第1863頁）

甲午，夜，京師北方白蜺見，色蒼白鮮明，良久漸散。月犯羅堰上星。（《明孝宗實録》卷一〇二，第1870頁）

乙未，日生右珥，色赤黄。（《明孝宗實録》卷一〇二，第1870頁）

辛丑，昏刻，木星犯進賢星。(《明孝宗實録》卷一〇二，第 1876 頁)

十五日午，驟雨即止，日色中見三龍隨雲上下相持，北行所過，屋瓦皆飛。(同治《潁上縣志》卷一二《雜志》)

大旱。(萬曆《沃史》卷二《今總紀》)

八月

辛亥，朔，寧夏地震，有聲如雷。(《明孝宗實録》卷一〇三，第 1879 頁)

甲寅，寧夏地震有聲。(《明孝宗實録》卷一〇三，第 1881 頁)

己未，順天府薊州遵化等城及永平府灤州各地震有聲。(《明孝宗實録》卷一〇三，第 1882 頁)

庚申，宣府懷来衛地震。灤州地震有聲。(《明孝宗實録》卷一〇三，第 1882 頁)

壬戌，陜西肅州衛地震。(《明孝宗實録》卷一〇三，第 1883 頁)

乙丑，昏刻，月犯壘壁陣東第六星。(《明孝宗實録》卷一〇三，第 1885 頁)

丙寅，欽天監奏是夜月食，不應。(《明孝宗實録》卷一〇三，第 1886 頁)

丙寅，灤州地震有聲。(《明孝宗實録》卷一〇三，第 1887 頁)

戊辰，灤州地復震有聲。(《明孝宗實録》卷一〇三，第 1887 頁)

辛未，宣府懷来衛地復震。(《明孝宗實録》卷一〇三，第 1890 頁)

辛未，夜，月犯畢宿左股星。(《明孝宗實録》卷一〇三，第 1890 頁)

己卯，貴州安南衛連日地震。(《明孝宗實録》卷一〇三，第 1898 頁)

九月

辛巳，朔，貴州安南衛地震。(《明孝宗實録》卷一〇四，第 1899 頁)

辛巳，朔，夜，東方流星大如盞，色青白，光燭地，自天倉東南行至近濁，尾跡炸散。(《明孝宗實録》卷一〇四，第 1899 頁)

癸未，以旱災免河南彰德、衛輝、懷慶三府并所屬州縣正官明年朝覲，從巡撫等官奏也。(《明孝宗實録》卷一〇四，第 1900 頁)

癸未，以旱災免山西太原、平陽二府及澤、潞等州縣正官明年朝覲，從巡撫等官奏也。（《明孝宗實録》卷一〇四，第1900頁）

戊子，暹羅國夷人挨瓦等六人舟被風飄至瓊州府境，廣東按察司以聞，命給之口糧，俟有進貢夷使還，令携歸本國。（《明孝宗實録》卷一〇四，第1901頁）

戊子，福建福州府地震。（《明孝宗實録》卷一〇四，第1901頁）

甲午，廣東潮州等府颶風暴雨，壞城垣廬舍，溺死人畜。（《明孝宗實録》卷一〇四，第1902頁）

甲午，貴州安南衛地震有聲，自是日至二十一日，凡十有二次。（《明孝宗實録》卷一〇四，第1902頁）

甲辰，夜，月犯御女星。（《明孝宗實録》卷一〇四，第1906～1907頁）

丙午，山東觀城、鄆城、壽張、范縣各地震有聲，濮州地連震，聲如雷。（《明孝宗實録》卷一〇四，第1907頁）

丁未，以旱災免陝西延安、臨洮、鞏昌、慶陽、平凉五府并所屬州縣正官明年朝覲，從巡撫等官奏也。（《明孝宗實録》卷一〇四，第1908頁）

大水漂禾。（咸豐《興甯縣志》卷一二《災祥》）

大水，海陽北門堤决，崩城二百丈，浸民居，淹田禾，及于潮、揭、饒三縣。（嘉靖《潮州府志》卷八《災祥》）

十月

庚戌朔，遼東廣寧地震，有聲如雷。（《明孝宗實録》卷一〇五，第1911頁）

戊午，夜，南方流星大如盞，色青白，光燭地，自參宿東南行至弧矢，尾跡漸散。（《明孝宗實録》卷一〇五，第1912頁）

辛酉，南京地震。（《明孝宗實録》卷一〇五，第1914頁）

壬戌，山東兖州府地震，有聲如雷。（《明孝宗實録》卷一〇五，第1915頁）

壬戌，直隸山陽、贛榆二縣地震有聲，海州自是日至十五日，地震者九。（《明孝宗實録》卷一〇五，第 1915 頁）

丙寅，陝西肅州天鼓鳴。（《明孝宗實録》卷一〇五，第 1918 頁）

丁卯，是日，曉刻，木星犯亢宿。（《明孝宗實録》卷一〇五，第 1919 頁）

戊寅，宣府順聖川地震，自丙子至是日。（《明孝宗實録》卷一〇五，第 1925 頁）

十一月

戊子，日生左珥，色赤黄。（《明孝宗實録》卷一〇六，第 1941 頁）

壬辰，貴州安南衛地連震，有聲如雷。（《明孝宗實録》卷一〇六，第 1943 頁）

己亥，是日曉刻，月犯軒轅左角星。（《明孝宗實録》卷一〇六，第 1945 頁）

己亥，陝西金州及洵陽縣地震，有聲如雷。（《明孝宗實録》卷一〇六，第 1945 頁）

己酉，以旱災免直隸順德、真定、大名、廣平、河間五府所屬州縣秋粮六萬九千石，草一百二十五萬七千三百六十束，綿花絨一萬六千三百八十斤，并免德州等五衛屯田子粒共六千七百四十石有奇。（《明孝宗實録》卷一〇六，第 1947 頁）

己酉，是日曉刻，木星犯氐宿。（《明孝宗實録》卷一〇六，第 1948 頁）

初六日，（明軍）發嘉峪関，歷扇馬城、赤斤、苦峪、王子庄等處凡八日，至羽集乜川，營於卜陸吉兒之地。是夜，大風作驚，沙轉徙。須臾，平地成阜，軍士寒不支，僵卧馬旁……夜半風止而雪，軍士少安……苦峪去哈密凡三程，無水，入貢者皆馱水往來，至是得雪，余遂得以兼程西向（又六日至哈密）。（《平番始末》）

大雪甚寒，樹木凍死，鳥飛墜地。（咸豐《蘄州志》卷二五《祥異》）

至十二月，大雪深四五尺，彌數旬不消，牛馬凍死無算，山林野獸手即可捕。（嘉靖《興國州志》卷七《祥異》）

十一月、十二月，興國、崇陽雪深五尺，彌旬不消，牛馬凍死無算，野獸舉手可捕。（康熙《武昌府志》卷三《災異》）

冬十一月、十二月，大雪深五尺，彌旬不消，牛馬凍死無算，野獸舉手可捕。（同治《崇陽縣志》卷一二《災異》）

十二月

癸丑，昏刻，火星犯壘壁陣。（《明孝宗實録》卷一〇七，第1950頁）

丙辰，昏刻，月掩土星。（《明孝宗實録》卷一〇七，第1954頁）

戊午，昏刻，土星犯壘壁陣。夜，月犯外屏星。（《明孝宗實録》卷一〇七，第1954頁）

辛酉，昏刻，月犯畢宿左（抱本作"右"）股星。（《明孝宗實録》卷一〇七，第1955頁）

乙丑，陝西靖虜衛天鼓鳴。（《明孝宗實録》卷一〇七，第1957頁）

戊辰，是日曉刻，月犯右執法星。（《明孝宗實録》卷一〇七，第1962頁）

丙子，湖廣長沙府大雷電，雨雪。（《明孝宗實録》卷一〇七，第1971頁）

丁丑，江西南昌府、四川彭水縣大雷電，雨雪雹，大木折。（《明孝宗實録》卷一〇七，第1972頁）

大震電。（乾隆《望江縣志》卷三《災異》）

大雷電，雨雪。（光緒《湘陰縣圖志》卷二九《災祥》）

是年

春，大雨雹。（民國《崇善縣志》第六編《前事》）

春，旱。（民國《項城縣志》卷三一《祥異》）

春，湖廣大旱。（道光《永州府志》卷一七《事紀畧》）

大雨雹。（康熙《續修陳州志》卷四《災異》；民國《淮陽縣志》卷八《災異》）

淫雨三月不絶。（道光《武陟縣志》卷一二《祥異》）

水災，蠲免積年逋欠糧草籽粒有差，并免本年夏麥十之三。（民國《太倉州志》卷二六《祥異》）

大旱，饉殍載道。（天啟《舟山志》卷二《災祥》）

大旱，殣殍載道。（民國《定海縣志》册一《災異》）

春，雨雹。（嘉靖《廣西通志》卷四〇《祥異》）

春，長治旱……夏，寧鄉、崞縣、曲沃大旱，高平蝗。（雍正《山西通志》卷一六三《祥異》）

春夏大旱。知州馬暾遍禱山川之神……是夕大雨。（乾隆《長治縣志》卷二一《祥異》）

夏，旱。（正德《瑞州府志》卷一一《災祥》；雍正《石樓縣志》卷三《祥異》）

夏，不雨，苗稼槁枯，人民愁嘆……虔誠祈禱……其時靈雨霑足，禾苗暢茂。（乾隆《中江縣志》卷四《寺觀》）

蝗。穀初成，有蝗自澤州來，勢如飛雨，淩空而下，吮心葉節根，食之殆遍。（順治《高平縣志》卷九《祥異》）

旱。（乾隆《蒲州府志》卷二三《事紀》；乾隆《長沙府志》卷三七《災祥》）

歲罹大旱，雨澤愆期。今歲自春徂夏不雨，麰麥不收，秋禾未播。（乾隆《隴州續志》卷八《藝文》）

漢中方城大旱，九月不雨。（民國《漢南續修郡志》卷二六《藝文》）

河决張秋及濟甯。（道光《濟甯直隸州志》卷一之二《五行》）

河決張秋。（咸豐《金鄉縣志略》卷一〇下《事紀》）

水災，蠲免積年通欠粮草籽粒有差，并免本年夏麥十之三。（嘉慶《直隸太倉州志》卷一《恩旨》）

自弘治乙卯至正德十六年二十五載，而民苦潰溢，官煩蠲賑。（崇禎《常熟縣志》卷三《水利》）

大旱，饑。（康熙《文安縣志》卷一《災祥》）

大旱。（乾隆《崞縣志》卷五《祥異》）

水。（光緒《金壇縣志》卷一五《祥異》）

水災，免徵夏税麥一萬二千五百有奇。（萬曆《常州府志》卷七《錢穀》）

黄河積冰，水滂。（嘉靖《儀封縣志》卷下《災祥》）

水旱，相連二十府州。（嘉慶《安仁縣志》卷一三《災異》）

水溢，漂民居。（同治《益陽縣志》卷二五《祥異》）

北門堤大决，浸城濠，漂田廬。（嘉靖《潮州府志》卷一《恤典》）

湖南水旱，相連二十府州。（同治《常寧縣志》卷五《鹽法》）

夏秋四縣旱，饑。（正德《袁州府志》卷九《祥異》）

夏秋旱，饑。（同治《分宜縣志》卷一〇《祥異》）

秋，旱。（康熙《鄜州志》卷七《災祥》）

秋，有大艘為颶風所破，漂至金鄉炎亭。時出海陸路官軍捕緝，得不死者二十餘人，語音殊不可辨。（弘治《温州府志》卷一七《祥異》）

秋，大水，衝决城垣一百七十丈有奇。（康熙《廣東通志》卷五《城池》）

秋，淫雨，三月不絶。（乾隆《重修懷慶府志》卷三二《物異》）

秋，霪雨，三月不絶，沁河泛漲，漂人廬舍。（乾隆《修武縣志》卷九《災祥》）

秋，大雨水，一夕暴至，閔民頹屋壞垣者將幾百家。至若几榻、食飲之器亦皆漂流十餘里，嗷嗷之聲接抣道路。（正德《汝州志》卷八《記》）

冬，雨雪雹，飛禽墮地。（嘉慶《沅江縣志》卷二二《祥異》）

弘治九年（丙辰，一四九六）

正月

乙酉，夜，月犯外屏西第四星。（《明孝宗實録》卷一〇八，第1976頁）

癸巳，山西蒲州地震。（《明孝宗實録》卷一〇八，第1978頁）

甲午，夜，月犯軒轅左角星。（《明孝宗實録》卷一〇八，第1978頁）

乙未，是日卯刻，南京金星晝見於辰位。(《明孝宗實録》卷一〇八，第 1978 頁)

庚子，是日曉刻，月犯西咸星。(《明孝宗實録》卷一〇八，第 1984 頁)

庚子，遼東蓋州衛地震。(《明孝宗實録》卷一〇八，第 1984 頁)

庚子，陝西金州天鼓鳴。(《明孝宗實録》卷一〇八，第 1984 頁)

甲辰，以水災免應天、常州、鎮江三府弘治八年夏税八萬七千八百石有奇。(《明孝宗實録》卷一〇八，第 1984 頁)

戊申，以旱災免山西太原、平陽二府并澤、潞等州，磁州守禦千户所弘治八年夏税十二萬一（閣本作“八”）千二百石有奇。(《明孝宗實録》卷一〇八，第 1988 頁)

戊申，昏刻，南京北方有星大如盞，色青白，自文昌行丈餘，發光如斗，二小星随之，至正南炸散，有聲如雷。(《明孝宗實録》卷一〇八，第 1988 頁)

二月

己酉，是日辰刻，金星晝見于己位。(《明孝宗實録》卷一〇九，第 1992 頁)

辛亥，卯刻，木星見於未位，凡四日。(《明孝宗實録》卷一〇九，第 1992 頁)

甲寅，以旱災免直隸順德府弘治八年夏麥四千六百三十餘石，絹一百三十四。(《明孝宗實録》卷一〇九，第 1993 頁)

乙卯，陝西金州地震。(《明孝宗實録》卷一〇九，第 1994 頁)

丙辰，夜，月犯天高星。(《明孝宗實録》卷一〇九，第 1995 頁)

丁巳，湖廣鄖陽府、四川大寧縣同日地震。(《明孝宗實録》卷一〇九，第 1995 頁)

戊午，是日曉刻，金星犯羅堰上星。(《明孝宗實録》卷一〇九，第 1997 頁)

壬戌，順天府薊州及遵化縣地震二次，俱有聲如雷。(《明孝宗實録》

卷一〇九，第 2000 頁）

癸亥，曉刻，月犯右執法星。（《明孝宗實録》卷一〇九，第 2000 頁）

己巳，遼東盖州衛地震。（《明孝宗實録》卷一〇九，第 2004 頁）

庚午，以水災免河南開封、彰德、衛輝、懷慶、汝寧等府及彰德等衛所弘治八年税糧子粒有差。（《明孝宗實録》卷一〇九，第 2004 頁）

壬申，夜，京師及直隸淶水縣地震。（《明孝宗實録》卷一〇九，第 2004 頁）

癸酉，宣府隆慶衛地震。（《明孝宗實録》卷一〇九，第 2005 頁）

甲戌，以水災免直隸徐州弘治八年秋糧三萬三千餘石，草四萬四千六百餘包，及徐州左等二衛屯糧一千二百七十餘石。（《明孝宗實録》卷一〇九，第 2005 頁）

乙亥，昏刻，南京老人星見於午位。（《明孝宗實録》卷一〇九，第 2005 頁）

大雨雹。（嘉靖《永嘉縣志》卷九《雜志》）

三月

乙酉，是日己〔巳〕刻，南京見日生交暈，未刻，復生重半暈，下生右（閣本作"石"）戟氣及白虹，貫日彌天，申刻乃散。（《明孝宗實録》卷一一〇，第 2011 頁）

己丑，昏刻，月犯軒轅左角星。（《明孝宗實録》卷一一〇，第 2012 頁）

庚寅，夜，木星自二月以來守氐宿。（《明孝宗實録》卷一一〇，第 2012 頁）

丙申，夜，月犯東咸星。（《明孝宗實録》卷一一〇，第 2014 頁）

雨雹，二麥摧折。（乾隆《亳州志》卷一《災祥》）

淫雨數日。（萬曆《賓州志》卷一四《祥異》）

閏三月

己酉，江西贛縣地震。（《明孝宗實録》卷一一〇，第 2020 頁）

丙辰，以旱災免陜西西安等七府及西安左等二十一衛所夏税子粒有差。（《明孝宗實録》卷一一一，第 2021 頁）

丁巳，夜，月犯上將星。（《明孝宗實録》卷一一〇，第 2022 頁）

己未，陜西平凉府東南有星大如月，紅光燭地，至西北止，既而天鼓鳴。（《明孝宗實録》卷一一一，第 2023 頁）

癸亥，夜，月犯罰星。（《明孝宗實録》卷一一一，第 2024 頁）

乙丑，陜西寧夏地震。（《明孝宗實録》卷一一一，第 2025 頁）

乙丑，夜，月犯南斗杓第一星。（《明孝宗實録》卷一一一，第 2025 頁）

辛未，京師及直隸永平衛同日地震。（《明孝宗實録》卷一一一，第 2026 頁）

四月

庚辰，陜西甘肅地震。（《明孝宗實録》卷一一二，第 2032 頁）

辛巳，山西榆次縣隕霜殺禾。（《明孝宗實録》卷一一二，第 2032 頁）

壬午，南京木星晝見于申位。（《明孝宗實録》卷一一二，第 2033 頁）

辛卯，南京地震。（《明孝宗實録》卷一一二，第 2040 頁）

丙午，上以天氣炎熱，命兩法司、錦衣衛將見監問罪囚，笞罪無干證者釋之，徒流以下者減等發落，重罪情可矜疑并枷號者，具奏以聞。（《明孝宗實録》卷一一二，第 2046 頁）

辛巳，榆次隕霜殺禾。是月，武鄉亦隕霜。（《明史・五行志》，第 428 頁）

又暴雨，山崩地陷，洪水汎溢，田苗多傷，民居漂流，堤岸、橋梁衝决。（萬曆《賓州志》卷一四《祥異》）

五月

丁未朔，以蝗災免山東青州府弘治八年税糧有差。（《明孝宗實録》卷一一三，第 2049 頁）

丙辰，申剋，京師雨雹。（《明孝宗實録》卷一一三，第 2053 頁）

戊午，昏剋，月犯東咸星。（《明孝宗實録》卷一一三，第 2053 頁）

辛酉，山西武鄉縣雨冰雹，擊人畜有死者。(《明孝宗實録》卷一一三，第 2056 頁)

乙丑，遼東東川堡地震。(《明孝宗實録》卷一一三，第 2056 頁)

戊辰，陝西寧夏地震。(《明孝宗實録》卷一一三，第 2057 頁)

壬申，夜，月犯畢宿。(《明孝宗實録》卷一一三，第 2058 頁)

大水。(乾隆《貴州通志》卷一《祥異》；道光《遵義府志》卷二一《祥異》；光緒《平越直隸州志》卷一《祥異》)

大水，遵德坊撑舟濟人。(嘉靖《貴州通志》卷一〇《祥異》)

六月

癸未，月犯建星。(《明孝宗實録》卷一一四，第 2063 頁)

庚寅，浙江山陰、蕭山二縣同日大雨，山崩水湧，漂廬舍二千間，死者三百餘人。事聞，上命量免被災人户徭役，其渰没人口者給之米二石，漂損廬舍者給一石。(《明孝宗實録》卷一一四，第 2063 頁)

壬辰，夜，月犯壘壁陣東第六星。(《明孝宗實録》卷一一四，第 2065 頁)

丙申，是日曉刻，月犯外屏東第三星。(《明孝宗實録》卷一一四，第 2070 頁)

庚子，以旱災免江西南昌等九府三十四縣，南昌左等三衛，廣信、鉛山二守禦所弘治八年分税糧五十萬八千（抱本“五十萬八千”作“五十八萬一千”）有奇。(《明孝宗實録》卷一一四，第 2072 頁)

庚子，東方流星大如盞，光燭地，自螣蛇東行至大陵，尾跡炸散。(《明孝宗實録》卷一一四，第 2072 頁)

庚辰，宣府鎮南口墩驟雨火發，龍起刀鞘内。(乾隆《宣化府志》卷三《灾祥附》)

庚辰，南口墩驟雨。(同治《西寧縣新志》卷一《災祥》)

庚寅，山陰、蕭山二縣同日大雨，山崩，溺死三百餘人。(乾隆《紹興府志》卷八〇《祥異》)

十五日，又大水。(萬曆《金華府志》卷二五《祥異》)

夏，霪雨彌旬，至六月十五夜，純孝鄉三峯塔彈雨（源?）之中，洪□崩山，乾溪暴漲，平地深數丈，漂蕩房室以百計，壞田畝以千計，人畜溺死者亦以百計。（嘉慶《蘭谿縣志》卷一八《祥異》）

七月

丁巳，申刻，日生右珥，色赤黄。（《明孝宗實録》卷一一五，第 2088 頁）

己未，是日曉刻，金星犯軒轅大星。（《明孝宗實録》卷一一五，第 2088 頁）

壬申，夜，北方流星大如盞，色青白，光燭地，自勾陳北行至文昌。（《明孝宗實録》卷一一五，第 2094 頁）

不雨，斗米萬錢。（康熙《成寧縣志》卷七《祥異》）

八月

辛巳，夜，南京見老人星，見丙位，色赤黄。（《明孝宗實録》卷一一六，第 2096 頁）

壬辰，夜，月犯天囷西（抱本“西”下有“北”字）第二星。（《明孝宗實録》卷一一六，第 2099 頁）

庚子，夜，月犯軒轅左角星。（《明孝宗實録》卷一一六，第 2103 頁）

壬寅，以旱災免湖廣漢陽等七府、岳州等四衛弘治八年秋糧有差。（《明孝宗實録》卷一一六，第 2104 頁）

壬寅，遼府（閣本作“東”）鳳凰城天鼓鳴。（《明孝宗實録》卷一一六，第 2108 頁）

天雨麥於大埕上底前沙岡上，貧民拾升斗煮食，無殊於麥。（乾隆《潮州府志》卷一一《災祥》）

九月

己酉，夜，月犯南斗杓（抱本作“柄”）西第一星。（《明孝宗實録》卷一一七，第 2114 頁）

庚戌，昏刻，月犯建星。（《明孝宗實録》卷一一七，第2115頁）

甲寅，夜，月犯壘壁陣西第六星。（《明孝宗實録》卷一一七，第2116頁）

乙卯，陝西肅州衛天鼓鳴。（《明孝宗實録》卷一一七，第2116頁）

辛酉，曉刻，月犯畢宿。（《明孝宗實録》卷一一七，第2117頁）

丙寅，宣府隆慶衛地震。（《明孝宗實録》卷一一七，第2118頁）

丁卯，夜，月犯軒轅大星。（《明孝宗實録》卷一一七，第2118頁）

己巳，曉刻，月犯靈臺上星。（《明孝宗實録》卷一一七，第2118頁）

癸酉，宣府萬全都司地震有聲。（《明孝宗實録》卷一一七，第2121頁）

雷拔府學大成殿匾額。（同治《南城縣志》卷一〇《雜志》）

十月

丙子，四川汶川縣及威州俱地震有聲。（《明孝宗實録》卷一一八，第2123頁）

己卯，昏刻，月犯牛（閣本作“斗”）宿。（《明孝宗實録》卷一一八，第2128頁）

辛巳，是日辰刻，日生左珥，色赤黄，良久散。（《明孝宗實録》卷一一八，第2129頁）

甲申，是日寅刻，南京雷有聲，地震。（《明孝宗實録》卷一一八，第2132頁）

乙酉，陝西禮縣地震，有聲如雷。（《明孝宗實録》卷一一八，第2132頁）

丁亥，夜，月犯天囷星。（《明孝宗實録》卷一一八，第2134頁）

甲午，是日，曉刻，月犯軒轅大星。（《明孝宗實録》卷一一八，第2135頁）

十一月

癸丑，夜，月犯外屏西第二星。（《明孝宗實録》卷一一九，第2143頁）

丙辰，夜，月犯畢宿左股第一星。（《明孝宗實録》卷一一九，第2143頁）

庚申，夜，月犯鬼宿東南星。（《明孝宗實録》卷一一九，第2144頁）

十二月

甲申，刑科給事中楊廉上疏言："今年冬京師氣候異常，大寒已過，猶少霜雪。冬至以来，愈覺暄暖。陛下昧爽臨朝，憂形于色，所以動修省之念者至矣。……然自古帝王所以轉災為祥者，非出于齋醮祈禳之説……"下其奏于所司。(《明孝宗實録》卷一二〇，第 2152 ~2153 頁)

甲申，夜，月犯天高（廣本、抱本"高"下有"於"字）東南星。(《明孝宗實録》卷一二〇，第 2153 頁)

戊子，夜，月食既。(《明孝宗實録》卷一二〇，第 2154 頁)

己丑，夜，月犯軒轅大星。火星犯鉤鈐星。(《明孝宗實録》卷一二〇，第 2156 頁)

乙未，夜，月犯西（閣本作"南"）咸南第一星。(《明孝宗實録》卷一二〇，第 2158 頁)

丙申，午刻，日生暈，随生抱、背二氣，色赤黄，申刻漸散。(《明孝宗實録》卷一二〇，第 2158 頁)

己亥，是日曉刻，月犯建星。(《明孝宗實録》卷一二〇，第 2164 頁)

是年

春，大雨雹。(雍正《太平府志》卷三六《禨祥》；民國《崇善縣志》第六編《前事》)

益陽、寧鄉大水。(乾隆《長沙府志》卷三七《災祥》)

夏，酃縣竹生子，炊之可以止饑。至九月中，天雨物如麥。(康熙《衡州府志》卷二二《祥異》)

水。(乾隆《寶坻縣志》卷一四《禨祥》)

大水，出蛟，壞民田廬。(嘉靖《石埭縣志》卷二《祥異》)

大水，改折南京倉米。(同治《建昌縣志》卷一二《祥異》)

旱，改折南京倉米，每石四錢。(同治《南昌府志》卷六五《祥異》)

久不雨，秋無獲。(萬曆《寧都縣志》卷八《雜志》)

山水泛漲，决洧川栗家口。（乾隆《續河南通志》卷七《山川》）

大名府河決長垣、東明間。（康熙《畿輔通志》卷一九《名宦》）

山水泛漲，决洧川栗家口，故道漸淤，水勢趨南，横潰旁溢。（民國《鄢陵縣志》卷四《河渠》）

大水，居民漂流，田禾淹没殆盡。（康熙《武昌府志》卷三《天異》）

大水，漂民居。（乾隆《益陽縣志》卷一《災祥》）

大水，舟楫達於街衢。（乾隆《寧鄉縣志》卷八《災祥》）

資江大水。（同治《安化縣志》卷三四《五行》）

堤決，城内水深丈餘，民房官廨盡淹。（乾隆《潮州府志》卷一一《災祥》）

大水，民舍有漂没者。（嘉靖《思南府志》卷七《拾遺》）

七年、九年，大水。（同治《南康府志》卷二二《祥異》）

弘治十年（丁巳，一四九七）

正月

辛亥，昏刻，月犯畢宿。（《明孝宗實録》卷一二一，第2168頁）

壬子，陕西寧夏中衛有星大如斗，色黄白，光長三十餘丈，一小星随之，隕于西北隅，天鳴如雷者數聲。（《明孝宗實録》卷一二一，第2168頁）

癸丑，是日卯刻，南京木星晝見扵午位。夜，月犯井宿西扇北第二星。（《明孝宗實録》卷一二一，第2168頁）

甲寅，卯刻，木星晝見扵午位三日。（《明孝宗實録》卷一二一，第2168頁）

乙卯，夜，月犯鬼宿西南星。（《明孝宗實録》卷一二一，第2168頁）

丙辰，曉刻，火星犯木星。（《明孝宗實録》卷一二一，第2168頁）

丁巳，夜，月犯軒轅左角星。（《明孝宗實録》卷一二一，第2168頁）

戊午，直隸真定府、山西太原府俱地震有聲，屯留縣地震尤甚，如舟將

覆狀，屋瓦多震落者。(《明孝宗實録》卷一二一，第 2168 頁)

甲子，酉刻，金星晝見於申位四日。(《明孝宗實録》卷一二一，第 2169 頁)

戊辰，陝西榆林衛、寧夏城及靈州同日地震有聲。(《明孝宗實録》卷一二一，第 2171 頁)

己巳，以旱災免宣府前衛并萬全左等衛所弘治九年屯粮草束有差。(《明孝宗實録》卷一二一，第 2175 頁)

辛未，廣東高州府地震有聲。(《明孝宗實録》卷一二一，第 2175 頁)

二月

己卯，夜，江西新城縣雨冰雹，傷草木禽獸，民有凍死者。(《明孝宗實録》卷一二二，第 2183 頁)

壬午，申刻，東南流星大如盞，色青白，自中天南行至近濁。昏刻，南京老人星見於丁位。(《明孝宗實録》卷一二二，第 2184 頁)

甲申，陝西靜寧州及隆德、華亭二縣同日地震，有聲如雷。(《明孝宗實録》卷一二二，第 2185 頁)

乙酉，申刻，南京金星晝見於未位。夜，月犯靈臺上星。(《明孝宗實録》卷一二二，第 2185 頁)

丁亥，陝西鎮番衛地震，有聲如雷。(《明孝宗實録》卷一二二，第 2186 頁)

己丑，昏刻，金星犯天陰南第二星。(《明孝宗實録》卷一二二，第 2186 頁)

壬辰，四川茂州地震有聲。(《明孝宗實録》卷一二二，第 2188 頁)

癸巳，以旱災免山西大同府屬州縣及行都司屬衛弘治九年秋糧子粒有差。(《明孝宗實録》卷一二二，第 2188 頁)

戊寅，夜，江西新城縣氷雹。(《國榷》卷四三，第 2702 頁)

三月

丁未，夜，月犯司怪星。(《明孝宗實録》卷一二三，第 2195 頁)

己酉，申刻，雨土。（《明孝宗實録》卷一二三，第 2197 頁）

辛亥，禮部奏："邇者山西、陝西天鳴、地震、星隕。京師去冬，恒燠無雪，火災疊見。今春狂風陰霾，日精無光。山東以南亢陽為虐，二麥無（廣本作'未'）成。請通行内外諸司省躬思咎，勉盡職務，仍遣大臣祭告天地、社稷、山川，及在外諸司，各禱于封内山川。"（《明孝宗實録》卷一二三，第 2197～2198 頁）

癸丑，以水旱災免直隸鳳揚〔陽〕、淮安、揚州三府及滁州、鳳陽等十七衛所弘治九年税粮子粒有差。（《明孝宗實録》卷一二三，第 2199 頁）

辛酉，是日曉刻，月犯建星東第三星。（《明孝宗實録》卷一二三，第 2204 頁）

丁卯，順天府通州雨冰雹，深一尺。（《明孝宗實録》卷一二三，第 2208 頁）

甲子，北通州大冰雹。（《國榷》卷四三，第 2704 頁）

四月

丁丑，昏刻，月犯鬼宿。（《明孝宗實録》卷一二四，第 2212 頁）

丙戌，以霜災免山西太原、平陽二府所屬州縣弘治九年夏秋税粮有差。（《明孝宗實録》卷一二四，第 2218 頁）

戊子，昏刻，南京見南方流星大如彈，色青白，起自軫宿，行丈餘，發光如盞，二小星随之西北行。（《明孝宗實録》卷一二四，第 2221 頁）

癸巳，以旱災免直隸丹徒縣弘治九年秋田被災者粮草八之五。（《明孝宗實録》卷一二四，第 2222 頁）

戊戌，雷震宣府西横嶺之南，山傾三十餘丈。（《明孝宗實録》卷一二四，第 2222 頁）

辛丑，大同陽和衛晚刻有星，紅光如火，流自東南，至西南而殞，有聲如雷。直隸阜平縣空中有火光一道，其長八九尺，大如轆軸，隱隱有聲來自東南，至西南而墜。（《明孝宗實録》卷一二四，第 2223 頁）

因亢旱，命陝西巡撫許進祭西嶽。（光緒《華嶽志》卷七《紀事》）

大旱……自九年冬至本年四月大旱。（嘉靖《真定府志》卷九《事紀》）

大旱，禱祀北嶽。（順治《渾源州志》附《恒岳志》卷上）

以旱遣右副都御史陳道祭禱於中嶽。（康熙《登封縣志》卷三《嶽祀》）

五月

甲寅，夜，月犯東咸星。（《明孝宗實録》卷一二五，第2230頁）

乙卯，以旱災免應天府所屬五縣弘治九年分秋糧草束有差。（《明孝宗實録》卷一二四，第2230頁）

丁卯，曉刻，月犯天廪星。（《明孝宗實録》卷一二五，第2232頁）

庚午，山西清源縣地震，有聲如雷。（《明孝宗實録》卷一二五，第2236頁）

二十日，仙源垌漲水五尺許。（康熙《灌陽縣志》卷九《災異》）

天鳴雷震。（康熙《安慶府志》卷六《祥異》）

風霾。（康熙《大城縣志》卷八《災祥》）

六月

甲戌，宣府懷来衛地震。（《明孝宗實録》卷一二六，第2240頁）

乙亥，廣東海豐縣地震，有聲如雷，數日乃止。（《明孝宗實録》卷一二六，第2240～2214頁）

丙子，未刻，金星晝見於午位。（《明孝宗實録》卷一二六，第2241頁）

己卯，夜，月犯氐宿。（《明孝宗實録》卷一二六，第2243頁）

壬午，夜，月犯南斗杓第一星。（《明孝宗實録》卷一二六，第2244頁）

乙酉，夜，月食。（《明孝宗實録》卷一二六，第2245頁）

辛卯，昏刻，南方流星大如盞，色青白，自房宿東南行至近濁。（《明孝宗實録》卷一二六，第2246頁）

乙未，江西贛州府及南安府（脱“上”字）猶縣地震有聲。（《明孝宗

實録》卷一二六，第2249頁）

霪雨，禾稼渰没者三載。（光緒《柘城縣志》卷一〇《災祥》）

霪雨傷稼。（光緒《鹿邑縣志》卷六《民賦》）

七月

乙丑，是日曉刻，月犯井宿西扇北第二星。（《明孝宗實録》卷一二七，第2262頁）

丙寅，申刻，日生右珥，色赤黄。（《明孝宗實録》卷一二七，第2262頁）

丁卯，是日曉刻，月犯鬼宿。（《明孝宗實録》卷一二七，第2262頁）

丁未，福建興化大風拔木。（《國榷》卷四三，第2707頁）

十有一日，颶風大雷雨，折樹壞屋。（乾隆《僊遊縣志》卷五二《祥異》）

十二日，自未至酉大風掀揭，宇宙雷雨晦冥，屋上磚瓦皆隨風飛舞相敲擊，屋下人無竄伏處。山中合抱大樹皆折斷，如折麻槁然。（弘治《興化府志》卷一五《災祥》）

夜，無雲而雷。（民國《鹽山新志》卷二九《祥異表》）

大風，損樹傷禾。（乾隆《饒陽縣志》卷下《事紀》）

寧德縣大水。（乾隆《福寧府志》卷一六《雜事》）

颶風大作，城樓警鋪皆壞。（民國《福建通志》卷七《城池》）

宏治十年，甯德縣大水，羣虎縱横，人畜多傷。七月淫雨。十五夜，甯德西鄉北陽山蛟出，大風雷電，山溪水漲。頃刻，高二丈許，漂没田廬、橋梁、人畜無算。陳洋坂生員劉慶方祀祖，合家二十餘口俱溺死，僅遺小童。（乾隆《福寧府志》卷四三《祥異》）

八月

甲戌，卯刻，南京金星見辰位。（《明孝宗實録》卷一二八，第2271頁）

庚辰，河南鄧州水災，户部請令有司給米以賑之，溺死人口者家二石，漂流房屋頭畜者家一石，沙壓禾苗者，量減徵科。從之。（《明孝宗實録》卷一二八，第2273～2274頁）

辛巳，夜，月犯壘壁陣西第五星。（《明孝宗實録》卷一二八，第 2274 頁）

壬午，是日，曉刻，南京老人星見辰位。（《明孝宗實録》卷一二八，第 2274 頁）

癸未，是日卯刻，金星晝見於辰位。（《明孝宗實録》卷一二八，第 2274 頁）

癸巳，昏刻，南京客星見天廄星旁。（《明孝宗實録》卷一二八，第 2276 頁）

九月

乙巳，時山東濟、兗、青、登、萊五府被水災，濟、青二府蟲災，蓬萊、黄二縣瘟疫。命所司賑恤之。溺死人口之家給米二石，漂流房屋頭畜之家一石，瘟死之家量給之。其死亡盡絶及貧不能葬者，給以掩埋之費。（《明孝宗實録》卷一二九，第 2278 頁）

乙巳，昏刻，月犯建星第三星。永平府有星大如斗，光掩月，流自西北，殞于東南，天鼓鳴，有聲。（《明孝宗實録》卷一二九，第 2278 ~2279 頁）

庚申，以旱災免陝西延安、慶陽二府弘治十年夏糧六萬二百餘石，并延安、慶陽二衛屯糧四千二百六十餘石。（《明孝宗實録》卷一二九，第 2285 ~2286 頁）

庚申，是日曉刻，月犯井宿東扇南第二星。（《明孝宗實録》卷一二九，第 2286 頁）

壬戌，鎮守湖廣總兵官鎮遠侯顧溥等言："本年六月内安陸州大雨，迅雷擊碎城上旗竿，四散委地，闔城駭懼。七月初旬以來，霪雨不止，城垣梁口并公私廬舍多塌。大洪山等處山水泛漲，渰死男婦四十三（閣本作'八'）人，衝流房屋六十餘間，牛馬等畜一百三十餘隻，損壞田地二十餘頃。至十六日，迅雷擊碎吉王府端禮門吻獸并後金柱頭。臣會同撫按及都布按三司等官議謂天變之感召也，必由人事，長沙往年既有草木之妖，今安陸又有迅雷之變，雖所以致之者，莫知其由然，不擊他處，而獨擊王門，豈偶然哉?"命下其言於所司。（《明孝宗實録》卷一二九，第 2287 ~2288 頁）

乙丑，昏刻，火（閣本作“土”）星犯壘壁陣西第三星。（《明孝宗實録》卷一二九，第 2290 頁）

壬戌，雷電甚雨，越三日雷電，雨如春。（同治《香山縣志》卷二二《祥異》）

大水。（民國《增修膠志》卷五三《祥異》）

濟南、兗、青、登、萊五府大水，命有司賑之。（民國《山東通志》卷一〇《通紀》）

十月

庚午，四川成都府州縣及灌縣守禦千户所被水災，命所司賑恤之。（《明孝宗實録》卷一三〇，第 2295 頁）

辛未，以旱（閣本作“水”）災免江西九江衛弘治八年屯種（廣本、閣本、抱本作“糧”）萬五千一百五十余石。（《明孝宗實録》卷一三〇，第 2295 頁）

辛未，是日曉刻，金星犯左執法星。（《明孝宗實録》卷一三〇，第 2295 頁）

壬申，山東萊州府星隕，天鼓鳴。（《明孝宗實録》卷一三〇，第 2297 頁）

甲戌，直隸永平府地震，有聲如雷。（《明孝宗實録》卷一三〇，第 2299 頁）

甲戌，夜，月犯羅堰下星。（《明孝宗實録》卷一三〇，第 2299 頁）

己卯，直隸永平府地復震。（《明孝宗實録》卷一三〇，第 2303 頁）

壬午，夜，月犯天囷南第二星。（《明孝宗實録》卷一三〇，第 2304 頁）

乙酉，夜，月犯天關（抱本作“開”）星。（《明孝宗實録》卷一三〇，第 2305 頁）

丁亥，以旱災免順天府所屬十四州縣弘治十年夏秋糧一萬九千四百二十餘石，草四十萬九百二十八束。（《明孝宗實録》卷一三〇，第 2305 ~ 2306 頁）

戊子，夜，月犯鬼宿積尸氣星。（《明孝宗實録》卷一三〇，第2307頁）

乙未，申刻，日生雙珥。（《明孝宗實録》卷一三〇，第2310頁）

十一月

戊戌朔，以四川成都、保寧、順慶、敘州等處旱潦相仍，命所司賑給之。民溺死者與其家米二石，漂流産業者一石。（《明孝宗實録》卷一三一，第2311頁）

甲辰，巡撫湖廣都御史沈暉奏："吉府修建府第，幾四年工尚未就。近者，震雷擊碎州城旗竿，及本府端禮門脊獸并後柱，意者天厭土木之繁興，念小民之疾苦，故發此變異以警動之。"從之。（《明孝宗實録》卷一三一，第2316頁）

甲子，夜，西方流星如盞，色青白，光燭地，自匏瓜西行至近濁乃散。（《明孝宗實録》卷一三一，第2324～2325頁）

十二月

戊辰，是日曉刻，金星犯東咸（閣本作"威"，疑誤）東第二星。（《明孝宗實録》卷一三二，第2327頁）

戊寅，以水災免順天府所屬州縣，及直隸遵化等衛所糧草子粒之半。（《明孝宗實録》卷一三二，第2332頁）

庚辰，是日曉刻，水星犯木星。（《明孝宗實録》卷一三二，第2333頁）

癸未，夜，月食。月犯鬼宿西南星。（《明孝宗實録》卷一三二，第2334頁）

乙酉，夜，西方流星大如盞，色赤，光燭地，自參旗西南行至近濁散。（《明孝宗實録》卷一三二，第2335～2336頁）

是年

一冬無雪，行季夏令。十二月，群草皆吐花。明年八月，雨至。（萬曆《崑山縣志》卷八《災異》）

大旱，民饑。（乾隆《東明縣志》卷七《灾祥》）

秋，安陸霪雨，壞城郭廬舍。（道光《安陸縣志》卷一四《祥異》）

荆州大水，自沙市决堤浸城，衝塌公安門城樓，民田陷没無算。（光緒《荆州府志》卷七六《災異》）

狹堤淵決。是年，府屬皆被水災，公安尤甚。（同治《公安縣志》卷三《祥異》）

龍泉大雨雹，形如牛首，重十餘觔。（光緒《吉安府志》卷五三《祥異》）

大旱。（乾隆《衡水縣志》卷一一《禨祥》；乾隆《臨晉縣志》卷六《雜記上》；民國《臨晉縣志》卷一四《舊聞記》）

秋，安陸霪雨，壞城郭廬舍殆盡。（道光《安陸縣志》卷一四《祥異》）

冬，暖無雪。（光緒《崑新兩縣續修合志》卷五一《祥異》）

夏，大旱。（光緒《曲陽縣志》卷五《大事記》）

順天、淮安、太原、平陽、西安、延安、慶陽旱。（《明史·五行志》，第483頁）

霪雨積旬。（乾隆《太原府志》卷四九《祥異》）

太原、平陽旱。（光緒《山西通志》卷八六《大事紀》）

旱。（光緒《甘肅新通志》卷二《祥異》；民國《鄉寧縣志》卷八《大事記》）

亢旱，秋田無收，黎民飢饉，流移者眾。（嘉靖《蒲州志》卷三《祥異》）

西安旱。（乾隆《三原縣志》卷九《祥異》）

水災，賑。（乾隆《歷城縣志》卷二《總紀》）

漕河决。（道光《濟甯直隸州志》卷一之二《五行》）

天雨雹，形如牛首，重十餘斤，屋樹鳥獸俱被打傷。（同治《龍泉縣志》卷一八《祥異》）

水入縣屬，兩廊損失，民間屋産更甚。（民國《陽朔縣志》第五編

《前事》）

水。（光緒《井研志》卷四一《紀年》）

永平縣大水，渰没居民數百家。（隆慶《雲南通志》卷一七《災祥》）

秋，大雨，霪雨積旬。（道光《陽曲縣志》卷一六《志餘叙録》）

秋，霖雨積旬，縣北孫家山南移二里許。（萬曆《榆次縣志》卷八《災祥》）

冬，無雪，行季夏令，十二月，羣木皆吐花。（崇禎《吴縣志》卷一一《祥異》）

弘治十一年（戊午，一四九八）

正月

丙午，昏刻，月犯畢宿左股北第二星。（《明孝宗實録》卷一三三，第2345頁）

戊申，陝西寧夏中衛地震有聲。（《明孝宗實録》卷一三三，第2345頁）

己酉，南京雷雹。（《明孝宗實録》卷一三三，第2345頁）

壬戌，昏刻，南方流星大如盞，色青白，中天東南行至近濁。（《明孝宗實録》卷一三三，第2350頁）

癸亥，陝西肅州有流星大如房，響如雷，良久滅。（《明孝宗實録》卷一三三，第2351頁）

二月

丁卯朔，陝西寧夏西路地震有聲。（《明孝宗實録》卷一三四，第2353頁）

戊辰，陝西寧夏、洛陽川墩有流星大如斗，天鳴如雷。（《明孝宗實録》卷一三四，第2353頁）

辛巳，以旱災免山西太原、平陽二府，澤、潞、汾三州及平陽、汾州二衛弘治十年夏税子粒有差。（《明孝宗實録》卷一三四，第2359頁）

乙酉，南京見老人星，見丁位。（《明孝宗實録》卷一三四，第2361頁）

丁亥，河南衛輝府地震二次，俱有聲。（《明孝宗實録》卷一三四，第2361頁）

三月

辛丑，以旱災免陕西西安、延安二府弘治十年分税糧一千七百餘石，草九百二十餘束。（《明孝宗實録》卷一三五，第2369頁）

壬寅，夜，月犯天關星。（《明孝宗實録》卷一三五，第2369頁）

乙巳，夜，月犯積尸氣星。（《明孝宗實録》卷一三五，第2370頁）

辛亥，以水災免永平、開平二衛所屯糧二千五百九十一石，草一千一十一束有奇。（《明孝宗實録》卷一三五，第2371頁）

辛亥，夜，月犯亢宿南第二星。（《明孝宗實録》卷一三五，第2371頁）

貴溪大雨雹，形如馬首，屋樹鳥獸俱傷。（同治《廣信府志》卷一《星野》）

雨雹，形如馬頭，一顆重十餘觔，鄉北一帶横十里，縱六七十里，居民屋瓦盡破，樹木鳥獸俱傷。（乾隆《貴溪縣志》卷五《祥異》）

四月

戊辰，直隸壽州及河南（廣本、閣本、抱本“南”下有“汝陽”二字）縣各雨，冰雹，傷麥苗，殺禽鳥，壞官民廨舍。（《明孝宗實録》卷一三六，第2375頁）

甲戌，以旱災免直隸淮安府及徐州，并邳州衛弘治十年分（抱本無“分”字）夏税子粒有差。（《明孝宗實録》卷一三六，第2377頁）

辛巳，是日，曉刻，雨土。（《明孝宗實録》卷一三六，第2378頁）

甲申，夜，月犯木星。(《明孝宗實録》卷一三六，第2379頁)

丙戌，夜，月犯壘壁陣西第二星。(《明孝宗實録》卷一三六，第2381頁)

己丑，卯刻，南京木星見扵未位。(《明孝宗實録》卷一三六，第2383頁)

辛卯，上以天氣炎熱，命兩法司并錦衣衛將見監問罪囚情輕者減等發落，情重可矜疑者具疏以聞。扵是，免枷號發遣者三十三人，免監追發充軍者二十六人，發炒鐵者二人，杖一百發充軍者三人，杖八十發養親者一人。(《明孝宗實録》卷一三六，第2384頁)

壬辰，寧夏大（廣本、閣本、抱本作“地”）震有聲。(《明孝宗實録》卷一三六，第2384頁)

丙寅朔，福建興化大雨水，壞居人亡算。(《國榷》卷四三，第2716頁)

初二日至初五日，大雨不止，各處龍蛇奮迅，山崩水溢，近山處水深及丈，漂流人畜。有豹乘水至龜塘上樹，為人所獲。平地水亦没胸，人家墻垣皆應時而倒。五月十八日，大雨復作，甯海橋近北兩門折斷，其下匯為深淵。數日前，居民聞橋喤喤有聲，至是折斷。（弘治《興化府志》卷一五《災祥》)

大水。(嘉靖《沙縣志》卷一《災祥》；乾隆《晉江縣志》卷一五《祥異》；道光《晉江縣志》卷七四《祥異》)

大雨水。(嘉慶《惠安縣志》卷三五《祥異》)

雨雹。(民國《重修臨潁縣志》卷一三《災祥》)

五月

庚子，寧夏地震有聲。(《明孝宗實録》卷一三七，第2388頁)

甲辰，以重違祖宗垂示之典況，臣等先以旱災請停織造。(《明孝宗實録》卷一三七，第2390頁)

戊申，夜，月犯鍵閉星，復犯罰星。（《明孝宗實録》卷一三七，第

2392 頁）

己酉，以水災免山東青、萊、兗三府及鰲山等五衛所弘治十年秋糧草束有差。(《明孝宗實録》卷一三七，第 2392 頁）

乙卯，陝西寧夏地震有聲。(《明孝宗實録》卷一三七，第 2394 頁）

己未，陝西肅州天鼓鳴。(《明孝宗實録》卷一三七，第 2394 ~ 2495 頁）

庚申，是日曉刻，月犯天囷西（閣本無“西”字）第二星。(《明孝宗實録》卷一三七，第 2395 頁）

辛酉，是日雨雹。(《明孝宗實録》卷一三七，第 2396 頁）

辛酉，雨雹。(《國榷》卷四三，第 2718 頁）

夏五、六月，秋七月，柳州及屬縣皆旱，民無收。(嘉靖《廣西通志》卷四〇《祥異》)

六月

癸酉，以水災免直隸廬州、鳳陽、淮安、揚州四府，徐州、武平等四衛所糧草有差。(《明孝宗實録》卷一三八，第 2398 頁）

乙亥，貴州自春徂夏，亢陽不雨，火災大作，燬官民屋舍千八百餘所，男婦死者六十餘人，傷者三十餘人。(《明孝宗實録》卷一三八，第 2398 頁）

己卯，夜，月食。(《明孝宗實録》卷一三七，第 2400 頁）

壬辰，曉刻，月犯井宿東扇第二星。（《明孝宗實録》卷一三七，第 2402 頁）

丙子，松江、嘉興潮溢。(《國榷》卷四三，第 2719 頁）

不雨，知縣聶公齋沐步禱。(康熙《壽寧縣志》卷八《災變》)

江海泖湖水溢。（正德《松江府志》卷三二《祥異》；嘉慶《松江府志》卷八〇《祥異》)

十一日，海溢。(同治《上海縣志》卷三〇《祥異》)

十一日，海水溢。(光緒《重修華亭縣志》卷二三《祥異》)

十一日，水涌，幾三丈。（萬曆《秀水縣志》卷一〇《祥異》）

十一日，申刻，水湧，河渠、池沼、井泉湧起三尺。（光緒《嘉定縣志》卷五《禨祥》）

十一日，水溢。（崇禎《吴縣志》卷一一《祥異》）

十一日，水溢，池沼亦然。（嘉靖《常熟縣志》卷一〇《災異》）

十一日，河渠、池沼及井泉悉震蕩，高湧數尺，良久乃定。（乾隆《震澤縣志》卷二七《災變》）

十一日，水涌，幾三丈。（萬曆《秀水縣志》卷一〇《祥異》）

十一日，水溢，時無風雨，河水忽湧三尺，池沼亦然。（光緒《桐鄉縣志》卷二〇《祥異》）

旱。六月十一日未時，城鄉池塘水無風雨湧浪如潮，高二三尺。（光緒《蘭谿縣志》卷八《祥異》）

朔，午時風雨，寒劇，樵蘇死於道者十數人，鳥雀僵死無計。（隆慶《雲南通志》卷一七《災祥》）

泖溢。（光緒《青浦縣志》卷二九《祥異》）

泖湖水溢。（乾隆《婁縣志》卷一五《祥異》）

又大旱。（嘉慶《蘭谿縣志》卷一八《祥異》）

餘姚境内水湧高三四尺，猝平。災，饑。（萬曆《紹興府志》卷一三《災祥》）

境内水湧高三四丈，忽平。（嘉靖《臨山衛志》卷二《紀異》）

夏六月，秋七、八月，靈川大旱，害稼。（嘉靖《廣西通志》卷四〇《祥異》）

全州旱，源泉枯涸，溪澗絶流。是年民多凶歉。（嘉靖《廣西通志》卷四〇《祥異》）

至八月，無雨，歲大旱。（雍正《靈川縣志》卷四《祥異》）

至八月，無雨，歲大旱，饑。（康熙《廣西通志》卷四〇《祥異》）

至八月，無雨。（民國《靈川縣志》卷一四《前事》）

七月

癸卯，蘭州衛天鼓鳴。夜，月犯東咸星。（《明孝宗實録》卷一三九，第 2406 頁）

癸丑，是日巳刻，南京天鳴有聲。（《明孝宗實録》卷一三九，第 2412 頁）

丙辰，山西太原府地震有聲。（《明孝宗實録》卷一三九，第 2414 頁）

己未，宣府長安嶺暴風雨，壞城垣及樓鋪廬舍。（《明孝宗實録》卷一三九，第 2415 頁）

庚申，夜，月犯天罇星。（《明孝宗實録》卷一三九，第 2416 頁）

壬戌，大同雷雹壞稼。（《國榷》卷四三，第 2720 頁）

大風，雨雹交作，仆東門城樓，居民屋瓦漂蕩殆盡。（弘治《將樂縣志》卷九《祥異》）

不雨，至於十二年夏四月。（康熙《應山縣志》卷二《兵荒》）

大水，决沙市堤，灌城。衝塌公安城樓，民田陷溺無算。（康熙《荆州府志》卷二《祥異》）

八月

丙寅，宣府保安衛地震有聲。（《明孝宗實録》卷一四〇，第 2426 頁）

壬申，浙江台州府天鼓鳴。（《明孝宗實録》卷一四〇，第 2427 頁）

乙亥，夜，月犯奎宿。（《明孝宗實録》卷一四〇，第 2428 頁）

甲申，木星晝見於巳位二日。（《明孝宗實録》卷一四〇，第 2433 頁）

乙酉，曉刻，月犯畢宿右股第二星。（《明孝宗實録》卷一四〇，第 2433 頁）

丁亥，夜，月犯井宿東扇北第二星。（《明孝宗實録》卷一四〇，第 2434 頁）

己丑，曉刻，南京老人星見於丙位。（《明孝宗實録》卷一四〇，第 2434 頁）

城壕水潮溢，經旬乃止。（光緒《德平縣志》卷一〇《祥異》）

雨。（萬曆《崑山縣志》卷八《災異》）

雨，至明年三月，菜麥俱爛死。（道光《璜涇志稿》卷七《災祥》）

大水。（崇禎《吴縣志》卷一一《祥異》）

九月

丁酉，昏刻，月犯西咸南第一星。（《明孝宗實録》卷一四一，第2438頁）

庚子，夜，月犯木星。（《明孝宗實録》卷一四一，第2439頁）

乙卯，夜，月犯天罇東第一星。（《明孝宗實録》卷一四一，第2443頁）

十月

辛未，昏刻，金星犯天江星。（《明孝宗實録》卷一四二，第2448頁）

壬申，是日曉刻，東方流星大如盌（抱本作“盤”，閣本作“盃”），色赤，起東北行丈餘，發光如斗，光燭地，東南行，小星數十隨之。（《明孝宗實録》卷一四二，第2449頁）

庚辰，是日曉刻，月犯天關（抱本作“開”）星。（《明孝宗實録》卷一四二，第2454頁）

辛巳，金星晝見於未位，自十五日至是日。夜，月犯井宿。（《明孝宗實録》卷一四二，第2454頁）

壬午，禮部尚書徐瓊等以清寧宫災上疏言：“今歲正月以來，貴州、安南衛等處火災，延燒千餘家，焚死百餘人。江西南昌縣等處暴雷雨、大風、火災，直隸壽州、河南汝寧府等處雨冰雹傷稼，擊死人畜，大風拔木。山西、陝西地震、天鼓鳴，黑霧四塞。直隸蘇州府等處池港水溢。”從之。（《明孝宗實録》卷一四二，第2454～2455頁）

丁亥，夜，月犯内屏東南星。（《明孝宗實録》卷一四二，第2461頁）

戊子，以旱災免順天、廣平、順德、河間、保定五府弘治十一年夏税麥四萬七千八百七十石，絹八百六十疋各有奇。（《明孝宗實録》卷一四二，

第2461頁）

不雨，至于己未春二月，陽亢而地燥。（嘉靖《湖廣圖經志書》卷二《武昌府文類》）

至明年正月不雨，火時發。（光緒《黄岡縣志》卷二四《祥異》）

十一月

乙未，江西、河南、山西、南北直隸各奏風雹水溢乾旱之災，禾稼損傷，百姓饑饉。命所司知之。（《明孝宗實録》卷一四三，第2475頁）

乙未，是日曉刻，火星犯亢（抱本作“龍”）宿南第一星。（《明孝宗實録》卷一四三，第2476頁）

癸卯，是日辰刻，日生左右珥。（《明孝宗實録》卷一四三，第2492頁）

甲辰，夜，月犯天囷星。（《明孝宗實録》卷一四三，第2493頁）

丁未，夜，月犯六諸王東第三（廣本、閣本、抱本作“二”）星。（《明孝宗實録》卷一四三，第2495頁）

戊申，夜，月犯井（抱本脱“井”字）宿鉞（廣本無“鉞”字）星。（《明孝宗實録》卷一四三，第2495頁）

丁巳，以水旱免南京水軍左、驍騎右、瀋陽右、應天和陽等衛屯糧二千四百石有奇。（《明孝宗實録》卷一四三，第2504頁）

丁巳，以旱災免廣西潯、梧、柳、慶、南寧等府及南寧等衛所弘治十一年分秋糧子粒有差。（《明孝宗實録》卷一四三，第2504頁）

丁巳，遼東寧遠衛星隕，有聲如雷。（《明孝宗實録》卷一四三，第2504頁）

大水。（民國《沙縣志》卷三《大事》）

閏十一月

壬戌朔，日食。（《明孝宗實録》卷一四四，第2507頁）

乙丑，昏刻，月犯壘壁陣西第二星。（《明孝宗實録》卷一四四，第

2508 頁）

丁卯，以旱災免廣東廣州、肇慶等六府今年秋糧有差。（《明孝宗實録》卷一四四，第 2508 頁）

辛未，夜，月犯天囷西第二星。（《明孝宗實録》卷一四四，第 2510 頁）

甲申，午刻，日生左珥。（《明孝宗實録》卷一四四，第 2516 頁）

十二月

壬辰朔，河南新野縣地震，有聲如雷。（《明孝宗實録》卷一四五，第 2526 頁）

辛丑，夜，月犯畢宿右股北第一星。（《明孝宗實録》卷一四五，第 2533 頁）

癸卯，以旱災免河南衛輝、彰德二府及彰德等三衛糧草子粒有差。（《明孝宗實録》卷一四五，第 2536 頁）

己酉，夜，月犯内屏西南星。（《明孝宗實録》卷一四五，第 2539 頁）

庚戌，夜，月犯太微垣次相星。（《明孝宗實録》卷一四五，第 2540 頁）

庚申，南京日生左右珥，色赤黄，白虹彌天貫日。（《明孝宗實録》卷一四五，第 2553～2554 頁）

是年

境内水湧，高三四尺，猝平。災，饑。（光緒《餘姚縣志》卷七《祥異》）

大水。（同治《葉縣志》卷一《祥異》；同治《枝江縣志》卷二〇《雜志》；民國《恩平縣志》卷一三《紀事》）

枝江大水。（光緒《荆州府志》卷七六《災異》）

以旱災免淮安等處去年夏税籽粒有差。（光緒《安東縣志》卷五《民賦下》）

大旱。（萬曆《黄巖縣志》卷七《紀變》；萬曆《龍游縣志》卷一〇《災祥》；嘉慶《龍川縣志》第五册《祥異》；咸豐《興甯縣志》卷一二《災祥》；同治《江山縣志》卷一二《祥異》；光緒《仙居志》卷二四《災變》；光緒《黄巖縣志》卷三八《變異》；民國《台州府志》卷一三四《大事略》；民國《衢縣志》卷一《五行》）

大旱，江山縣鹿溪潭盡涸，有“戊午天大旱”五字刻於石。是年，常山縣大雨雹。（康熙《衢州府志》卷三〇《五行》）

餘姚境内水湧，高三四尺。（乾隆《紹興府志》卷八〇《祥異》）

旱。（嘉靖《太平縣志》卷一《祥異》；萬曆《金華府志》卷二五《祥異》；同治《袁州府志》卷一《祥異》；民國《萬載縣志》卷一之三《祥異》）

大雨雹。（光緒《常山縣志》卷八《祥異》）

夏秋，大旱。（嘉慶《藤縣志》卷一九《雜記》；同治《藤縣志》卷二一《雜記》）

夏，旱。（乾隆《曲阜縣志》卷二九《通編》；民國《金華縣志》卷一六《五行》；民國《長樂縣志》卷三《災祥附》）

夏，大旱。（康熙《平樂縣志》卷六《災祥》；嘉慶《永安州志》卷四《祥異》）

大水，免秋粮萬六千二百五二石。（嘉慶《宜興縣志》卷末《祥異》）

以旱災免淮安等處十年夏税籽粒有差。（光緒《安東縣志》卷五《民賦下》）

大水，河暴漲，北城傾圮。（雍正《澤州府志》卷五〇《祥異》）

（黄）河南徙，濟寧金鄉、魚、單等州縣皆為巨浸。（咸豐《金鄉縣志略》卷一〇下《事紀》）

旱，免被災夏税。（道光《濟南府志》卷二〇《災祥》）

郡境河港池井皆騰沸，高二三尺，有至丈許者，至暮始平。（光緒《嘉興府志》卷三五《祥異》）

雨雹，巨者如雞子，屋瓦皆壞。（萬曆《常山縣志》卷一《災祥》）

鹿溪潭盡涸，見大石有“戊午天大旱”五字。（同治《江山縣志》卷一二《祥異》）

旱，八分災。巡撫都御史金澤、巡按御史陳銓會議奏准免粮五分。（嘉靖《臨江府志》卷四《歲眚》）

旱。巡撫金澤、巡按陳銓會奏免税糧十分之五。（同治《新喻縣志》卷四《蠲緩》）

大水，復大疫，死者甚眾。（民國《古田縣志》卷三《大事》）

河決夏邑縣，北經永城之太邱回村，逕蕭縣入徐州界。（光緒《永城縣志》卷一五《災異》）

京山大旱，饑。（康熙《安陸府志》卷一《郡紀》）

旱，大饑。（同治《瀏陽縣志》卷一四《祥異》）

左州旱。（嘉靖《廣西通志》卷四〇《祥異》）

慶遠及屬縣皆大旱，民皆無收。（嘉靖《廣西通志》卷四〇《祥異》）

夏秋，俱旱。（嘉靖《南寧府志》卷一一《祥異》）

夏秋，梧州及屬縣皆不雨，民無收。（嘉靖《廣西通志》卷四〇《祥異》）

夏秋，不雨。（崇禎《梧州府志》卷四《郡事》）

夏秋，潯州并屬縣皆不雨，害稼。（嘉靖《廣西通志》卷四〇《祥異》）

秋，大水。（萬曆《襄陽府志》卷三三《災祥》）

弘治十二年（己未，一四九九）

正月

辛未，夜，月犯井宿東扇北第二星。（《明孝宗實録》卷一四六，第2562頁）

癸酉，昏刻，月犯鬼宿積尸氣星。（《明孝宗實録》卷一四六，第

2562 頁）

壬戌，大雨雹，乙丑，雨霰。（嘉靖《新寧縣志·年表》；萬曆《新會縣志》卷一《縣紀》；康熙《開平縣志·事紀》）

大水。（乾隆《建寧縣志》卷一〇《灾異》；民國《建寧縣志》卷二七《災異》）

大水，山崩，廬舍漂蕩。（光緒《邵武府志》卷三〇《祥異》）

大雨連綿，至四月終方止，境内山多崩頽，田遭衝蕩，廬舍、橋梁、人遭覆壓，有死者。（康熙《南平縣志》卷四《祥異》）

大雨，至四月終方止，境内山多崩塌，是年禾稼薄收，民多饑饉。（嘉靖《延平府志》卷一三《祥異》）

大雨雹。大饑。（乾隆《番禺縣志》卷一八《事紀》）

高明大雨雹。（崇禎《肇慶府志》卷二《郡事紀》）

二月

壬辰，以旱災免山東濟南、東昌、青州等府所屬三十四州縣，并濟南、東昌等五衛所弘治十一年夏税子粒有差。（《明孝宗實録》卷一四七，第2576 頁）

庚子，以旱災免山西大同府所屬州縣、行都司所屬衛所，及河南開封等府所屬州縣，宣武、南陽等衛所弘治十一年粮草子粒有差。（《明孝宗實録》卷一四七，第 2582 ~ 2583 頁）

癸卯，陜西寧夏地震有聲。（《明孝宗實録》卷一四七，第 2585 頁）

壬子，四川建昌衛地震有聲。（《明孝宗實録》卷一四七，第 2589 頁）

乙卯，陜西西寧衛天鼓鳴。（《明孝宗實録》卷一四七，第 2591 頁）

三月

壬申，金星晝見於辰位，自初九至是日。（《明孝宗實録》卷一四八，第 2603 頁）

癸酉，以久旱禱雨。（《明孝宗實録》卷一四八，第 2603 頁）

庚辰，南京金星晝見於辰位。（《明孝宗實録》卷一四八，第 2607 頁）

甲申，是日曉刻，月犯壘壁陣東第一星。（《明孝宗實録》卷一四八，第 2613 頁）

大雨水，境内山崩。（嘉靖《沙縣志》卷一《災祥》；民國《沙縣志》卷三《大事》）

大水，野田如江湖，菜麥皆爛死。（光緒《崑新兩縣續修合志》卷五一《祥異》）

野田如江湖，而菜麥皆爛死。七月朔，海潮赤如血，潮退，沙泥猶然。（萬曆《崑山縣志》卷五《災異》）

四月

戊戌，河南許州大風雨雹。（《明孝宗實録》卷一四九，第 2625 頁）

己亥，以雹災免陝西莊浪衛弘治十一年屯糧二千八百七石，草二萬八千七十束有奇。（《明孝宗實録》卷一四九，第 2626 頁）

壬寅，四川小河守禦千户所地震有聲。（《明孝宗實録》卷一四九，第 2630 頁）

丙午，以水災免湖廣長、岳、衡、永四府，寧遠、茶陵等十一衛所弘治十一年分税糧子粒有差。（《明孝宗實録》卷一四九，第 2631 頁）

丙午，雷震楚府承運殿。（《明孝宗實録》卷一四九，第 2631 頁）

庚戌，以旱災免江西南、贛、瑞、吉、建、廣六府及贛州衛及建昌、廣信等八千户所弘治十一年税糧子粒有差。（《明孝宗實録》卷一四九，第 2632 頁）

乙卯，陝西洮州衛地震有聲。（《明孝宗實録》卷一四九，第 2637 頁）

丙辰，上以天氣炎熱，命兩法司、錦衣衛將見監罪囚，笞罪無干證者釋之，徒流以下減等發落，重罪情可矜疑并枷號者具奏以聞。於是免枷號者二十九人，釋放者三百九人。（《明孝宗實録》卷一四九，第 2637 頁）

大雨水。（嘉靖《潮州府志》卷八《災祥》）

五月

辛未，昏刻，月犯罰星。（《明孝宗實録》卷一五〇，第 2645 頁）

壬申，以旱、雹災免陝西延安等入〔八〕府蘭州、甘州中護二衛弘治十一年糧草子粒有差。（《明孝宗實録》卷一五〇，第 2645 頁）

壬申，昏刻，月犯天江北第一星。（《明孝宗實録》卷一五〇，第 2645 頁）

乙亥，曉刻，木星犯壘壁陣西第五星（閣本脱“星”以上十四字）。（《明孝宗實録》卷一五〇，第 2645 頁）

戊寅，以水災免直隸鳳陽、淮安二府及鳳陽右、中等十衛所弘治十一年秋糧子粒共二十七萬四千六百四十八石有奇。（《明孝宗實録》卷一五〇，第 2646 頁）

戊寅，山西朔州空中聲如急雷，随有白氣上騰，隕大石三。（《明孝宗實録》卷一五〇，第 2646 頁）

大旱，饑。（民國《沙縣志》卷三《大事》）

大旱，民多饑。（嘉靖《沙縣志》卷一《災祥》）

不雨，至于冬十月。大饑。（正德《福州府志》卷三三《祥異》）

不雨，至於十月，大饑。（民國《長樂縣志》卷三《災祥附》）

不雨，至於十二月，禾稼薄收，民多饑餒。（康熙《南平縣志》卷四《祥異》）

不雨，至于十二月，禾稼薄收，民多饑饉。順昌、沙縣皆然。（嘉靖《延平府志》卷一三《祥異》）

六月

辛卯，四川寧番衛地震。（《明孝宗實録》卷一五一，第 2661 頁）

癸巳，四川小河守禦千户所地震，有聲如雷。（《明孝宗實録》卷一五一，第 2664 頁）

壬子，是日曉刻，水（閣本作“木”）星犯鬼宿西南星。（《明孝宗實

録》卷一五一，第2678頁）

壬子，四川小河守禦千户所地震，有聲如雷。（《明孝宗實録》卷一五一，第2678頁）

旱，一日諸河小魚皆浮，兩涯如蟻，比晚方散。（光緒《嘉善縣志》卷三四《祥眚》）

夜，曲阜大風雷雹，自宣聖廟東北起，焚毀殿廡一百二十三間。（乾隆《兖州府志》卷三〇《災祥》）

旱。（光緒《嘉興府志》卷三五《祥異》）

境内水湧高三四尺。猝平，災，饑。（萬曆《新修餘姚縣志》卷二三《禨祥》）

七月

戊辰，昏刻，客星見天市垣宗星旁。（《明孝宗實録》卷一五二，第2687頁）

庚午，四川松潘東路是月二日及九日俱地震，有聲如雷，至是日又震。（《明孝宗實録》卷一五二，第2688頁）

辛未，是日曉刻，金星犯鬼宿東南星。（《明孝宗實録》卷一五二，第2689頁）

甲戌，是日曉刻，南京見火星入月。（《明孝宗實録》卷一五二，第2690頁）

丙子，昏刻，客星光指東南，行至紫微垣東蕃少宰星旁。（《明孝宗實録》卷一五二，第2690頁）

丁丑，昏刻，客星入紫微垣東蕃内尚書星旁。（《明孝宗實録》卷一五二，第2692頁）

戊寅，夜，客星行至紫微垣内太子星旁，漸微（阁本作“散”）。（《明孝宗實録》卷一五二，第2693～2694頁）

己卯，夜，客星在紫微垣内后星旁。（《明孝宗實録》卷一五二，第2695頁）

甲申，昏刻，客星行至紫微垣西蕃内少輔旁星（廣本作“星旁”），漸

消。（《明孝宗實録》卷一五二，第 2698 頁）

丁亥，昏刻，客星行出紫微垣西番（抱本、閣本作“蕃”）外。（《明孝宗實録》卷一五二，第 2701 ~ 2702 頁）

朔，海潮赤如血，潮退，泥沙尤然。（萬曆《崑山縣志》卷八《災異》）

海潮赤如血。（嘉慶《直隸太倉州志》卷五八《祥異》）

八月

己丑，夜，客星不見。（《明孝宗實録》卷一五三，第 2703 頁）

庚寅，金星晝見於辰位。（《明孝宗實録》卷一五三，第 2704 頁）

壬辰，南京老人星見于内（抱本、閣本作“丙”）位。（《明孝宗實録》卷一五三，第 2705 ~ 2706 頁）

甲午，夜，月犯天江北第一星。（《明孝宗實録》卷一五三，第 2708 頁）

辛丑，以旱災免河南彰德等四府及弘農等六衛所弘治十二年夏税二萬七百五十石有奇。（《明孝宗實録》卷一五三，第 2714 頁）

壬寅，夜，月犯火星。（《明孝宗實録》卷一五三，第 2714 頁）

甲辰，夜，月犯天困西第二星。（《明孝宗實録》卷一五三，第 2716 頁）

己酉，夜，月犯井宿東扇北第一（抱本作“二”）星。（《明孝宗實録》卷一五三，第 2721 ~ 2722 頁）

辛亥，是日曉刻，月犯鬼宿東北星。（《明孝宗實録》卷一五三，第 2724 頁）

壬子，夜，北方流星大如盞，色青白，光燭地，自文昌東北行至近濁。（《明孝宗實録》卷一五三，第 2725 頁）

丙辰，廣西陸川縣二十四日地震，有聲如雷，是日又震數次。（《明孝宗實録》卷一五三，第 2729 頁）

九月

戊午朔，是日曉刻，金星犯左執法星。（《明孝宗實録》卷一五四，第2731頁）

庚申，昏刻，月犯房宿北第一星。（《明孝宗實録》卷一五四，第2733頁）

辛酉，廣東海南衛一星大如月，自東北起至中天，漸大，墜西南，隱隱有聲如雷。（《明孝宗實録》卷一五四，第2733頁）

癸亥，河南永城縣有星自東北流而西，光如火，天鼓響如雷。（《明孝宗實録》卷一五四，第2736頁）

乙亥，夜，月犯六諸王星。（《明孝宗實録》卷一五四，第2745頁）

丙子，申刻，日生左右珥。（《明孝宗實録》卷一五四，第2745頁）

戊寅，以旱災免直隸淮安府及徐州及高郵衛，并海州中前千户所夏税子粒有差。（《明孝宗實録》卷一五四，第2750頁）

十月

庚寅，陝西鳳翔府夜有星，流自西南，墜西北，光如火，聲如雷。（《明孝宗實録》卷一五五，第2762頁）

庚子，夜，東方流星大如盞，色青白，光燭地，自狼星旁東南行至近濁。（《明孝宗實録》卷一五五，第2775頁）

壬寅，夜，月犯天高西北星，又犯六諸王第二星。（《明孝宗實録》卷一五五，第2776頁）

癸卯，以旱災免直隸保安等衛所及隆慶、保安等州縣糧草有差。（《明孝宗實録》卷一五五，第2776頁）

丁未，以旱災免直隸真定、保定、河間三府秋糧草束有差。（《明孝宗實録》卷一五五，第2777頁）

丁未，陝西寧夏地震。（《明孝宗實録》卷一五五，第2778頁）

壬子，是日曉刻，水（抱本作“木”）星犯房宿北第一星。（《明孝宗

實録》卷一五五，第 2784 ~2785 頁）

癸丑，以水旱災免福建福、興、泉、延四府及興化、福州左等八衛秋糧子粒有差，内被水渰溺人口、漂流房屋者，如例賑給，從之。（《明孝宗實録》卷一五五，第 2785 頁）

丙辰，爪哇國王遣使来貢，渡海遇風，船壞。（《明孝宗實録》卷一五五，第 2789 頁）

十一月

丙寅，福建泰寧縣地震。（《明孝宗實録》卷一五六，第 2797 頁）

壬申，直隸昌黎縣地震，有聲如雷。（《明孝宗實録》卷一五六，第 2797 ~2798 頁）

戊寅，夜，月犯上相星。（《明孝宗實録》卷一五六，第 2804 頁）

庚辰，兵科都給事中亍〔宁〕宣等奏："……傳報虜中大雪三尺，邊方稍寧。"（《明孝宗實録》卷一五六，第 2806 ~2807 頁）

癸未，安南國夷使十六人并真臘國夷使一人，俱以遭風船壞，漂至廣東。（《明孝宗實録》卷一五六，第 2809 頁）

十二月

丙戌朔，山西襄陵縣地震。（《明孝宗實録》卷一五七，第 2811 頁）

己丑，雲南雲南府地震。（《明孝宗實録》卷一五七，第 2816 頁）

壬辰，日生背氣及左右珥。（《明孝宗實録》卷一五七，第 2818 頁）

甲午，陝西秦州地震。（《明孝宗實録》卷一五七，第 2819 頁）

丁未，是日曉刻，月犯亢宿南第二星。（《明孝宗實録》卷一五七，第 2827 頁）

丁未，陝西莊浪衛地震。（《明孝宗實録》卷一五七，第 2827 頁）

辛亥，以旱災免南京水軍左等三（抱本作"二"）十二衛弘治九年屯田子粒有差。（《明孝宗實録》卷一五七，第 2830 頁）

壬子，以旱災免浙江太平縣秋糧八千三百七十四石，松門等衛屯糧七百

六十九（閣本作“九十六”）石各有奇。（《明孝宗實録》卷一五七，第2832頁）

餘姚大寒，姚江冰合。（萬曆《紹興府志》卷一三《災祥》）

是年

春，不雨。（嘉靖《臨山衛志》卷二《紀異》）

春，餘姚不雨。冬大寒，姚江冰合。（乾隆《紹興府志》卷八〇《祥異》）

自夏至冬，大旱，甘蔗生花，結實如黍，是年飢。（乾隆《晉江縣志》卷一五《祥異》）

蘇、松、常、鎮大雨彌月，漂室廬人畜無算。（嘉慶《松江府志》卷八〇《祥異》）

風潮。（嘉靖《靖江縣志》卷四《編年》；光緒《靖江縣志》卷八《祲祥》）

大水。（天啟《鳳陽新書》卷四《星土》；康熙《龍游縣志》卷一二《雜識》；同治《江山縣志》卷一二《祥異》；同治《霍邱縣志》卷一六《祥異》）

大水，壞民田廬。（康熙《衢州府志》卷三〇《五行》；民國《衢縣志》卷一《五行》）

夏，旱。秋，澇。時旱極，野無青草。（順治《高平縣志》卷九《祥異》）

大旱，自夏至於冬。巡按御史胡華疏聞，是年税糧免。（乾隆《僊遊縣志》卷五二《祥異》）

徐驥初至，值旱，乃步禱郊壇。其夕，大雨霑足。（民國《清苑縣志》卷四《名宦》）

水。（崇禎《吴縣志》卷一一《祥異》）

以水災免去年秋糧籽粒有差。（光緒《安東縣志》卷五《民賦下》）

以旱免浙江太平縣秋糧。（雍正《浙江通志》卷七五《蠲恤》）

大水，壞田廬，視成化時尤甚。（同治《江山縣志》卷一二《祥異》）

雷震譙樓。（嘉靖《寧州志》卷六《祥異》）

吴墩橋圮于水。（康熙《建寧府志》卷一一《津梁》）

漢水溢，田舍漂没，民多溺死。（同治《漢川縣志》卷一四《祥祲》）

沔陽大水。（康熙《安陸府志》卷一《郡紀》）

（北門堤）復决。（嘉靖《潮州府志》卷一《恤典》）

夏秋冬三時不雨，民至無水可食，南北洋争水，有操戈相殺者。（弘治《興化府志》卷一五《災祥》）

山東旱。（民國《齊河縣志》卷首《大事記》）

弘治十三年（庚申，一五〇〇）

正月

壬戌，昏刻，火星犯天陰南第一星。（《明孝宗實録》卷一五八，第2839頁）

戊辰，夜，月犯鬼宿東北星。（《明孝宗實録》卷一五八，第2840頁）

癸未，以旱災免順天府及東勝等三十二衛所弘治十二（抱本無“二”字）年分粮一萬八千六百七十九石，草五十六萬一千二百九十餘束。（《明孝宗實録》卷一五八，第2846頁）

雨雹，大如卵，屋瓦多碎。（康熙《永康縣志》卷一五《祥異》）

雨雹，大如雞子，屋瓦多碎。（乾隆《縉雲縣志》卷三《災眚》）

二月

戊子，以旱災免山西大同府及大同前後等十六衛所弘治十二年税粮十一萬九千四百五十餘石，草二十九萬五千九百六十餘束。（《明孝宗實録》卷一五九，第2851頁）

己丑，以水災免直隸揚州、鳳陽、淮安三府，及徐州并宿州衛弘治十二年粮草有差。(《明孝宗實録》卷一五九，第 2851 頁)

辛卯，辰刻，日生左右珥。昏刻，月犯六諸王西第二星。(《明孝宗實録》卷一五九，第 2852 頁)

己亥，巳刻，白虹彌天。(《明孝宗實録》卷一五九，第 2861 頁)

丙午，昏刻，南京老人星見于丁位。(《明孝宗實録》卷一五九，第 2865 頁)

蒙自縣旱。(隆慶《雲南通志》卷一七《災禪》)

三月

辛酉，以旱災免山東濟南、兖州等六府，及濟南肥城等十衛所弘治十二年粮草子粒有差。(《明孝宗實録》卷一六〇，第 2869 頁)

庚午，禮部以久旱，請祈禱雨澤。(《明孝宗實録》卷一六〇，第 2875 頁)

丙子，河南淇縣風雷冰雹交至，斃人畜，害麥苗。(《明孝宗實録》卷一六〇，第 2876 頁)

丙子，是日曉刻，月犯十二諸國代星。(《明孝宗實録》卷一六〇，第 2876 頁)

丙子，福建興化、泉州二府地震。(《明孝宗實録》卷一六〇，第 2876～2877 頁)

癸未，陝西寧夏衛地震。(《明孝宗實録》卷一六〇，第 2879 頁)

大水。(崇禎《尤溪縣志》卷四《災祥》；民國《尤溪縣志》卷八《祥異》)

餘姚三月不雨，至五月晦乃雨。(萬曆《紹興府志》卷一三《災祥》)

不雨，至夏五月晦乃雨。(嘉靖《臨山衛志》卷二《紀異》)

不雨，至五月晦乃雨。江南災，焚民居三千餘家，傷百有八人。火渡江，焚靈緒山民居二百餘家。(乾隆《紹興府志》卷八〇《祥異》)

四月

甲申朔，昏刻，西方有星大如盞，色青白，發光如盌，自中天行至西北。(《明孝宗實録》卷一六一，第2881頁)

己丑，福建泉州、漳州二府地震有聲。(《明孝宗實録》卷一六一，第2882頁)

癸巳，山東濮州暴風迅雷，驟雨冰雹交下，斃人畜，傷田禾民舍。(《明孝宗實録》卷一六一，第2884頁)

甲午，彗星見室宿壘壁陣上。(《明孝宗實録》卷一六一，第2884頁)

丙申，南京金星晝見于未位。夜，彗星見室宿西北。(《明孝宗實録》卷一六一，第2886頁)

己亥，夜，月食。彗星見室壁之間，芒長尺餘。(《明孝宗實録》卷一六一，第2887頁)

癸卯，順天府薊州及直隷肅寧、藁城、棗强、清豊四縣風雨冰雹交下，斃人畜，傷田禾。(《明孝宗實録》卷一六一，第2888頁)

乙巳，山西太原府天鼓鳴。金木二星晝見，自十七日至是日。彗星芒長三尺餘，尾指離宫。(《明孝宗實録》卷一六一，第2895頁)

庚戌，上以天氣炎熱，命兩法司、錦衣衛將見監罪囚，笞罪無干証者釋之，徒流以下減等發落，重罪情可矜疑并枷號者，具奏以聞。于是免死充軍者六人，杖而釋者九十一人，免枷號者三十人，釋放者二百八十三人。(《明孝宗實録》卷一六一，第2900頁)

癸丑，酉刻，雨雹。(《明孝宗實録》卷一六一，第2910頁)

癸丑，夜，火金水三星聚于東井。(《明孝宗實録》卷一六一，第2910頁)

五月

甲寅朔，日食。夜，彗星掃造父星。(《明孝宗實録》卷一六二，第2911頁)

乙卯，欽天監春官正李宏等推算日食，謂寅虧卯圓，即期驗之，乃虧於

卯而復圓於辰。（《明孝宗實録》卷一六二，第2911頁）

己未，陝西寧夏地震。（《明孝宗實録》卷一六二，第2914頁）

甲子，陝西延綏龍州（抱本、閣本作“川”）城雨雹，傷禾稼。（《明孝宗實録》卷一六二，第2916頁）

丁卯，五府六部等衙門奏：“近者，欽天監奏彗星，雲南奏地震，邊方奏虜情。”（《明孝宗實録》卷一六二，第2917頁）

丁卯，夜，彗星行過紫微垣，漸微。（《明孝宗實録》卷一六二，第2925頁）

庚午，直隸靈（廣本、閣本、抱本“靈”下有“壁”字）縣地震，有聲如雷。（《明孝宗實録》卷一六二，第2927頁）

庚午，山西朔州風雨冰雹驟下，斃人畜，傷田禾民舍。（《明孝宗實録》卷一六二，第2927頁）

辛巳，夜，彗星入紫微垣，近女史。（《明孝宗實録》卷一六二，第2935頁）

大水。（嘉靖《南康縣志》卷九《祥異》）

春，大旱。秋，大澇，漂没民廬舍。五月，颶風作，八月復作，霖雨經月不息，潮水泛漲，殺田禾殆盡。（光緒《臨高縣志》卷三《災祥》）

六月

甲申，以水旱災免江西吉安等五府弘治十二年秋糧六十萬一千五百一十五石有奇。（《明孝宗實録》卷一六三，第2937頁）

丁亥，彗星連犯尚書星。（《明孝宗實録》卷一六三，第2938頁）

癸巳，山西滎〔榮〕河縣地震，有聲如雷。（《明孝宗實録》卷一六三，第2941頁）

戊戌，夜，彗星不見。西方流星大如盞，色青白，自太微東垣西北行至近濁。（《明孝宗實録》卷一六三，第2955頁）

丁未，曉刻，月犯六諸王西第二星。（《明孝宗實録》卷一六三，第2962頁）

水溢。(康熙《吴縣志》卷二一《祥異》)

雨，禾稼渰没，如是者三載，民甚饑，荒逊移大半。（嘉靖《柘城縣志》卷一〇《災祥》)

大水。(光緒《黄岡縣志》卷二四《祥異》)

七月

己巳，夜，京師地震有聲。(《明孝宗實録》卷一六四，第2984頁)

戊寅，陝西莊浪衛天鼓鳴。（《明孝宗實録》卷一六四，第2995～2996頁)

八月

戊子，京師雨雹。(《明孝宗實録》卷一六五，第3000～3001頁)

辛卯，江西南安府被水患，命巡撫等官賑恤之。赣州、吉安、臨安(疑當作“江”)、南昌、南康秋田之被災者，覈實以聞。(《明孝宗實録》卷一六五，第3003頁)

癸巳，夜，廣西融縣有星流自西南至西北，長丈餘，大如箕。(《明孝宗實録》卷一六五，第3004頁)

丙申，夜，月犯壘壁陣東第三星。(《明孝宗實録》卷一六五，第3009頁)

丁酉，夜，南京見老人星，見於丙位。(《明孝宗實録》卷一六五，第3009頁)

甲辰，河南光州地震有聲。(《明孝宗實録》卷一六五，第3011頁)

丙午，夜，雨雹。(《明孝宗實録》卷一六五，第3011頁)

戊申，昏刻，木星犯壘壁陣東第三星。(《明孝宗實録》卷一六五，第3012頁)

庚戌，貴州安南衛地連震三次，有聲如雷。(《明孝宗實録》卷一六五，第3013頁)

春，大旱。八月大雨，水漂民房。(康熙《儋州志》卷二《祥異》)

九月

壬子朔，陝西肅州衛地震。廣東欽州地震。(《明孝宗實録》卷一六六，第 3017 頁)

壬戌，雨雹。(《明孝宗實録》卷一六六，第 3018 頁)

甲子，以旱災免直隸保定府夏税有差。(《明孝宗實録》卷一六六，第 3018 頁)

己巳，直隸壽州及河南太康縣地震有聲。(《明孝宗實録》卷一六六，第 3022 頁)

壬申，昏刻，南京有星如鷄子，發光大如盌，起自室宿，行至天格，三小星随之。(《明孝宗實録》卷一六六，第 3023 頁)

乙亥，是日曉刻，月犯軒轅第五星。(《明孝宗實録》卷一六六，第 3025 頁)

大水。(嘉靖《新寧縣志·年表》)

十月

丙申，是日曉刻，月食。夜，月犯天街星。(《明孝宗實録》卷一六七，第 3033 頁)

庚子，以水災免徐州蕭、碭二縣，徐州等四衛税糧有差。(《明孝宗實録》卷一六七，第 3035 頁)

庚子，以旱災免陝西慶陽府所屬州縣及慶陽衛所税糧五萬一百五十四石有奇。(《明孝宗實録》卷一六七，第 3035 頁)

戊申，金星重見扵辰位。(《明孝宗實録》卷一六七，第 3044 頁)

戊申，夜，京師及南京并鳳陽府俱地震有聲。(《明孝宗實録》卷一六七，第 3044 頁)

己酉，辰刻，金星見扵巳位。(《明孝宗實録》卷一六七，第 3045 頁)

雨麥。(同治《廣信府志》卷一《祥異附》)

旱。(乾隆《雲南通志》卷二八《祥異》)

十一月

乙卯，夜，北方流星大如盞，赤色，照地，至北河東行至北斗杓，尾跡炸散。（《明孝宗實録》卷一六八，第 3049 頁）

己未，曉刻，金星犯罰星。（《明孝宗實録》卷一六八，第 3050 頁）

辛酉，昏刻，月犯六諸王星。夜，月犯天困西南星。（《明孝宗實録》卷一六八，第 3051 頁）

甲子，夜，月犯六諸王星。（《明孝宗實録》卷一六八，第 3051 頁）

乙丑，陝西鎮夷衛天鼓鳴。（《明孝宗實録》卷一六八，第 3052 頁）

丁卯，夜，月犯五諸侯星。（《明孝宗實録》卷一六八，第 3052 頁）

庚辰，曉刻，月犯上相星。（《明孝宗實録》卷一六八，第 3056 頁）

十二月

癸巳，山西太原府地震有聲。（《明孝宗實録》卷一六九，第 3063 頁）

是年

春，大旱。秋，大潦，漂流民屋。（道光《瓊州府志》卷四二《事紀》；咸豐《瓊山縣志》卷二九《雜志》）

大水，入櫺星門。（康熙《武昌縣志》卷七《災異》；光緒《武昌縣志》卷一〇《祥異》）

大水。（嘉靖《徐州志》卷三《災祥》；隆慶《豐縣志》卷下《祥異》；萬曆《興化縣新志》卷一〇《外紀》；康熙《興化縣志》卷一《祥異》；康熙《景陵縣志》卷二《災祥》；嘉慶《東臺縣志》卷七《祥異》；光緒《豐縣志》卷一六《災祥》）

海潮赤如血。（民國《太倉州志》卷二六《祥異》）

旱。（乾隆《蒙自縣志》卷五《祥異》；同治《棗陽縣志》卷二〇《宦績》）

雨雹大如卵，屋瓦多碎。（光緒《永康縣志》卷一一《祥異》）

靈隱山山水横發。（乾隆《杭州府志》卷五六《祥異》）

大水，滹沱溢。（光緒《正定縣志》卷八《災祥》）

蝗。（康熙《大城縣志》卷八《災祥》）

太原、平陽、汾、璐旱。（《明史·五行志》，第483頁）

大水，城壞。（民國《新城縣志》卷五《城池》）

夏，大水。（乾隆《曲阜縣志》卷二九《通編》）

河决楊家口，水横流，曹、單二州被害。（萬曆《兖州府志》卷一五《災祥》）

河南水决李家、楊家等口，淤塞馬水河，河水横流，曹、單等處被害尤甚。（康熙《單縣志》卷一《祥異》）

以水災免去年糧草有差。（光緒《安東縣志》卷五《民賦下》）

巡按直隸御史曹玉奏："河决丁家道口，徐州并蕭、沛、碭、豐皆被河患，請敕修築。"從之。（民國《銅山縣志》卷一四《河防》）

大水，浸及玉池。（乾隆《南安府大庾縣志》卷一《祥異》）

臨漳門東半里許，水嚙城下路數丈，將及城。（乾隆《泉州府志》卷一一《城池》）

大水，决李家埠堤，壞民廬舍甚眾。（嘉靖《荆州府志》卷一〇《祥異》）

大水漲，乘舟入城市，溺死者動以千數。（康熙《湖廣通志》卷九《隄防》）

大旱，賑恤。（光緒《新修潼川府志》卷二〇《宦績》）

夏秋，旱。（乾隆《僊遊縣志》卷五二《祥異》）

秋，大水入城，泛舟縣前。（嘉靖《漢陽府志》卷二《方域》）

秋，大水。（同治《漢川縣志》卷一四《祥祲》）

秋，大水，船入城。（民國《興國州志》卷三一《祥異》）

冬，大水。（同治《饒州府志》卷三一《祥異》；同治《餘干縣志》卷二〇《祥異》）

冬，水逆流。（嘉靖《進賢縣志》卷一《災祥》）

弘治十四年（辛酉，一五〇一）

正月

庚戌朔，陜西延安、慶陽二府，潼關等衛，同華等州，咸陽、長安等縣，是日至次日地皆震，有聲如雷，而朝邑縣尤甚，自是日以至十七日頻震不已，摇倒城垣樓櫓，損壞官民廬舍共五千四百餘間，壓死男婦一百六十餘人，頭畜死者甚衆……是日，河南陜州及永寧縣、盧氏縣，山西平陽府及安邑、滎河等縣各地震有聲。蒲州自是日至初九日，日震三次或二次，城北地坼，湧沙出水。（《明孝宗實録》卷一七〇，第3077～3078頁）

辛酉，金星犯建星。（《明孝宗實録》卷一七〇，第3082頁）

丙寅，以水旱災免湖廣武昌等十府、沔陽等二州并荆州等十三衛所弘治十三年税糧子粒有差。（《明孝宗實録》卷一七〇，第3082頁）

丁卯，以旱災免山西行都司所屬衛所及大同府所屬州縣弘治十三年糧草子粒有差。（《明孝宗實録》卷一七〇，第3082頁）

壬申，遼東盖州、永寧連日地震有聲，天鼓鳴如雷。（《明孝宗實録》卷一七〇，第3087頁）

丁丑，福建福、興、泉、漳四府俱地震。（《明孝宗實録》卷一七〇，第3099頁）

朔，大雨雪。（民國《鹽山新志》卷二九《祥異表》；民國《滄縣志》卷一六《大事年表》）

十七日，地震。是年大旱，無禾。（乾隆《晉江縣志》卷一五《祥異》）

清源大水。（乾隆《太原府志》卷四九《祥異》）

孝義大水。（乾隆《汾州府志》卷二五《事考》）

以水旱災免徵湖廣武昌等府十三年税糧子粒有差。（康熙《瀏陽縣志》卷九《賑恤》）

二月

壬午，夜，金星犯羅堰星。（《明孝宗實録》卷一七一，第 3103 頁）

丙戌，夜，月犯六諸王星。（《明孝宗實録》卷一七一，第 3106 頁）

己丑，以水旱災免順天、河間二府及天津左等四衛税糧子粒有差。（《明孝宗實録》卷一七一，第 3108 頁）

辛卯，四川汶川縣初八日地震，至日復震，俱有聲如雷。（《明孝宗實録》卷一七一，第 3108 頁）

己亥，兵部尚書馬文升以陝西地震上疏。（《明孝宗實録》卷一七一，第 3116 頁）

壬寅，禮部覆議巡撫陝西都御史周季麟元日地震之奏，謂："山、陝等處前有地震天鳴之異，而元日地震，其異尤甚。"從之。（《明孝宗實録》卷一七一，第 3118 頁）

壬寅，南京老人星見扵丙位，色赤黄。（《明孝宗實録》卷一七一，第 3119 頁）

癸卯，以雹災免陝西延安、西安二府并寧夏衛弘治十二年税糧子粒有差。（《明孝宗實録》卷一七一，第 3119 頁）

三月

己酉，是日巳刻，日下生五色雲。（《明孝宗實録》卷一七二，第 3124 頁）

辛亥，以水旱免江西南昌等七府弘治十三年税糧有差。（《明孝宗實録》卷一七二，第 3125 頁）

乙卯，以水蝗災免直隷彭城衛子粒十之六。（《明孝宗實録》卷一七二，第 3129 頁）

癸亥，以水災免山東濟、兖、萊三府，及濟寧、肥城等八衛所弘治十三年秋糧子粒有差。（《明孝宗實録》卷一七二，第 3134 頁）

癸亥，山西蒲州地震，自二月二十六日至是日，凡二十九次。（《明孝

宗實録》卷一七二，第 3136 頁）

甲子，以旱災免山西太原、平陽二府，汾、潞二州及太原左、右等衛所弘治十三年糧草子粒有差。（《明孝宗實録》卷一七二，第 3136 頁）

乙丑，夜，月犯氐宿西南星。（《明孝宗實録》卷一七二，第 3137 頁）

辛未，夜，月犯十二諸國周星。（《明孝宗實録》卷一七二，第3137 頁）

四月

戊寅，朔，先是，以天寒有旨命百官朔望暫免朝，皇太子至是始復朝。（《明孝宗實録》卷一七三，第 3143 頁）

丁亥，山西岳陽縣地震，有聲如雷。（《明孝宗實録》卷一七三，第 3153 頁）

丁酉，直隷徐州及清河、桃源、宿遷三縣雨冰雹，歷二時乃止，平地積五寸餘，夏麥盡爛。（《明孝宗實録》卷一七三，第 3159 頁）

庚子，是日曉刻，火星犯壘壁陣東第四星。（《明孝宗實録》卷一七三，第 3165 頁）

甲辰，上以天氣炎熱，命兩法司、錦衣衛將見監罪囚，笞罪無干証者釋之，徒流以下減等發落，重罪情可矜疑并枷號者，具奏以聞。扵是，免死充軍者二十人，免死杖而釋者十五人，充浄軍者一人。（《明孝宗實録》卷一七三，第 3166 頁）

丁未，山西應州黑風大作，火起教場旗竿，上水沃之，不滅，竿焚至仆地乃已。（《明孝宗實録》卷一七三，第 3171 頁）

徐州、清河、桃源、宿遷雨雹，平地五寸，夏麥盡爛。（光緒《清河縣志》卷二六《祥祲》）

霧，麥果不實。（嘉靖《通許縣志》卷上《祥異》）

春，不雨，四月雨始，雹。（同治《香山縣志》卷二二《祥異》）

五月

戊午，昏刻，月犯進賢星。（《明孝宗實録》卷一七四，第 3178 頁）

庚申，夜，月犯氐宿西南星。(《明孝宗實録》卷一七四，第3179頁)

庚申，直隸貴池等五縣自十一日至是日驟雨，山水泛漲，渰死男婦二百六十餘人，漂流民舍，衝没沙壓田地，并壞橋梁、牲畜甚衆。宣城等六縣自初九日至是日驟雨，山水陡漲，蛟起二千（廣本作“十”）餘，渰死男婦二百餘人，衝倒廬舍，渰没田禾，并衝破沙壓田地。潛山等三縣連旬大雨，水漫蛟起，渰死男婦牲畜，田禾亦多衝没者。蕪湖等三縣自初七日天雨連綿，且山水泛漲，衝圩岸房屋，人畜多漂流者。(《明孝宗實録》卷一七四，第3179頁)

辛酉，以旱、雹災免陝西延安等三府并靖虜等十一衛所弘治十三（閣本作“一”）年夏秋税粮子粒有差。(《明孝宗實録》卷一七四，第3179頁)

丙寅，是日夘刻，日生右珥，色赤黄。(《明孝宗實録》卷一七四，第3182頁)

戊辰，夜，南京雷火，焚中和橋草場。(《明孝宗實録》卷一七四，第3184頁)

己巳，夜，月犯壘壁陣東第三星。(《明孝宗實録》卷一七四，第3186頁)

壬申，是日曉刻，月犯天囷星。(《明孝宗實録》卷一七四，第3186頁)

丙子，夜，有流星大如盞，色青白，光燭地，自天弁西南行至斗宿。(《明孝宗實録》卷一七四，第3187頁)

乙亥，登、萊二府雨雹殺禾。(《明史·五行志》，第430頁)

二日，夜分，渝水明耀，浮光上燭城垣，光皆白亮。明日，水如豆汁，人不敢飲，三日始澄澈。是年十月，馬湖江水、敘州東南二河變異皆同。(道光《重慶府志》卷九《祥異》)

雨雹殺禾。(民國《增修膠志》卷五三《祥異》)

雨雹損麥。(同治《黄縣志》卷五《祥異》)

大水，壞廬舍。(光緒《青陽縣志》卷二《祥異》)

清遠大水。(嘉靖《廣東通志初稿》卷三七《祥異》)

各屬雨雹殺禾。(光緒《增修登州府志》卷二三《水旱豐饑》)

六月

辛巳，遼東錦、義二州及廣寧等處是日至十二日大雨如注，壞城垣、墩堡、倉庫、橋梁，渰没田禾，人民多壓傷者。（《明孝宗實録》卷一七五，第3190頁）

辛巳，陝西漢中府大風雨雹。（《明孝宗實録》卷一七五，第3190頁）

丁亥，山西平陽府地震有聲。（《明孝宗實録》卷一七五，第3192頁）

己丑，山西定襄縣地震，有聲如雷。（《明孝宗實録》卷一七五，第3192頁）

乙未，陝西朝邑縣地連震，有聲如雷。（《明孝宗實録》卷一七五，第3195頁）

乙未，自十六至是日，木星晝見扵巳位。（《明孝宗實録》卷一七五，第3195頁）

丁酉，南京都察院右僉都御史林俊言："前歲雲南等處地震山崩，今歲元日山、陝同日地震，災變異常，人心驚愕……"命所司知之。（《明孝宗實録》卷一七五，第3195～3196頁）

甲辰，夜，西方流星大如盞，色青白，光燭地，自貫（抱本作"頭"）索西行至大角旁。（《明孝宗實録》卷一七五，第3200～3201頁）

朔，大雷雨，點蒼、白石二溪水漲，漂没民居五百七十餘家，溺死三百餘人。（隆慶《雲南通志》卷一七《災祥》）

朔，大雪雨。（雍正《雲龍州志》卷一一《災祥》）

大水入城，渰没最慘。（萬曆《靈石縣志》卷三《祥異》）

水溢州城。（光緒《廣德州志》卷五八《祥異》）

山水暴集，城室漂壞，止餘倉前數家。今城上有刻石。（乾隆《荆門州志》卷三四《祥異》）

七月

戊申，江西南城縣是夜亥刻，空中火星如蛇，紅光青焰，自西流東約九

丈餘。(《明孝宗實録》卷一七六，第 3210 頁)

己酉，陝西朝邑縣地震有聲。(《明孝宗實録》卷一七六，第 3211 頁)

癸丑，大同鎮巡等官以諜報黄河套内大衆虜賊採木于黄河西岸，大治簰筏，將渡河而東上，奏言："虜衆入套日久，因天旱草枯馬瘦，不敢出套大舉。近得雨，草長馬肥，正其出掠之時。"(《明孝宗實録》卷一七六，第 3214 頁)

戊午，陝西同州朝邑縣地震。(《明孝宗實録》卷一七六，第 3219 頁)

己未，陝西朝邑等縣地復震。(《明孝宗實録》卷一七六，第 3220 頁)

庚申，先是，永寧衛鴈尾山至居庸關之石縫山東西四十餘里，南北七十餘里，火延燒七晝夜，風大火烈，焚林木畧盡。(《明孝宗實録》卷一七六，第 3220～3221 頁)

庚申，夜，東方流星大如盞，色青白，光燭（廣本、閣本、抱本"燭"下有"地"字），自畢宿正東行至參宿，後三小星随之。(《明孝宗實録》卷一七六，第 3221 頁)

辛酉，廣東廉州府及靈山縣大風雨，拔木捲屋，壞府城樓九百五十餘間，縣城樓九十餘間，公署廨宇瓦飄殆盡，軍民房屋勿（疑當作"無"）復存者，海水湧漲，渰死男婦一百五十餘人。(《明孝宗實録》卷一七六，第 3221 頁)

丁卯，遼東鎮巡等官奏："本鎮自三月以来，亢陽不雨，河溝乾涸，人馬通行，以致虜數入寇。自六月以後，苦雨不息，城垣倉庫多就傾頹，新舊邊墻、墩堡坍塌過半。慮秋高時，虜賊擁衆長驅，以戰則兵力寡少，以守則墻垣未築。請東西二路仍增設遊擊將軍二員，於瀋陽、寧遠駐兵，或選京兵五千赴彼策應。"上從之。(《明孝宗實録》卷一七六，第 3230～3231 頁)

丁卯，夜，月犯木星。(《明孝宗實録》卷一七六，第 3233 頁)

戊辰，暫免湖廣歲辦水牛、底皮、銀硃、竹木等物料，以鎮巡等官奏地方洊罹水患，工役浩繁故也。(《明孝宗實録》卷一七六，第 3235 頁)

戊辰，夜，南京流星墜于東北，有聲如雷。(《明孝宗實録》卷一七六，第 3235 頁)

蘭州大風拔木，至起人于城東三十里外。（康熙《臨洮府志》卷一八

《祥異録》）

贊皇、藁城、寧晉縣大水圮城，淹没人畜。時井陘、臨城、贊皇、柏鄉、寧晉、臨城等處河水泛溢，巨浪洪濤，周流城廓，通衢水深丈餘，壞民居不可勝計。（嘉靖《真定府志》卷九《事紀》）

河水泛溢，城廓通衡水深丈餘，淹死人畜不可勝紀，膏腴之地俱成河灘。地去糧存，民甚苦之。（乾隆《贊皇縣志》卷一〇《事紀》）

大水，大雨如注，水深丈餘，壞民居無算。（同治《欒城縣志》卷三《祥異》）

漳水滔天，泛無涯際，西門將傾，水勢漸甚，吏民皇皇，措手無策，老幼悲號，四無所之。芳躬詣其所，令民各備荆筐，實之以土，焚香拜祭……水即落下一尺，不五日間，水患大息。鄉民漂流而死者，屍無與殮，而生者亦皆絶粒。芳申請上司，發在倉之粟二萬石賑濟，不敷，又借給白金兩千兩以活再生之民於死無所歸者。（正德《臨漳縣志》卷七《宦績》）

大水，渰没人畜。（乾隆《柏鄉縣志》卷一〇《祥異》）

縣大水，圮縣城。時河水泛溢，城廓通衢水深丈餘，淹没人畜，壞民房屋不可勝計。（康熙《臨城縣志》卷八《禨祥》）

汾水漲約四丈餘，濱河村落房屋及禾黍漂湮殆盡。（道光《太原縣志》卷一五《祥異》）

大風拔木，龍見縣治西監生尚璽家，樓房數間一時撼倒。（民國《重修臨潁縣志》卷一三《災祥》）

閏七月

己卯，兵部議謂："河套之套（廣本、閣本、抱本作'虜'）自三月後，從花馬池入至韋州、鳴沙州，殺掠凡數十次，寧夏兵少不能支，喪亡人畜不可勝計。雖嘗斬獲賊級，而虜不為懼。近傳虜已入固原，而神英之兵七月尚未到韋州。今天雨連綿，河水泛溢，虜尚敢（疑脱字）。爾秋高（廣本、閣本、抱本'高'下有'馬'字）肥，大舉入寇，勢所必至。傳言當不虚，竊料虜欲深入，必留兵在套，自護人畜。"（《明孝宗實録》卷一七七，第3242頁）

庚辰，福建福州府大風雨雷，擊碎教場旗竿一、城樓大柱二。次日，復燬城樓一。（《明孝宗實録》卷一七七，第3243頁）

辛巳，山東壽光縣有星大如車輪，紅光燭天，從東南隕扵西北，天鼓鳴。（《明孝宗實録》卷一七七，第3243頁）

己丑，山東長山、新城二縣雷電風雨交作，地震。（《明孝宗實録》卷一七七，第3251頁）

壬辰，四川汶川縣地震，有聲如雷。（《明孝宗實録》卷一七七，第3255頁）

戊戌，南北直隸、山西、山東、河南等處以水災告，户部請令所司各舉行荒政，以恤民患。上曰："各處既災傷重大，人民艱苦，其速勅巡撫巡按官用心賑恤，毋致失所。"（《明孝宗實録》卷一七七，第3259頁）

癸卯，以旱災免直隸蔚州等十二（中本作"五"）衛所及保安州今年税粮子粒有差。（《明孝宗實録》卷一七七，第3262頁）

二十一日，陰雲晝晦，俄聞空中閧然有聲，二刻乃止，或曰天愁。（乾隆《金山縣志》卷一八《祥異》）

烏撒所轄可渡河巡檢司言："自閏七月二十七日，大雷雨不止，至二十九日，水漲山崩地裂，山鳴如牛吼，地陷湧出清泉數十派，衝壞廬橋梁及壓死人口牲畜無算。又本府阿都地方，八月亦暴風雨，田土渰没二百餘處，死者三百餘人。"（《明史·四川土司傳》，第8006頁）

南京水災，免其税糧。（光緒《金陵通紀》卷一〇中）

颶風潮溢，平地水高七尺。（道光《瓊州府志》卷四二《事紀》）

八月

戊申，時直隸池州、寧國、安慶、太平四府大水蛟起，渰死人口，漂流房屋，衝没田畝。巡撫等官以聞，且引咎自責。禮部覆議謂："畿輔之地災變若此，非獨撫按等官之責，抑臣等實有罪焉。乞通勅羣臣，痛加脩省，興利革弊，以紓民困。尤望陛下益盡敬天之實，以弭災變。"（《明孝宗實録》卷一七八，第3268～3269頁）

己酉，以水旱災免河南開封（廣本、閣本、抱本、中本“封”下有“等”字）四府及潁川等二衛今年税粮子粒有差。(《明孝宗實録》卷一七八，第 3270 頁)

癸丑，以水災免直隸鳳陽、淮安二府及徐州并高郵等五衛所夏税子粒有差。(《明孝宗實録》卷一七八，第 3273 頁)

癸丑，四川烏撒軍民府可渡河巡檢司自閏七月二十七日大雷雨不止，至二十九日水漲，山崩地裂。是日，雨稍止，然水勢益大，山鳴如牛吼，地裂而滔湧出清泉數十派，前後沖壞橋梁廬舍，壓死人口牲畜甚眾。又本府阿都地等方（舊校改“地等方”作“等地方”）自八月以來，亦連日裂（舊校改“裂”作“烈”）風、暴雷、淫雨，震動山川，渰没田禾三百餘處，民死者三百六十餘人，房屋牲畜漂流者無算。(《明孝宗實録》卷一七八，第 3273 頁)

丙辰，廣東瓊山縣颶（舊校改“颶”作“颶”）風暴雨，海潮翻漲，山水泛溢，平地水高七尺，壞軍民房屋，溺死男婦老幼，漂流船隻，渰没稻禾，不可勝計。(《明孝宗實録》卷一七八，第 3277 頁)

丙辰，廣西融縣，昏刻一星大如箕，尾長丈餘，自西南流西（抱本無“西”字）北方，河水陡紅，濁如黄河，人民驚駭。(《明孝宗實録》卷一七八，第 3277 頁)

丁巳，以旱災免山西大同府所屬并大同前後等十六衛所夏税子粒有差。(《明孝宗實録》卷一七八，第 3277 頁)

乙（舊校改“乙”作“己”）未，南方流星如盞，色青白，光燭地，自東南（抱本無“南”字）行至近濁。(《明孝宗實録》卷一七八，第 3278 頁)

癸亥，曉刻，日〔月〕犯昂（抱本作“卯”，實當作“昴”）宿。(《明孝宗實録》卷一七八，第 3278 頁)

癸酉，貴州地震三次，俱有聲如雷。(《明孝宗實録》卷一七八，第 3289 頁)

乙亥，大名府天鼓鳴。(《明孝宗實録》卷一七八，第 3291 頁)

安、寧、池、太四府大水，蛟出，漂流房屋。(《明史・五行志》，第 451 頁)

陰雨爲患，山奔水漲，大果、新登、山根等處冲没田地五十餘頃，居民房屋八十餘家，死者百十餘人。（光緒《浪穹縣志略》卷一《祥異》）

九月

丙子朔，日食。（《明孝宗實録》卷一七九，第3293頁）

丙子朔，廣東欽州地震，有聲如雷。（《明孝宗實録》卷一七九，第3293頁）

丁丑，是日曉刻，南京老人星見于丙位，色赤黄。（《明孝宗實録》卷一七九，第3293頁）

己丑，夜，月狗（廣本、閣本、抱本作“犯”）木星。（《明孝宗實録》卷一七九，第3305頁）

庚寅，夜，月食。（《明孝宗實録》卷一七九，第3305頁）

癸巳，河南太康縣及陳州地震二次（廣本、閣本、抱本“次”下有“俱”字）有聲，摇動城郭屋宇。（《明孝宗實録》卷一七九，第3306頁）

十月

乙卯，火星犯天街星。（《明孝宗實録》卷一八〇，第3319頁）

丙辰，夜，月掩木星。（《明孝宗實録》卷一八〇，第3319頁）

辛酉，夜，南京地震。（《明孝宗實録》卷一八〇，第3321頁）

戊戌，直隸松江府及蓟（舊校改“蓟”作“蘇”）州府之吴江縣并崇明守禦千户所各地震。陝西朝邑縣亦地震。（《明孝宗實録》卷一八〇，第3321頁）

戊辰，是日晚（閣本作“曉”）刻，月掩上相星。是夜，東方流星大如盃，色青白，光燭地，自太微東垣内東行至近濁。（《明孝宗實録》卷一八〇，第3326～3327頁）

辛未，陝西朝邑縣地震，有聲如雷。（《明孝宗實録》卷一八〇，第3327頁）

二十一日午後，烏雲密佈，迷漫欲雨，俄聞空中有聲，約二刻乃止，人

曰“天愁”。（康熙《長洲縣志》卷二《祥異》）

舊漳以西，洺、滏諸水溢而遲退，秋稼盡腐；以東則漳水適至，環數十里内蛙産竈，陸行舟，而麥之入土無期也，民皆嗷嗷。（同治《平鄉縣志》卷一〇《藝文》）

雨黍。（乾隆《貴溪縣志》卷五《祥異》）

十一月

戊寅，江西贛州府連日大雷雨，各縣遂多瘴癘，人有朝病暮死者。廣東廣州府并韶州府，連日雷雨大作。（《明孝宗實録》卷一八一，第 3332 頁）

辛巳，以水灾免直隸真定等四府，并隆慶州，並真定、永寧等十四衛所粮草子粒有差。（《明孝宗實録》卷一八一，第 3332 頁）

辛巳，遼東金川等衛大雪，壓軍民房屋，塞道路，凍死人畜無算。（《明孝宗實録》卷一八一，第 3333 頁）

己丑，南京金星晝見于未位。（《明孝宗實録》卷一八一，第 3336 頁）

庚寅，以旱雹灾免陝西河州、洮州二衛屯田子粒有差。（《明孝宗實録》卷一八一，第 3336 頁）

辛卯，土星犯六諸王東第二星。（《明孝宗實録》卷一八一，第 3337 頁）

壬辰，以水旱灾免山東濟南等府州衛所，并都轉運鹽使司税粮子粒、馬草、鹽課有差。（《明孝宗實録》卷一八一，第 3337 頁）

壬辰，夜，月犯軒轅南第五星。（《明孝宗實録》卷一八一，第 3338 頁）

丙申，龍門衛地震有聲。（《明孝宗實録》卷一八一，第 3339 頁）

己亥，以水灾免直隸保定、鳳陽等府及遼東義州等衛所，并陝西朝邑縣粮草子粒有差。（《明孝宗實録》卷一八一，第 3341 頁）

己亥，金星犯壘壁（舊校改“璧”作“壁”）陣西第六星。（《明孝宗實録》卷一八一，第 3341 頁）

泖湖冰，經月始解。（光緒《青浦縣志》卷二九《祥異》）

大寒，河水冰，經月始解。（光緒《重修華亭縣志》卷二三《祥異》）

大寒，湖泖冰，經月始解。（正德《松江府志》卷三二《祥異》；乾隆

《婁縣志》卷一五《祥異》；乾隆《金山縣志》卷一八《祥異》）

大寒，湖即冰，經月始解。（光緒《川沙廳志》卷一四《祥異》）

恒寒，冰堅半月，河蕩皆可徒行。（光緒《嘉興府志》卷三五《祥異》）

恒寒，冰堅半月，河蕩皆徒行。（光緒《嘉善縣志》卷三四《祥眚》）

象山縣大寒，冰凍，草木皆死，百姓飢寒，死者相枕。（嘉靖《寧波府志》卷一四《禨祥》）

大雪。（崇禎《吴縣志》卷一一《祥異》）

十二月

庚戌，金星晝見于申位。（《明孝宗實録》卷一八二，第3346頁）

癸丑，以水灾免順天府所屬二十（抱本作“十二”）六州縣，及直隸興州後屯等六十三衛所税粮子粒有差。（《明孝宗實録》卷一八二，第3346頁）

癸丑，夜，月犯火星。（《明孝宗實録》卷一八二，第3347頁）

己未，山西大同平虜衛并并坪（當作“井坪”）所地震，有聲如雷。（《明孝宗實録》卷一八二，第3352頁）

辛酉，以水灾免直隸太平府所屬各縣夏税有差。（《明孝宗實録》卷一八二，第3353頁）

辛未，以水灾免南直隸徐州明年歲貢（廣本、閣本、抱本作“供”）之額及粮草，除充軍起運外，悉已之。（《明孝宗實録》卷一八二，第3363～3364頁）

壬申，以水灾免南京水軍左等三十四衛所屯田子粒有差。（《明孝宗實録》卷一八二，第3368頁）

是年

甯德小嶺官漂鄭氏先墳，山鳴如雷，三時乃止。（乾隆《福寧府志》卷四三《祥異》）

水傷禾，民飢。（民國《昌黎縣志》卷一二《故事》）

漳水溢魏縣。（民國《大名縣志》卷二六《祥異》）

漳水溢，陷肥鄉城，注廣平，東流入館陶縣。（民國《廣平縣志》卷一二《灾異》）

夏，黄河汎濫。（咸豐《邳州志》卷六《民賦下》）

旱，孤山崩東北角。（光緒《靖江縣志》卷八《祲祥》）

雨雹殺禾。（民國《福山縣志稿》卷八《災祥》；民國《萊陽縣志》卷首《大事記》）

旱。（嘉靖《靖江縣志》卷四《編年》；乾隆《天鎮縣志》卷六《祥異》；光緒《天鎮縣志》卷四《大事記》）

餘姚蝗。（乾隆《紹興府志》卷八〇《祥異》）

秋，大水。（嘉靖《廣西通志》卷四〇《祥異》；康熙《彭澤縣志》卷二《歲眚》；同治《瑞昌縣志》卷一〇《祥異》；民國《滎經縣志》卷一三《五行》；民國《崇善縣志》第六編《前事》）

秋，旱蝗，大饑。（光緒《餘姚縣志》卷七《祥異》）

秋，旱蝗，大饑，又大雷電，海溢，雨。（嘉靖《臨山衛志》卷二《紀異》）

春，新野邑西江石灘天雨粟麥，周圍十餘里，其地大稔。（乾隆《新野縣志》卷八《祥異》）

夏，大水，饑。（康熙《永平府志》卷三《災祥》）

夏，蝗。秋，大水。（康熙《大城縣志》卷八《災祥》；康熙《文安縣志》卷七《藝文》）

夏，霪雨，洪水漲，民舍漂。（光緒《定安縣志》卷一〇《災祥》）

夏，大水。（光緒《九江儒林鄉志》卷二《災祥》；民國《龍山鄉志》卷二《災祥》）

夏，大水，沖圮通惠橋。（康熙《襄陵縣志》卷一《津梁》）

夏，河水大溢。（嘉靖《重修邳州志》卷三《災異》）

季夏，淫雨大作，洪水暴至，蕩屋，壞城七。（正德《瓊臺志》卷四一

《災異》）

季夏，霪雨大作，洪水暴至，蕩屋壞城。（康熙《儋州志》卷二《祥異》）

山東旱蝗，夏，麥垂成，黑疸傷粃。秋，大雨，田禾淹没。（康熙《内鄉縣志》卷九《藝文下》）

水，饑。遣使賑卹，免被災稅糧。（乾隆《歷城縣志》卷二《總紀》）

大水。（嘉靖《九江府志》卷一《祥異》；康熙《晉州志》卷一〇《事紀》；乾隆《南和縣志》卷一《災祥附》；乾隆《番禺縣志》卷一八《事紀》；嘉慶《湖口縣志》卷一七《祥異》；嘉慶《灤州志》卷一《祥異》；同治《靖安縣志》卷一六《雜志》）

滹沱河水泛溢，巨浪洪滔，周流城郭，通衢水深丈餘，衝壞民居不可勝計，城郭幾致渰没。邑人震駭，移徙無數，日後水勢洶湧方已。（嘉靖《藁城縣志》卷六《祥異》）

水傷禾，民飢。（民國《昌黎縣志》卷一二《故事》）

滹沱河漲，城壞。（康熙《武邑縣志》卷一《城池》）

水災，永年、邯鄲、成安、肥鄉、曲周、雞澤尤甚。（嘉靖《廣平府志》卷一五《災祥》）

漳水溢，北注廣平縣，河流於東，入館陶。（萬曆《廣平縣志》卷五《災祥》）

弘狄河决，大水，没民田。（順治《平陰縣志》卷八《災祥》）

雨雹，平地五寸，夏麥俱爛。（光緒《睢寧縣志稿》卷一五《祥異》）

安慶大水，蛟出，漂流房屋。（民國《懷寧縣志》卷三三《祥異》）

漁梁壩在縣南二里，弘治十四年洪水沖壞。（順治《歙志》卷一《水利》）

府屬水，免稅糧有差。（康熙《南昌郡乘》卷五四《祥異》）

水，免稅糧有差。（康熙《新建縣志》卷二《災祥》）

雨麥。（乾隆《鉛山縣志》卷一《災異》）

大水，免稅有差。（同治《進賢縣志》卷二二《禨祥》）

（横浦橋）水决更毁，濟以船橋。（乾隆《南安府大庾縣志》卷六《津梁》）

大旱，無禾。（道光《晉江縣志》卷七四《祥異》）

大旱。（康熙《南平縣志》卷二四《記敘》；嘉慶《惠安縣志》卷三五《祥異》；民國《遂寧縣志》卷八《雜記》；民國《潼南縣志》卷六《祥異》）

風仆東甕城樓。重建者，知縣李熙也。（乾隆《將樂縣志》卷二《城池》）

蝗蝻自北而來蔽日，所過苗無。（嘉靖《輝縣志》卷八《文章》）

水，旱。（光緒《羅田縣志》卷八《祥異》）

水決，知府吴彦華修築。（乾隆《江陵縣志》卷八《江防》）

水衝學宫基，移文廟。（光緒《桃源縣志》卷一二《災祥》）

平定、遼州大雨雹。（雍正《山西通志》卷一六三《祥異》）

雨雹害稼。（乾隆《平定州志》卷五《禨祥》）

日炎如暑，夜寒如冬，天氣反常，人多瘟疫。（民國《羅城縣志》卷一二《前事》）

融縣地日炎如暑，夜寒如冬。（乾隆《柳州府志》卷一《禨祥》）

旱，大疫。（同治《蒼梧縣志》卷一七《紀事》）

大旱，民逃徙者半。（隆慶《雲南通志》卷一七《災祥》）

夏秋，大水。（康熙《安州志》卷八《祥異》）

秋，河又決。（康熙《博平縣志》卷一《禨祥》；宣統《聊城縣志》卷一一《通紀》）

秋，永昌、騰衝大水，壞民廬舍，人畜死者以數百計。（隆慶《雲南通志》卷一七《災祥》）

冬，江漢冰。（同治《襄陽縣志》卷七《祥異》）

其冬隆寒，水結冰，厚半寸許，荔枝凍枯。（弘治《興化府志》卷一五《災祥》）

春至十六年秋，揚州大旱且疫，勅南京吏部左侍郎王華賑之。（萬曆《揚州府志》卷二二《異攷》）

春至十六年秋，大旱，疫。（嘉慶《如臯縣志》卷二三《祥祲》）

春至十六年秋，大旱且疫，命南京吏部左侍郎王華賑之。（嘉慶《東臺縣志》卷七《祥異》）

弘治十五年（壬戌，一五〇二）

正月

甲午，以水災免山西太原、平涼（舊校改“涼”作“陽”）二府及沁、汾等州，鎮西等衛所弘治十四年秋粮子粒，共三十萬四千七百二十五（廣本、閣本、抱本作“石”）有奇。（《明孝宗實録》卷一八三，第3381頁）

始雨，二月又雨，六月又雨，乃霑足。其年獲十之三。（隆慶《雲南通志》卷一七《災祥》）

二月

癸丑，以水災免河南開封等四府，及歸德等七衛所弘治十四年税粮子粒有差。（《明孝宗實録》卷一八四，第3394頁）

甲寅，昏刻，金星犯昴宿東第一星。（《明孝宗實録》卷一八四，第3394頁）

己未，以霜災免山西行都司所屬二十衛所，及大同府所屬州縣弘治十四年秋粮子粒十一萬四千五十石，草四十一萬一百四十束有奇。（《明孝宗實録》卷一八四，第3396頁）

辛酉，南京老人星見于丁位。（《明孝宗實録》卷一八四，第3396頁）

戊辰，昏刻，火星犯井宿東扇北第一星。（《明孝宗實録》卷一八四，第3401頁）

三月

乙亥，夜，陝西鞏昌府及岷州衛俱有流星，自西而来（舊校删“来”字）東。（《明孝宗實録》卷一八五，第3404頁）

辛巳，以旱災免陝西臨洮、漢中、平涼三府及延安、漢中、寧羌、鞏昌四衛弘治十四年秋粮子粒三萬六百餘石，草一萬八千二百餘束。（《明孝宗

實録》卷一八五，第 3407 頁）

丁酉，陜西朝邑縣地震，有聲如雷。（《明孝宗實録》卷一八五，第 3416 頁）

辛丑，午刻，江西高安縣地震有聲，摇動軍民房屋。（《明孝宗實録》卷一八五，第 3418 頁）

雨雹，龍江堡者更大如拳，壞民房屋五百餘家，禽獸多死傷，歲大熟。（咸豐《順德縣志》卷三一《前事畧》）

大風拔木，木柯，火光飛流。（乾隆《東明縣志》卷七《灾祥》）

雨雹，折樹木，破房屋，壓死雀鳥無數。（嘉慶《羊城古鈔》）

雨雹，折樹木，破房屋，壓死雀鳥無數。禾大熟。（道光《南海縣志》卷五《災祥》）

順德雨雹。龍山堡雨雹，大者如拳，小者如雞卵，壞民房屋五百餘家，禽獸死傷甚衆。（嘉靖《廣東通志初稿》卷三七《祥異》）

四月

乙丑，上以天氣炎熱，命兩法司、錦衣衛將見監罪囚，笞罪無干証者釋之，徒流以下減等發落，重罪情可矜疑并枷號者，具奏以聞。（《明孝宗實録》卷一八六，第 3432 頁）

乙丑，以旱災免陜西狄道、渭源二縣，及鞏昌衛所（廣本、閣本、抱本無“所”字）弘治十四年夏秋粮一萬八百七十石，草二萬二（抱本作“六”）千六百八十束有奇。（《明孝宗實録》卷一八六，第 3432 頁）

嵩明大風雨。（康熙《雲南府志》卷二五《菑祥》）

雨雹損麥，沙岡尤甚，擊牛馬，有至死者。（正德《松江府志》卷三二《祥異》）

水。（嘉靖《南安府志》卷一《世歷紀》）

五月

丁丑，雨雹。（《明孝宗實録》卷一八七，第 3443 頁）

己卯，夜，月犯左執法星。（《明孝宗實録》卷一八七，第3443頁）

己丑，是日曉刻，金星犯天高（抱本無“高”字，誤）星。（《明孝宗實録》卷一八七，第3448頁）

癸巳，金星（廣本、閣本、抱本“星”下有“晝”字）見于辰位，自十九日至是日。（《明孝宗實録》卷一八七，第3453頁）

大水壞民田廬。巡按御史唐龍奏免税糧十分之五。（同治《新淦縣志》卷一〇《祥異》）

大水。（同治《續輯漢陽縣志》卷四《祥異》）

六月

辛卯（疑當作“丑”）朔，南京暴風雨，孝陵神宫監及懿文陵樹木、橋梁、墻垣多推（舊校改“推”作“摧”）拔衝塌者。（《明孝宗實録》卷一八八，第3459頁）

乙巳，木星連日晝見于己午（廣本、閣本、抱本作“位”）。（《明孝宗實録》卷一八八，第3464頁）

己酉，陝西行都司連日地震有聲。（《明孝宗實録》卷一八八，第3467頁）

壬子，是日曉刻，土星犯井宿西扇壯（舊校改“壯”作“北”）第一星。（《明孝宗實録》卷一八八，第3469~3470頁）

己巳，以水災免直隸安慶府懷寧等六縣今年夏税有差。（《明孝宗實録》卷一八八，第3482頁）

河溢，渰没田禾民舍。（順治《衛輝府志》卷一九《災祥》）

河溢，渰没民舍。（嘉靖《淇縣志》卷四《祥異》）

七月

辛未朔，陝西華州地震有聲。（《明孝宗實録》卷一八九，第3485頁）

癸酉，南京并皇陵大風雨拔木，毁壇壝，及官民房舍，江水溢。（《明孝宗實録》卷一八九，第3485頁）

丙子，是日曉刻，木（當脱“星”字）犯六諸王東第二星。（《明孝宗

實録》卷一八九，第 3485 頁）

己卯，月（廣本、閣本、抱本“月”上有“昏刻”二字）犯心宿西望（廣本、閣本、抱本作“星”）。（《明孝宗實録》卷一八九，第 3487 頁）

丁亥，陝西葭州雨水（舊校改“水”作“冰”）雹壞田禾。（《明孝宗實録》卷一八九，第 3490 頁）

己亥，雲南瀾滄衛及北滕（舊校改“滕”作“勝”）州皆地震有聲。（《明孝宗實録》卷一八九，第 3498 頁）

江水溢，湖水入應天城五尺餘。（光緒《金陵通紀》卷一〇中）

餘姚大雷電雨以風，海溢。（萬曆《紹興府志》卷一三《災祥》）

大雨水害稼，及民庐舍。（萬曆《榆次縣志》卷八《災祥》）

八月

庚戌，先是，南京太常寺卿楊一清等奏：“南京自本年六月一日以来，霪雨沃（廣本、閣本、抱本作‘浹’）旬，平地皆水。至七月三日，猛風急雨，震蕩掀播，自天地、山川等壇神樂觀及歷代帝王等十三（廣本、閣本、抱本作‘二’）廟、太廟、社稷、孝陵、禁山所拔楨（廣本、閣本、抱本作‘損’）樹木無筭。皇城各門、内府監局、京城内外城門関隘處所，并諸司衙門墻垣、屋宇多被飄淋震撼損塌。加以江潮洶湧，江東諸門之外浩如波湖，水浸入城五尺有餘，軍民屋房（廣本、閣本、抱本作‘房宇’）倒塌者千百餘間，男婦有壓溺死者。新江口中、下二新河等處，官民船飄没，入（舊校改‘入’作‘人’）多溺死，及聞各處屯種軍民田土衝漫渰没，秋成難望。詢之父老，皆以風雨之變，未有甚扵此者。近又聞鎮江、楊〔揚〕州諸府沿江風潮之惡亦復如是。民之被災，不言可知。”上是之。（《明孝宗實録》卷一九〇，第 3510～3511 頁）

癸丑，是日曉刻，南京老人星見于丙位。（《明孝宗實録》卷一九〇，第 3517 頁）

甲寅，以雪霜灾免陝西靖寧、虜（舊校改“虜”作“膚”）施等州縣，綏德等衛所，萌城、小鹽池等驛遞粮草有差。（《明孝宗實録》卷一九〇，

第3517頁）

己未，廣東高州府空中有火，如流星，風（廣本、閣本、抱本“風”下有“雨”字）大作，海嘯壞城廓。（《明孝宗實録》卷一九〇，第3518頁）

己未，高州大風雨，海溢，壞城郭。（《國榷》卷四四，第2789頁）

庚戌，霪雨大風，淮溢為災。（光緒《五河縣志》卷一九《祥異》）

庚戌，以南京、鳳陽霪雨、大風、江溢爲災，遣使祭告，敕兩京羣臣修省。（《明史·孝宗紀》，第194頁）

大水，歲饑。（同治《新淦縣志》卷一〇《祥異》）

九月

庚午朔，日食。（《明孝宗實録》卷一九一，第3525頁）

癸酉，宣府懷来衛及隆慶右衛俱地震有聲。（《明孝宗實録》卷一九一，第3526頁）

丙戌，直隸大名、順德二府，徐州；山東濟南、東昌、兖州等府同日地震，有聲如雷。（《明孝宗實録》卷一九一，第3530頁）

丙戌，廵撫廵（疑脱“按”字）山東都御史徐源上疏言：“地本主静，而半月之間連震三次，動揺泰山，遠及千里。登舟（廣本、閣本、抱本作‘州’）又有水（舊校改‘水’作‘冰’）雹之異，陰陽失序，地道不寧。况真定等府密邇山東，近遭大水，盗賊恣肆，灾異之屢見迭出，比常尤甚。”（《明孝宗實録》卷一九一，第3530頁）

丙戌，酉刻，南京地震。河南開封、彰德府，山西平陽、澤、潞等府州連日地震有聲。（《明孝宗實録》卷一九一，第3530頁）

乙（舊校改“乙”作“己”）丑，夜，月犯五諸侯星。（《明孝宗實録》卷一九一，第3532頁）

壬辰，是日曉刻，月犯軒轅南第二星。（《明孝宗實録》卷一九一，第3532頁）

乙未，以河水為患，免河南開封府及直隸歸德衛夏粮子粒有差。（《明孝宗實録》卷一九一，第3535頁）

十五日，岐山風雷交作，潤德泉復出。（乾隆《鳳翔府志》卷一二《祥異》）

十五日，風雷交作，潤德泉復出。（民國《重修岐山縣志》卷一〇《災祥》）

連陰雨，寒色慘栗，忽大雷電，忽大雪兩日，嚴寒。（崇禎《吴縣志》卷一一《祥異》）

連陰雨，寒氣慘慄，忽大雷電，忽大雪兩日，嚴寒。（康熙《長洲縣志》卷二《祥異》）

忠州雨黑黍。（雍正《四川通志》卷三八四《祥異》）

濟南地震，壞城垣民舍。（民國《齊河縣志》卷首《大事記》）

十月

壬寅，直隸灤州及昌黎縣地震，有聲如雷。（《明孝宗實録》卷一九二，第 3537 ~ 3538 頁）

甲辰，以水災免湖廣永順等處軍民宣慰司弘治十二年、十三年秋粮一千六百石有奇。（《明孝宗實録》卷一九二，第 3539 頁）

丙午，是日卯刻，山東濟寧州有星起西（廣本、閣本、抱本作“西”）南，光如電，至東北而損，天鼓鳴。（《明孝宗實録》卷一九二，第 3542 頁）

己酉，夜，月犯壘壁陣東第四星。（《明孝宗實録》卷一九二，第 3543 頁）

庚戌，兵部尚書劉大夏言：“南京及鳳陽陵廟近有大風拔木之異，河南、湖廣有大水之異，今京師有沉陰若（閣本作‘若’）雨之異。”（《明孝宗實録》卷一九二，第 3543 頁）

戊午，欽天監奏，弘治十六年二月二十五日夜望，月當食一分二十秒，依回回曆推筭則不食。（《明孝宗實録》卷一九二，第 3546 頁）

辛酉，夜，月犯上將星。（《明孝宗實録》卷一九二，第 3555 頁）

癸亥，以旱災免遼東定遼左右等十衛屯粮有差。（《明孝宗實録》卷一九二，第 3555 頁）

甲子，山西應、朔、代三州，山陰、馬邑、陽曲等縣俱地震，有聲如雷。(《明孝宗實録》卷一九二，第3555頁)

丁卯，申刻，南京地震。(《明孝宗實録》卷一九二，第3556頁)

戊辰，客星見張宿天廟星旁。(《明孝宗實録》卷一九二，第3556頁)

己巳，客星行至翼宿。(《明孝宗實録》卷一九二，第3556頁)

十一月

壬申，客星仍在翼宿。(《明孝宗實録》卷一九三，第3559頁)

癸酉，是日曉刻，金星犯井宿北第一星。夜，客星復在張宿。(《明孝宗實録》卷一九三，第3559頁)

戊寅，夜（抱本“夜”下有“月”字），客星滅。(《明孝宗實録》卷一九三，第3560頁)

己卯，南京監察御史於鄣（抱本作“彰”）等奏：“近來烈風暴雨，災異尤甚。”(《明孝宗實録》卷一九三，第3560頁)

庚辰，夜，月犯天陰星。(《明孝宗實録》卷一九三，第3560~3561頁)

庚寅，以水災免直隸鳳陽、淮安、揚州三府，徐、滁、和三州及鳳陽、懷遠等十九衛所秋糧子粒三十萬四千二百六十石，草五十萬二千八百六十束有奇。(《明孝宗實録》卷一九三，第3563頁)

乙未，夜，月犯心宿西星。(《明孝宗實録》卷一九三，第3564~3565頁)

晝晦七日。(民國《景東縣志稿》卷一《災異》)

十二月

辛丑，以水災免直隸保定、河間二府及保定右衛秋粮子粒有差。(《明孝宗實録》卷一九四，第3570頁)

辛丑，夜，土星犯井宿西扇北第一星。(《明孝宗實録》卷一九四，第3570頁)

戊申，夜，月犯昴宿第一星。(《明孝宗實録》卷一九四，第3573頁)

丁巳，文武大臣復有（廣本、閣本、抱本作‘具’）奏問安，因言：“今天氣隆寒，乞若時謂（廣本、閣本、抱本作‘調’）護視朝之期，請再寬旬日。”（《明孝宗實録》卷一九四，第3576頁）

己未，以各（廣本、閣本、抱本作“冬”）無雪，命順天府官祈禱。（《明孝宗實録》卷一九四，第3577頁）

己未，以水災免河南開封等六府，并汝州及宣府（廣本、閣本、抱本作‘武’）等十二衛所粮草子粒有差。（《明孝宗實録》卷一九四，第3577頁）

辛酉，以水災免應天、安慶二府秋粮七萬九千一百七十石，草一萬三千一百七十束有奇。（《明孝宗實録》卷一九四，第3581頁）

丙寅，以水旱災免直隸真定、廣平、大名、順德四府及河間衛秋粮子粒五萬五千一百一十石，草八十二萬四千七百五十束，綿絨一萬四千一百九十斤有奇。（《明孝宗實録》卷一九四，第3583頁）

夏，大雨傷禾，民多疫。（光緒《寧羌州志》卷五《雜記》）

夏，大雨傷禾稼，民多疫。（光緒《洵陽縣志》卷一四《祥異》）

是年

漳决魏縣西界。（民國《大名縣志》卷二六《祥異》）

餘姚大雷電雨以風，海溢。（乾隆《紹興府志》卷八〇《祥異》）

冬，大雪。（同治《湖州府志》卷四四《祥異》；光緒《歸安縣志》卷二七《祥異》）

夏，大雨傷禾，民多疫。（嘉靖《漢中府志》卷九《災祥》）

夏，大雨傷禾稼，民多疫。（乾隆《洵陽縣志》卷一二《祥異》；光緒《白河縣志》卷一三《災祥》）

漳水決魏，北注館陶。（康熙《館陶縣志》卷一二《災祥》）

諸河皆溢……築長隄以障。（同治《平鄉縣志》卷三《恤典》）

旱荒，人噉樹皮。（雍正《定襄縣志》卷七《祥瑞》）

大雨傷禾，多時疫。（萬曆《重修寧羌州志》卷七《災異》）

河決，拐潭被害。（光緒《曹縣志》卷一八《災祥》）

大旱且疫。（萬曆《揚州府志》卷二二《異攷》）

大旱，疫。（嘉慶《如臯縣志》卷二三《祥祲》）

大旱，蝗食苗盡。（萬曆《鹽城縣志》卷一《祥異》）

大旱。（萬曆《荊門州志》卷六《祥異》；嘉慶《東臺縣志》卷七《祥異》）

雹，傷麥禾。（康熙《陳留縣志》卷三八《灾孼》）

大雨雹。（同治《葉縣志》卷一《祥異》）

旱。（嘉靖《真陽縣志》卷九《祥異》；嘉靖《廣東通志初稿》卷三七《祥異》；同治《南昌縣志》卷二九《祥異》）

大旱，饑。（康熙《京山縣志》卷一《祥異》；同治《鍾祥縣志》卷一七《祥異》）

大水，衝决（大圍堤）。（嘉靖《常德府志》卷二《山川》）

旱。（康熙《平樂縣志》卷六《災祥》；嘉慶《永安州志》卷四《祥異》）

大旱，民逃移者過半。（乾隆《蒙自縣志》卷五《祥異》）

江水凍合。（民國《祁陽縣志》卷二《事略》）

冬，江漢冰合。（同治《襄陽縣志》卷七《祥異》）

十五年壬戌、十六年癸亥連大雪，積四五尺，東西兩山橘柚盡斃無遺種。（康熙《具區志》卷一四《災異》）

弘治十六年（癸亥，一五〇三）

正月

癸酉，南京有星晝流。（《明孝宗實録》卷一九五，第 3587 頁）

甲戌，夜，南方流星大如盞，色青白，光燭地，行至西北墜，有聲如雷。（《明孝宗實録》卷一九五，第 3587 頁）

己卯，昏刻，月犯五諸侯東第二星。夜，土星犯井宿鉞星。（《明孝宗實録》卷一九五，第 3588 頁）

辛卯，是日晚（抱本、閣本作“曉”）刻，月犯心宿東星。（《明孝宗實録》卷一九五，第3596頁）

十九日，夜，馬江大風覆舟。（民國《長樂縣志》卷三《災祥附》）

不雨，至於六月，饑，發粟賑之。（道光《濟南府志》卷二〇《災祥》）

山東大旱，自春正月至夏六月不雨，發粟賑饑。（民國《萊陽縣志》卷首《大事記》）

二月

庚子，以水灾免直隸池州府銅陵縣弘治十五年税粮五千一百八十七石，馬草八千二百九十五包有奇。（《明孝宗實録》卷一九六，第3613頁）

丙午，月犯五諸侯北第三星。（《明孝宗實録》卷一九六，第3615頁）

壬子，初，欽天監奏是夜月當食，至期不食。（《明孝宗實録》卷一九六，第3620頁）

乙卯，昏刻，南京（抱本無“南京”二字）老人星見于丁位。（《明孝宗實録》卷一九六，第3621頁）

己未，以水灾免江西南昌等處四（抱本無“四”字）府，及直隸九江衛弘治十五年税粮子粒有差。（《明孝宗實録》卷一九六，第3623頁）

庚申，夜，南京地震。（《明孝宗實録》卷一九六，第3624頁）

辛酉，以水旱（抱本無“旱”字）灾免湖廣黄州、漢陽、荆州等六府，沔陽州及武昌等八衛所弘治十五年税粮子粒有差。（《明孝宗實録》卷一九六，第3624頁）

大雹。（民國《長樂縣志》卷三《災祥附》）

三月

庚午，陝西禮縣地震有聲，摇動軍民房屋。（《明孝宗實録》卷一九七，第3633頁）

丙子，遼東鉄嶺衛初二日夜天降火，大如斗，自西南至東北隕，至是日火起總旗陳英家，延燒官民房屋二千五百六十六間，男婦死者百五十二人。

（《明孝宗實録》卷一九七，第3638～3639頁）

乙酉，浙江武義縣雨雹，壞麥苗桑麻，人畜有死者。（《明孝宗實録》卷一九七，第3643頁）

丙戌，寧夏地震有聲。（《明孝宗實録》卷一九七，第3643頁）

辛卯，昏刻，金星犯六諸王星。（《明孝宗實録》卷一九七，第3650～3651頁）

癸巳，以水旱災免山西太原、平陽二府，及平陽等衛所弘治十五年税粮四十五萬一千石，草二（抱本、閣本作“三”）十五萬一千六百束有奇，其各王府莊田之在府州縣者，亦照民田被災分數免徵子粒有差。（《明孝宗實録》卷一九七，第3651頁）

甲午，江西新昌縣雨水（舊校改“水”作“冰”）雹，榖（廣本、閣本、抱本作“殺”）麥及稻苗，大庾縣大疫。（《明孝宗實録》卷一九七，第3651頁）

十八日，忽大雷電，烈風雨雹，拔木傾屋，壓死人民一千餘口。（嘉靖《武義縣志》卷五《祥異》）

中旬，水漲數日。（民國《清遠縣志》卷二《縣紀年》）

隕霜。（嘉慶《龍川縣志》第五册《祥異》）

四月

癸卯，以水、旱、蝗、蟲灾（廣本、閣本、抱本無“灾”字），免山東濟、兗、青、登四府及青州左等二衛所弘治十五年粮草子粒有差。（《明孝宗實録》卷一九八，第3658頁）

丁未，以水灾免大寧都司茂山衛及左右千户所屯田粮草有差。（《明孝宗實録》卷一九八，第3666頁）

辛亥，未刻，陜西甘肅大風拔木，黑霧陣（廣本、閣本、抱本作“障”）天，咫只（廣本、抱本作“尺”）不辦（舊校改“辦”作“辨”）人物，至酉息。（《明孝宗實録》卷一九八，第3668頁）

癸丑，夜，月犯心宿火（廣本、閣本、抱本作“大”）星。（《明孝宗

實録》卷一九八，第3669頁）

甲寅，禮部尚書張并（廣本、閣本、抱本作“昇”）等具疏：“弘治十四年以來，南京及天下星變地震，摇動泰山，水旱、飀風、氷雹雨……”從之。（《明孝宗實録》卷一九八，第3670頁）

丙辰，直隸雞澤縣雨雹殺麥。（《明孝宗實録》卷一九八，第3670頁）

乙丑，上以天氣炎熱，命兩法司及錦衣衛將見監問罪囚，笞罪無干証者釋之，徒流以下咸（廣本、閣本、抱本作“減”）等發落，重罪情可矜疑并枷號者，具奏以聞。於是，免死充軍者六十（廣本、閣本、抱本作“人”），杖而釋者二人，免枷號者四十八人，釋放者五百七十五人。（《明孝宗實録》卷一九八，第3674～3675頁）

乙丑，山東營（廣本、閣本、抱本作“莒”）州地震。高唐州并博平縣及直隸趙州俱雨雹殺麦。（《明孝宗實録》卷一九八，第3678頁）

大雨雹損麥，牛馬有擊死者。夏秋旱。（同治《上海縣志》卷三〇《祥異》；光緒《川沙廳志》卷一四《祥異》）

雨雹，擊牛馬多死。（光緒《青浦縣志》卷二九《祥異》）

雨雹。（民國《吴縣志》卷五五《祥異考》）

雨雹損麥，擊牛馬有死者。（光緒《重修華亭縣志》卷二三《祥異》）

雨雹損麥。（乾隆《婁縣志》卷一五《祥異》）

大雨雹損麥，沙岡牛馬有擊死者。蘇、松、常、鎮夏秋旱。（嘉慶《松江府志》卷八〇《祥異》）

大風拔木。（康熙《金華縣志》卷三《祥異》）

十一日，大風拔木。（民國《金華縣志》卷一六《五行》）

十一日，義烏大風。（萬曆《金華府志》卷二五《祥異》）

辛亥，甘肅昏霧障天，咫尺不辨人物。（《明史·五行志》，第427頁）

辛亥，昏霧障天，咫尺不辨人物。（乾隆《環縣志》卷一〇《紀事》）

不雨，至於九月。（康熙《宿州志》卷一〇《祥異》）

不雨，至九月，時所種粰盡丹，秋田稻豆亦復枯死。（嘉靖《泗志備遺》卷中《災患》）

不雨，至秋九月，二麥盡丹。（光緒《五河縣志》卷一九《祥異》）

不雨，至秋九月。（光緒《盱眙縣志稿》卷一四《祥祲》）

不雨，至九月，百穀無成，詔悉蠲免。（光緒《永城縣志》卷一五《災異》）

五月

庚午，宣府懷來衛及保安右衛大雨雹，殺田苗。（《明孝宗實録》卷一九九，第 3683 頁）

乙亥，山東登、萊二府雨雹殺麥禾。（《明孝宗實録》卷一九九，第 3685 頁）

戊子，雲南景東衛自弘治十五年正月以來，（疑脱“人”字）畜疫死者不可勝計。至十一月十九日以後，雲霧黑暗，不辨人形，晝夜不別者凡七（抱本作“十七”）日。又隴川宣撫司十月大雨雹，大者如手掌，小者如雞夘（廣本、閣本作“卵”），盡殺田禾。六（廣本、閣本、抱本“六”上有“十”字）年正月十八日，宜良地再震，有聲如雷，摇動房屋。二（抱本作“三”）月初三日宜良復黑氣迷空，咫尺不辨人形，狂風晝夜不息，地中雷隱隱有聲。又正月至二月，曲靖火發者七次，毁軍民房（廣本作“燬”）屋甚衆。巡撫都御史陳金以聞，因引咎待罪。上曰：“雲南災變非常，所司即議處以聞。”（《明孝宗實録》卷一九九，第 3692 ~ 3693 頁）

辛卯，陝西榆林大風雨雷雹，折木撤城樓瓦，毁子城垣，移垣洞於其南五十步，震死墩軍一家三人。（《明孝宗實録》卷一九九，第 3694 頁）

江潮入望京門浦子口，城圮入江。命成國公朱輔祭告江神。（光緒《江浦埤乘》卷三九《祥異》）

自春徂夏，五月望尚不雨。（乾隆《石屏州志》卷五《藝文》）

五、六月，大旱，禾盡槁死，民大饑。（民國《吴縣志》卷五五《祥異考》）

六月

壬寅，以旱災免直隸徽州府弘治十五年夏税麦四萬一千三百石有奇。

（《明孝宗實録》卷二〇〇，第3702頁）

丙午，山東莒州并日照等縣霪雨，壞公私廬舍，淹（閣本作“壓”）死人畜，漂没禾稼。從之。（《明孝宗實録》卷二〇〇，第3709頁）

己未，以水旱災免直隸寧山衛屯田子粒三萬伍千四百石有奇。（《明孝宗實録》卷二〇〇，第3721頁）

七月

丁卯，陝西乾州地震。（《明孝宗實録》卷二〇一，第3725頁）

己巳，是日曉刻，木星犯井宿東扇北第二星。（《明孝宗實録》卷二〇一，第3725頁）

壬申，南京金星晝見于申位。（《明孝宗實録》卷二〇一，第3729頁）

丙子，昏刻，月犯箕宿東北星。（《明孝宗實録》卷二〇一，第3730頁）

丁丑，是一（舊校删“一”字）日曉刻，火星犯六諸侯王西第二星。（《明孝宗實録》卷二〇一，第3731頁）

辛卯，是日曉刻，土（阁本作“金”）星犯天罇（广本作“尊”，阁本作“罇”）星。木星晝見于己位。（《明孝宗實録》卷二〇一，第3745頁）

辛卯，京師雨雹。（《明孝宗實録》卷二〇一，第3745頁）

壬辰，金星晝見于申位。（《明孝宗實録》卷二〇一，第3745頁）

九日，大水，漂没民居。（乾隆《晉江縣志》卷一五《祥異》；道光《晉江縣志》卷七四《祥異》）

大水，漂没民居。（乾隆《長泰縣志》卷一二《災祥》）

江潮入望京門浦口，城圮。七月，大風雨，江潮入南京江東門内五尺有餘，没廬舍男女，新江口中、下二新河諸處船漂人溺。（乾隆《江南通志》卷一九七《禨祥》）

大水，漂没民居。（嘉靖《安溪縣志》卷八《災》；康熙《長泰縣志》卷一〇《災祥》）

八月

甲辰，南京木星晝見于巳位。（《明孝宗實録》卷二〇二，第3756頁）

己酉，以水灾免陝西延安等府靖虜等衛税粮有差。（《明孝宗實録》卷二〇二，第3760頁）

壬子，是日曉刻，木星犯天罇星。（《明孝宗實録》卷二〇二，第3764頁）

丁巳，夜，南京老人星見于丙位。（《明孝宗實録》卷二〇二，第3765頁）

庚申，夜，火木土三星同躔井宿。（《明孝宗實録》卷二〇二，第3767頁）

癸亥，直隸蘇、松、常、鎮四府自五月至是月不雨。（《明孝宗實録》卷二〇二，第3769頁）

大雨雹，隕霜殺禾。（康熙《鹽山縣志》卷九《災祥》；民國《鹽山新志》卷二九《祥異表》）

九月

己巳，以水災免南京錦衣衛等三十二衛弘治十五年屯糧十之七，金吾前等五衛災重者，盡免之。（《明孝宗實録》卷二〇三，第3775～3776頁）

辛未，河南守臣以歸德州城池没於大水，不堪居守，請築新城于州治之北。從之。（《明孝宗實録》卷二〇三，第3778頁）

壬申，湖廣安陸州地震。（《明孝宗實録》卷二〇三，第3778頁）

丁丑，福建興化、福州二府地震。（《明孝宗實録》卷二〇三，第3779頁）

丁丑，南京守備太監傅容等奏："應天及鳳、廬二府并滁、和二州大旱災重，民窮（閣本作'饑'）盗發，欲將南京户部所收水兑餘米，差官給賑。"户部議請如奏。（《明孝宗實録》卷二〇三，第3780頁）

壬午，直隸蘇州府崇明縣颶風大作，海潮為災，命給漂流房屋頭畜者米

一石，人口死者米二石，并免今年秋糧萬九千五百六十餘石，草二萬三千一百九十餘束。（《明孝宗實録》卷二〇三，第3783頁）

甲申，昏刻，金星犯天江星。（《明孝宗實録》卷二〇三，第3784頁）

辛卯，是日曉刻，月犯左執法星。（《明孝宗實録》卷二〇三，第3785頁）

颶風，大水。（道光《新會縣志》卷一四《祥異》）

九日，大水，颶風作，城宇盡壞。（嘉靖《新寧縣志·年表》）

十八日，海溢，波濤滿市，幾五尺許，越日不退。（萬曆《黄巖縣志》卷七《紀變》；光緒《黄巖縣志》卷三八《變異》）

十八日，海溢，波濤滿市，幾五尺，越日不退。（民國《台州府志》卷一三四《大事略》）

有青黑氣自城西射于東北。（康熙《臨洮府志》卷一八《祥異》）

大饑。朝廷遣都御史王璟賫内帑銀賑之。（光緒《鎮海縣志》卷三七《祥異》）

颶風。（乾隆《番禺縣志》卷一八《事紀》；光緒《高明縣志》卷一五《前事》）

海溢，壞稼。（民國《東莞縣志》卷三一《前事略》）

十月

丙午，夜，月犯外屏西第三星。（《明孝宗實録》卷二〇四，第3792頁）

丁未，是日曉刻，金星犯南斗魁第三星。（《明孝宗實録》卷二〇四，第3795頁）

戊申，夜，月犯天陰南第二星。（《明孝宗實録》卷二〇四，第3795頁）

丙辰，夜，月犯上將星。（《明孝宗實録》卷二〇四，第3804頁）

丁巳，昏刻，金星犯狗星。（《明孝宗實録》卷二〇四，第3804頁）

十一月

丙子，夜，月犯昴〔昴〕宿西第三星。（《明孝宗實録》卷二〇五，第

3813 頁）

丁丑，昏刻，月犯五諸侯東第二星。（《明孝宗實録》卷二〇五，第3813 頁）

戊寅，以旱災免直隷淮、揚、廬、鳳四府，及徐、滁、和三州，懷遠、壽州等四十衛所糧草子粒有差。（《明孝宗實録》卷二〇五，第 3813 頁）

庚辰，禮部以應天、鳳陽等府連歲災旱，請行祭禱。（《明孝宗實録》卷二〇五，第 3814 頁）

庚辰，山西山陰縣地震。（《明孝宗實録》卷二〇五，第 3815 頁）

辛巳，昏刻，金星犯羅堰星。（《明孝宗實録》卷二〇五，第 3815 頁）

丙戌，夜，南方流星大如盌（抱本作“盞”），色赤，有光，自西南行至近濁。（《明孝宗實録》卷二〇五，第 3818 頁）

癸巳，以旱災免直隷蘇、松、常、鎮四府，及鎮江衛糧草子粒有差。（《明孝宗實録》卷二〇五，第 3820 頁）

十二月

旱災，蠲秋糧三之一。（光緒《嘉定縣志》卷五《蠲賑》）

雪深四五尺，洞庭諸山橘盡死，無遺種。（崇禎《吴縣志》卷一一《祥異》；民國《吴縣志》卷五五《祥異考》）

是年

雪深四五尺，洞庭諸山橘盡斃，無遺種。（崇禎《吴縣志》卷一一《祥異》；民國《吴縣志》卷五五《祥異考》）

夏，大旱。（道光《重修寶應縣志》卷九《災祥》；民國《寶應縣志》卷五《水旱》）

夏，旱。秋，潮。冬，大雪，深三尺，氷堅尺許，橙橘皆死，歲祲。（光緒《靖江縣志》卷八《祲祥》）

長樂馬頭江大風覆舟，死者幾百人。（乾隆《福州府志》卷七四《祥異》）

大水。（康熙《孝感縣志》卷一四《祥異》；康熙《鼎修德安府全志》卷二《祥異》；康熙《南海縣志》卷三《災祥》；咸豐《順德縣志》卷三一《前事畧》；光緒《孝感縣志》卷七《災祥》；民國《龍山鄉志》卷二《災祥》）

旱。（正德《瑞州府志》卷一一《災祥》；康熙《廬州府志》卷三《祥異》；光緒《蘇州府志》卷一四三《祥異》；民國《順義縣志》卷一六《雜事記》）

夏秋旱災，詔悉蠲免。（民國《夏邑縣志》卷九《災異》）

大旱。（隆慶《儀真縣志》卷一三《祥異》；萬曆《興化縣新志》卷一〇《外紀》；民國《太倉州志》卷二六《祥異》）

大旱，知縣李敬賑之。是時，連歲旱沴。（光緒《文登縣志》卷一四《災異》）

大風。（道光《昆明縣志》卷八《祥異》）

旱，疫。（同治《孝豐縣志》卷八《災歉》）

旱，被賑。（乾隆《海寧縣志》卷一六《雜志》）

夏秋，大旱。（光緒《通州直隸州志》卷末《祥異》）

秋，大旱，疫，知府王恩發粟賑之。（嘉慶《高郵州志》卷一二《雜類》）

秋，杭州大旱。（萬曆《杭州府志》卷六《國朝事紀中》）

安吉旱。冬，大雪，積四五尺。（同治《湖州府志》卷四四《祥異》）

冬，又大雪，積四五尺。（光緒《歸安縣志》卷二七《祥異》）

冬，大雪積四五尺。（同治《長興縣志》卷九《災祥》）

秋，大旱，疫。（萬曆《如皋縣志》卷二《五行》）

夏，旱。秋，潮。冬，大雪深三尺，氷堅尺許，橙橘皆死。詔減租發賑。（咸豐《清江縣志》卷二《祲祥》）

夏，大旱，民饑。（正德《袁州府志》卷九《祥異》；民國《萬載縣志》卷一之三《災祥》）

夏，大水。（嘉靖《應山縣志》卷上《祥異》；嘉靖《隨志》卷上）

夏，淋雨潦溢，馮家橋壞。（咸豐《南寧縣志》卷九《藝文》）

（新野縣）夏，新野大水害禾，民多溺死。（順治《南陽府志》卷三《祥異》）

滋水泛漲，大木滿河流下，土人不敢取。（康熙《博野縣志》卷四《祥異》）

霜殺禾。（民國《滄縣志》卷一六《大事年表》）

旱，免征糧三萬三千七百二十三石有奇。（嘉慶《重修毗陵志》卷五《祥異》）

丹陽、金壇大旱。（光緒《丹陽縣志》卷三〇《祥異》）

旱，免田租十萬三千有奇。（嘉慶《重修毗陵志》卷五《祥異》）

大旱，免秋糧九萬七千五百石。（嘉慶《宜興縣志》卷末《祥異》）

旱，疫。虎晝群行。（嘉靖《安吉州志》卷一《災異》）

邑旱。令瞿敬禱雨于齊雲山。（萬曆《休寧縣志》卷八《禨祥》）

府屬水，免糧子粒。（康熙《南昌郡乘》卷五四《祥異》）

水，免稅糧有差。（康熙《新建縣志》卷二《災祥》）

大水，免稅糧有差。（康熙《建昌縣志》卷九《祥異》）

南昌府屬水。（同治《靖安縣志》卷一六《雜志》）

又水，免子粒。（同治《進賢縣志》卷二二《禨祥》）

大水，歲大饑。（同治《新淦縣志》卷一〇《祥異》）

旱，傷稼。（嘉靖《漢陽府志》卷二《方域》）

雲南貢院騰蛟起鳳匾大風吹去十五里，山上麥移於山下。（乾隆《滇黔志略》卷一六《雜紀》）

夏秋不雨，百姓告歉，詔悉蠲免。（嘉靖《夏邑縣志》卷五《災異》）

鎮江夏秋旱。（光緒《丹徒縣志》卷五八《祥異》）

夏秋亢旱，田疇龜坼，傑素衣疏食，徒步虔禱，甘雨立至。（道光《泰州志》卷二〇《名宦》）

夏秋，大旱，疫。（光緒《泰興縣志》卷末《述異》）

秋，霖雨，穀粟無成，豆多腐爛。（道光《阜陽縣志》卷二三

《機祥》）

秋，大旱。（嘉慶《東臺縣志》卷七《祥異》）

秋，大旱，米斗三錢。（康熙《錢塘縣志》卷一二《災祥》）

旱，饑。冬，大雪，積四五尺。（光緒《烏程縣志》卷二七《祥異》）

冬，大雪，積四五尺。（同治《長興縣志》卷九《災祥》）

十六年、十七年兩歲連旱，大歉。（康熙《太平府志》卷三《祥異》）

（當塗縣）十六年、十七年兩歲連旱，大歉。（嘉靖《太平府志》卷一二《灾祥》）

十六年、十七年，連旱。（道光《繁昌縣志書》卷一八《祥異》）

十六年、十七年連旱，大歉。（乾隆《太平府志》卷三二《祥異》）

弘治十七年（甲子，一五〇四）

正月

辛未，昏刻，月犯昴宿東第一星。（《明孝宗實録》卷二〇七，第3847頁）

丙子，四川威州及汶川縣地震，有聲如雷。（《明孝宗實録》卷二〇七，第3848頁）

庚辰，夜，北方流星大如盞，色青白，光燭地，自紫微垣東蕃内東北行至近濁，尾跡炸散。（《明孝宗實録》卷二〇七，第3849頁）

辛巳，直隸鹽城縣地震有聲。（《明孝宗實録》卷二〇七，第3849頁）

甲申，夜，月犯房宿日星。（《明孝宗實録》卷二〇七，第3851頁）

丙戌，以水災免順天、保定、河間三府，及河間、大同中屯二衛弘治十六年糧草子粒有差。（《明孝宗實録》卷二〇七，第3852頁）

壬辰，以旱災免湖廣武昌等九府及沔陽等十衛所弘治十六年糧草子粒有差。（《明孝宗實録》卷二〇七，第3854頁）

初三日，大雪深三尺。（道光《衡山縣志》卷五三《祥異》）

風霾蔽日。（萬曆《香河縣志》卷一〇《災祥》）

旱，自正月至九月不雨。（民國《陽信縣志》卷二《祥異》；民國《濟陽縣志》卷二〇《祥異》）

至秋九月，不雨。（民國《無棣縣志》卷一六《祥異》）

武定州自正月不雨，至於秋九月。（嘉靖《山東通志》卷三九《災祥》）

自正月不雨。（康熙《海豐縣志》卷四《事記》）

二月

癸巳，是日卯刻，南京金星晝見于辰位。（《明孝宗實録》卷二〇八，第3856頁）

乙未，以水災免河南開封、懷慶二府及潁川等三衛所弘治十六年夏税子粒有差。（《明孝宗實録》卷二〇八，第3861頁）

戊戌，是日辰刻，金星晝見于巳位。（《明孝宗實録》卷二〇八，第3861頁）

壬寅，湖廣鄖陽府及均州雨雪及冰雹，雪片大者六寸，復雨黄沙。（《明孝宗實録》卷二〇八，第3864頁）

癸丑，是日巳刻，白虹彌天。（《明孝宗實録》卷二〇八，第3871頁）

戊午，昏刻，南京老人星見於丁位，色赤黄。（《明孝宗實録》卷二〇八，第3873頁）

庚申，以旱災免浙江杭州等五府及寧波衛弘治十六年糧草子粒有差。（《明孝宗實録》卷二〇八，第3874頁）

壬寅，鄖陽、均州雨雪雨雹，大者六寸。甲辰，雨沙。（同治《鄖陽府志》卷八《祥異》）

壬寅，雨雹，大者五六寸。甲辰，雨沙。（民國《鄖西縣志》卷一四《祥異》）

常風霾蔽日。（康熙《通州志》卷一一《災異》）

雲南縣嚴霜成凍。（隆慶《雲南通志》卷一七《災祥》）

三月

丁卯，廣東合溥（舊校改“溥”作“浦”）縣夜有星大如箕，紅光燭地，流自西北至東南而裂，聲如鼓。（《明孝宗實録》卷二〇九，第3881頁）

己巳，月犯五諸侯東第二星。（《明孝宗實録》卷二〇九，第3882頁）

庚午，南京白虹貫日。（《明孝宗實録》卷二〇九，第3883頁）

辛未，命浙江杭、湖二府漕運米三十萬石内，以十萬石每石折徵銀六錢，類解太倉，以二府旱災故也。（《明孝宗實録》卷二〇九，第3884頁）

乙亥，戌刻，山東安丘縣有星流自西南至西北而没，天鼓鳴。（《明孝宗實録》卷二〇九，第3886頁）

癸未，直隸鹽城縣地震有聲。（《明孝宗實録》卷二〇九，第3897頁）

甲申，以旱災免直隸安慶、池州二府十六年糧草（廣本無“草”字）有差。（《明孝宗實録》卷二〇九，第3897頁）

辛卯，湖廣盧溪縣雨冰雹傷麥苗。（《明孝宗實録》卷二〇九，第3899頁）

望，大霜旱，澇。（嘉靖《興寧縣志》卷一《災祥》）

興甯隕霜。（光緒《惠州府志》卷一七《郡事上》）

隕霜。（咸豐《興甯縣志》卷一二《災祥》）

四月

甲午，户部主事席書上疏言近以雲南晝晦、雷火、地震之異。命南京刑部左侍郎樊瑩巡視雲貴。（《明孝宗實録》卷二一〇，第3901頁）

甲午，以水災免河南開封府，及直隸歸德衛弘治十六年秋粮子粒有差。（《明孝宗實録》卷二一〇，第3904頁）

甲午，直隸鹽城縣連日地震。（《明孝宗實録》卷二一〇，第3904頁）

辛丑，夜，月犯右執法星。(《明孝宗實録》卷二一〇，第3909頁)

癸卯，昏刻，火星犯鬼宿積尸氣星。(《明孝宗實録》卷二一〇，第3918頁)

丁未，昏刻，月掩心宿東星。(《明孝宗實録》卷二一〇，第3920頁)

戊申，夜，月犯女宿下星。(《明孝宗實録》卷二一〇，第3920~3921頁)

省城大雨雹。(乾隆《貴州通志》卷一《祥異》)

閏四月

癸酉，木星犯土星。(《明孝宗實録》卷二一一，第3941頁)

丙子，夜，月犯箕宿東北星。(《明孝宗實録》卷二一一，第3943頁)

庚辰，夜，月犯壘壁西第二星。(《明孝宗實録》卷二一一，第3945頁)

己丑，上以天氣炎熱，命兩法司及錦衣衛將見監罪囚，笞罪無干證者釋之，徒流以下減等發落，重罪情可矜疑并枷號者，具奏以聞。(《明孝宗實録》卷二一一，第3949頁)

五月

庚寅，夜，西方流星大如盞，色青白，光燭地，自太微垣内西北行至近濁。(《明孝宗實録》卷二一二，第3954頁)

辛卯，日生左珥，色赤黄。(《明孝宗實録》卷二一二，第3961頁)

戊戌，初，雲南景東衛指揮吴勇侵盜官銀千餘兩，圖所以自脱者。因其時有雲霧昏晦，遂張大其事，稱是日天黑晝晦，居民瞑目凍餓，鎮守太監劉昶等皆信而奏之。(《明孝宗實録》卷二一二，第3968頁)

己亥，是日曉刻，金星犯六諸王星。(《明孝宗實録》卷二一二，第3969頁)

乙巳，是日巳刻，南京有星晝流。(《明孝宗實録》卷二一二，第3974頁)

壬子，河南南陽縣猛風迅雷暴雨，河水泛濫，淹没軍民房屋三百餘間，

溺死人口九十名。詔所司如例賑恤，不許虚應故事。（《明孝宗實録》卷二一二，第 3979 頁）

初六日，颶風大作。（道光《瓊州府志》卷四二《事紀》）

十六日，颶風大作，八月復作，霖雨，洪水淹城，軍民房屋田地財畜漂流，人亦死多。（康熙《儋州志》卷二《祥異》）

大旱。（嘉靖《真定府志》卷九《事紀》）

大旱，禱祀北嶽。（順治《渾源州志》附《恒岳志》卷上）

颶風。（光緒《定安縣志》卷一〇《災祥》）

六月

癸亥，卯刻，金星晝見于辰位。（《明孝宗實録》卷二一三，第 3996 頁）

癸亥，是日，雨雪。（《明孝宗實録》卷二一三，第 3996 頁）

丁丑，四川青神縣地震有聲。（《明孝宗實録》卷二一三，第 4005 頁）

甲申，江西廬山鳴如雷，次日大風雨，平地水丈餘，溺死星子、德安二縣人口，及漂没民居甚衆。（《明孝宗實録》卷二一三，第 4015 頁）

丙戌，山西太原府地震有聲。（《明孝宗實録》卷二一三，第 4017 頁）

廬山鳴三日，雷電大雨，平地水湧丈餘，蛟四出，石崩數十處。（同治《南康府志》卷二三《祥異》）

癸亥，雨雪。（同治《鄖陽府志》卷八《祥異》）

廬山有聲隆隆，鳴三日，夜又驟風震電晦冥，大雨如注，平地水高丈餘，蛟出無算，石崩數十處。（同治《九江府志》卷五三《祥異》）

霖雨十日。（嘉慶《湖口縣志》卷一七《祥異》）

雨雪。（光緒《續輯均州志》卷一三《祥異》）

大水，漲至州儀門及儒學，名宦鄉賢祠木主〔柱〕多漂没，馬洲山谷祠傾，舟行於市。（乾隆《寧州志》卷二《祥異》）

天驟風震電，晦冥，大雨如注，平地水高丈餘，蛟出無算。（同治《星子縣志》卷一四《祥異》）

西北五色雲。（光緒《青浦縣志》卷二九《祥異》）

七月

己丑朔，山西代州地震。（《明孝宗實録》卷二一四，第 4021 頁）

癸巳，河南開封府及鈞、許二州，洧川、鄢陵、長葛、新鄭、杞五縣俱地震有聲。（《明孝宗實録》卷二一四，第 4024 頁）

癸卯，昏刻，東方流星大如盞，色青白，有光，東北行三丈餘，一小星尾之。（《明孝宗實録》卷二一四，第 4033 頁）

甲辰，夜，月食。（《明孝宗實録》卷二一四，第 4033 頁）

丙午，夜，月犯外屏西第一星。（《明孝宗實録》卷二一四，第 4037 頁）

辛亥，是日曉刻，土星犯鬼宿積尸氣星。（《明孝宗實録》卷二一四，第 4039 頁）

壬子，卯刻，木星見於辰位。（《明孝宗實録》卷二一四，第 4039 頁）

丙辰，曉刻，水星犯靈臺上星。金星犯上將星。（《明孝宗實録》卷二一四，第 4040 頁）

初三日，甘露降縣庭。（嘉慶《順昌縣志》卷九《祥異》）

十三日，隕霜殺禾。（雍正《定襄縣志》卷七《灾祥》）

鳳陽諸府大雨，平地水深丈五尺。（光緒《盱眙縣志稿》卷一四《祥祲》）

大水。（康熙《永平府志》卷三《災祥》；乾隆《德安縣志》卷一四《祥祲》）

八月

戊辰，夜，南京老人星見於丙位，色赤黄。（《明孝宗實録》卷二一五，第 4050 頁）

戊寅，夜，月犯五車東南星。（《明孝宗實録》卷二一五，第 4057 頁）

甲申，以旱災免直隸廬、鳳、淮、揚四府，徐、滁、和三州及鳳陽等二

十八衛所夏税子粒有差。（《明孝宗實録》卷二一五，第4059頁）

大雨雹，人畜死傷甚眾。（民國《無棣縣志》卷一六《祥異》）

（蘭考縣）丁丑申時，卿雲見西南方，其形如席，其狀如數千縷，其色白黄紫赤緑碧青黑，以次相間。（乾隆《儀封縣志》卷一《祥異》）

十五日，大雨雹，人畜死傷者眾。（康熙《海豐縣志》卷四《事記》）

復作淫雨不止，水泛漲，田禾俱損，次年大饑。（道光《瓊州府志》卷四二《事紀》）

霖雨，洪水蕩禾。十八年大饑。（光緒《定安縣志》卷一〇《災祥》）

九月

甲午，是日曉刻，土星犯鬼宿東南星。（《明孝宗實録》卷二一六，第4067頁）

戊戌，以旱災免順天、保定、河間、永平四府夏税有差。（《明孝宗實録》卷二一六，第4069頁）

辛丑，南京木星晝見於午位。夜，月犯外屏西第二星。（《明孝宗實録》卷二一六，第4070頁）

甲辰，夜，月犯昴宿西第一星。（《明孝宗實録》卷二一六，第4074頁）

辛亥，夜，月犯靈臺中星。（《明孝宗實録》卷二一六，第4076頁）

乙卯，以旱災免直隷真定、大名、順德三府夏税有差。（《明孝宗實録》卷二一六，第4077頁）

十月

庚午，是日辰刻，日生左右珥，色赤黄。（《明孝宗實録》卷二一七，第4084頁）

壬申，總督漕運都御史張縉奏："揚州、淮安一帶運河七月以後，雨水不通，至今乾淺。恐深冬無雪，来年運船，必至阻礙。乞令所司疏濬，及將清江（抱本作'河'）口築塞，淮安府仁信等壩修完，以蓄水利。"命所司

知之。(《明孝宗實録》卷二一七，第 4084 ~4085 頁)

己卯，以旱災免山東濟南府等處（廣本、抱本作“府”）七十九州縣衛所夏税有差。(《明孝宗實録》卷二一七，第 4088 頁)

十一月

丙申，夜，西方流星大如盞，色青白，光燭地，自大陵西北行至璧〔壁〕宿，二小星随之。(《明孝宗實録》卷二一八，第 4105 頁)

己亥，昏刻，月犯昴宿西第一星。(《明孝宗實録》卷二一八，第 4106 頁)

壬寅，夜，月犯五諸侯西第三星。(《明孝宗實録》卷二一八，第 4107 頁)

甲辰，是日曉刻，月犯木星。(《明孝宗實録》卷二一八，第 4108 頁)

癸丑，山西霍州空中有聲如雷，已而地震者三。(《明孝宗實録》卷二一八，第 4111 頁)

十二月

丁巳，山東登州府天鼓鳴。(《明孝宗實録》卷二一九，第 4115 頁)

丙寅，以水旱災免直隷鳳陽、淮安、揚州、廬州四府，徐、滁二州及泗州等衛所糧草子粒有差。(《明孝宗實録》卷二一九，第 4120 頁)

甲申，以水旱災免湖廣武昌等十一府、沔陽等二州及武昌等二十衛所税糧子粒有差。(《明孝宗實録》卷二一九，第 4138 頁)

甲申，禮部奏：“九月以来，各處所奏災異。因言鎮番衛一火，而軍儲舍器悉成灰燼。桂林衛再火，而軍民人畜俱遭毒害。况雨雹之傷麥禾，大水之漂民物，與夫星隕地震之異，往往有之，而見扵西北者尤甚，此殆胡虜窺伺之，應請益修人事以為之備。”從之。(《明孝宗實録》卷二一九，第 4139 頁)

是年

夏，旱。秋，雨雹傷稼。(嘉靖《漢中府志》卷九《災祥》；光緒《寧

羌州志》卷五《雜記》；光緒《洵陽縣志》卷一四《祥異》）

大水，賑饑。（康熙《昌黎縣志》卷一《祥異》；民國《昌黎縣志》卷一二《故事》）

水。（乾隆《沈邱縣志》卷一一《災祥》；民國《淮陽縣志》卷八《災異》）

長安嶺暴風，壞城及民舍。（光緒《懷來縣志》卷四《災祥》）

旱。（光緒《霑化縣志》卷一四《祥異》；民國《太谷縣志》卷一《年紀》；民國《平民縣志》卷四《災祥》）

郿縣雨雹傷稼。（乾隆《鳳翔府志》卷一二《祥異》）

諸暨江潮，至楓溪。（萬曆《紹興府志》卷一三《災祥》）

春，不雨，至於六月，受詔禱天壽山，即日雨。上大悅。（同治《蘇州府志》卷九八《人物》）

春，水災。（康熙《續修陳州志》卷四《災異》）

夏，旱。秋，雨雹傷禾稼。（嘉慶《白河縣志》卷一四《録事》）

澗水冲塌東南城數堵。（民國《洪洞縣志》卷八《建置》）

蒲州旱。（光緒《永濟縣志》卷二三《事紀》）

雨雹傷稼。（萬曆《郿志》卷六《事紀》；康熙《陝西通志》卷三〇《祥異》）

（武都縣）大旱，民饑。欽命賑之。（萬曆《階州志》卷一二《災祥》）

（牟平縣）大水，沁隄决七十餘丈。知州李津募工修之。（同治《重修寧海州志》卷一《祥異》）

以水災，免淮安等處糧草有差。（光緒《安東縣志》卷五《民賦下》）

海潮泛溢。（乾隆《小海場新志》卷一〇《災異》）

大旱且疫。（萬曆《合肥縣志·祥異》）

連旱。（道光《繁昌縣志》卷一八《祥異》）

大水。（同治《進賢縣志》卷二二《禨祥》）

汀遭旱魃。（民國《長汀縣志》卷二〇《惠政》）

大旱，免田租之半。（咸豐《蘄州志》卷五《蠲恤》）

（棗陽縣）秋，大旱。（萬曆《襄陽府志》卷三三《災祥》）

海豐海水溢，浪高如山，須臾平地水深一二丈。金錫、楊安二都民居濱海，漂流溺死不可勝數。（光緒《惠州府志》卷一七《郡事上》）

大旱，民飢。（嘉慶《續修興業縣志》卷一〇《記事》）

復旱。（乾隆《江津縣志》卷一一《恤惠》）

夏旱。縣丞王獻臣禱之有應，不為災。（民國《上杭縣志》卷一《大事》）

弘治十八年（乙丑，一五〇五）

正月

庚寅，戌刻，遼東都司星隕大如斗。（《明孝宗實録》卷二二〇，第4144頁）

癸巳，辰刻，山東登州等府有星流自西北，至西南而隕，光丈餘，已而天鼓鳴者三。（《明孝宗實録》卷二二〇，第4144頁）

辛丑，夜，月食。（《明孝宗實録》卷二二〇，第4146頁）

戊申，丑刻，山西平虜衛及井坪守禦千户所各地震有聲。（《明孝宗實録》卷二二〇，第4148頁）

壬子，曉刻，月犯秦星。（《明孝宗實録》卷二二〇，第4151頁）

二月

己未，午刻，陝西朝邑縣地震，有聲如雷。（《明孝宗實録》卷二二一，第4155頁）

壬戌，申刻，金星見未位。是日，南京老人星見丁位，色赤黄。（《明孝宗實録》卷二二一，第4155頁）

甲子，以旱災免山西大同府，直隸隆慶、保安二州及萬全左等四十六衛所弘治十七年粮草子粒有差。（《明孝宗實録》卷二二一，第4158頁）

乙丑，以旱災免山東德州等二十九州縣，及濟南等四衛所弘治十七年粮草子粒有差。(《明孝宗實録》卷二二一，第4159頁)

乙丑，南京金星晝見于申位。(《明孝宗實録》卷二二一，第4159頁)

丙寅，夜，月掩木星。(《明孝宗實録》卷二二一，第4165~4166頁)

己巳，夜，月暈，生左右珥，白虹彌天。(《明孝宗實録》卷二二一，第4170頁)

丁丑，夜，月犯南斗魁第二星。(《明孝宗實録》卷二二一，第4175頁)

戊寅，以旱災命山東濟南府弘治十七年兑軍粟米，每石暫折徵銀六錢，從巡撫都御史徐源奏也。(《明孝宗實録》卷二二一，第4175頁)

三月

丙戌，以旱災免河南開封等三府，及宣武等五衛所弘治十七年夏税子粒有差。(《明孝宗實録》卷二二二，第4179頁)

辛丑，是日曉刻，月犯房宿日星。(《明孝宗實録》卷二二二，第4193頁)

甲辰，是日曉刻，月犯南斗魁第二星。(《明孝宗實録》卷二二二，第4197頁)

（合浦縣）夏，廉大旱，三月不雨，苗槁大半。(崇禎《廉州府志》卷一四《歷年紀》)

四月

己未，夜，月犯鬼宿西北星。(《明孝宗實録》卷二二三，第4209~4210頁)

丙子，是日曉刻，月掩壘壁陣西第六星。(《明孝宗實録》卷二二三，第4227頁)

戊寅，以久不雨，遣英國王（舊校改“王”作“公”）張懋告天地，新寧伯譚祐（抱本作“佑”）告社稷，惠安伯張偉告山川。(《明孝宗實録》

卷二二三，第4230頁）

甲申，上以天氣炎熱，命兩法司并錦衣衛將見監問罪囚，笞罪無干證者釋之，徒流以下減等發落，重罪情可矜疑并枷號者，具奏以聞。（《明孝宗實録》卷二二三，第4235頁）

（雅安）彌旬不雨……辛未，禱于山川羣祠三日，不雨……己卯，果陰翳四雲，頃焉而〔雨〕果降，少之；次日又降，猶少之，如是或降或歇。（乾隆《雅州府志》卷一四《藝文》）

五月

辛卯，午刻，有旋風大起，塵埃四塞，雲籠三殿，空中雲端若有人騎龍上升者，人多見之。（《明孝宗實録》卷二二四，第4244頁）

甲午，寧夏衛及廣武營地震。（《明武宗實録》卷一，第6頁）

乙未，酉刻，木星晝見申位。（《明武宗實録》卷一，第7頁）

丙申，夜，月犯房宿南第二星。金木二星相合于星宿。（《明武宗實録》卷一，第7頁）

庚子，夜，水星犯鬼宿西北星。（《明武宗實録》卷一，第11頁）

壬寅，建寧府及建安、甌寧、崇安等縣大水，壞城垣官舍及田廬甚衆，人有死者。（《明武宗實録》卷一，第25頁）

甲辰，户部言："延綏守臣奏石澇池、響水、雙山等堡三月中旬雷雨大作，城垣邊關倉舍崩壞甚多。"（《明武宗實録》卷一，第26頁）

辛亥，太白經天。（《明武宗實録》卷一，第33頁）

榆次、太谷縣自五月不雨，至于秋七月，苗盡槁，米價騰貴。（萬曆《山西通志》卷二六《災祥》）

淫雨浹旬。（嘉靖《黄陂縣志》下卷《藝文》）

六月

辛酉，四川茂州地震。（《明武宗實録》卷二，第57頁）

癸亥，陝西慶陽府環縣及平涼府固原州（廣本、抱本"州"下有"地"

字）地震。（《明武宗實録》卷二，第61頁）

癸亥，同日，寧夏地震有聲如雷，崩壞廣武營城垣。（《明武宗實録》卷二，第61頁）

丁卯，夜，月犯狗星。（《明武宗實録》卷二，第71頁）

壬申，四川威州地震。（《明武宗實録》卷二，第75頁）

南京霖雨。（光緒《金陵通紀》卷一〇中）

霖雨。（萬曆《應天府志》卷三《郡紀下》；道光《上元縣志》卷一《天文志》）

大雨雹。（乾隆《諸城縣志》卷二《總紀上》）

（臨夏縣）六月丙子，河州沙子溝夜大雷雨，石崖山崩，移七八里，崩處裂為溝，田廬民畜俱陷。（《明史·五行志》，第506頁）

七月

辛卯，夜，月犯心宿東第一星。（《明武宗實録》卷三，第92～93頁）

丙申，給事中許天錫言："皇上即位以來，夊陰積雨。自夏徂秋，水潦為災，比連諸郡，壞廬舍，傷禾稼，加以北虜猖獗，侵及近地，人心摇兀。"（《明武宗實録》卷三，第99頁）

丁酉，夜，月犯壘壁陣西第二星。（《明武宗實録》卷三，第101頁）

戊戌，浙江餘杭等縣驟雨，山水漂房屋，傷禾稼，民（廣本、抱本作"人"）有死者。（《明武宗實録》卷三，第104～105頁）

戊戌，夜，月食。（《明武宗實録》卷三，第105頁）

大水，不傷稼，年豐。（咸豐《興甯縣志》卷一二《災祥》）

南京大風拔木。（光緒《金陵通紀》卷一〇中）

大風拔木。（萬曆《應天府志》卷三《郡紀下》；道光《上元縣志》卷一《庶徵》）

益陽水溢。（乾隆《長沙府志》卷三七《災祥》）

大風，潮溢，江淮衛船多漂没。（萬曆《江浦縣志》卷一《縣紀》）

杭州、餘杭驟雨，山水大湧漂屋，人多死者。（乾隆《杭州府志》卷五六《祥異》）

大水半月不退，禾稼淹腐。（民國《長樂縣志》卷三《災祥附》）

益陽水溢，漂民居。（乾隆《湖南通志》卷一四二《祥異》）

資江水溢，漂民居。（同治《安化縣志》卷三四《五行》）

大水，不傷稼。（嘉靖《興寧縣志》卷一《災祥》）

八月

甲子，曉刻，南京見老人星，見丙位。（《明武宗實録》卷四，第134～135頁）

戊辰，自癸亥至是日，每辰刻，金星見巳位。（《明武宗實録》卷四，第138頁）

甲戌，夜，流星如盞，色青白，有光，起自北斗魁，北行至近濁。（《明武宗實録》卷四，第140頁）

九月

癸未，自八月辛巳至是日，每辰刻，木星見巳位。是夜，火星犯積尸氣。（《明武宗實録》卷五，第155頁）

丙戌，以水災免直隸鳳陽府所屬壽州等十六州縣，中都留守司所屬壽州等十四衛所夏税有差。（《明武宗實録》卷五，第159頁）

丙戌，陝西朝邑縣地震，有聲如雷，次日復震。（《明武宗實録》卷五，第160頁）

丁亥，夜，流星如盞，自天掊西行入雲中，色青白，光明燭地。（《明武宗實録》卷五，第160～161頁）

庚寅，山東濟寧州及魚臺縣有星流隕于西北，天鼓随鳴。（《明武宗實録》卷五，第161頁）

癸巳，浙江杭州、嘉興、湖州、紹興、寧波五府皆地震有聲。（《明武宗實録》卷五，第163頁）

癸巳，是夜，月犯壘壁陣東第六星。(《明武宗實録》卷五，第163頁)

甲午，又江淮、濟川二衛水，夫以田畝丁糧僉充者十年，則審編更易，遇有消乏，宜如舊僉替。(《明武宗實録》卷五，第165頁)

甲午，自八月癸酉至是日，日色無光。(《明武宗實録》卷五，第166頁)

甲午，丑時，南京城中地震有聲，松江、蘇州、常州、鎮江四府，揚州府、通州、和州、淮安、寧國府同日各地震。(《明武宗實録》卷五，第166頁)

甲午，申刻，河鼓見東南，北斗見西北位。(《明武宗實録》卷五，第166頁)

乙未，夜，金星與木星相合。(《明武宗實録》卷五，第166頁)

庚子，卯刻，南京見木星，晝見于巳位。夜，流星如盞，自天船東北行至雲中，色青白，光明燭地，尾跡炸散。(《明武宗實録》卷五，第168頁)

辛丑，山西平陽府蒲州、解縣、絳縣、夏縣、平陸、榮河、聞喜、芮城、猗氏俱地震，有聲如雷，而安邑、萬泉特甚，民有壓死者。(《明武宗實録》卷五，第168頁)

壬寅，福建守臣言："建寧府山水暴發，崩塌城垣、官廳、軍民房屋，推陷建陽等縣田地，民有死者，請修理崩壞，賑恤貧難。"工部覆奏，從之。(《明武宗實録》卷五，第180頁)

乙巳，夜，月掩土星。(《明武宗實録》卷五，第181頁)

丙午，曉刻，金星犯右執法。(《明武宗實録》卷五，第182頁)

丁未，曉刻，月犯軒轅左角星。夜，木星犯太微垣上相星。(《明武宗實録》卷五，第182頁)

十三日，有風如火，從東南來。(正德《松江府志》卷三二《祥異》；光緒《重修華亭縣志》卷二三《祥異》；光緒《川沙廳志》卷一四《祥異》)

有風如火，從東南來。(光緒《青浦縣志》卷二九《祥異》)

十月

乙卯，户部以淫雨為災，運軍到灣留滯，苦甚。(《明武宗實録》卷六，

第 190 頁）

乙卯，夜，流星如盏，色赤，光燭地，起自軒轅，西行至五車，尾跡化為白氣，良久散。（《明武宗實録》卷六，第 191 頁）

丙辰，午刻，日生抱氣及左右珥，色赤黄鮮明，良久散。（《明武宗實録》卷六，第 193 頁）

丁丑，陝西甘肅天鼓鳴。（《明武宗實録》卷六，第 203 頁）

庚辰，以旱災減免南京錦衣等四十二衛屯糧有差。（《明武宗實録》卷六，第 205 頁）

辛巳，欽天監五官靈臺郎孫錦言，今年九月内，連三夕雷鳴及恒星晝見。（《明武宗實録》卷六，第 205 頁）

十一月

戊子，曉刻，水星犯鍵閉星。（《明武宗實録》卷七，第 217 頁）

庚子，遼東天鼓鳴，起西南，止西北。（《明武宗實録》卷七，第 227 頁）

甲辰，以冬深無雪，令順天府官祈禱。（《明武宗實録》卷七，第 228 頁）

丙午，夜，流星如（廣本“如”上有“大”字）盏，色赤，起奎宿，西南行至近濁，尾跡炸散。（《明武宗實録》卷七，第 231 頁）

十二月

丙辰，夜，西方流（廣本“流”上有“有”字）星如（廣本“如”上有“大”字）盏，色青白，起自北河，西行至參宿。（《明武宗實録》卷八，第 237 頁）

乙丑，夜，月犯五諸侯東第二星。（《明武宗實録》卷八，第 248 頁）

丙寅，夜，月犯鬼宿西北星。（《明武宗實録》卷八，第 249 頁）

己巳，禮部以入冬無雪，請祈禱。上是之。（《明武宗實録》卷八，第 249 頁）

甲戌，夜，月犯房宿南第二星。（《明武宗實録》卷八，第 256 頁）

戊寅，午刻，日生左右珥，色赤黄鮮明。（《明武宗實録》卷八，第 266 頁）

是年

連雨。（民國《順義縣志》卷一六《雜事記》）

旱。（光緒《靖江縣志》卷八《祲祥》；民國《淮陽縣志》卷八《災異》）

大旱，飛蝗，食禾殆盡，民大饑。（隆慶《高郵州志》卷一二《災祥》）

應天衛旱。（同治《上江兩縣志》卷二下《大事下》）

大旱，蝗，饑。（光緒《通州直隸州志》卷末《祥異》）

旱，蝗。（道光《重修寶應縣志》卷九《災祥》）

旱，免糧三萬三千七百三十三石有奇。（道光《江陰縣志》卷八《祥異》）

旱，大饑。（民國《太谷縣志》卷一《年紀》）

旱荒，人噉樹皮。（雍正《定襄縣志》卷七《灾祥》）

春夏無雨，河東州縣大旱，禾稼枯死。（民國《浮山縣志》卷三七《災祥》）

大旱，麥苗枯死。（民國《翼城縣志》卷一四《祥異》）

江山縣大水。（康熙《衢州府志》卷三〇《五行》）

春，大水。大有年。（乾隆《番禺縣志》卷一八《事紀》）

（銅仁縣）夏，大水。（嘉靖《貴州通志》卷一〇《祥異》）

春夏無雨，河東州縣大旱，禾稼枯死，秋田未種，赤地遍野，米價騰湧，民饑無食，多有剥樹皮以充飢者。（民國《浮山縣志》卷三七《災祥》）

春夏無雨，河東大旱，麥苗枯死，秋禾未種，米價騰貴，民饑無食，多有剥樹皮以充饑者。（民國《洪洞縣志》卷一八《祥異》）

（永濟縣）春至夏蒲州不雨，於時禾稼枯死，秋田不種，赤地遍境。米價騰湧，民食不足，有剥樹皮以充饑者。（萬曆《平陽府志》卷一〇《災祥》）

大水。（嘉慶《恩施縣志》卷四《祥異》；嘉慶《龍川縣志》第五册《祥異》；光緒《新樂縣志》卷四《災祥》）

大水，漳河決。（光緒《廣平縣志》卷三三《災異》）

大旱，麥苗枯死。秋禾未種。米價騰貴，民無食，多剥樹皮以充饑。

（民國《翼城縣志》卷一四《祥異》）

洪洞、榮河、榆次、太谷、定襄旱，禾盡槁。（雍正《山西通志》卷一六三《祥異》）

旱，疫。（光緒《榮河縣志》卷一四《祥異》）

水。（乾隆《吴江縣志》卷四〇《災變》）

大旱，飛蝗蔽天，食田禾盡。（萬曆《揚州府志》卷二二《異攷》）

大旱，蝗飛蔽天。（嘉靖《重修如皋縣志》卷六《災祥》）

大旱，飛蝗蔽空，食田禾殆盡。（嘉慶《東臺縣志》卷七《祥異》）

（修水縣）洪水毁（劉陵）祠，遺址無存。（乾隆《寧州志》卷二《祥異》）

值洪水衝决之圮，視前爲甚。（道光《晉江縣志》卷一一《津梁》）

雙洎河泛溢，田舍湮没。（民國《鄢陵縣志》卷一四《宦蹟》）

（正陽縣）大有年。（嘉靖《真陽縣志》卷九《祥異》）

河源大水，被浸者五日，舟從城渡，民居淪没，岸崩可四五丈。（光緒《惠州府志》卷一七《郡事上》）

（廉江縣）石城颶風作，拔木偃禾，傾毁民舍。（嘉靖《廣東通志初稿》卷三七《祥異》）

夏秋，大旱。（嘉靖《随志》卷上）

秋，廣昌大雨霧凡兩月，民病且死者相繼。（《明史·五行志》，第427頁）

秋，大水。（康熙《文安縣志》卷一《災祥》）

冬，雨水冰。（光緒《諸暨縣志》卷一八《災異》）

武宗正德年間

（一五〇六至一五二一）

正德元年（丙寅，一五〇六）

正月

辛巳朔，宣府地震有声。（《明武宗實録》卷九，第271頁）

乙酉，巳刻，日生暈及左右珥，日上有背氣一道，色俱赤黄，随有白虹彌天，色蒼白鮮明。夜，蘇州府崇明縣有紅光大如斗，曳尾如虹，起東北，至西南没，有聲如雷。（《明武宗實録》卷九，第272頁）

庚寅，夜，流星如盞，色青白，光燭地，起自軒轅，西北行至五車，尾跡化白氣一道，良乆散。（《明武宗實録》卷九，第272頁）

辛丑，是日，鳳陽府有紅光，色如赤日，其聲如雷，起東南，至西北而没。夜，月犯心宿東星。（《明武宗實録》卷九，第283頁）

辛亥，是日雷震南京東安門皇牆脊瓦。（《明武宗實録》卷九，第300頁）

辛巳朔，揚州河水冰，皆樹木、花卉之狀，民間器内冰合，形如牡丹。（《國榷》卷四六，第2581頁）

大水平地深丈餘。（民國《遼陽縣志・敘録》）

元日，湖冰花樹文。（嘉靖《寶應縣志略》卷一《災祥》）

河水成冰，皆成樹木花卉形。（嘉慶《東臺縣志》卷七《祥異》）

二月

壬子，曉刻，木星退犯右執法及上将星。夜，東北方天鳴，有聲如風水相薄，凡五七次。(《明武宗實録》卷一〇，第303頁)

庚申，命工部修築蘆溝橋堤岸，以去年六月為水衝壞六百餘丈故也。(《明武宗實録》卷一〇，第308~309頁)

庚申，昏刻，月生暈，色蒼白，中圍井宿。(《明武宗實録》卷一〇，第309頁)

辛酉，夜，月生暈，暈圍火土二星于為（抱本作“内”），色蒼白，至二更，散在井宿。(《明武宗實録》卷一〇，第310頁)

壬申，以旱災免直隷潼關衛蒲州守禦千户所秋糧屯田子粒一千八百七十五石有奇。(《明武宗實録》卷一〇，第321頁)

丁丑，夜，流星如盞，色青白，有光，起自紫微東（抱本作“蕃”，疑當作“東蕃”），北（抱本“北”下有“行”字）至近濁。(《明武宗實録》卷一〇，第334頁)

三月

壬午，昏刻，水（抱本作“木”）星犯靈臺上星。夜，流星如碗，色青白，光燭地，起天市西垣内，東北行至紫微垣東蕃内，尾跡炸散，聲如雷，二小星隨其後，天鼓隨鳴。(《明武宗實録》卷一一，第341~342頁)

己亥，夜，月犯斗宿西第三星。(《明武宗實録》卷一一，第356頁)

庚子，夜，流星如彈，色青白，有光，起自牛宿，行丈餘，發光如盞，東北行至壘壁陣，尾跡炸散。(《明武宗實録》卷一一，第357頁)

戊申，是夜，山西太原府有火光大如斗，墜寧化王府殿前，空中見紅光，如彎弓，長六七尺，旋變黄，又變為白，漸長至二十餘丈，光芒亘天，移時而滅。(《明武宗實録》卷一一，第362頁)

十二日，北風，大雷電，驟雨冰雹，平地二尺餘。(光緒《無錫金匱縣志》卷三一《祥異》)

十二日，北風，大雷電，驟雨冰雹，平地二尺餘。十二月晦，龍見，有虹貫日。（康熙《常州府志》卷三《祥異》）

開原大風，屋瓦皆飛，晝晦如夜。（嘉靖《遼東志》卷八《雜志》）

四月

癸丑，吏科給事中邱俊奏："三月三日將旦，有星大如月，其光如電，自東南流隕西北，繼而天鼓鳴，響如雷。"（《明武宗實録》卷一二，第367頁）

癸丑，免陝西葭、涇、静寧等州，三水、平涼、華亭、蔣〔莊〕浪、真（疑當作"會"）寧、西鄉、隴西等縣，靖虜衛左、右、前、後四所，固原衛左、右、中三所，榆林衛府谷、神木、井泉、延川等屯，井州中護衛中、左、右、前、後五所税糧共五萬九千九百余石，馬草五萬七千餘束，以雨雹為災故也。（《明武宗實録》卷一二，第368頁）

甲寅，夜，流星如盞，色青白，光燭地，起自紫微垣東蕃内，東北行至雲中。（《明武宗實録》卷一二，第371頁）

甲寅，云南木密関地震如雷，凡五次，壊城垣屋舍，傷十有二人。（《明武宗實録》卷一二，第371頁）

丁卯，以旱災免陝西延安府所屬州縣税糧四萬六千石有奇。（《明武宗實録》卷一二，第379頁）

己卯，雲南武定軍民府境自是月乙丑雨雹，溪水漲，决堤壞田，霜露殺麥，寒如冬，虎為害。（《明武宗實録》卷一二，第387頁）

乙丑，雲南武定軍民府雨雹，水溢傷稼。（《國榷》卷四六，第2589頁）

武定府隕霜殺麥，寒如冬。（民國《禄勸縣志》卷一《祥異》）

冀州大風晝晦，時風吹黄沙，昏霾移時，自未至酉乃定。（嘉靖《真定府志》卷九《事紀》）

五月

乙酉，山西太原地震。（《明武宗實録》卷一三，第393頁）

壬辰，密雲地震。（《明武宗實録》卷一三，第401頁）

壬辰，雷震青（廣本作“清”）州南局衣甲庫獸吻，有火起庫中。（《明武宗實録》卷一三，第401頁）

乙未，大同右衛霜早地寒，穀粟少生之，所為（疑當作“焉”）一等，每石不得過七錢。（《明武宗實録》卷一三，第402頁）

丙午，是日，曉刻，月犯昴宿西第二星。（《明武宗實録》卷一三，第415頁）

龍見於縣西桃灣村，一人震死。（乾隆《蒲縣志》卷九《祥異》）

大雨震雹。（同治《鄠縣志》卷一一《祥異》）

六月

丙辰，是日申刻，雨雹。（《明武宗實録》卷一四，第419頁）

丙辰，宣府大雨雹，傷禾稼。（《明武宗實録》卷一四，第419頁）

辛酉，以旱災免西安、慶陽所屬十九州縣，并西安、延安、慶陽、甘州等七衛弘治十八年税糧二十一萬八千六百七十石有奇。（《明武宗實録》卷一四，第420頁）

辛酉，是夜，雷雨擊西中門柱脊，暴風折郊壇松柏，大祀殿及齋宫獸尾多墜落者。（《明武宗實録》卷一四，第424頁）

辛酉，萬全衛雨雹。（《明武宗實録》卷一四，第424頁）

甲子，陝西徽州大雨，河溢，流没居民、孳畜、廬舍甚衆。（《明武宗實録》卷一四，第425頁）

甲子，萬全衛復雨雹。（《明武宗實録》卷一四，第425頁）

丙寅，戌刻，山東沂州有星（廣本“星”下有“大”字）如斗，色赤，自東南流於西北，後一小星隨之。（《明武宗實録》卷一四，第427頁）

戊辰，宣府馬營堡暴風大雨雹，深二尺，禾稼盡傷。（《明武宗實録》卷一四，第428頁）

丙子，南京暴風雨，雷震孝陵，白土（廣本作“玉”）岡樹火焚，其中皆空，旁樹被擊有痕。（《明武宗實録》卷一四，第441頁）

大水。（康熙《新建縣志》卷二《災祥》）

至八月，不雨。（光緒《嚴州府志》卷二二《佚事》；民國《建德縣志》卷一《災異》）

七月

乙未，福建建安縣暴雨震雷，人有驚（廣本、抱本“驚”下有“死”字）者，雷火燒（廣本“燒”下有“燬”字）行都司譙樓，延官民房至（廣本、抱本作“屋”）。（《明武宗實録》卷一五，第473頁）

己亥，欽天監奏：“是月己丑，夜，有星見北方紫微西蕃外，如彈丸，色蒼白。壬辰，夜，又見其星有微芒；連三夕，數見參井之間。至戊戌，夜，芒漸長二尺（抱本作‘三尺’），偏掃如帚，徐徐西北（廣本、抱本‘北’下有‘行’字）至文昌。”（《明武宗實録》卷一五，第476頁）

庚子，夜，青州府諸城縣彗星見，有光，流東南，約長三尺。（《明武宗實録》卷一五，第477頁）

辛丑，夜，雷火燬東平守禦千户所。（《明武宗實録》卷一五，第477頁）

壬寅，夜，彗星光芒長五尺許，掃犯下臺上星。（《明武宗實録》卷一五，第477頁）

癸卯，昏刻，彗星入太微垣。（《明武宗實録》卷一五，第478頁）

鳳陽諸府大雨，平地水深丈五尺，没居民五百餘家。（《明史·五行志》，第474頁）

驟雨，平地水深丈餘，漂没民居無算。（光緒《五河縣志》卷一九《祥異》）

初六日，大雨，海水忽逆流三十餘里，禾稼淹没。（光緒《文登縣志》卷一四《災異》）

初六日，大雨，海溢，港水逆流三十里，禾稼渰没，地變為鹹鹵。（道光《榮成縣志》卷一《災祥》）

十七日，大風雨，海溢。（乾隆《金山縣志》卷一八《祥異》）

十七日，風作，海水溢，其潮痕或至塘腰，或未及二三尺。（乾隆《金山縣志》卷一八《祥異》）

大水，山崩橋壞，墊民廬舍，早稻仆泥出秧。（同治《分宜縣志》卷一〇《祥異》；民國《分宜縣志》卷一六《祥異》）

山崩橋壞，墊民廬舍，早稻仆泥出秧。（正德《袁州府志》卷九《祥異》）

大水，山崩橋壞，墊民廬舍，早稻入於泥。（康熙《萬載縣志》卷一二《災祥）

大水。（同治《萍鄉縣志》卷一《祥異》；民國《昭萍志略》卷一二《祥異》）

遼陽大水，平地深丈餘。（嘉靖《遼東志》卷八《雜志》）

驟雨，平地水深丈餘，漂没民居無算。（光緒《五河縣志》卷一九《祥異》）

夏，旱。秋七月，大水，山崩，漂没廬舍，稻未刈者，立而生秧。（正德《瑞州府志》卷一一《災祥》）

夏，大旱。秋七月，大水，山崩，漂没廬舍，稻未獲者生芽。（同治《上高縣志》卷九《災異》）

長泰、南靖大風雨三日夜，平地水深二丈，漂民居八百餘家。（道光《重纂福建通志》卷二七一《祥異》）

武平大風雨，毁城樓。（道光《重纂福建通志》卷二七一《祥異》）

八月

癸丑，昏刻，月犯房宿南第二星。（《明武宗實録》卷一六，第485頁）

丙辰，是夕，月犯斗宿魁第三星。戌刻，大名府西南明星火光一道，向西（廣本無“西”字）北没，有聲如雷。（《明武宗實録》卷一六，第487頁）

壬戌，山東鰲山、大嵩二衛及即墨縣各地震有聲。夜，有火光落即墨民家，化為緑石，形圓，高尺餘。（《明武宗實録》卷一六，第489頁）

癸亥，大學士劉健等言：“五月内該司禮監傳旨，以炎熱暫免讀書至八月以聞。緣自八月初旬以來，恭遇大婚禮事，未敢奏請。即今大禮已畢，天

氣漸凉，正宜講學之日。”（《明武宗實録》卷一六，第489頁）

乙亥，夜，流星如盞，色青白，有光，起自奎宿，西南行至近濁，二小星随其後。（《明武宗實録》卷一六，第499頁）

初六日，大風雨壞民居。（萬曆《黄巖縣志》卷七《紀變》；康熙《台州府志》卷一四《災變》）

九月

戊寅，夜，（舊校“流”上增“有”字）流星如盞，色赤，光燭地，起自天津，西行至天市垣内，尾跡炸散。（《明武宗實録》卷一七，第506頁）

甲申，昏刻，月犯狗星。（《明武宗實録》卷一七，第509頁）

戊戌，是夕，大風揚塵蔽空，明日息。（《明武宗實録》卷一七，第526頁）

戊戌，宣府等地方風火交作，燒及民居、人畜甚衆。（《明武宗實録》卷一七，第526頁）

戊戌，萊州府雷雨大作，氷雹交下，海水溢。（《明武宗實録》卷一七，第526頁）

己亥，夜，月犯積薪星。（《明武宗實録》卷一七，第526頁）

癸卯，欽天監五官監候楊源奏：“自八月初，大角及心宿中星動摇不止，大角（廣本‘角’下有‘乃’字）天王之座，心宿中星天王（廣本‘王’下有‘之’字）正位也，俱宜安静，而今乃動摇（廣本作‘摇動’），意者皇上輕舉嬉戲，遊獵無度，以致然耳。其占曰：人主不安，國有憂。又北斗第二、第三、第四星，明不如常。”（《明武宗實録》卷一七，第527頁）

十月

癸丑，萊州府掖縣天鼓鳴。（《明武宗實録》卷一八，第538頁）

乙卯，免遼東定遼左等衛所屯税有差，以（廣本“以”下有“被”字）水災故也。（《明武宗實録》卷一八，第542頁）

戊午，河南確山縣天鼓鳴，地震聲如雷。（《明武宗實録》卷一八，第545頁）

己未，是日酉刻，金星見未位。萊州府地連震，自癸丑、乙卯、丙辰、丁巳至是，凡二十五次。（《明武宗實録》卷一八，第546頁）

癸亥，陜西慶陽府有流星，其聲如雷。（《明武宗實録》卷一八，第548頁）

丙寅，保定、河間、永平等府，天津等衛地方水旱為災，詔免税粮二萬三千一百六十石有奇，草一十二萬八千九十（廣本作“百”）九束，銀七百二十餘兩。（《明武宗實録》卷一八，第549頁）

丁卯，夜，月犯鬼宿東南星。（《明武宗實録》卷一八，第549頁）

甲戌，福建汀州府永定、上杭二縣地震，空中有聲如雷。漳州府地震，有星大如椀，隕于地，其聲如雷。（《明武宗實録》卷一八，第557頁）

霾霧四塞。（康熙《通州志》卷一一《災異》）

十一月

己卯，夜，月犯金星。（《明武宗實録》卷一九，第560頁）

乙酉，是日卯刻，木星見巳位。（《明武宗實録》卷一九，第563頁）

丙戌，西（舊校“西”上增“江”字）南昌府大雨震電，南康府雷電交作，贛州府安遠縣地震。（《明武宗實録》卷一九，第563頁）

己丑，夜，月犯昴宿西第二星。（《明武宗實録》卷一九，第564頁）

壬辰，夜，月犯井宿北第一星。（《明武宗實録》卷一九，第566頁）

甲辰，九江府雷電作。（《明武宗實録》卷一九，第573頁）

十二月

乙巳朔，揚州府通州雷，再震。（《明武宗實録》卷二〇，第575頁）

庚戌，昏刻，流（廣本“流”上有“有”字）星如盞，色赤，光燭地，起自紫微西蕃外，發光如碗，東南行至井宿，七小星随其後。青州府有氣如龍，色紅黄，乆之，變青白而散。（《明武宗實録》卷二〇，第575頁）

癸丑，昏刻，金星犯壘壁陣西第六星。（《明武宗實録》卷二〇，第577頁）

辛酉，夜，月生暈，白虹彌天，俱蒼白色，良久漸散。甲子夜，亦然。（《明武宗實録》卷二〇，第580頁）

乙丑，命順天府官擇日祈雪。（《明武宗實録》卷二〇，第581頁）

戊辰，潮州府見火星（廣本"星"下有"大"字）如斗，□（落?）而復起，轉大如簸箕。（《明武宗實録》卷二〇，第584頁）

己巳，以鳳陽、淮揚等府旱災兑運粮米，聽改十萬石為折银。（《明武宗實録》卷二〇，第584頁）

己巳，山西太原府地震，有聲如雷。（《明武宗實録》卷二〇，第585頁）

庚午，夜，寧夏中衛有星（廣本"星"下有"大"字）如碗，隕地，又空中有紅光，約大二畝，随滅。陝西鞏昌府有流星，紅光如火，自東北往西南，聲響如雷，數小星随之。（《明武宗實録》卷二〇，第585頁）

晦龍見，有虹貫日。（光緒《無錫金匱縣志》卷三一《祥異》）

以蘇州等府旱災，令無災處所折軍糧及俸糧，省其耗費，以補災傷地方起運之數。（光緒《常昭合志稿》卷一二《蠲賑》）

己巳朔，南通州雷再震。（《明史·五行志》，第435頁）

是年

春，大饑。秋，大旱。德安大旱。（光緒《淮安府志》卷四〇《雜記》）

春，大饑。秋，大旱。（康熙《咸寧縣志》卷六《災祥》；道光《安陸縣志》卷一四《祥異》；光緒《咸甯縣志》卷八《災祥》）

夏，旱。（民國《萬載縣志》卷一之三《祥異》）

夏，大水。（康熙《彭澤縣志》卷二《郵政》；民國《滎經縣志》卷一三《五行》）

夏，餘姚、上虞旱。（萬曆《紹興府志》卷一三《災祥》）

夏，大旱。（乾隆《通許縣舊志》卷一《祥異》；嘉慶《開州志》卷四《職官》）

夏，旱，饑。（康熙《會稽縣志》卷八《災祥》）

大風沙，晝晦。（康熙《武邑縣志》卷一《祥異》；同治《武邑縣志》卷一〇《雜事》）

旱，饑。（康熙《瀏陽縣志》卷九《災異》；康熙《孝感縣志》卷一四《祥異》；光緒《孝感縣志》卷七《災祥》）

大風雨，海溢。（嘉慶《松江府志》卷八〇《祥異》；同治《上海縣志》卷三〇《祥異》；光緒《川沙廳志》卷一四《祥異》；民國《南匯縣續志》卷二二《祥異》）

海溢。（光緒《奉賢縣志》卷二〇《灾祥》）

旱。（隆慶《儀真縣志》卷一三《祥異》；嘉慶《高郵州志》卷一二《雜類》）

旱，歲祲。（光緒《靖江縣志》卷八《祲祥》）

旱，免糧三萬八千六百九十九石有奇。（道光《江陰縣志》卷八《祥異》）

常山縣地震，大旱。（康熙《衢州府志》卷三〇《五行》）

大旱，諸溪斷流。（光緒《分水縣志》卷一〇《祥祲》）

地震，歲大旱。（雍正《常山縣志》卷一二《災祥》）

大水，樺林溪水驟漲，漂民居百餘家，溺死五十餘人。（民國《沙縣志》卷三《大事》）

太白犯尾。（康熙《遵化州志》卷二《災異》）

夏，旱，歉收，民饑。（光緒《上虞縣志》卷三八《祥異》）

大水。（嘉靖《蘄州志》卷一二《災祥》；嘉靖《九江府志》卷一《祥異》；萬曆《桃源縣志》卷上《祥異》；同治《湖口縣志》卷一〇《祥異》；同治《都昌縣志》卷一六《祥異》）

蝗，北鄉災。（道光《河曲縣志》卷三《祥異》）

大雨雹，小如升斗，殺六畜飛鳥雉兔。（嘉靖《平凉府志》卷三

《祥異》）

地震有聲，烈風拔木。（乾隆《霍邱縣志》卷一二《災祥》）

大旱，九分災。巡按御史臧鳳奏，准免粮六分。（嘉靖《臨江府志》卷四《歲眚》）

大旱。巡按御史臧鳳奏免税粮十分之五。（康熙《新喻縣志》卷六《農政》；同治《新淦縣志》卷一〇《祥異》）

大旱。（嘉靖《貴州通志》卷一〇《祥異》；乾隆《黄岡縣志》卷一九《祥異》；同治《奉新縣志》卷一六《祥異》；同治《靖安縣志》卷一六《祥異》）

夜，汉堤又决。（康熙《潛江縣志》卷一〇《河防》）

大饑，大旱。（嘉靖《随志》卷上）

麥秀五穗、七穗。（同治《南漳縣志集鈔》卷一四《祥異》）

大疫。（光緒《靖州直隸州志》卷一二《祥異》）

夏秋，不雨，蝗飛蔽天。公沐禱，大雨滅蝗，轉歉為熟。（雍正《安東縣志》卷九《宦績》）

夏秋，旱。（康熙《陳留縣志》卷三八《災祥》）

夏秋，不雨，麥禾枯。（嘉靖《通許縣志》卷上《祥異》）

秋，大旱。（光緒《德安府志》卷二〇《祥異》）

冬，萬州雨雪。（正德《瓊臺志》卷四一《祥瑞》；道光《瓊州府志》卷四四《紀異》）

冬，大雪，深五六尺。（萬曆《寧津縣志》卷四《祥異》）

元年、二年，大旱，河底生塵，餓殍塞道。（光緒《丹徒縣志》卷五八《祥異》）

元年、二年，鎮江大旱，河底生塵，餓殍塞途。（康熙《鎮江府志》卷四三《祥異》；光緒《丹陽縣志》卷三〇《祥異》）

元年、二年，大旱，河底生塵，草木焦枯。次年餓殍塞道，知縣梁國寶開萬人坑，募人舁瘞之。（光緒《金壇縣志》卷一五《祥異》）

正德二年（丁卯，一五〇七）

正月

乙亥朔，日食。（《明武宗實録》卷二一，第595頁）

庚辰，申刻，金星見午位。（《明武宗實録》卷二一，第596頁）

乙酉，夜，福建福州府地震。（《明武宗實録》卷二一，第596頁）

丁亥，夜，月犯井宿東扇北第一星。（《明武宗實録》卷二一，第597頁）

真定府、冀州等處大雪，凍死人畜。時真定一路大雪，平地丈餘，井谷皆平，民畜凍死不可勝計。（嘉靖《真定府志》卷九《事紀》）

無極等處大雪，人多凍死者。（乾隆《無極縣志》卷三《災祥》）

初三日，雷雹。（乾隆《泰寧縣志》卷一〇《祥異》）

不雨，至於叁月。雹殺禾菽。（康熙《應山縣志》卷二《兵荒》）

不雨，至於三月。雹殺禾麥。（道光《安陸縣志》卷一四《祥異》；光緒《咸甯縣志》卷八《災祥》）

閏正月

己未，夜，月犯靈臺下星。（《明武宗實録》卷二二，第619頁）

辛酉，萊州府掖縣地震，有聲如雷，逾五日，復震二次。（《明武宗實録》卷二二，第621頁）

癸亥，永平府盧龍縣、灤州遷安縣俱大風，拔木毀民居，霾曀如夜，至次日始息。（《明武宗實録》卷二二，第621頁）

乙丑，是日，大風壞奉天門右吻朝（廣本作“牌”）。（《明武宗實録》卷二二，第623頁）

乙丑，曉刻，月犯房宿南第二星。（《明武宗實録》卷二二，第623頁）

乙丑，廣西鬱林州及北流、博白、陸川縣地震，有聲如雷。梧州府潯衛並地震有聲，摇动軍民房屋。（《明武宗實録》卷二二，第623頁）

庚午，夜，流星如盞，色青白，光燭地，起自北斗柄，西北行至鈎陳，尾跡炸散，二小星随其後。（《明武宗實録》卷二二，第628頁）

癸酉，申刻，大風起，黄塵四塞，随雨土霾。（《明武宗實録》卷二二，第629頁）

二月

乙酉，曉剌，萊州府天鼓鳴，繼有星大如盤，其色赤，自西北流徃東南。（《明武宗實録》卷二三，第641頁）

三月

乙卯，申刻，大風，黄霧四塞。（《明武宗實録》卷二四，第654頁）

丙辰，湖廣清浪衛大雨雹，傷麥禾，拔木及壞城中官軍房屋。（《明武宗實録》卷二四，第655頁）

己未，夜，月犯房宿南第三星。（《明武宗實録》卷二四，第656頁）

丙寅，申刻，大風揚塵蔽空，日入乃息。（《明武宗實録》卷二四，第661頁）

戊辰，卯剌，金星見辰位。（《明武宗實録》卷二四，第661頁）

己巳，陝西行都司地震。（《明武宗實録》卷二四，第661頁）

壬申，曉剌，金星犯外屏西第二星。（《明武宗實録》卷二四，第663頁）

癸酉，夜，流星如彈，色青白，尾跡有光，起自文昌，發光如盞，東北行至近濁。（《明武宗實録》卷二四，第663～664頁）

四月

丁丑，以旱災免貴州地方税糧四萬四百三十餘石。（《明武宗實録》卷二五，第668頁）

辛丑，曉刻，月犯昂〔昴〕宿北第二星。（《明武宗實録》卷二五，第684頁）

不雨，至冬十月。（乾隆《弋陽縣志》卷一《祥異》；乾隆《廣豐縣

志》卷一《祥異》；道光《貴溪縣志》卷二七《祥異》；同治《廣豐縣志》卷一〇《祥異》）

武定府雨雹，溪水漲，決堤壞田，隕霜露殺麥。（民國《禄勸縣志》卷一《祥異》）

不雨，至冬十月。（同治《上饒縣志》卷二四《祥異》）

不雨，至冬十月。大饑，民食薇蕨。（同治《鉛山縣志》卷三〇《祥異》）

武定雨雹，溪水漲，決堤壞田，隕霜露殺麥。（《明史・雲南土司傳》，第 8049 頁）

五月

甲寅，免貴州所屬鎮遠、龍里、鎮寧、婺川等衛府州縣，及宣慰、安撫二司正官朝覲，以地方旱疫故也。（《明武宗實録》卷二六，第 690 頁）

丁巳，昏刻，月食。（《明武宗實録》卷二六，第 692 頁）

己巳，曉刻，金星犯畢宿天高東北星。（《明武宗實録》卷二六，第 698 頁）

庚午，夜刻，順聖川西城更鼓房東旗竿上有火光，大如碗，俄雨作而滅。（《明武宗實録》卷二六，第 699 頁）

大水。（萬曆《閩書》卷一四八《祥異》；康熙《泰寧縣志》卷三《祥異》；光緒《邵武府志》卷三〇《祥異》；民國《建寧縣志》卷二七《災異》）

略陽大雨，高家山崩，壓死百九十餘人。大旱，民皆流移。（康熙《陝西通志》卷三〇《祥異》）

大旱，自五月至十二月不雨。（康熙《浦江縣志》卷六《灾祥》）

雨水泛溢，市可通舟。（萬曆《合肥縣志・祥異》）

六月

乙亥，夜，流星如碗，色青白，光濁〔燭〕地，起自中天雲中，東北

行至雲中，尾跡後散。(《明武宗實録》卷二七，第703頁)

戊寅，夾剌，萬全右衛洗馬林堡大雨雹，雷震狂風，傷禾拔木，毀堡墻垛口，折旗竿。(《明武宗實録》卷二七，第704頁)

戊戌，陝西固原衛地方驟雨，河漲平地，水高四尺，壞城垣廬舍，人畜有溺死者。(《明武宗實録》卷二七，第711頁)

六日，大水，衝射圃、號房，漂民居室。(康熙《麻城縣志》卷三《災異》)

雹如拳，損禾稼，擊傷房屋牲産。(乾隆《潮州府志》卷一一《災祥》)

雨雹，大者如拳，小者如卵，其色赤而黑。(光緒《揭陽縣續志》卷四《事紀》)

沭陽旱，蝝鼠害稼。(嘉慶《海州直隸州志》卷三一《祥異》)

淫雨踰旬，洪流為虐。(太平)橋以是月二十三夜作殷殷聲，二十五夜南頭一門為水衝决。(乾隆《僊遊縣志》卷一四《建置》)

雨雹。(嘉慶《潮陽縣志》卷一二《紀事》)

旱，至九月。(康熙《泰寧縣志》卷三《祥異》)

六月、七月，旱。邵武、光澤二縣大疫。(萬曆《閩書》卷一四八《祥異》)

六月、七月，旱，又大疫。(光緒《邵武府志》卷三〇《祥異》)

六月、七月，旱。(民國《建寧縣志》卷二七《災異》)

六、七月，沭陽亢旱。蝩生蝝鼠害稼，田野一空。(正德《淮安府志》卷一五《災異》)

七月

辛亥，福建武平縣大風雨，毀廨宇、城樓及居民房屋。(《明武宗實録》卷二八，第721～722頁)

己未，福建建寧右衛風雨迅雷，擊碎臨江門新建城樓柱三，瓴甓如故。(《明武宗實録》卷二八，第727頁)

戊辰，以災免河南開封等府、睢陽等衛，山西大同府并大同等衛夏稅有

差。（《明武宗實録》卷二八，第 731 頁）

戊辰，曉刻，火星犯積尸氣。（《明武宗實録》卷二八，第 731 頁）

戊辰，福建長泰縣大風雨連三日夜，平地水深二丈，文廟堂廡門齊頽損，漂民居八百餘家，傷禾稼五百餘頃，溺死男婦五十餘人，牲畜財物甚衆。（《明武宗實録》卷二八，第 731 頁）

庚午，福建南靖縣連三日風雨不止，水深丈餘，漂没民居及禾稼甚衆。（《明武宗實録》卷二八，第 733 頁）

（甯德）不雨。（乾隆《福寧府志》卷四三《祥異》）

禾菽蔽野，飛蝗北來，勢若風雨。（嘉靖《鄢城縣志》卷九《文集》）

八月

戊寅，夜，流星如彈，色青白，光燭地，起自畢宿，正南行至雲中，沉沉有聲如雷。（《明武宗實録》卷二九，第 737 ~738 頁）

丁亥，以旱災減免南京錦衣等四十二衛屯糧三之二。（《明武宗實録》卷二九，第 743 頁）

癸巳，曉刻，土星犯靈臺上星。（《明武宗實録》卷二九，第 748 頁）

己亥，夜，寧夏衛有大（廣本作“火”）星，自正南起，流往西南而墜，後有赤光一道，闊三尺，長五丈。（《明武宗實録》卷二九，第 749 頁）

十日，雨雹，傷人禽，禾黍無收。（康熙《德平縣志》卷三《災祥》）

九月

辛丑，曉刻，金星犯進賢星。（《明武宗實録》卷三〇，第 751 頁）

癸卯，夜，流星如盞，色青白，尾跡有光，起自羽林軍，南行至近濁。（《明武宗實録》卷三〇，第 753 頁）

戊申，辰刻，日上生背氣一道，色赤黄鮮明，良久散。（《明武宗實録》卷三〇，第 756 頁）

壬子，夜，流星如盞，赤色，光燭地，自奎宿西行至室宿。（《明武宗實録》卷三〇，第 756 頁）

己未，夜，流星如盞，色赤，光燭地，起自天津，西行至近濁。（《明武宗實録》卷三〇，第759頁）

戊辰，夜，水、木、金三星聚于亢宿。（《明武宗實録》卷三〇，第763頁）

戊辰，萊州府地震，有聲。（《明武宗實録》卷三〇，第763頁）

大水。（乾隆《環縣志》卷一〇《紀事》）

十月

壬申，夜，大風揚塵蔽空。（《明武宗實録》卷三一，第767頁）

甲戌，曉刻，土星犯上將星。（《明武宗實録》卷三一，第768頁）

乙亥，夜，月犯羅偃中星。（《明武宗實録》卷三一，第768頁）

壬午，洮州雷震。（《明武宗實録》卷三一，第772頁）

癸未，夜，火星犯太微垣上將星及土星。（《明武宗實録》卷三一，第772頁）

戊子，曉刻，月犯井宿東扇北第一星及天罇西北星。（《明武宗實録》卷三一，第775頁）

己丑，以旱災免山東濟南等府濱州等七十州縣、濟南等十衛、肥城等六千户所存留夏税子粒有差。（《明武宗實録》卷三一，第775頁）

十一日小雪節，疾雷震天，電火迅發。二十八日有虹見，雷大發聲。（光緒《嘉興府志》卷三五《祥異》）

十一日小雪節，疾雷震天，雷火迅發。二十八日虹見，雷大發聲。（光緒《嘉善縣志》卷三四《祥眚》）

十一月

辛亥，夜，月犯昴宿西第一星。（《明武宗實録》卷三二，第791頁）

乙卯，月食。命次日免朝。（《明武宗實録》卷三二，第793頁）

丙辰，兖州府濟寧州及魚臺縣見星，紅如火而隕，天鼓鳴。（《明武宗

實録》卷三二，第 793 頁）

辛酉，是日至丁外〔夘〕，每辰刻，木星見午位。（《明武宗實録》卷三二，第 795 ~ 796 頁）

甲子，寧夏衛有星自東北流西南，隕而有聲，數小星隨其後。（《明武宗實録》卷三二，第 796 ~ 797 頁）

十二月

壬申，以水災减免遼東定遼左等二十衛所屯糧有差。（《明武宗實録》卷三三，第 803 頁）

甲申，山西太原等府，澤、潞等州，太原等衛各以旱雹告災，今年夏税并子粒，視其災之輕重，停免有差。（《明武宗實録》卷三三，第 810 ~ 811 頁）

己丑，免直隷揚州等府，并徐州、淮大等衛所今年分糧草子粒有差，以水旱災故也。（《明武宗實録》卷三三，第 813 頁）

二十六日，大雪，至元日始霽，凍死者衆。（康熙《海豐縣志》卷四《事記》；民國《無棣縣志》卷一六《祥異》）

二十八日，迅雷，疾風，驟雨。（光緒《蘭谿縣志》卷八《祥異》）

大雪，平地數尺，擁門塞巷，穴之以出，人畜多凍死者。（道光《博平縣志》卷一《禨祥》）

大雪，除夕更甚，壅人門户。（民國《廣宗縣志》卷一《大事紀》）

大雪，壅户塞衢，行者不通。（民國《成安縣志》卷一五《故事》）

大雪壅門。（康熙《成安縣志》卷四《災異》）

大雪五日，平地深丈餘。（順治《淇縣志》卷一〇《灾祥》；順治《衛輝府志》卷一九《災祥》）

大雪五日，平地深一丈。（道光《輝縣志》卷四《祥異》）

大雪，深丈餘。（光緒《德平縣志》卷一〇《祥異》）

大雪數尺。（嘉靖《青州府志》卷五《災祥》）

是年

漳河決魏縣閻家渡。（民國《大名縣志》卷二六《祥異》）

安陸正月不雨，至於三月，雹殺禾麥。（光緒《德安府志》卷二〇《祥異》）

旱。（萬曆《澧紀》卷一《災祥》；崇禎《肇慶府志》卷二《事紀》；乾隆《長樂縣志》卷一〇《祥異》；同治《益陽縣志》卷二五《祥異》；同治《衡陽縣志》卷二《事紀》）

旱，多蝗。（乾隆《長沙府志》卷三七《災祥》）

黄河徙入沛縣泡河，漂民廬舍，損禾稼。（民國《沛縣志》卷二《災祥》）

黄河東徙入泡河，大水壞民禾稼居舍。（嘉靖《徐州志》卷三《災祥》）

風潮。（嘉靖《靖江縣志》卷四《編年》；光緒《靖江縣志》卷八《祲祥》）

岐山大旱，民皆流移。（乾隆《鳳翔府志》卷一二《祥異》）

大旱，民皆流移。（順治《扶風縣志》卷一《災祥》；民國《重修岐山縣志》卷一〇《災祥》）

大水。（康熙《興安州志》卷三《災異》；道光《昌化縣志》卷五《災祥》；民國《昌化縣志》卷一五《災祥》）

昌化縣大水。（乾隆《杭州府志》卷五六《祥異》）

山陰颶風大作，海溢，頃刻高數丈，並海居民死者萬計。（乾隆《紹興府志》卷八〇《祥異》）

大雪，平地丈餘，井谷皆平，民多凍死，號“壅雪”。（道光《重修武强縣志》卷一〇《禨祥》）

秋，雨雹尺餘。冬，大雪丈餘。（光緒《德平縣志》卷一〇《祥異》）

冬，大雪，平地丈餘，人畜凍死無算。（民國《新河縣志》第一册《災異》）

冬，夜大雪，壅户塞衢，行者不通。（乾隆《雞澤縣志》卷一八《災祥》）

廣平郡縣，冬，夜大雪，壅户塞街，行者不通。（光緒《永年縣志》卷一九《祥異》）

冬，夜大雪，壅蔽門户，填塞街衢，行者不通。（光緒《清河縣志》卷三《災異》）

冬，大雪，平地丈餘，凍死人畜無數。（民國《南宫縣志》卷二五《雜志》）

春，大雪，凍死人畜。（乾隆《行唐縣新志》卷一六《事紀》）

夏，旱。大饑，米石銀八錢。（嘉靖《衡州府志》卷七《祥異》）

河水至城下，圮西北隅。（光緒《榮河縣志》卷二《城池》）

境内雨，冰，樹木枝膚皆裂。（光緒《惠民縣志》卷一七《祥異》）

黄河連决單縣，溢入境，害民田廬。（康熙《魚臺縣志》卷四《災祥》）

黄河水决楊晉口，漂溺居民，室廬殆盡。（康熙《單縣志》卷一《祥異》）

河决梁晉口，漂没民居廬舍殆盡。（光緒《曹縣志》卷一八《災祥》）

霪雨浹旬，城市水深三尺。邑人刑部郎中顧謐捐錢賑之，存活無算。（乾隆《崇明縣志》卷六《蠲賑》）

颶風大作，海水漲溢，頃刻高數丈許，並海居民漂没，男女枕藉以斃者萬計，苗穗淹溺。歲大歉。（嘉靖《山陰縣志》卷一二《災祥》）

旱，饑。遣官賑恤。（嘉慶《涇縣志》卷五《蠲賑》）

大旱，餓莩載途。（同治《萬年縣志》卷一《沿革》）

旱，八分災。巡按御史臧鳳奏准免粮五分。（嘉靖《臨江府志》卷四《歲眚》）

旱，巡按御史臧鳳奏免税粮十分之五。（康熙《新喻縣志》卷六《農政》）

旱，巡按御史臧鳳奏免税糧十分之五。（同治《新淦縣志》卷一〇《祥異》）

（興國縣）地震，大雷雨，决瑞洲壩，塔圮。（康熙《贛州府志》卷六一《祥異》）

水。田鼠食稼，民大饑。（嘉靖《漢陽府志》卷二《方域》）

大旱，饑。（同治《漢川縣志》卷一四《祥祲》）

黄州大旱。（康熙《羅田縣志》卷一《災異》）

大旱。（光緒《羅田縣志》卷八《祥異》）

宜章縣大水，衝塌西南城垣，壞民田塘廬舍。秋復大蝗。（萬曆《郴州志》卷二〇《祥異》）

大水，橋决，今壘石為甃者五。（康熙《臨武縣志》卷一三《藝文》）

旱，多蝗蟲。（乾隆《寧鄉縣志》卷八《災祥》）

夏秋霪雨連綿，壞廬舍無數。（康熙《陳留縣志》卷三八《灾孽》）

霪雨，夏秋無晴日。（嘉靖《通許縣志》卷上《祥異》）

秋，禾菽蔽野，飛蝗忽來，勢若風雨。（嘉慶《汝寧府志》卷二三《藝文》）

秋，霖四十日，人家無柴，有煅木器而炊者。（天啟《東安縣志》卷一《禨祥》）

秋，蝻生。（乾隆《夏津縣志》卷九《災祥》）

冬，大雪，平地丈餘，凍死人畜。（康熙《晉州志》卷一〇《事紀》）

大雪。平地厚二三尺，溝塹皆平。（嘉靖《冀州志》卷七《災祥》）

大雪，平地丈餘，井谷皆平，民多凍死，號“壅雪”。（康熙《武强縣新志》卷七《災祥》）

大雪，平地深二三尺。（康熙《武邑縣志》卷一《祥異》）

大雪，有壅蔽門窗不知曉者。（民國《邯鄲縣志》卷一《大事》）

冬，大雪，擁蔽門户，填塞街衢。（嘉靖《威縣志》卷一《祥異附》）

冬，大雪，深三尺。（光緒《肥城縣志》卷一〇《雜志》）

冬，雨雪，深三尺。（嘉慶《平陰縣志》卷四《災祥》）

正德三年（戊辰，一五〇八）

正月

丁未，陝西涇陽縣天鼓鳴。（《明武宗實録》卷三四，第 823 頁）

己未，平涼府地震，聲如雷。（《明武宗實録》卷三四，第 829 頁）

二月

辛巳，未時，西北風有聲，揚塵四塞，至日入。（《明武宗實録》卷三五，第 845 ~ 846 頁）

戊子，曉刻，月犯心宿西星。夜，月犯天江星。（《明武宗實録》卷三五，第 849 頁）

己丑，山西大同暴風大作，天日晦冥，屋瓦飛動，三日而止。平虜衛草塲災。（《明武宗實録》卷三五，第 849 頁）

辛卯，辰刻，黄霧四塞。至巳，昏濁蔽天，隨雨土霾，至日入。夜五更，轉西北風愈猛。（《明武宗實録》卷三五，第 850 頁）

三月

乙丑，是日，大雨雷電雨雹。（《明武宗實録》卷三六，第 872 頁）

四月

辛未，陝西涇州雨雹，大如鷄卵（廣本作“如雞卵大”），渰没人口，及壞廬舍菽麥。（《明武宗實録》卷三七，第 875 頁）

乙亥，是日（抱本“日”下有“夜”字），昏刻，月犯軒轅右角星。（《明武宗實録》卷三七，第 879 頁）

甲申，夜，月犯南斗杓第二星。（《明武宗實録》卷三七，第 885 頁）

乙酉，隴西縣雷雨冰雹，平地尺餘，傷田禾禽（廣本作“人”）畜。

（《明武宗實録》卷三七，第885頁）

丁亥，曉刻，月犯羅偃中星。（《明武宗實録》卷三七，第885頁）

己丑，昏刻，火星犯右執法星。（《明武宗實録》卷三七，第887頁）

滛雨害麥，秋隕霜殺黍。（康熙《休寧縣志》卷八《禨祥》）

休寧淫雨害麥。秋，隕霜殺黍。是歲，祁門、黟亦旱饑。（道光《徽州府志》卷一六《祥異》）

旱。廣信自四月不雨，至於十月。（同治《廣信府志》卷一《星野》）

不雨，至冬十月。（同治《玉山縣志》卷一〇《祥異》）

雨雹如拳，壞屋，牛股栗而死。（光緒《龍南縣志》卷一《禨祥》）

旱。廣信自四月不雨，至於十月。廣豐水蕩，有聲如潮。（同治《廣信府志》卷一《祥異附》）

大霜殺竹，是年大饑，民食草木。（民國《湯溪縣志》卷一《編年》）

始雨，继後晝晴夜雨，自七月終方止。夏麥秋禾俱未成熟，相食者甚多，民多逃死。至四年夏秋大熟，斗粟錢十文矣。（嘉靖《魯山縣志》卷一〇《災祥》）

雨雹如拳，壞屋，牛股慄而死。（光緒《龍南縣志》卷一《禨祥》）

五月

乙巳，酉刻，金星晝見于申，三日乃滅。（《明武宗實録》卷三八，第897頁）

乙卯，秦州、禮縣天鼓鳴如雷。（《明武宗實録》卷三八，第901頁）

甲子，昏刻，土星犯靈臺上星。（《明武宗實録》卷三八，第904頁）

至七月，不雨，壽甯夏饑，升米價三分，民掘蕨根以食。（乾隆《福寧府志》卷四三《祥異》）

至七月，不雨。（民國《霞浦縣志》卷三《大事》）

雨雹，積二三尺，樹木枝葉盡剥。（民國《廣宗縣志》卷一《大事紀》）

安陸大旱，饑民多疫，道殣相望。（光緒《德安府志》卷二〇《祥異》）

至八月，不雨。（光緒《嚴州府志》卷二二《佚事》）

大雨水湧，南湖塘決，漂流民居數百家。（嘉慶《餘杭縣志》卷三七《祥異》）

大旱。五月至十月不雨，饑死甚眾。（光緒《縉雲縣志》卷一五《災祥》）

各縣大旱，蘭谿自五月至十二月不雨，武義自六月至明年二月始雨，歲大荒。（萬曆《金華府志》卷二五《祥異》）

大旱，自五月至十二月不雨。（康熙《永康縣志》卷一五《祥異》；嘉慶《蘭谿縣志》卷一八《祥異》）

大旱，自五月不雨，至於七月。（民國《龍游縣志》卷一《通紀》）

麗水旱，縉雲大旱。五月至十月不雨，飢死者甚衆。遂昌大旱，宣平旱。（雍正《處州府志》卷一六《雜事》）

雨雹，積二三尺許，樹木枝葉盡剥落。（萬曆《廣宗縣志》卷八《雜志》）

平定州雨雹。（萬曆《太原府志》卷二六《災祥》）

至八月，大旱。（乾隆《桐廬縣志》卷一六《災異》）

大旱，自五月至十二月不雨。（康熙《浦江縣志》卷六《灾祥》）

至九月，大旱，歲饑。（同治《泰順縣志》卷一〇《祥異》）

霪雨，水溢，市可通船。（光緒《廬江縣志》卷一六《祥異》）

不雨，至十二月。早晚禾豆粟皆無收，蕨根樹皮采食無移（疑當作“遺”），民多饑莩。（光緒《蘭谿縣志》卷八《祥異》）

不雨，至于四年。民饑乏食，餓莩盈途，或有相食者。（嘉靖《湖廣圖經志書》卷一《祥異》）

六月

庚寅，大同平虜城災，焚毁草束一百四十七萬。（《明武宗實録》卷三九，第 927 頁）

雨雹。（康熙《嘉興府志》卷一《沿革》；光緒《嘉定縣志》卷五《禨祥》；光緒《嘉善縣志》卷三四《祥眚》）

至十二月，不雨，禾黍無收，民採蕨聊生，不給，至鬻男女以食。冬大雪，河冰不解，草木萎死，民斃凍餒者甚衆。（嘉靖《寧波府志》卷一四《禨祥》；光緒《鎮海縣志》卷三七《祥異》）

至十二月，不雨，禾黍無收。（光緒《奉化縣志》卷三九《祥異》）

至十二月，不雨。（光緒《慈谿縣志》卷五五《祥異》）

六日，大水，射圃民房衝圮無算。（光緒《麻城縣志》卷一《大事》）

大水，井溢。時夏雨連旬，山水暴注，壞城垣，漂没廬舍甚衆，溺死者千餘人，井泉平溢。（民國《太谷縣志》卷一《年紀》）

雨紅水於錢塘。是月某日天雨，鄰里巷道水皆清，而故都御史錢鉞家獨紅，池塘皆赤。（康熙《錢塘縣志》卷一二《災祥》）

至十二月，不雨，禾黍無收。冬大雪，河冰不解，草木萎死，民斃凍餒者甚衆。（同治《鄞縣志》卷六九《祥異》）

至十二月，不雨，禾黍無收，民皆采蕨聊生。（乾隆《奉化縣輯略》卷下《災眚》）

不雨，至十月，民間食盡草木。（民國《定海縣志》册一《災異》）

不雨，至次年二月始雨。歲大荒，民食樹皮野菜以活。（嘉靖《武義縣志》卷五《祥異》）

不雨，渠涸稼枯。（同治《崇仁縣志》卷一三《祥異》）

大暑，途有暍死者。（乾隆《新野縣志》卷八《祥異》）

大旱，六、七月湖水盡涸，浸蕩數十年不竭者，皆可馳驅。未蒙免租。（康熙《蘄州志》卷一二《恤政》）

鄧、裕、葉縣大饑。六月，酷暑，多熱死者。（萬曆《南陽府志》卷二《災祥》）

七月

乙卯，淮安府山陽縣雨雹如鷄卵，狂風暴雨交作，毁傷秋禾二百餘頃，壞船一百餘艘，溺死者二百餘人。（《明武宗實録》卷四〇，第 945 頁）

辛酉，夜，月犯天罇下星。（《明武宗實録》卷四〇，第 948 頁）

癸亥，夜，北方流星如盞，青白色，光明燭地，起自閣道，西行至雲中。(《明武宗實録》卷四〇，第948~949頁)

甲寅，山陽大風，雨雹如雞卵，傷人禾。(《國榷》卷四七，第2924頁)

東鄉雨黑黍。(同治《餘干縣志》卷二〇《祥異》)

雨異物，狀如黍，黑色。(同治《萬年縣志》卷一二《災異》)

介休縣大水，縣南長樂鄉地裂五（星?）許，水皆下洩，月餘復合。(萬曆《山西通志》卷二六《災異》)

十九日，午間，陰雲俄布，塵霾漲天，颶風怪雨一時大作，淮河中巨浪掀天，兩岸舳艫蕩擊殆盡，漂没順流而下，不可勝記。正德七年，亦以是月之夜風雨暴作如前，漂没之害尤甚。(正德《淮安府志》卷一五《災異》)

雨異物，狀如黍，黑色。(乾隆《萬年縣志》卷六《災祥》)

大風，海溢數十里。(宣統《樂會縣志》卷八《祥異》)

慶雲見。(嘉靖《廣東通志初稿》卷三七《祥異》)

八月

乙酉，夜，月犯天街上星。(《明武宗實録》卷四一，第962頁)

丙戌，夜，月犯六諸王東第一星。(《明武宗實録》卷四一，第962頁)

辛卯，夜，月犯軒轅右角星。(《明武宗實録》卷四一，第965頁)

九月

己亥，是日昏時，雷電交作。(《明武宗實録》卷四二，第969~970頁)

庚子，以災傷免鳳陽、淮安、揚州、廬州四府，徐、和二州及留守諸衛夏税子粒。(《明武宗實録》卷四二，第970頁)

癸卯，月犯羅偃中星。(《明武宗實録》卷四二，第973頁)

辛亥，月犯天陰南二星。(《明武宗實録》卷四二，第978頁)

壬子，月犯月星。(《明武宗實録》卷四二，第978頁)

己未，夜，西南猛風，雷電交作。（《明武宗實録》卷四二，第982頁）

癸亥，延綏、慶陽等處大水為災，命鎮巡等官賑濟。（《明武宗實録》卷四二，第985頁）

癸亥，南京及廬、鳳、淮、揚地方旱災，命吏部左侍郎王瓊随宜賑濟。（《明武宗實録》卷四二，第985頁）

餘干西鄉雨黑黍，自是至庚午，節年大旱。（同治《饒州府志》卷三一《祥異》）

延綏、慶陽大水。（《明史・五行志》，第451頁）

大水。（道光《清澗縣志》卷一《災祥》）

蝗虫初入境，害稼。（嘉靖《新寧縣志》卷二《年表》）

十月

己卯，卯時，金星晝見於辰，數日不止。（《明武宗實録》卷四三，第995頁）

癸未，夜，月犯天罇下星。（《明武宗實録》卷四三，第996頁）

丙戊〔戌〕，曉刻，金星犯亢宿南第一星。（《明武宗實録》卷四三，第997頁）

庚寅，巳時，南方流星如彈，青白色，有光，起自中天而流至東南近濁，謂之晝見。（《明武宗實録》卷四三，第1000頁）

辛卯，以南直隶、湖廣、河南地方災傷，遣官祭告天下名山大川。（《明武宗實録》卷四三，第1001頁）

壬辰，蘇、松、常、鎮地方以旱災，巡按御史請蠲減常税。（《明武宗實録》卷四三，第1002頁）

癸巳，寧夏地震有聲。（《明武宗實録》卷四三，第1003頁）

十一月

丙申，夜，大霧。次日卯時，漸散。（《明武宗實録》卷四四，第1008頁）

己亥，夜，東方流星起自井宿，東北行至軒轅，青白色，發光如藍，尾跡烟散。（《明武宗實録》卷四四，第 1009 頁）

戊申，夜，月犯六諸王東第三星。（《明武宗實録》卷四四，第 1015 頁）

己酉，是夜望，月食。月犯井宿鉞星。（《明武宗實録》卷四四，第 1016 頁）

癸丑，夜，月犯軒轅右角星。（《明武宗實録》卷四四，第 1016 頁）

郡城火焚公廨民居殆甚，時風烈，一發十數處，焚府縣學暨民廬萬餘家，男女死者二百餘人。（民國《台州府志》卷一三四《大事略》）

火風烈。（康熙《臨海縣志》卷一一《災變》）

初六日，雷，時微雨。（嘉慶《蘭谿縣志》卷一八《祥異》）

初六日，雷。（光緒《蘭谿縣志》卷八《祥異》）

十二月

甲子朔，夜，流星如盞，青白色，光燭地。（《明武宗實録》卷四五，第 1023 頁）

庚辰，以冬無雪，遣英國公張懋祭告京都城隍之神。（《明武宗實録》卷四五，第 1029 頁）

壬午，總督蘇松等處糧儲都御史羅鑒奏："蘇、松、杭州等府旱災，該徵兑軍米，并兩京官吏俸糧，俱不能足數。"（《明武宗實録》卷四五，第 1031 頁）

丁亥，直隸太平府災，知府龍夔奏："存留俸糧及賑濟無措。"（《明武宗實録》卷四五，第 1034 頁）

壬辰，以災傷罷修理京城工役。（《明武宗實録》卷四五，第 1038 頁）

以蘇、松等府旱災，令無災處所免軍米及兩京俸糧共折五十萬石，省其耗費以補災傷地方起運之數。（乾隆《江南通志》卷八三《蠲賑》）

以杭、嘉等府旱災，令無災處所兑軍米及兩京俸糧共折五十萬石，兑軍米每石折銀五錢，俸米每石折七錢，省其耗費以補災傷。（康熙《桐鄉縣

志》卷三《郵典》）

大雷電。（光緒《蘭谿縣志》卷八《祥異》）

又大雷電。（萬曆《蘭谿縣志》卷七《祥異》）

是年

春，旱。秋，蝗。（嘉靖《沈丘縣志》卷一《災祥》；康熙《續修陳州志》卷四《災異》；民國《項城縣志》卷三一《祥異》；民國《淮陽縣志》卷八《災異》）

春，大旱。夏，大水，壞河隄，没民廬舍。冬，苦寒。（嘉慶《高郵州志》卷一二《雜類》）

春，旱。夏，潦。（光緒《五河縣志》卷一九《祥異》）

夏，旱，饑。（乾隆《銅陵縣志》卷一三《祥異》）

夏，大旱，饑。（民國《光山縣志約稿》卷一《災異》）

夏，旱，大饑，人相食。（民國《確山縣志》卷二〇《大事記》）

夏，旱，大饑。（光緒《餘姚縣志》卷七《祥異》）

夏，大旱，民饑。（康熙《萬載縣志》卷一二《災祥》；民國《萬載縣志》卷一之三《祥異》）

夏，大雨，山崩。（乾隆《洵陽縣志》卷一二《祥異》；嘉慶《白河縣志》卷一四《祥異》；光緒《洵陽縣志》卷一四《祥異》）

夏，大旱，民訛言黑眚出。（光緒《上虞縣志》卷三八《祥異》）

夏，大旱。（康熙《會稽縣志》卷八《災祥》）

夏，旱螟，大饑，民殍。（光緒《黄巖縣志》卷三八《變異》）

大旱，道殣相望。（嘉靖《寧國府志》卷一〇《雜記》；順治《涇縣志》卷一二《災祥》；嘉慶《太平縣志》卷八《祥異》；嘉慶《南陵縣志》卷一六《祥異》；嘉慶《寧國府志》卷一《祥異附》；民國《南陵縣志》卷四八《祥異》）

旱，民多病疫，知縣顧珀設法賑救。（嘉慶《旌德縣志》卷一〇《祥異》）

旱，饑，遣官賑恤。（民國《涇陽縣志》卷五《蠲賑》）

旱。冬雪，化赤，道殣相望。（光緒《霍山縣志》卷一五《祥異》）

大旱，人相食。（嘉靖《固安縣志》卷九《災異》；嘉靖《固始縣志》卷九《災異》；康熙《汝陽縣志》卷五《禨祥》；民國《臨沂縣志》卷一《通紀》）

大旱，民相食。（康熙《日照縣志》卷一《紀異》）

大水。（乾隆《重修蒲圻縣志》卷一四《紀異》；嘉慶《安化縣志》卷一八《災異》；道光《蒲圻縣志》卷一《災異并附》）

旱。（隆慶《儀真縣志》卷一三《祥異》；崇禎《處州府志》卷一八《災眚》；康熙《羅田縣志》卷一《災異》；乾隆《武昌縣志》卷一《祥異》；乾隆《宣平縣志》卷一一《紀異》；光緒《溧水縣志》卷一《庶徵》；光緒《武昌縣志》卷一〇《祥異》；民國《嵊縣志》卷三一《祥異》）

大旱，斗米八千錢。（光緒《孝感縣志》卷七《災祥》）

益陽旱，寧鄉水，傷稼。（乾隆《長沙府志》卷三七《災祥》）

大旱，河底生塵。（乾隆《吴江縣志》卷四〇《災變》；乾隆《震澤縣志》卷二七《災祥》）

江南旱。（同治《上江兩縣志》卷二下《大事下》）

雷擊郡學崇文閣四柱。冬，寒甚，高郵州河水冰，結成樹木花卉之形。（雍正《揚州府志》卷三《祥異》）

大旱，蝗。（嘉靖《寶應縣志略》卷一《災祥》；道光《重修寶應縣志》卷九《災祥》）

大旱。（嘉靖《商城縣志》卷八《祥異》；嘉靖《隨志》卷上；萬曆《興化縣新志》卷一〇《外紀》；萬曆《宜興縣志》卷一〇《災祥》；崇禎《義烏縣志》卷一八《災祥》；康熙《興化縣志》卷一《祥異》；嘉慶《舒城縣志》卷三《祥異》；嘉慶《山陰縣志》卷二五《禨祥》；嘉慶《溧陽縣志》卷一六《雜類》；道光《東陽縣志》卷一二《禨祥》；同治《麗水縣志》卷一四《災祥附》；光緒《常山縣志》卷八《祥異》；光緒《無錫金匱

縣志》卷三一《祥異》；民國《麗水縣志》卷一三《災異附》；民國《全椒縣志》卷一六《祥異》）

風潮，旱。（光緒《靖江縣志》卷八《祲祥》）

旱，免糧一萬九千六百五十五石有奇。（道光《江陰縣志》卷八《祥異》）

金谿天雨黑子，如豆。（光緒《撫州府志》卷八四《祥異》）

大水，聲蕩如潮。（同治《廣豐縣志》卷一〇《祥異》）

大旱，民多死。（光緒《日照縣志》卷七《祥異》）

大水，井溢。（民國《太谷縣志》卷一《年紀》）

大旱，河水竭，地震。（同治《湖州府志》卷四四《祥異》）

又大旱。（民國《建德縣志》卷一《災異》）

旱，民食草木。（康熙《金華縣志》卷三《祥異》）

旱，大饑。（民國《新昌縣志》卷一八《災異》）

大旱，河水竭，地震。（光緒《歸安縣志》卷二七《祥異》）

大旱，歲饑。（嘉靖《蕭山縣志》卷六《祥異》；康熙《蕭山縣志》卷九《災祥》；民國《蕭山縣志稿》卷五《水旱祥異》）

龍游、江山、常山大旱，饑。（康熙《衢州府志》卷三〇《五行》）

會稽、蕭山、諸暨、餘姚、新昌大旱。（乾隆《紹興府志》卷八〇《祥異》）

大旱，河竭。冬，地震。（康熙《德清縣志》卷一〇《災祥》）

大旱。民饑，地震二日。（崇禎《寧海縣志》卷一二《災祲》）

大旱，民聚衆入富家，破倉奪穀。（雍正《常山縣志》卷一二《災祥》）

大旱，河竭。（道光《武康縣志》卷一《邑紀》）

大旱，饑，民死者塞道。（崇禎《吴縣志》卷一一《祥異》；同治《長興縣志》卷九《災祥》）

夏秋，旱。（康熙《安肅縣志》卷三《災異》；民國《徐水縣新志》卷一〇《大事記》）

冬，大雪，草木盡萎，凍餓死者無算。（乾隆《象山縣志》卷一二《禨祥》）

春，大水。（嘉靖《寧州志》卷六《氣候》）

春，旱。秋，潦。（嘉靖《宿州志》卷八《災祥》；嘉靖《夏邑縣志》卷五《災異》；嘉靖《永城縣志》卷四《災祥》；康熙《五河縣志》卷一《祥異》）

春，旱。秋，大雨水。（康熙《靈璧縣志略》卷一《祥異》）

春，旱，而秋潦。（嘉靖《泗志備遺》卷中《災患》）

夏，大水，漂没民屋暨人。（光緒《岢嵐州志》卷一〇《祥異》）

夏，旱。（乾隆《海虞别乘・雜志》）

夏，旱，螟。饑。（光緒《仙居志》卷二四《災變》）

夏，旱，螟。大饑，民殍。（萬曆《黄巖縣志》卷七《紀變》）

夏，旱，螟為災。（嘉靖《太平縣志》卷一《祥異》）

夏，旱，大饑，人相食。（民國《確山縣志》卷二〇《大事記》）

夏，大旱，饑，人相食。（嘉慶《息縣志》卷八《災異》）

夏，旱，大饑，流亡滿路，人有相食者。（嘉靖《光山縣志》卷九《災異》）

夏，旱，飢。（萬曆《青陽縣志》卷三《祥異》）

雨雹。（萬曆《山西通志》卷二六《災祥》）

水災，漂没居民無數。（雍正《重修嵐縣志》卷一六《災異》）

大旱，饑。（萬曆《肅鎮華夷志》卷四《災祥》；康熙《京山縣志》卷一《祥異》）

大旱，飢。（嘉靖《歸州志》卷四《災異》）

黄河連決單縣，溢入境，害民田廬。（康熙《魚臺縣志》卷四《災祥》）

河溢，漂没田廬殆盡。（康熙《單縣志》卷一《祥異》）

以旱災，令無災處所兑軍米，每石折銀五錢，及兩京俸粮每石折銀五錢。（光緒《上海縣志劄記》附録）

旱。本府帖發預備倉穀一万一千五百五十一石零，賑濟飢民。（嘉靖《高淳縣志》卷四《災異》）

旱，免糧一萬九千六百五十五石有奇。（道光《江陰縣志》卷八《祥異》）

旱。免田租六萬二千三百有奇。（嘉慶《重修毗陵志》卷五《祥異》）

旱，飛蝗蔽天，食田禾盡。夏復大水，壞河堤六十餘丈，没民廬舍。雷擊郡學崇文閣四柱。（康熙《揚州府志》卷二二《祥異》）

旱，饑。（萬曆《祁門縣志》卷四《災祥》；道光《泰州志》卷一《祥異》）

風潮，旱。（崇禎《靖江縣志》卷一一《災祥》）

大旱，飛蝗蔽天，食禾苗盡。夏復大水。冬寒甚。（嘉慶《東臺縣志》卷七《祥異》）

餘杭大水，錢塘雨紅水。湖州、紹興、處州、金華、台州大旱。（康熙《浙江通志》卷二《祥異附》）

大旱，河水竭。（同治《湖州府志》卷四四《祥異》）

大旱，饑死者甚眾。（乾隆《長興縣志》卷一〇《災祥》）

旱，大饑，地震。（萬曆《新昌縣志》卷一三《災異》）

大旱，穀價騰湧，民流。（康熙《天台縣志》卷一五《災祥》）

大旱。是年金華各縣大旱，枯，菜盡死。木皆枯落，經春不生，菜盡死，民饉尤甚。（光緒《浦江縣志》卷一五《祥異》）

大旱。小民聚衆闖入富家，破倉奪穀。（萬曆《常山縣志》卷一《災祥》）

大旱，五月至十月不雨，飢死甚眾。（光緒《縉雲縣志》卷一五《災祥》）

大旱，民食木草實。（康熙《遂昌縣志》卷一〇《災眚》）

大雨水。（康熙《廬州府志》卷九《祥異》）

蝗，大饑，疫，人相食。（嘉靖《壽州志》卷八《災祥》；乾隆《霍邱

縣志》卷一二《災祥》)

旱。冬雪化赤，道殣相望。(光緒《霍山縣志》卷一五《祥異》)

饑。(光緒《鳳陽縣志》卷一五《紀事》)

大旱，子粒無收。草根、樹皮採食殆盡。(乾隆《廣德州志》卷四八《祥異》)

歲旱，荒，病疫。邑侯顧珀設法賑救。(乾隆《旌德縣志》卷一〇《祥異》)

境内天雨黑子，如豆。(康熙《金谿縣志》卷一三《災異》)

雨黑黍。(康熙《餘干縣志》卷三《災祥》)

雨雹如拳，黑風壞屋，牛馬多被擊死。(乾隆《定南廳志》卷五《祥異》)

河溢黄陵崗，田廬多没。(民國《考城縣志》卷六《治河》)

田皆尼〔泥〕淖，種不入。(嘉靖《通許縣志》卷上《祥異》)

郡中大旱，饑，人相食。(萬曆《汝南志》卷二四《災祥》)

大旱，人相食，田野溝壑皆死屍。(嘉靖《真陽縣志》卷九《祥異》)

大旱，饑，流亡載道。(康熙《羅山縣志》卷八《災異》)

大暑。(嘉靖《鄧州志》卷二《郡紀》)

大暑，塗有渴死者。冬無雪。(乾隆《嵩縣志》卷六《祥異附》)

府屬大旱，饑。夏秋不雨，井泉竭，漢陽尤甚。(同治《續輯漢陽縣志》卷四《祥異》)

旱，民大疫。(嘉靖《黄陂縣志》卷上《災祥》)

大旱，井泉竭。(萬曆《黄岡縣志》卷一〇《災祥》)

大旱，饑。民多疫，道殣相望。(同治《鍾祥縣志》卷一七《祥異》)

大旱，米價大騰。(康熙《瀏陽縣志》卷九《災祥》)

大水傷稼。(同治《益陽縣志》卷二五《祥異》)

益陽旱。(康熙《長沙府志》卷八《祥異》)

大水，蝗傷稼。(乾隆《寧鄉縣志》卷二《災祥》)

秋，旱，饑。(嘉慶《黟縣志》卷一一《祥異》)

秋，大旱。(乾隆《無錫縣志》卷四〇《祥異》；嘉慶《溧陽縣志》卷一六《瑞異》)

冬，清河以上至宿遷一帶冰結，俱有文，如花樹樓臺圖畫之狀，數日方解。(正德《淮安府志》卷一五《災異》)

冬，冰甚堅……月餘冰解，始定。(光緒《豐縣志》卷一六《叢紀》)

冬，邳、宿一帶氷結，俱有文，如花樹樓臺圖畫之狀。(康熙《邳州志》卷一《祥異》)

三年、四年、五年皆大旱。(康熙《浮梁縣志》卷二《祥異》)

正德四年（己巳，一五〇九）

正月

己酉，是日，曉刻，金星犯建星東三星。(《明武宗實録》卷四六，第1048頁)

庚戌，日生暈，有左右珥，青黄色，良乆散。(《明武宗實録》卷四六，第1049頁)

丙辰，是日曉，月犯房宿北二星。(《明武宗實録》卷四六，第1052頁)

己未，夜，北方流星如盞，青白色，起自北斗魁，東行至七公，後五小星随之。(《明武宗實録》卷四六，第1056頁)

雪，凡二十有三日，雨黑子。(雍正《常山縣志》卷一二《災祥》)

不雨，至於三月。雨雹殺禾麥。(光緒《德安府志》卷二〇《祥異》)

淮郡元旦風雨大作，雷震不已，自卯至午始霽。(正德《淮安府志》卷一五《災異》)

至五月，旱。(嘉靖《通許縣志》卷上《祥異》；康熙《陳留縣志》卷三八《灾孽》)

二月

庚寅，以水旱免山東沂、莒等州，霑化、利津等縣并沂、莒等衛所正德三年糧草子粒。(《明武宗實録》卷四七，第1077頁)

三月

甲午，以旱災免南京錦衣等衛所屯糧有差，仍令差南京科道官各一員，查具（廣本作“有”）頃畝總數以聞。(《明武宗實録》卷四八，第1081頁)

乙未，昏刻，月犯天陰南弟〔第〕二星。(《明武宗實録》卷四八，第1083頁)

己亥，以久旱，命順天府祈祭都城隍等神。(《明武宗實録》卷四八，第1084頁)

己亥，夜，月犯井宿北第二星。(《明武宗實録》卷四八，第1085頁)

甲辰，辰時，雨雹及霰，良久止。(《明武宗實録》卷四八，第1087頁)

戊申，順天、保定、河間、永平等府所屬州縣并蜜（抱本作“密”）雲等衛水旱災，免糧草子粒有差，所司造册稽遲者各罰米五十石，輸居庸關。(《明武宗實録》卷四八，第1090頁)

辛亥，遼東盖州衛地震，明日復震。(《明武宗實録》卷四八，第1094頁)

辛亥，夜，月犯天江第二星。(《明武宗實録》卷四八，第1094頁)

己未，以久旱，遣太師英國公張懋、懷寧候（抱本作“侯”）孫應爵、太傅新寧伯譚祐祭告天地、社稷、山川。(《明武宗實録》卷四八，第1100頁)

癸卯，辰刻，雨雹及霰，良久止。(《國榷》卷四七，第2941頁)

雨黑子，大饑。(康熙《衢州府志》卷三〇《五行》)

雨黑子。(雍正《常山縣志》卷一二《災祥》)

四月

癸亥，是日未刻，黄塵四塞，随雨霾。（《明武宗實録》卷四九，第1107頁）

己卯，貴州等六衛、普市千户所、程番府各以旱災免秋糧有差。（《明武宗實録》卷四九，第1118頁）

庚寅，詔以天氣暄熱，繫囚笞罪無干証者釋之，徒杖以下末減，重囚可矜疑及枷號者列上。于是，刑部、錦衣衛奏免枷號者凡五十一人，依原擬决遣其死枷下者已十人矣。（《明武宗實録》卷四九，第1130頁）

庚寅，是夜，流星青白色，光如盞，起紫微東蕃外，至近濁。（《明武宗實録》卷四九，第1130頁）

雨雹如拳，累日不消，禾盡毁，人民饑。（同治《陽城縣志》卷一八《兵祥》）

風霾，晝晦。（乾隆《衡水縣志》卷一一《機祥》）

自四月至冬，不雨。（光緒《吉安府志》卷五三《祥異》）

五月

甲午，山東費縣大雨雹，深一尺，壞麥穀。（《明武宗實録》卷五〇，第1139頁）

己亥，夜二漏下，湖廣武昌府見碧光，閃爍如電者六七次，隱隱有聲如雷鼓，既而地震，良久止。（《明武宗實録》卷五〇，第1143頁）

庚子，陝西固原州地震有聲。（《明武宗實録》卷五〇，第1144頁）

丙午，夜，月犯天江東第一星。（《明武宗實録》卷五〇，第1149頁）

大雨雹，六月大水，南鄉盜起。（同治《進賢縣志》卷二二《軫恤》）

不雨，五月至抡秋八月。（嘉靖《漢陽府志》卷二《方域》）

至八月，不雨，大饑。（嘉靖《興國州志》卷七《祥異》）

六月

丁卯，曉刻，西方流星如盞，青白色，有光，起自正西，南行至近濁。（《明武宗實録》卷五一，第1163頁）

乙酉，夜，月犯天街上星。（《明武宗實録》卷五一，第1176頁）

河決黄陵崗、尚家等口，豐縣城四面皆水，兩岸瀰百餘里。（同治《徐州府志》卷五下《祥異》）

雷火焚縣儀門，雨雹皆作。冬十二月，復焚。（同治《廣昌縣志》卷一《祥異》）

大雨雹。六月，大水。（嘉靖《豐乘》卷一《邑紀》）

十九日，黄河自東徙西北，甚洶湧，民遭墊溺者不可勝記。（嘉靖《儀封縣志》卷下《災祥》）

颶作，海溢，潮、揭、饒三縣民溺死者衆。（嘉靖《潮州府志》卷八《災祥》）

颶風作，海溢，民溺死者衆。（雍正《揭陽縣志》卷四《祥異》）

空中有聲自北來，如數萬甲兵，都民震恐，踰月方止。冬大雪，樹皆枯死。（萬曆《應天府志》卷三《郡紀下》）

乙酉，地震，繼又大雨。（光緒《嘉善縣志》卷三四《祥眚》）

七月

辛卯朔，申刻，陝西金縣天無雲而雷。（《明武宗實録》卷五二，第1183頁）

乙未，雷震周府門柱，人有避雨而死者。（《明武宗實録》卷五二，第1184頁）

己亥，以旱命順天府（廣本、抱本“府”下有“率”字）屬禱于都城隍等神。（《明武宗實録》卷五二，第1188頁）

己巳，免永平旱災夏租。（民國《盧龍縣志》卷二三《史事》）

平地水丈餘。歲大祲。（康熙《嘉定縣志》卷三《祥異》）

初六日，雨，至十一日，晝夜不止，人民廬舍，多漂没。（嘉慶《松江府志》卷八〇《祥異》）

六日，雨。至十一日，晝夜不止，瀕海人民廬舍多湮没。（同治《上海縣志》卷三〇《祥異》）

六日，雨，至十一日不止，水溢冒府庭，人民廬舍多漂没。（乾隆《婁縣志》卷一五《祥異》）

六日，雨，至十一日，晝夜不止，瀕海高原人民廬舍多漂没。父老言災狀甚於景泰五年，而與永樂三年同。（光緒《川沙廳志》卷一四《祥異》）

六日，雨，至十一日，晝夜不止，水溢府庭，瀕海高原人民廬舍多漂没。南禪寺樹鳴。（乾隆《華亭縣志》卷一六《祥異》）

六日，雨，至於十一日，晝夜不止，水溢冒府庭，瀕海高原人民廬舍多漂没。（正德《松江府志》卷三二《祥異》）

六日，霖雨五晝夜，彌望如湖。歲大祲。（光緒《常昭合志稿》卷四七《祥異》）

丙子，雨，十有一日不止，人民廬舍多漂没。（光緒《青浦縣志》卷二九《祥異》）

大雨，初六起，凡五晝夜，平地水丈餘。歲大祲。（光緒《江東志》卷一《祥異》）

七日，大雨傾注一晝夜，禾盡渰，民多死徙。（光緒《崑新兩縣續修合志》卷五一《祥異》）

七日，大雨傾注一晝夜不息。（萬曆《崑山縣志》卷八《災異》）

七日，驟雨如注。至十月不霽，禾腐爛，民大饑。（光緒《嘉興府志》卷三五《祥異》）

七日，大雨一晝夜，高低晝成巨浸，至二十三日，雨不止。（康熙《吴縣志》卷二一《祥異》）

春夏淫雨彌月，水更浮于己巳。民皆乏食，老者填死溝壑，幼者委棄街衢，久則壯者亦相枕而死矣。積屍河渠，触目傷痛。七月七日，大雨一晝夜，高低皆成巨浸，小民流離，死亡者不可勝計。（萬曆《崑山縣志》卷八

《災異》）

夏，旱。七月七日，雨驟至如注，至十月不止，禾腐爛，民大饑。（民國《重修秀水縣志・災祥》）

夏，旱。秋七月七日，雨驟至如注下，至十月不止，禾多腐爛，歲大饑。（光緒《平湖縣志》卷二五《祥異》）

白虹亘天。（光緒《永川縣志》卷一〇《災異》）

連雨十七日，田成巨浸，無秋。（光緒《震澤縣志》卷二七《災變》）

連雨十七日，田成巨浸。（道光《璜涇志稿》卷七《災祥》）

大雨十一日不絶，瀕海高原民舍多遭漂没。（光緒《南匯縣志》卷二二《祥異》）

霪雨，歲大侵。（萬曆《嘉定縣志》卷一七《祥異》）

綿山水大漲，平地起波丈餘。（嘉慶《介休縣志》卷一《兵祥》）

大水。（光緒《餘姚縣志》卷七《祥異》）

大水傷禾。（光緒《嘉善縣志》卷三四《祥眚》）

大水，平地起波丈餘。城南長東鄉地裂里許，闊二丈，深不可測，水皆下泄。（雍正《山西通志》卷一六三《祥異》）

夏，大旱，地震有聲。七月，連雨十七日，田成巨浸，無秋。（乾隆《吴江縣志》卷四〇《災變》）

不雨，至于二月。饑。（嘉靖《随志》卷上）

八月

壬戌，朝鮮國人有乘舟過别島貿販者，遇颶風，飄至浙江松門衛境，為土人所掠。（《明武宗實録》卷五三，第1202頁）

乙亥，以旱災免陝西同州等（廣本作“并”）、四川朝邑等十七縣税糧有差。（《明武宗實録》卷五三，第1208頁）

丙戌，夜，大星見（廣本作“見大星”）山東益都、臨淄、樂安等縣，紅光如虹，起西南，向東北而散。又天鼓鳴，自西北徃（廣本“徃”下有“來”字）東南，聲如雷。（《明武宗實録》卷五三，第1210頁）

十有九日，河决城西隄。（光緒《曹縣志》卷一八《災祥》）

昏有天火，自西北而東，忽分為三，天鼓隨鳴。是歲旱。（道光《繁昌縣志書》卷一八《祥異》）

雨黑穀如棗。（光緒《續輯均州志》卷一三《祥異》）

九月

丁未，夜，月犯天街南星。（《明武宗實録》卷五四，第1222頁）

己酉，夜，月犯六諸王東二星。（《明武宗實録》卷五四，第1223頁）

丙辰，寧夏地震。（《明武宗實録》卷五四，第1226頁）

戊午，鞏昌府階州地震，聲如雷。（《明武宗實録》卷五四，第1226頁）

一日，霖雨連旬如注，水漲近溪，廬舍有漂流者。（嘉靖《福寧州志》卷一二《祥異》）

夜，雨桂子。（光緒《零陵縣志》卷一二《祥異》）

河决楊家口，曹被害。（光緒《菏澤縣志》卷三《山水》）

河决曹縣楊家口，奔流曹、單二縣，直抵豐、沛，遂成大河，塞之不克。（康熙《單縣志》卷一《祥異》）

（河）又決曹縣梁靖等口，圍豐縣城郭兩岸闊百餘里。（民國《沛縣志》卷四《河防》）

河北决沛縣飛雲橋。先决曹縣楊家口，奔流沛縣。（順治《徐州志》卷二《河防》）

夜，忽大風雨。次早視之，所落者狀如皂角子，較大，有糞草處獨多。（隆慶《永州府志》卷一七《災祥》）

閏九月

壬戌，夜，西方流星赤色，發光如盞，起自天津，西北行至天棓，星墜，聲震如雷。（《明武宗實録》卷五五，第1230頁）

癸亥，昏刻，月犯木星。（《明武宗實録》卷五五，第1231頁）

乙丑，以旱災免陝西延安（廣本、抱本“安”下有“府”字）等處夏

税一萬一千六百四十餘石。（《明武宗實録》卷五五，第 1233 頁）

甲戌，夜，寧夏衛地震。（《明武宗實録》卷五五，第 1240 頁）

乙亥，月犯六諸王西第一星。（《明武宗實録》卷五五，第 1240 頁）

十月

癸卯，是夜望，月食，以食少，免救護。（《明武宗實録》卷五六，第 1257 頁）

乙巳，自戊戌至是日，金星晝見于未。（《明武宗實録》卷五六，第 1259 頁）

戊申，夜，月犯軒轅右角星。（《明武宗實録》卷五六，第 1260 頁）

甲寅，巡按直隷監察御史李廷梧奏："勘蘇、松、常（抱本'常'下有'鎮'字）等府俱被水災，而松江地勢窪下，渰没尤甚。乞減免兑軍糧米，量折以銀。"（《明武宗實録》卷五六，第 1262 頁）

望，甯德大霜，荔枝、龍眼大數圍者俱死。（乾隆《福寧府志》卷四三《祥異》）

雪。（光緒《潮陽縣志》卷一三《灾祥》）

岢嵐南川口天雨小魚數千尾，食之殺人。（萬曆《山西通志》卷二《建置沿革》）

十一月

己未朔，是日，曉刻，火星犯進賢星，東方流星如彈，青白色，光如盞，起自五諸侯，西行至婁宿，尾跡漸散。（《明武宗實録》卷五七，第 1267 頁）

己巳，夜，月犯天街上星。（《明武宗實録》卷五七，第 1272 頁）

辛未，夜，月犯六諸王東三星及右二星，又犯井宿鉞星。（《明武宗實録》卷五七，第 1272 頁）

癸酉，吏部以天寒請弛河南磁州知州白輔等枷號，從之。仍罰輔米五百石為民，坐枉道私歸，為偵者所發覺也。（《明武宗實録》卷五七，第

1273 頁）

丁丑，山東沂州、郯城縣俱天鼓鳴。（《明武宗實録》卷五七，第1274 頁）

戊寅，是日曉，濃霜附木。（《明武宗實録》卷五七，第 1275 頁）

霣霜殺草，竹樹皆枯，卉無遺種。（民國《建德縣志》卷一《災異》）

大水。十一月，恒寒，堅凍。（光緒《桐鄉縣志》卷二〇《祥異》）

大霜。（萬曆《金華府志》卷二五《祥異》）

連日大霜，寒凍極甚。（嘉慶《蘭谿縣志》卷一八《祥異》）

冰堅半月。（光緒《嘉善縣志》卷三四《祥眚》）

大冰，害豆麥橘柚。（光緒《餘姚縣志》卷七《祥異》）

連日大霜，寒凍，竹木之凋者枯瘁不生。（康熙《桐廬縣志》卷四《災異》）

恒寒。（康熙《桐鄉縣志》卷二《災祥》）

連日大霜，寒凍。（嘉靖《武義縣志》卷一〇《祥異》）

大霜，木葉皆枯。（道光《東陽縣志》卷一二《禨祥》）

大霜，傷竹木。（康熙《義烏縣志》卷一六《災祥》）

十二月

癸巳，免宣府前等衛所并各城堡州縣秋糧有差，以災傷從廵按御史聶瑄請也。（《明武宗實録》卷五八，第 1283 頁）

乙未，夜，月犯天陰南一星。（《明武宗實録》卷五八，第 1284 頁）

丁酉，月犯六諸王西第二星。（《明武宗實録》卷五八，第 1287 頁）

丁酉，寧夏衛地震。（《明武宗實録》卷五八，第 1287 頁）

辛丑，南京及太平府大雨震電。（《明武宗實録》卷五八，第 1289 頁）

壬寅，杭州府大雨震電，越二日，復作。（《明武宗實録》卷五八，第1290 頁）

甲辰，蘇、松、湖三府水災。（《明武宗實録》卷五八，第 1291 頁）

朔日，大雨雪，苦寒，草木凍枯，有經春不復生者，蔬菜盡死，民饉尤

甚。（同治《樂平縣志》卷一〇《祥異》）

大霜，果樹多枯。（民國《連江縣志》卷三《大事記》）

隕霜，厚三寸許。（乾隆《揭陽縣正續志》卷七《事紀》）

雪厚尺許。（乾隆《潮州府志》卷一一《災祥》）

大霜，龍眼、荔枝樹盡枯。（乾隆《連江縣志》卷一三《災異》）

大雪，凍死者盈路，吴縣自胥江及太湖水不流澌。瀕海有樹，水激而飛，著樹皆冰。（康熙《蘇州府志》卷二《祥異》）

是年

夏，大旱，蝗飛蔽日。（光緒《五河縣志》卷一九《祥異》）

夏，旱，蝗飛蔽日。（光緒《盱眙縣志稿》卷一四《祥祲》）

夏，旱，蝗飛蔽天。（光緒《永城縣志》卷一五《灾異》）

夏，荆州大旱。（光緒《荆州府志》卷七六《災異》）

大旱。（嘉靖《武安縣志》卷三《灾祥》；康熙《當塗縣志》卷三《祥異》；康熙《朝城縣志》卷一〇《災祥》；康熙《安慶府望江縣志》卷一一《災異》；康熙《宿松縣志》卷三《祥異》；康熙《安慶府潛山縣志》卷一《祥異》；乾隆《武昌縣志》卷一《祥異》；嘉慶《邵陽縣志》卷四八《祥異》；道光《桐城續修縣志》卷二三《祥異》；道光《蒲圻縣志》卷一《災異并附》；同治《大冶縣志》卷八《祥異》；同治《安慶府太湖縣志》卷四六《祥異》；光緒《武昌縣志》卷一〇《祥異》）

雹災。（民國《安次縣志》卷一《地理》）

峽江大水。（同治《宜昌府志》卷一《祥異》）

雹殺稼。（康熙《孝感縣志》卷一四《祥異》；同治《瀏陽縣志》卷一四《祥異》；光緒《孝感縣志》卷七《災祥》）

瀏陽雹殺稼，益陽、寧鄉地震，有聲如雷，屋瓦盡墜，鷄犬皆鳴。（乾隆《長沙府志》卷三七《災祥》）

廣信雨黑子，如梧實。（同治《廣信府志》卷一《星野》；同治《玉山縣志》卷一〇《祥異》）

天雨黑子，如梧實。(同治《廣豐縣志》卷一〇《祥異》)

旱。(順治《新修望江縣志》卷九《災異》；康熙《蕪湖縣志》卷三《祥異》；乾隆《辰州府志》卷六《災祥》；嘉慶《衡陽縣志》卷三五《祥異》；同治《萍鄉縣志》卷一《祥異》；民國《昭萍志略》卷一二《祥異》)

旱，大饑，竹生花，結實如米，民多採食。(民國《萬載縣志》卷一三《祥異》)

大水，民疫。(崇禎《烏程縣志》卷四《災異》；道光《武康縣志》卷一《邑紀》；同治《湖州府志》卷四四《祥異》；同治《長興縣志》卷九《災祥》；光緒《歸安縣志》卷二七《祥異》；民國《德清縣新志》卷一三《雜志》)

雨黑子，民大饑。(嘉慶《西安縣志》卷二二《祥異》)

大霜殺竹。(康熙《金華縣志》卷三《祥異》)

餘姚大水。(乾隆《紹興府志》卷八〇《祥異》)

雨黑子。(民國《龍游縣志》卷二四《志異》)

旱，蝗，大無禾。(康熙《新城縣志》卷一〇《災祥》)

秋，大水，民多死徙。(乾隆《鄧州志》卷二四《祥異》)

秋，大旱，民多死徙。[嘉靖《鄧州志》卷二《郡紀》(按：乾隆志为“大水”)；乾隆《新野縣志》卷八《祥異》]

冬，大雪，草木盡萎，凍餓死者無算。(民國《象山縣志》卷三〇《志異》)

冬，大雪，樹皆枯死。(乾隆《霍邱縣志》卷一二《祥異》；道光《上元縣志》卷一《庶徵》；光緒《金陵通紀》卷一〇中)

冬，大雪，樹多枯死。(光緒《溧水縣志》卷一《庶徵》)

冬，大寒，竹柏多槁死，橙橘絶種。(光緒《奉賢縣志》卷二〇《灾祥》)

唐縣不雨。(萬曆《南陽府志》卷二《祥異》)

春，風沙，晝晦數次。(嘉靖《杞縣志》卷八《祥異》)

春，饑，人相食。夏，大疫，死者萬計，遺骸載道。秋，大水灌城。

冬，冰堅地坼，禽獸草木皆死。（乾隆《廣德州志》卷四八《祥異》）

春，大旱。夏，大水，壞河堤，没民廬舍。冬苦寒，河氷結花卉之狀。次年冬亦如之。（隆慶《高郵州志》卷一二《災祥》）

春夏，旱。（嘉靖《漢中府志》卷九《災祥》）

夏，大旱。（萬曆《常熟縣私志》卷四《敘產》）

夏，蝗飛蔽日。（乾隆《盱眙縣志》卷一四《菑祥》）

夏，大旱，蝗飛蔽日。歲大饑，人相食。（乾隆《鳳陽縣志》卷一五《紀事》；光緒《壽州志》卷三五《祥異》）

夏，大旱，蝗飛蔽日。歲大飢，人相食。（嘉靖《宿州志》卷八《災祥》）

夏，大旱，蝗。歲大饑，人相食。（乾隆《靈璧縣志略》卷四《祥異》）

泗州，夏，大旱，蝗飛蔽日。歲用告歉，民多艱食。（萬曆《帝鄉紀略》卷六《災患》）

夏，大旱，饑，人食草實。（嘉靖《寧州志》卷六《氣候》）

夏，旱，蝗。（民國《夏邑縣志》卷九《災異》）

夏，旱。（乾隆《黄岡縣志》卷一九《祥異》）

蝗。（嘉靖《淄川縣志》卷二《灾祥》）

新城旱，蝗，大無禾。（崇禎《新城縣志》卷一一《災祥》）

旱，蝗。（道光《濟甯直隸州志》卷一《五行》；咸豐《金鄉縣志略》卷一〇下《事紀》）

大水，歲荒。公貸米百石賑饑，又力勸諸大夫行賑，鄉人賴以全活者甚多。（天啟《雲間志畧》卷九《人物》）

旱。本府帖發預偹倉穀一千八百三十九石，賑済飢民。（嘉靖《高淳縣志》卷四《災異》）

又大水，各鄉禾淹没殆盡。而吾鄉頗高阜，又獨稔。（乾隆《安吉州志》卷一六《雜記》）

天雨黑子，如梧桐子大。（康熙《永豐縣志》卷五《禨祥》；乾隆《上

饒縣志》卷一一《祥異》）

雨黑子，如梧實。自四月至冬，不雨。（同治《弋陽縣志》卷一四《祥異》）

旱魃為災，雩禱弗應。明年庚午，復旱。（正德《饒州府志》卷一《水利》）

旱，大饑，民藏林莽中，要負米者奪之；或群其黨数百，發富民廪強糴。是歲，竹生花結米，民采之食。（正德《袁州府志》卷九《祥異》）

旱，大饑，民食㪷皮，白日掠奪，強發富民廪者。是歲，竹有花而米，民採之充食。（康熙《萬載縣志》卷一二《災祥》）

禾稼吐穎，被烈風傷殘。事奏，蠲租之半。（民國《長樂縣志》卷三《災祥》）

蝗入境，食禾稼。知縣胥文相為文以祭，害亦滅息。（萬曆《漳州府志》卷二〇《災祥》）

蝗入境，食禾稼。（民國《詔安縣志》卷五《大事》）

以旱禱雨。（順治《河南府志》卷二三《藝文》）

旱，米貴。天雨黑穀，如棗核。民食草實。（光緒《興國州志》卷三一《祥異》）

大旱，歲飢民莩。（康熙《通城縣志》卷九《災異》）

大旱，民徙之。（同治《崇陽縣志》卷一二《災祥》）

大旱，饑。（康熙《安陸府志》卷一《郡紀》；乾隆《平江縣志》卷二四《事紀》）

巴陵、臨湘大旱。（隆慶《岳州府志》卷八《禨祥》）

大雨雹。（宣統《樂會縣志》卷八《祥異》）

秋，民病不雨，王禱之，即雨浹旬。（乾隆《江夏縣志》卷一三《碑記》）

秋，蝗螟食禾殆盡。文相省咎祠禱，一夕大雨，蟲去，歲更稔焉。（隆慶《岳州府志》卷一五《人物》）

秋，雨雹，如雞鵝卵，間有大者。四五年間，時常黑黄大風，雨沙，晝晦如夜，燈炊熼。（天啟《東安縣志》卷一《禨祥》）

冬，極寒，黃浦冰厚二三尺，經月不解，竹柏多死，歲苦饑。明年夏，麥穗多岐。五月，雨如前歲，低鄉盡没。歲又饑，疫癘大作，民死幾半。(光緒《南匯縣志》卷二二《祥異》)

冬，極寒，竹松多槁死，橙橘絶種，數年市無鬻者。黃浦潮素洶湧，亦結冰，厚二三尺，經月不解。(崇禎《松江府志》卷四七《災異》)

是冬，極寒，竹柏多槁死，橙橘絶種，數年間市無鬻者。黃浦潮素洶湧，亦結冰，厚二三尺，經月不解，騎負担者行冰上如平地。(萬曆《上海縣志》卷一〇《祥異》)

四年、五年，吴中大水。(乾隆《吴江縣志》卷四一《治水》)

正德五年(庚午，一五一〇)

正月

石城地震，結霜。冬，高州冰。(嘉靖《廣東通志初稿》卷三七《祥異》)

十五日，天雨雹，積厚二寸。(康熙《石城縣志》卷三《祥異》)

二月

甲辰，夜，月犯氐宿南星。(《明武宗實録》卷六〇，第1328頁)

乙巳，夜，月犯房宿北二星。(《明武宗實録》卷六〇，第1328頁)

戊申，夜，土星犯太微垣上相星。(《明武宗實録》卷六〇，第1330頁)

遷安風霾晝晦。(康熙《永平府志》卷三《災祥》)

三月

癸亥，夜初昏，火星犯亢宿南一星。(《明武宗實録》卷六一，第1336頁)

甲子，(原脱“黄”字)霧四塞，災(廣本作“大”)風揚塵蔽空，雨

土霾，天色晦冥，如是者數日。（《明武宗實録》卷六一，第1336頁）

辛未，詔天時亢旱，風霾累作，朕心警惕，其自明日為始，文武百官致齋，九日，遣官祭告天地、社稷、山川。（《明武宗實録》卷六一，第1340頁）

辛未，詔今春不雨，風霾累日，朕念愚民犯法者多情可憫惻。（《明武宗實録》卷六一，第1340頁）

辛未，以水旱免湖廣、河南、山東、貴州、浙江、江西、陜西、山西、四川、廣西及應天、鳳陽、池州、太平、安慶、徽州、寧國、鎮江、常州、蘇州、松江、和州、廣德州、順天、大名、河間、隆慶、保安等處正德三年逋税五百五十五萬六千四百一十四石有奇，四年一萬四千六百八十六石有奇。（《明武宗實録》卷六一，第1343頁）

以水旱免浙江正德三年逋税。（光緒《蘭谿縣志》卷二《蠲恤》）

風自西來，晝晦，自巳至未方息。（嘉靖《范縣志》卷五《災祥》）

四月

丁亥，戌刻，雷州有大星如月，自東南流西北，分為二，尾如箒，隨没，聲如雷。（《明武宗實録》卷六二，第1351頁）

庚寅，三法司奉旨審得減死者二人。時寃獄衆多，大學士李東陽等因風霾以為言，特許寬恤，而法司所上僅止此，盖畏謹也。（《明武宗實録》卷六二，第1351～1352頁）

辛丑，大理寺右評事羅僑言："頃者一春不雨，風霾累日。陛下特降綸音，蠲連坐之法，貰逋卒之限。而大學士李東陽等又條疏數事，荷蒙嘉納，咸以天意之回在扵旦夕，而齋戒浹旬，雨澤尚滯……"（《明武宗實録》卷六二，第1360～1361頁）

癸卯，夜，月犯建星東第二星。（《明武宗實録》卷六二，第1363頁）

己酉，管河間府事山東右參政莊襗（廣本作"澤"）奏："所屬州縣旱災，請發粟賑濟。"許之。（《明武宗實録》卷六二，第1369頁）

辛亥，四川通江縣有星晝見而隕，大如斗，光芒青，尾長丈餘。（《明

武宗實録》卷六二，第1377頁）

大雨雹。（光緒《容縣志》卷二《氣候》）

水漲滔天，及樹杪。（光緒《嘉善縣志》卷三四《祥眚》）

望後，連日大雨，溪水洪漲，害禾麥，壞田漂廬。（光緒《蘭谿縣志》卷八《祥異》）

京師旱，霾。（《明史·羅僑傳》，第5013頁）

不雨，邦人惶。侯於是沐浴齋戒，其返也，雷電交作，一雨窮日夜乃霽，既霑既渥，民乃大悦。至五月又不雨，民又憂之，又再禱，如是而又輒雨，歲穀以登。（乾隆《直隸代州志》卷六《祥異》）

春，雨連注，至夏四月横漲，官塘市路瀰漫不辨，長橋不没者尺餘，浮屍蔽川，凡船户悉流淮、揚、通、泰間，吴江田有抛荒，自此始。（乾隆《吴江縣志》卷四〇《災變》）

五月

丁巳，免山東鹽運賓（廣本、抱本作“濱”）樂分司今歲鹽課，以久旱池井竭故也。（《明武宗實録》卷六三，第1380頁）

己未，命都察院右僉都御史魏訥巡撫蘇、松等處，專管糧儲。先是，總督右副都御史羅鑒以那借錢糧得罪，吏部議請裁革。至是，又以蘇、松、常、鎮水災，請仍設大臣督理，故有是命。（《明武宗實録》卷六三，第1381頁）

丙子，金星晝見扵辰。（《明武宗實録》卷六三，第1388～1389頁）

丁丑，免陝西鎮番衛屯糧四千一百石有奇，以去年蝗災也。（《明武宗實録》卷六三，第1389頁）

己卯，遼東廣寧天鼓鳴，次日復鳴。（《明武宗實録》卷六三，第1390頁）

辛巳，寧夏地震，有聲如雷。（《明武宗實録》卷六三，第1390頁）

壬午，大學士李東陽（廣本“陽”下有“上”字）言：“臣歷仕途者四十七年，居秘閣者一十六載，累陳衰疾，并蒙慰留。今春（廣本作

‘歲’）風霾、水旱、盜賊之奏殆無虛月……”（《明武宗實録》卷六三，第1390頁）

大水。（道光《桐城續修縣志》卷二三《祥異》）

狂風霪雨，經月不止，廬舍垣牆傾圮漂溺，不可勝數。（光緒《丹徒縣志》卷五八《祥異》）

狂風淫雨，經月不止，公私廬舍牆垣傾圮殆盡，暴漲滔天，漂溺不可勝數。（民國《金壇縣志》卷一二《祥異》）

霪雨。（同治《上海縣志》卷三〇《祥異》；光緒《川沙廳志》卷一四《祥異》）

雨。（光緒《重修華亭縣志》卷二三《祥異》）

雨如四年。（乾隆《婁縣志》卷一五《祥異》）

狂風淫雨，經月不止，廬舍牆垣傾圮殆盡，漂溺不可勝數。（光緒《丹陽縣志》卷三〇《祥異》）

夏，霪雨。五月十八日，風潮，歲大祲。（光緒《靖江縣志》卷八《祲祥》）

大水害稼，民饑，流移者半。（光緒《嘉興府志》卷三五《祥異》）

雨如己巳。（正德《松江府志》卷三二《祥異》）

大水害稼。（萬曆《秀水縣志》卷一〇《祥異》）

衡水地震，大旱。（嘉靖《真定府志》卷九《事紀》）

大雨，河復決。（光緒《菏澤縣志》卷一八《雜記》）

大雨，河復決。命工部侍郎李鏜治之，築堤自魏家灣至沙河驛二百七十里，以防北徙。（光緒《曹縣志》卷一八《災祥》）

淫潦三旬。（崇禎《吴縣志》卷一一《祥異》）

狂風霪雨，經月不止，廬舍垣牆傾圮殆盡，漂溺不可勝數。（萬曆《重修鎮江府志》卷三四《祥異》）

大水，霪雨連月不止，低鄉成浸，高鄉倍收。（嘉靖《桐鄉縣志》卷四《災祥》）

大水，人乘舟入市，多魚蝦。十月始平。（嘉靖《安慶府志》卷一五

《祥異》）

大水，自五月至十月，城市行舟，多魚蝦。（順治《新修望江縣志》卷九《災異》）

大水害稼。（道光《宿松縣志》卷二八《祥異》）

大雨水，舒城、無為民田、廬舍多没。（嘉慶《廬州府志》卷四九《祥異》）

六月

己丑，陝西鎮巡官奏："漢中連年荒旱，民多流移，加以賊勢猖獗，請蠲賊所在州縣輸邊糧草，及京科（廣本作'糧'）未經賊者亦存留，以備軍餉。仍令山東、四川承差吏典願納銀者改輸陝西，以補所蠲之數。"户部議，從之。（《明武宗實録》卷六四，第1396頁）

壬辰，是日昏刻，土星犯太微東垣上相星。（《明武宗實録》卷六四，第1402頁）

乙未，（原脱"陝"字）西秦州洪，其山崩，傷室廬、禾稼、畜産甚衆。又龍王溝口山崩水溢，溺男女四十餘人。（《明武宗實録》卷六四，第1404頁）

丙申，雷震萬全衛柴溝堡，墩軍死者四人。（《明武宗實録》卷六四，第1404頁）

甲辰，（脱"曉"字）刻，霧。（《明武宗實録》卷六四，第1409頁）

丁未，是日昏刻，有流星（廣本"星"下有"大"字）如盞，赤色，自北起，西南行至近濁。（《明武宗實録》卷六四，第1411頁）

大雨連綿，渰傷禾稼，歲大饑。（光緒《容城縣志》卷八《災異》）

大風。（民國《南匯縣續志》卷二二《祥異》）

大水。（民國《龍游縣志》卷一《通紀》）

大風決田圍，民流離，饑疫死者無筭。（正德《松江府志》卷三二《祥異》）

大風決田園，低鄉復饑疫，死無算。（道光《川沙撫民廳志》卷一二《祥異》）

大風決田圍，低鄉復饑疫，死幾半。（同治《上海縣志》卷三〇《祥異》）

大風決田圍，民流離，饑疫死者亡算。（乾隆《婁縣志》卷一五《祥異》）

大風決田圍，民流離，飢疫死者無算。（光緒《重修華亭縣志》卷二三《祥異》）

大水傷稼。（光緒《保定府志》卷四〇《祥異》）

大雨連綿，渰傷禾稼。歲大饑。（乾隆《容城縣志》卷八《災異》）

大水，禾稼漂没。（順治《綏德州志》卷一《災祥》）

興國枝江旱，應城應山大水。（民國《湖北通志》卷七五《災異》）

威州旱。（萬曆《四川總志》卷二二《灾祥》）

七月

癸亥，昏刻，東方流星如盞，青白色，尾跡光（廣本“光”上有“有”字）燭地，起自奎宿，東北行至近濁，有三小星隨之。同夜，東方流星如砥，赤色，有光，起自壘壁陣，東南行至近濁，尾跡炸散，後有五小星隨之。（《明武宗實録》卷六五，第1419頁）

丁卯，昏刻，火星犯房宿北第二星。（《明武宗實録》卷六五，第1421頁）

丙子，申刻，雨雹。（《明武宗實録》卷六五，第1428頁）

丙子，夜，月犯天関星。（《明武宗實録》卷六五，第1428頁）

己巳，象山縣海溢。（《國榷》卷四八，第2976頁）

二十日，晝晦。（天啟《中牟縣志》卷二《物異》）

大水傷稼。（乾隆《無錫縣志》卷四〇《祥異》；光緒《無錫金匱縣志》卷三一《祥異》）

大水。（隆慶《溧陽縣志》卷一六《瑞異》）

河水溢，圍城。（康熙《蘭陽縣志》卷一《恤典》）

冀州、衡水大水傷稼。（嘉靖《真定府志》卷九《事紀》）

八月

乙酉，户部以蘇、松等府奏災，請令總理粮儲都御史魏訥賑濟，從之。（《明武宗實録》卷六六，第1433頁）

乙酉，免福建銀課一年。弘治間以課不充封閉礦穴，比歲復開礦閘，辦而得不償費，至派丁粮補課，守臣以地方旱災為請，故有是命。（《明武宗實録》卷六六，第1433頁）

辛卯，命山東萊蕪，直隸平山、南皮等縣歲派豌豆、大麥，輸御馬，諸倉者易以菉豆、黑豆，京倉者折銀，以旱災故也。（《明武宗實録》卷六六，第1436頁）

癸巳，總制軍務右都御史楊一清奏："寧夏為反賊所殘，重以霪雨，民不能堪，請蠲税一年。"從之。（《明武宗實録》卷六六，第1437頁）

乙未，夜，火星犯天江南第二星。（《明武宗實録》卷六六，第1439頁）

丁酉，以顺德、廣平二府災起，運邉粮每石減二錢，從户部奏也。（《明武宗實録》卷六六，第1439～1440頁）

己亥，晓刻，金星犯軒轅大星。（《明武宗實録》卷六六，第1447頁）

癸卯，曉刻，月犯天街下星。（《明武宗實録》卷六六，第1450頁）

大雨，水入城，壞民田廬，溺人畜。（嘉慶《舒城縣志》卷三《祥異》）

大水。（乾隆《北流縣志》卷九《紀事》）

九月

乙卯，以旱災免山東濟南等府五十四州縣、濟南肥城等九衛所存留額内税粮子粒有差。（《明武宗實録》卷六七，第1467頁）

乙卯，太平、寧國、安慶等府大水，溺死者二萬三千餘人。巡按御史以闻，户部請令覈實，量蠲其税，仍以所在公錢賑濟。從之。（《明武宗實録》卷六七，第1467頁）

辛酉，以雹災免大同縣神嘴（廣本作“角”）窩舊站村，并懷仁縣曹四老莊等地方秋粮子粒有差。（《明武宗實録》卷六七，第1476頁）

丙寅，以水災免山西寧鄉縣，并石州沙壓田土税粮。（《明武宗實録》卷六七，第1480頁）

河復衝黄陵岡，入賈魯河，泛濫横流，直抵豐、沛。（乾隆《儀封縣志》卷四《河渠》）

十月

己丑，陝西郃陽縣地震。（《明武宗實録》卷六八，第1503頁）

己丑，潼関地震有聲。（《明武宗實録》卷六八，第1503頁）

丙申，（原脱“曉”字）刻，金星犯亢宿南第一星。（《明武宗實録》卷六八，第1507頁）

丁酉，夜，月犯天街下星。（《明武宗實録》卷六八，第1507頁）

辛丑，免應天及直隷寧國、太平、池州等府秋糧有差，以廵按御史冼光（抱本作“洗”）奏報水災故也。（《明武宗實録》卷六八，第1510頁）

癸卯，陝西鞏昌地震，聲（廣本“聲”上有“有”字）如雷。（《明武宗實録》卷六八，第1511頁）

己酉，陝西西寧衛地震有聲。（《明武宗實録》卷六八，第1513頁）

辛亥，以水旱（廣本、抱本作“災”）減浙江湖州、嘉興、寧波三府夏税麥及絲綿有差。（《明武宗實録》卷六八，第1514頁）

以水灾免甯波夏税麥及絲綿有差。（光緒《慈谿縣志》卷五五《祥異》）

大水，歲荒，民疫死者枕藉。十月，减夏税麥及絲綿有差。（道光《武康縣志》卷一《邑紀》）

十一月

癸丑朔，贊皇（廣本、抱本“皇”下有“縣”字）知縣王鑾疏稱：“太監張永功言，今歲五月，赤旱千里。永奉辭西征，過真定，大雨隨注，

百姓（廣本‘姓’下有‘咸’字）稽首，曰天上雨露，張永帶來也。”（《明武宗實録》卷六九，第 1517 頁）

戊午，曉（廣本“曉”下有“刻”字）霧四塞，濃霜附木。（《明武宗實録》卷六九，第 1521 頁）

己未，詔以蘇、常、松（廣本作“蘇、松、常”）江三府水災，凡起運京庫及南京各倉稅糧、絲絹、綿布，俱量改折色，存留者本色折色中半徵收。仍存省脚價，以補應兑之数，各衛所屯田子粒俱視災之輕重除免。從巡按御史請也。（《明武宗實録》卷六九，第 1521 頁）

丙寅，夜，月犯司怪星。（《明武宗實録》卷六九，第 1524 頁）

戊辰，昏（廣本“昏”下有“刻”字），木星犯牛宿。（《明武宗實録》卷六九，第 1525 頁）

庚午，以甘州等衛雹災，免糧草有差。（《明武宗實録》卷六九，第 1530 頁）

庚午，夜，月犯酒旗星。（《明武宗實録》卷六九，第 1530 頁）

丁丑，以水災詔免四川彭水、武隆二縣稅糧，其漂流倉糧俱免陪補，以鎮（廣本“鎮”上有“從”字）巡官奏也。（《明武宗實録》卷六九，第 1540 頁）

十六日，風霾，晝晦。（乾隆《通許縣舊志》卷一《祥異》）

水。（同治《上海縣志》卷三〇《祥異》；光緒《蘇州府志》卷一四三《祥異》；民國《吴縣志》卷五五《祥異考》）

灕江冰合。（光緒《臨桂縣志》卷一八《前事》）

十二月

癸未朔，夜，重霧四塞。及曉，濃霜附木。（《明武宗實録》卷七〇，第 1545 頁）

乙酉，以霜災免山西渾源、蔚、朔等州，山陰、馬邑等縣，大同、雲川等衛所秋糧有差。（《明武宗實録》卷七〇，第 1545 頁）

丙申，昏（廣本“昏”下有“刻”字），月犯斗宿西扇北第二星。

（《明武宗實録》卷七〇，第1551頁）

戊戌，河南開封府大風，晝晦，自（脱“巳”字）至申而止。（《明武宗實録》卷七〇，第1551頁）

丙午，夜，月犯罰星。（《明武宗實録》卷七〇，第1555頁）

大水。臘月五、六日，雷鳴西南方不止。二十八日立春，五更時雷復鳴。（光緒《常昭合志稿》卷四七《祥異》）

六日，晦。七日，復晦。（乾隆《通許縣舊志》卷一《祥異》）

十四、十八、正月初一皆大雪，蓋百年所未見。（萬曆《福寧州志》卷一〇《祥異》）

十有七日，大雪，樹多凍死。（乾隆《僊遊縣志》卷五二《祥異》）

十八日，大雪連日，平地厚尺許，二十六日猶未消盡。父老凡百歲者素未之見。（嘉靖《寧德縣志》卷四《祥異》）

十八日，大雪。（萬曆《福寧州志》卷一六《雜事》；乾隆《福寧府志》卷四三《祥異》）

冰堅旬餘。（光緒《嘉善縣志》卷三四《祥眚》）

冰堅半月。（康熙《嘉興府志》卷一《沿革》）

是年

春，雨連注，至夏四月，湖水横漲，官塘市路彌漫不辨，浮屍蔽川，凡船户悉流淮、揚、通、泰間。是歲，復大疫，死者居半。（乾隆《震澤縣志》卷二七《災祥》）

春夏霪雨，水勢更大於己巳，民乏食，餓莩滿路，積屍盈河，鄉民嚴春出己地瘗之，復懸金示賞，於是鄉民争先掩埋，知縣方豪具奏免漕。（光緒《崑新兩縣續修合志》卷五一《祥異》）

夏，大風從東南來，太湖東偏水涸三十里。（民國《吴縣志》卷五五《祥異考》）

夏，溧水、高淳大水傷稼，蠲其租。（光緒《金陵通紀》卷一〇中）

夏，大水，浸淫三月，爨煙幾絶。（道光《江陰縣志》卷八《祥異》）

夏，旱。（康熙《太平縣志》卷八《祥異》；民國《台州府志》卷一三四《大事略》）

夏，大旱。冬，雨雹大如拳。（光緒《德平縣志》卷一〇《祥異》）

大水，圩岸破蕩殆盡，人畜溺死者不可勝計。（嘉慶《寧國府志》卷一《祥異附》）

大水，諸圩破蕩殆盡，人畜溺死不勝計。（嘉慶《南陵縣志》卷一六《祥異》；民國《南陵縣志》卷四八《祥異》）

大水，諸圩破蕩殆盡，人畜溺死不可勝計。（嘉靖《寧國府志》卷一〇《雜記》）

洪水泛溢，漂没民居，魚穿樹杪，舟入市中，流離播遷，哭聲載道，餓疫相仍，死者不可勝數。自夏之秋，水方退。（康熙《太平府志》卷三《祥異》）

洪水没民居。（道光《繁昌縣志書》卷一八《祥異》）

應城大水。（光緒《德安府志》卷二〇《祥異》）

以蘇州等府水災，凡起運水糧具量改折。（光緒《常昭合志稿》卷一二《蠲賑》）

旱，饑。（康熙《萬載縣志》卷一二《災祥》；民國《萬載縣志》卷一之三《祥異》）

甘露降學宫。（民國《青城縣志》卷一《祥異》）

大旱。（康熙《長清縣志》卷一四《災祥》；道光《長清縣志》卷一六《祥異》；同治《枝江縣志》卷八《災異》）

復大水，疫甚。（同治《湖州府志》卷四四《祥異》；民國《德清縣新志》卷一三《雜志》）

大水，又旱。（康熙《永康縣志》卷一五《祥異》；光緒《永康縣志》卷一一《祥異》）

大水，石米二兩，大疫癘。（光緒《桐鄉縣志》卷二〇《祥異》）

旱。（正德《袁州府志》卷九《祥異》；嘉靖《興國州志》卷七《祥異》；康熙《縉雲縣志》卷九《祥異》；乾隆《南靖縣志》卷八《祥異》；

光緒《縉雲縣志》卷一五《災祥》；光緒《南陽縣志》卷二《疆域》）

復大水，疫甚，地震，生白毛。（光緒《歸安縣志》卷二七《祥異》）

大水，平地高五丈。（雍正《處州府志》卷一六《災眚》；同治《麗水縣志》卷一四《災祥附》）

大水傷稼，民苦饑，流移者半。（光緒《平湖縣志》卷二五《祥異》）

大水，饑。（萬曆《新修餘姚縣志》卷二三《禨祥》；光緒《餘姚縣志》卷七《祥異》）

大水，歲荒。（崇禎《烏程縣志》卷四《災異》；道光《武康縣志》卷一《邑紀》）

復大水，疫。（同治《長興縣志》卷九《災祥》）

冬，天雨黑豆，子如黍。（光緒《撫州府志》卷八四《祥異》）

夏，大水，浸淫三月，自崇鎮西至無錫、武進界爨煙幾絶。（嘉靖《江陰縣志》卷二《災祥》）

夏，大風從東南來，自胥口至太湖東偏水涸三十里。群兒從湖濱拾得金珠器物及青緑古錢，大小不一制，漸行漸遠，搜浮泥得磚，街濶丈許，湖心有聚磚如突者，有環砌如井者，皆歷歷可辨。時水兩日不返，人共易之，競入淖而搜；至三日，有聲如雷，水如雪山奔墜，搜者無少長皆没。時五月，湖水横漲，五十日始平。（康熙《具區志》卷一四《災異》）

旱，谷成災六分。（嘉靖《薊州志》卷一二《災祥》）

陽城雨雹。（雍正《澤州府志》卷五〇《祥異》）

祭泰山，祈雨。（民國《重修泰安縣志》卷六《歷代巡望》）

大水，饑疫，（邢增）出粟賑濟。（乾隆《高淳縣志》卷一九《好義》）

以蘇、松、常三府水災，凡起運水糧俱量改折，各衛所屯田子粒，并視災之輕重蠲免。（乾隆《常昭合志》卷三《蠲賑》）

溧陽、溧水、高淳大水傷稼，蠲租。（萬曆《應天府志》卷三《郡紀下》）

大水，震澤溢，民饑。（康熙《武進縣志》卷三《災祥》）

大水。米價二兩。大疫癘。（嘉慶《桐鄉縣志》卷一二《禨祥》）

大水傷稼，民苦飢，流移者半。（乾隆《平湖縣志》卷一〇《災祥》）

大旱，歲饑。（同治《泰順分疆録》卷一〇《災異》）

大水，民田、廬舍多没。（乾隆《无为州志》卷二《灾祥》）

洪水泛漲，漂没民居，魚穿樹杪，舟入市中，流離播遷，哭聲載道，饑疫相仍，死者不可勝數。自夏之秋水方退。（嘉靖《太平府志》卷一二《灾祥》）

洪水没民居。（康熙《繁昌縣志》卷二《祥異》）

雨雹，大如鵝卵，壞公私廬舍，折木殺禽獸，禾稼盡傷。秋七月，災。（乾隆《新修上饒縣志》卷一一《祥異》）

天又雨黑黍。（乾隆《安仁縣志》卷二〇《祥異》）

天雨黑子，如黍。（光緒《撫州府志》卷八四《祥異》）

大水。（嘉靖《常德府志》卷一《祥異》；康熙《龍陽縣志》卷一《祥異》；雍正《應城縣志》卷七《災祥》；嘉慶《沅江縣志》卷二二《祥異》）

霪雨，横流泛溢，山石崩裂，田疇覆壓，房屋漂流，人畜溺死甚衆。（乾隆《英山縣志》卷二六《祥異》）

又大旱。（嘉靖《荆州府志》卷二〇《災異》）

水。（乾隆《辰州府志》卷六《禨祥》；光緒《桃源縣志》卷一二《災祥》）

永川、榮昌兩縣蝗。（道光《重慶府志》卷九《祥異》）

邑有蝗災。（光緒《榮昌縣志》卷一九《祥異》）

大水，視弘治年間盛五尺。（嘉靖《思南府志》卷七《拾遺》）

秋，大風拔禾，桃李復華。（雍正《屯留縣志》卷一《祥異》）

冬，濟河氷合百里，厚數尺。（雍正《樂安縣志》卷一八《五行》）

冬，雨黑子，如黍。（同治《崇仁縣志》卷一三《祥異》）

秋，地震。冬，天雨黑子，如黍。（乾隆《金谿縣志》卷三《祥異》）

冬，天雨黑子，如黍，撫之地皆有之，東鄉尤多。（嘉靖《東鄉縣志》卷下《祥異》）

正德六年（辛未，一五一一）

正月

己未，夜，月犯畢宿右股第一星。（《明武宗實録》卷七一，第1565頁）

乙亥，以水災免山東濟南等府，新城、膠州等州縣，并濟寧衛正德五年秋田税粮有差。（《明武宗實録》卷七一，第1570頁）

乙亥，以霜災免萬全都司所屬開平、蔚州等衛，美峪等千户所正德五年屯粮有差。（《明武宗實録》卷七一，第1571頁）

己卯，以水災免廬、鳳、淮、揚等處（原脱"府"字）州縣，并壽州等衛所正德五年粮草子粒有差。（《明武宗實録》卷七一，第1574頁）

辛巳，命陝西慶陽等衛所、綏德等州縣正德五年額徵粮草，量徵二分以備邉儲，馀俱停免，以旱災故也。（《明武宗實録》卷七一，第1576頁）

元日，雷雨大作，日酷炎如暑。（光緒《清河縣志》卷二六《祥祲》）

元旦，大霧，著樹凝結如花，三日始消。（乾隆《諸城縣志》卷二《總紀上》）

元旦，大霧連日，著樹凝結如花，三日始消。（康熙《諸城縣志》卷九《災異》）

六日，雨土。（乾隆《通許縣舊志》卷一《祥異》）

朔，晝晦。（道光《重修寶應縣志》卷九《災祥》）

杭州大雨，雹。（乾隆《海寧州志》卷一六《灾祥》）

大雨，雷電，夏，大水，大疫。（崇禎《吴縣志》卷一一《祥異》）

大水。元日壬子，東南風暖，至暮雷電大雨；甲寅，雷雨尤大；乙卯、丙辰，復冰雪沍寒。（光緒《常昭合志稿》卷四七《祥異》）

杭州大雨，雹，地震。（康熙《仁和縣志》卷二五《祥異》）

大雨，雷，地震。（《海昌叢載》卷四《祥異》）

朔，大雷電以雨，有黑其色。（嘉靖《泗志備遺》卷中《災患》）

朔，霖雨雷電，尋旱。夏，淮水氾溢。（康熙《五河縣志》卷一《祥異》）

十六日，晝晦，雨土。（康熙《陳留縣志》卷三八《灾孽》）

十六日，雨土。（道光《尉氏縣志》卷一《祥異附》）

二月

壬辰，提督操江都御史張鳳以沿江十一府水災，乞賑濟。户部議以蘇、松、常、鎮四府方行賑濟，其太平、寧國、池州、安慶、應天賑濟日久，復恐缺食，而揚州、九江未聞奏報，宜通行撫按勘實舉行。其缺種者，令量出官銀，買穀給之；缺農器者，令稍裕之家貸用。從之。（《明武宗實録》卷七二，第1586~1587頁）

壬辰，夜，月犯酒旗星。（《明武宗實録》卷七二，第1587頁）

戊戌，以災傷免南京锦衣、驍騎等三十四衛屯粮有差。（《明武宗實録》卷七二，第1591頁）

乙巳，夜，西北風有聲。至曉，黄塵四塞，雨土霾。（《明武宗實録》卷七二，第1598頁）

丁未，夜，陝西寧夏有大星隕于西南，光芒丈餘，頃之，天鼓鳴，良久乃止。（《明武宗實録》卷七二，第1600頁）

一日，夜，忽大風雨，走石揚沙，樹多拔，屋瓦皆裂。（同治《鄖縣志》卷一一《祥異》）

一日，夜，忽大風雨，揚沙，屋瓦皆飛。（嘉靖《衡州府志》卷七《祥異》）

二月二，夜，博白大風雨急，疾風暴雨，城樓多崩，公署民居倒塌過半。（嘉靖《廣西通志》卷四〇《祥異》）

三月

丙子，夜，山東曹州有流星見西南方，其光燭天，頃之，天鼓鳴，其聲如雷。（《明武宗實録》卷七三，第1623頁）

初六日，黑風一陣來自西北，聲如雷響，合抱之木揉折拔起，不可勝記。兼以驟雨，霎時通衢水湧三四尺。繼以冰雹，徑寸方圓三棱不等，秧麥桑柘，民居皆被害。（康熙《桐廬縣志》卷四《災異》）

十六日，戌時，西北天有紅光，凡三上三下，既天鼓鳴。（乾隆《儀封縣志》卷一《祥異》）

十六日丙子，夜壹鼓，西北天上紅光三，上下者凡二次，後天皷響三聲。（嘉靖《儀封縣志》卷下《災祥》）

十九日，大黑風蔽日。（雍正《邱縣志》卷七《雜志》；乾隆《東昌府志》卷三《總紀》）

二十五日，天際有紅白大暈圈，連環四五覆。（乾隆《高安縣志》卷一《祥異》）

四月

甲申，夜，月犯井宿東南第一星。（《明武宗實録》卷七四，第1630頁）

乙未，雲南楚雄府地一日三震，明日復震，又明日復震，聲如雷。（《明武宗實録》卷七四，第1636頁）

乙未，夜，月犯房宿鈎鈐星。（《明武宗實録》卷七四，第1636頁）

壬寅，陝西鞏昌府通渭、秦安二縣大雨雹，傷禾稼、畜産甚衆。（《明武宗實録》卷七四，第1639頁）

甲辰，是日午（廣本“午”下有“刻”字），黄塵四塞，至日入。（《明武宗實録》卷七四，第1642頁）

丁未，夜，木星犯壘壁陣西第六星。（《明武宗實録》卷七四，第1642頁）

己酉，自壬寅至是日卯時，木星晝見于巳。（《明武宗實録》卷七四，第1645頁）

春，大風頽屋。四月，隕霜殺桑。（雍正《屯留縣志》卷一《祥異》）

八日，紅霧迷空，氣肅。（乾隆《通許縣舊志》卷一《祥異》）

五月

庚戌朔，山東泰安州有流星，空（廣本“空”上有“於”字）中天鳴如雷。（《明武宗實録》卷七五，第1647頁）

庚申，以蟲灾免陝西華州、渭南等十一县正德五年税糧有差，其已徵者准作六年存留之数。（《明武宗實録》卷七五，第1649頁）

甲戌，江西南昌府見日有紅白暈，中浮青黑氣，有頃而散。（《明武宗實録》卷七五，第1656～1657頁）

丙子，夜，東方流星（廣本“星”下有“大”字）如盞，赤色，有光。（《明武宗實録》卷七五，第1658頁）

南昌府見日有紅白暈，中浮青黑氣，有頃始散。（康熙《南昌郡乘》卷五四《祥異》）

大雨震雹，蛟出山崩。（同治《鄠縣志》卷一一《祥異》）

大水。（嘉靖《寧州志》卷六《氣候》）

大雨雹，水準地數丈，溺死者多。（嘉靖《興國州志》卷七《祥異》）

雨雹，水平數丈，人畜多溺死。（同治《崇陽縣志》卷一二《災祥》）

十九日，大雨雹。（雍正《邱縣志》卷七《災祥》；乾隆《東昌府志》卷三《總紀》）

六月

庚辰，河南汜水縣暴雷雨，水漲，溺死者百七十六人，毁城樓一所，城垣百七十餘堵，官廨民居二千二百五十餘間。（《明武宗實録》卷七六，第1661頁）

壬午，江西臨江府夜見火星交流，頃之，火大如車輪，尾長数丈，隕府城東北。吉安府火星（廣本“星”下有“大”字）如斗，光赤燭天，自西北流東南，墜聲如雷。（《明武宗實録》卷七六，第1661頁）

丁亥，雷震大同後衛石泉墩，死者三人。（《明武宗實録》卷七六，第1668頁）

丁未，卯刻寧夏地震有聲。（《明武宗實録》卷七六，第 1681 頁）

己卯，衡州安仁縣大水。（《國榷》卷四八，第 3002 頁）

初一日，安仁霖潦三日，水溢上鄉，山岸俱崩，男女溺死者八十九人，壞田七百五十二畒。（康熙《衡州府志》卷二二《祥異》）

初八日，甯德雨雹。（乾隆《福寧府志》卷四三《祥異》）

六月八，夜雨雹，大如鶏卵，堆積屋瓦上。（嘉靖《寧德縣志》卷四《祥異》）

大水。（同治《上海縣志》卷三〇《祥異》）

大雨，海溢傷禾。（光緒《通州直隸州志》卷末《祥異》）

大水，龍見黄浦東南，所過焦禾壞屋，壓死項氏男女七人，一人被攝起入空而墜。（光緒《川沙廳志》卷一四《祥異》）

大水，龍見黄浦東南，所過焦禾壞屋。（民國《南匯縣續志》卷二二《祥異》）

今夏久雨，渾河决徐家等口。（民國《固安縣志》卷一《地理》）

大水傷稼。（光緒《保定府志》卷四〇《祥異》）

龍見黄浦東南，所過人家盡壞，項氏壓死男女七人，一人卷入空而墜。（嘉靖《上海縣志》卷六《雜志》）

趙城大水，城東北大水，波濤洶湧，不浸者三版。（萬曆《平陽府志》卷一〇《災祥》）

大水，湖决。通州雨，海潮泛溢，傷禾。（萬曆《揚州府志》卷二二《異攷》）

大雨，潁河决，瀕河之臼（疑有誤）禾、廬舍渰没殆盡。（嘉靖《臨潁志》卷八《祥異》）

大水決隄。（道光《重修寶應縣志》卷九《災祥》）

七月

辛酉，夜，金星犯左執法星。（《明武宗實録》卷七七，第 1691 頁）

丙寅，四川夔州府獐子溪驟雨，山崩水漲，大石漂流，壞城郭陂池。

（《明武宗實録》卷七七，第 1696 頁）

戊辰，遼東錦、義二城天鼓鳴。（《明武宗實録》卷七七，第 1696 頁）

己巳，昏刻，土星犯平道星。（《明武宗實録》卷七七，第 1697 頁）

庚午，福建福州府地震有聲。（《明武宗實録》卷七七，第 1697 頁）

風潮，有大魚見於南洪。（光緒《靖江縣志》卷八《祲祥》）

大水傷稼，黑眚大作。（乾隆《衡水縣志》卷一一《機祥》）

大水。（康熙《安州志》卷八《祥異》）

二十六、七日，大風，海溢。大疫。（光緒《常昭合志稿》卷四七《祥異》）

宜興張渚、湖汊等處山水湧出，凡二十餘所，渰没田禾，壞民廬舍。免秋粮四萬五千四百五十石。（萬曆《常州府志》卷七《錢穀》）

八月

癸未，自七月壬申酉刻至是日，金星晝見于申。（《明武宗實録》卷七八，第 1709 頁）

辛卯，山東即墨縣地震。（《明武宗實録》卷七八，第 1713 頁）

壬寅，順天府霸州地連震。（《明武宗實録》卷七八，第 1717 頁）

癸卯，四川崇慶衛有星流如箕，尾長四五丈，紅光燭天，自西北轉東南，變三首一尾，墜地作白色，復起緑焰，高二丈餘，聲如震（廣本無“震”字）雷。（《明武宗實録》卷七八，第 1717 頁）

丙午，山东夏津縣地震，聲（廣本無“聲”字）如雷。（《明武宗實録》卷七八，第 1720 頁）

流寇攻陷城池，燒官民廬舍殆盡。時城四面俱水，居民越城逃走，溺死者千餘人。（康熙《重修阜志》卷一《祥異》）

水，田禾卑下者多無獲。（乾隆《桐廬縣志》卷一六《災異》）

九月

癸亥，曉望，月食。（《明武宗實録》卷七九，第 1728 頁）

癸酉，山西山陰縣地震，聲如雷。（《明武宗實録》卷七九，第1731頁）

九月，大水。時洪水穿山，河道改移，摧崩田屋不計。太平都蒲詔山崩，壓死人畜尤多，又井邊山崩，旗鼓山鳴。（乾隆《陽春縣志》卷一四《物異》）

十月

甲申，夜，流（廣本作“有”）星光（廣本作“大”）如盞，自天倉西南行至羽林軍，尾跡炸散，後三小星隨之。（《明武宗實録》卷八〇，第1736頁）

丁亥，昏刻，金星犯斗宿。（《明武宗實録》卷八〇，第1737頁）

壬辰，泉州府地震，聲如雷。（《明武宗實録》卷八〇，第1740頁）

癸巳，夜，月犯天高星。（《明武宗實録》卷八〇，第1740頁）

颶風大作。夏亢炎。（民國《鄞縣通志》卷四《災異》）

十一月

壬子，（原脱“昏”字）刻，月犯秦星。（《明武宗實録》卷八一，第1750頁）

戊午，山東武定州地震。（《明武宗實録》卷八一，第1752頁）

戊午，京師地震，保定、河間二府，薊州、良鄉、房山、固安、東安、寶坻、永清、文安、大成等縣及萬全、懷来、隆慶等衛同日震，皆有聲如雷，動摇居民房屋。惟霸州自是日至庚申凡十九次震，居民震懼如之。（《明武宗實録》卷八一，第1752頁）

癸亥，以京師地震祭告天地、宗庙、社稷。（《明武宗實録》卷八一，第1754頁）

癸亥，昏刻，金星犯羅偃星。（《明武宗實録》卷八一，第1754頁）

十二月

壬午，以冬不雨雪，命順天府官祈禱。（《明武宗實録》卷八二，第

1773 頁）

壬午，是日曉刻，流（廣本“流”上有“有”字）星光（廣本作“大”）如盞，起軒轅，西北行至近濁。昏刻，木星犯壘壁陣西第六星。（《明武宗實録》卷八二，第 1773 頁）

癸未，申刻，日生左右珥，赤黄色，至庚寅亦如之。（《明武宗實録》卷八二，第 1773 頁）

丁亥，山西澤州西北方流星（廣本“星”下有“大”字）如斗，隕于西南方，天鼓隨鳴。（《明武宗實録》卷八二，第 1775 頁）

戊子，免肅州、凉州、莊浪、古浪四衛所，鎮番、永昌、山丹、高臺、鎮夷五衛所暨甘州五衛、黑河迤西田糧有差，以兵旱相仍也。（《明武宗實録》卷八二，第 1778 頁）

戊子，夜，月犯天高星。（《明武宗實録》卷八二，第 1778 頁）

己丑，以旱災免浙江長興、嵊縣、天台、蘭溪、湯溪、象山六縣暨昌國衛税糧有差，其湖州府兑軍糧，仍折徵七萬石。（《明武宗實録》卷八二，第 1778～1779 頁）

己亥，夜，月犯氐宿。（《明武宗實録》卷八二，第 1784 頁）

辛丑，以旱、雹災免陝西慶陽府衛，延安、西安等府屬縣税糧各有差。（《明武宗實録》卷八二，第 1787 頁）

以旱免長興税糧。（同治《長興縣志》卷九《災祥》）

以旱免長興、嵊、天台、蘭谿、象山等縣暨昌國衛税糧有差。（雍正《浙江通志》卷七五《蠲恤》）

是年

夏，大水害稼，民多溺死。知州于寬申奏蠲税三分。（嘉靖《鄧州志》卷二《郡紀》；乾隆《鄧州志》卷二四《祥異》）

夏，廣信雨黑麥，子種之，葉如戈戟。（同治《廣信府志》卷一《星野》）

大水。（康熙《長清縣志》卷一四《災祥》；康熙《興化縣志》卷一

《祥異》；康熙《朝城縣志》卷一〇《災祥》；雍正《高陽縣志》卷六《機祥》；乾隆《滿城縣志》卷八《災祥》；道光《長清縣志》卷一六《祥異》；光緒《蠡縣志》卷八《災祥》；民國《瓜洲續志》卷一二《祥異》）

廬陵雨血，着衣皆赤。（光緒《吉安府志》卷五三《祥異》）

大水，陸地行舟，害民禾稼殆盡。（民國《續修范縣縣志》卷六《災異》）

河決張秋東堤。（道光《東阿縣志》卷二三《祥異》）

旱。（嘉靖《貴州通志》卷一〇《祥異》；同治《湖州府志》卷四四《祥異》；光緒《烏程縣志》卷二七《祥異》）

旱，大饑。（光緒《蘭谿縣志》卷八《祥異》）

海溢，漂溺民居。（光緒《鎮海縣志》卷三七《祥異》）

大旱。（嘉靖《興國州志》卷七《祥異》；康熙《唐縣志》卷一《災祥》；乾隆《桐柏縣志》卷一《祥異》；同治《直隸綿州志》卷五三《祥異》；光緒《慈谿縣志》卷五五《祥異》；民國《綿竹縣志·雜録》）

春夏大暵，蝗。歲饑。（康熙《遵化州志》卷二《災異》）

春，旱。夏，霪。（嘉靖《永城縣志》卷四《災祥》）

春，蝗。（嘉靖《廣東通志初稿》卷三七《祥異》）

春，旱，無麥。夏，霪雨不止。（嘉靖《宿州志》卷八《災祥》）

春，旱，無麥。夏，恒雨。（康熙《靈壁縣志略》卷一《祥異》）

春，旱，無麥。入夏，霪雨。冬，大雪。（乾隆《鳳陽縣志》卷一五《紀事》）

春，遷安旱。（康熙《永平府志》卷三《災祥》）

春夏大旱，蝗。歲饑。（乾隆《直隸遵化州志》卷二《災異》）

夏，大水。（乾隆《直隸易州志》卷一《祥異》）

夏，迅雷擊碎明倫堂側大槐一株。（康熙《單縣志》卷一《祥異》）

夏，大水害稼。（乾隆《望江縣志》卷三《祥異》）

夏，雨黑黍。（康熙《上饒縣志》卷一《災祥》）

夏，山水暴侵，城隍廟殿宇傾壞。（乾隆《汜水縣志》卷一九《藝文》）

夏，雨黑黍，種之，葉如弋戟。(康熙《鉛山縣志》卷一《災異》)

夏，大水害稼，民多溺死。(乾隆《新野縣志》卷八《祥異》)

薊縣大水，成災九分。(嘉靖《薊州志》卷一二《災祥》)

霪雨，水傷稼。(嘉靖《冀州志》卷七《災祥》)

滏、洺河溢，城不没者三版。(崇禎《永年縣志》卷二《災祥》)

大雨雹，傷稼。(光緒《永寧州志》卷三一《災祥》)

大風頹屋。(康熙《潞城縣志》卷八《災祥》)

湖水泛溢，居民避水于龍興寺中半月許。(乾隆《山陽志遺》卷一《遺跡》)

清河縣元旦乾隅黑氣突起，俄而密雲四布，雷雨大作。(萬曆《淮安府志》卷八《祥異》)

大水，没禾稼，漂溺民居。(萬曆《鹽城縣志》卷一《祥異》)

大水，海潮漲溢，覆没田禾。(乾隆《小海場新志》卷一〇《災異》)

水害稼。(正德《安慶府志》卷一七《祥異》；康熙《安慶府潛山縣志》卷一《祥異》；道光《桐城續修縣志》卷二三《祥異》)

大水害稼。(康熙《宿松縣志》卷三《祥異》；同治《安慶府太湖縣志》卷四六《祥異》)

雨黑麥。(同治《弋陽縣志》卷一四《祥異》)

又雨（黑子）。(嘉靖《東鄉縣志》卷下《祥異》)

雨血，着衣皆赤。(康熙《廬陵縣志》卷二《災祥》)

大水，陸地行舟，壞民禾稼殆盡。(嘉靖《范縣志》卷五《灾祥》)

淫雨累月，傷禾稼。(道光《扶溝縣志》卷一二《災祥》)

大水，城圮。(萬曆《辰州府志》卷一《災祥》)

大水，沿河居民漂流。(萬曆《辰州府志》卷一《災祥》)

秋，水。(嘉靖《沈丘縣志》卷一《災祥》)

六年、七年旱。(同治《益陽縣志》卷二五《祥異》)

六年、七年，大水。(光緒《丹徒縣志》卷五八《祥異》；光緒《金壇縣志》卷一五《祥異》)

六年、七年鎮江大水。（康熙《鎮江府志》卷四三《祥異》）

六年、七年、八年連旱，民窮盜起，流亡眾多。（乾隆《黄州府志》卷二〇《祥異》）

六年、七年、八年連年大旱。民窮，盜起，流亡衆多。（光緒《黄岡縣志》卷二四《祥異》）

六年辛未、七年壬申、八年癸酉連旱，民窮盜起。流賊號劉六、劉七者，遍滿江湖，逃戮流亡三分之一。（康熙《蘄州志》卷一二《災異》）

六年、七年、十一年、十五年均大水。（民國《金壇縣志》卷一二《祥異》）

六年、十二年、十四年，大水。（萬曆《興化縣新志》卷一〇《外紀》）

六年至九年，連歲無雪。（《明史・五行志》，第460頁）

正德七年（壬申，一五一二）

正月

丁未朔，山東濮州地震有聲。（《明武宗實録》卷八三，第1793頁）

己酉，山東掖縣、招遠縣天鼓鳴。（《明武宗實録》卷八三，第1793頁）

丙寅，寧夏衛地震有聲。（《明武宗實録》卷八三，第1801頁）

戊辰，總督漕運兼巡撫鳳陽等處都御史張縉奏："地方水災，兼流賊劫害，軍民俱困。乞留各鈔關銀，暨徐州所寄京糧備用。"户部議以淮、揚二府鈔關正德七年船料銀與之徐州，糧留十萬石，以其半給淮、揚、徐、邳，半給鳳、廬、滁、和。從之。（《明武宗實録》卷八三，第1803頁）

朔，雨，木冰。（順治《堂邑縣志》卷三《災祥》）

二月

大雪，深二尺許。（康熙《建德縣志》卷九《災祥》）

雪深二尺。（康熙《桐廬縣志》卷四《災異》）

三月

丁未，河南柘城縣夜流星如火，自東北至西北，天鼓隨響如雷。（《明武宗實録》卷八五，第1821頁）

戊申，陝西渭南縣地震有聲。（《明武宗實録》卷八五，第1822頁）

己酉，陝西鄜州地震。（《明武宗實録》卷八五，第1824頁）

丁巳，山西大〔太〕原府地震。（《明武宗實録》卷八五，第1832頁）

亢陽，地生蚰蝻，二麥田苗食殘。（乾隆《容城縣志》卷八《災異》；光緒《容城縣志》卷八《災異》）

以水災免淮屬税糧十六萬石，草四十萬束。（光緒《安東縣志》卷五《民賦下》）

雨雹如雞卵，大風壞民居田稼，牛羊多死傷。（同治《饒州府志》卷三一《祥異》）

丁卯，夜，大風雷電。（同治《餘干縣志》卷二〇《祥異》）

渾河水决固安縣馬莊等處堤岸。（咸豐《固安縣志》卷一《屬地》）

己未，嶧縣有火如斗，自空而隕，大風隨之，燬官民房千餘間。火逸城外，延及丘木。（《明史·五行志》，第464～465頁）

以水災免淮安府屬税糧十六萬石，草四十萬束。（光緒《安東縣志》卷五《災異》）

祭（雨），後連日雨而足。（正德《夔州府志》卷一二《藝文》）

地震有聲。（光緒《歸安縣志》卷二七《祥異》）

四月

丁丑，夜，北方流星，赤色，光（廣本、抱本“光”下有“如”字）盞，起自紫微東蕃，北行至近濁。（《明武宗實録》卷八六，第1842頁）

甲申，以水災免淮安府税糧十六萬石，草四十萬束。（《明武宗實録》卷八六，第1845頁）

甲申，（原脱“昏”字）刻，土星犯亢宿南第二星。（《明武宗實録》卷八六，第1845頁）

壬辰，以水災免浙江湖州府京庫絲綿絹匹，南京衛倉折銀，徐州倉米有差。（《明武宗實録》卷八六，第1851頁）

己亥，日生暈，至午而散，其夜流星尾跡光如盞，起自螣蛇，西行至文昌，炸散。（《明武宗實録》卷八六，第1854頁）

五月

戊申，山東臨朐、安丘二縣雨雹。（《明武宗實録》卷八七，第1861頁）

辛亥，浙江杭州府地震有聲。（《明武宗實録》卷八七，第1865頁）

壬子，雲南楚雄府自是日至甲子地連震，聲如雷。（《明武宗實録》卷八七，第1866頁）

丙辰，夜，北方流星光如碗，起紫微東蕃，東北行至近濁，有四小星随之。（《明武宗實録》卷八七，第1867頁）

戊午，山西太原府地震。（《明武宗實録》卷八七，第1868頁）

壬戌，（脱“山”字）西解州地震有聲。（《明武宗實録》卷八七，第1872頁）

戊辰，雷震江西餘干縣萬春寨旗竿，狀如刀劈者。（《明武宗實録》卷八七，第1875頁）

辛未，山西太原府地震有聲。（《明武宗實録》卷八七，第1877頁）

戊申，臨朐、安丘雨雹。（《國榷》卷四八，第3024頁）

大風自西北來，廬舍木石皆發，咫尺莫辨。秋，大水。（順治《新修豐縣志》卷九《災祥》；光緒《豐縣志》卷一六《災祥》）

戊辰，雷震萬春鄉寨旗杆，狀如刀劈。（同治《餘干縣志》卷二〇《祥異》）

雹。（乾隆《潮州府志》卷一一《災祥》）

閏五月

己卯，命順天府官禱雨。（《明武宗實録》卷八八，第1881頁）

丁亥，雷震四川成都衛門及教場旗杆。（《明武宗實録》卷八八，第1889頁）

乙未，夜，月犯外屏星。（《明武宗實録》卷八八，第1896頁）

丙申，夜，西方流星如盞，起天市西垣，西南行至房宿。（《明武宗實録》卷八八，第1896頁）

丁酉，曉刻，金星犯井鉞（廣本作"越"）星。（《明武宗實録》卷八八，第1896頁）

六月

庚戌，浙江杭州府地震有聲。（《明武宗實録》卷八九，第1903頁）

壬子，陝西漢中府火星如斗，起西南，隕于東北，天鼓隨鳴。（《明武宗實録》卷八九，第1904頁）

甲子，曉刻，金星犯鬼宿積尸氣。（《明武宗實録》卷八九，第1911頁）

丙寅，曉刻，水星犯鬼宿東南星。（《明武宗實録》卷八九，第1912頁）

丁卯，山東招遠縣夜有赤龍懸空，光如火，自西北轉東南，盤旋而上，天鼓隨鳴。（《明武宗實録》卷八九，第1912頁）

己巳，陝西鞏昌府地震有聲。（《明武宗實録》卷八九，第1914頁）

大水，蝗。妖眚夜見，傷人。（雍正《阜城縣志》卷二一《祥異》）

大水，螟蝗。妖眚夜見，傷人。（康熙《重修阜志》卷二《祥異》）

旱。（道光《内邱縣志》卷三《常紀》；光緒《鉅鹿縣志》卷七《災異》）

趙城縣大水，城幾没。（萬曆《山西通志》卷二六《雜志》）

丁卯，夜，招遠有赤龍懸空，光如火，盤旋而上，天鼓隨鳴。（《明史·五行志》，第439~440頁）

濮州、清平、博平蝗害稼。（嘉靖《山東通志》卷三九《災祥》）

七月

丁亥，是夜月食。（《明武宗實録》卷九〇，第1927頁）

戊戌，陝西鞏昌府地震。（《明武宗實録》卷九〇，第1931頁）

十七日夜，颶風大作，海潮溢入，壞下五鄉民居，男女漂溺，死者以千計。（光緒《上虞縣志》卷三八《祥異》）

十八日，大風海溢。（乾隆《金山縣志》卷一八《祥異》）

十八日，風雨大作，海潮漂没官民廬舍，溺死男婦三千餘口。（光緒《通州直隸州志》卷末《祥異》）

十八日，風雨大作，海溢，漂没官民廬舍十之三，溺死男婦三千餘口。（萬曆《通州志》卷二《禨祥》）

十九日，大風雨竟夕，傷稼。（乾隆《無錫縣志》卷四〇《祥異》；光緒《無錫金匱縣志》卷三一《祥異》）

十九日，陰雲布合，塵霾漲天，颶風怪雨大作，淮河巨浪排空。（乾隆《重修桃源縣志》卷一《祥異》）

二十五日，大風，海水暴漲。（同治《上海縣志》卷三〇《祥異》；光緒《川沙廳志》卷一四《祥異》；民國《南匯縣續志》卷二二《祥異》）

雨黑黍。（同治《餘干縣志》卷二〇《祥異》）

颶風大作，海水漲溢，頃刻高數丈許，瀕塘男女溺死無算，居亦無存者。（民國《蕭山縣志稿》卷五《水旱祥異》）

大水，海溢，山崩，隄决，漂没廬舍人畜。（光緒《餘姚縣志》卷七《祥異》）

大雨，震雷，山崩，海大溢，堤盡决，漂田廬，溺人畜無算，大饑，食草根樹皮。（嘉靖《臨山衛志》卷二《紀異》）

颶風大作，海水漲溢，頃刻高數丈許，並海居民漂没，男女枕藉以死者萬計，苗穗淹溺，歲大歉。（嘉慶《山陰縣志》卷二五《禨祥》）

海溢，瀕塘民溺死無筭，居亦無存者。（嘉靖《蕭山縣志》卷六《祥異》；康熙《蕭山縣志》卷九《災祥》）

蝗蝻徧野，禾稼盡食，行如水流，飛則蔽天，襲則如阜，捕之為難。至八月初，相負禾秸墜死。（正德《博平縣志》卷二《災祥》）

大風，穀多粃。（崇禎《太倉州志》卷一五《災祥》）

夜，大風，海潮泛溢，渰没場竈廬舍大半，溺死以千計。（崇禎《泰州

志》卷七《災祥》)

大風雨，潮溢。(光緒《泰興縣志》卷末《述異》)

夜，颶風海溢，没民廬舍，溺死三千餘人。(嘉慶《東臺縣志》卷七《祥異》)

飛蝗蔽天，食稼殆盡。(光緒《曹縣志》卷一八《災祥》)

八月

丙午，河南開封府夜有流星，明朗如月，起東南，至西北散，天鼓隨鳴。(《明武宗實録》卷九一，第 1936 頁)

己巳，雲南騰衝地震，次日復大震，自丑至申，城樓及官民、廨宇多仆者，死傷不可勝計。既而地裂，湧水赤，田禾盡没。(《明武宗實録》卷九一，第 1953 ~ 1954 頁)

飛蝗蔽天，又黑風，竟日咫尺不辨。(光緒《菏澤縣志》卷一八《雜記》)

九月

戊寅，四川雅州及榮經、名山二縣，嘉定州夾江縣各地震有聲（廣本無“有聲”二字)。(《明武宗實録》卷九二，第 1959 頁)

癸未，江西南安、赣州府地屢（廣本無“屢”字）震。(《明武宗實録》卷九二，第 1961 頁)

癸巳，命户部撥兩浙運司官鹽二萬引，付太監楊軏等織造。户部言：“浙江六年鹽課開中已盡，七年為潮所傷。且蘇浙水災異常，民窮盜起，方令守臣賑恤，不宜重困，請停織造，以俟豐年。”工部亦執奏，皆不聽。(《明武宗實録》卷九二，第 1964 頁)

庚子，以災量免定辽左等三十二衛所税糧有差。(《明武宗實録》卷九二，第 1970 頁)

大雪。(民國《寧晉縣志》卷一《災祥》)

十月

乙巳，河南温縣地震。（《明武宗實録》卷九三，第 1975 頁）

丁巳，順天府通州地震。（《明武宗實録》卷九三，第 1978 頁）

庚申，以水旱免紹興、寧波、嘉興、金華、嚴、台、温等府所屬（廣本、抱本“屬”下有“縣”字）税粮，仍命海潮渰溺地方鎮廵等官區畫賑濟。（《明武宗實録》卷九三，第 1979 頁）

壬戌，山東兖州府夜有流星如斗，光赤，聲震如雷。（《明武宗實録》卷九三，第 1979 頁）

甲子，是日，遼東廣寧等衛天鼓鳴，地震聲如雷。（《明武宗實録》卷九三，第 1981 頁）

十一月

癸酉，夜，湖廣常德府天鼓鳴。（《明武宗實録》卷九四，第 1992 頁）

甲申，以災傷免萬全右等衛所今年糧草有差。（《明武宗實録》卷九四，第 1994 頁）

杭州大水。（乾隆《海寧州志》卷一六《災祥》）

灕江冰合。（康熙《桂林府志・祥異》）

十二月

甲辰，是日，廣東饒平縣地震。（《明武宗實録》卷九五，第 2004 頁）

辛亥，以祈雪命順天府官祭京都城隍及諸神祠。（《明武宗實録》卷九五，第 2005 頁）

戊午，以災傷免山東鉅野、聊城、丘縣糧草，其武定、淄川等七十餘處各量災遞免之，從户部議也。（《明武宗實録》卷九五，第 2009 頁）

甲子，以旱災免蕪、松、常、鎮四府，并鎮江等衛秋糧有差。（《明武宗實録》卷九五，第 2011 頁）

甲子，以蝗災免保定、河間等府，并滄州等衛秋税有差。（《明武宗實

録》卷九五，第 2011 頁）

丙寅，以旱災免山西平陽、太原二府所屬四十二州縣，并鎮西衛偏頭關守禦千户所民屯秋税有差。（《明武宗實録》卷九五，第 2012 頁）

丁卯，以災傷免河南開封等府，許州、祥符等州縣，睢陽等衛及趙府（疑當作“城”）群牧千户所今年秋税有差。（《明武宗實録》卷九五，第 2015 頁）

戊辰，以被賊并旱災免陝西靖虜、秦州、蘭州等衛，鞏昌、臨洮等府秋糧有差。（《明武宗實録》卷九五，第 2017 頁）

大雪丈許。（同治《長興縣志》卷九《災祥》）

以旱災免蘇、松、常、鎮四府并鎮江等衛秋粮有差。（崇禎《松江府志》卷一三《荒政》）

是年

大旱。（乾隆《合州志》卷七《藝文》；同治《上海縣志》卷三〇《祥異》；光緒《川沙廳志》卷一四《祥異》）

夏，黑眚見，至秋乃息。（光緒《定興縣志》卷一九《災祥》）

夏，旱，民饑。（民國《萬載縣志》卷一之三《祥異》）

鳳陽諸府旱。（光緒《盱眙縣志稿》卷一四《祥祲》）

大旱，無禾，民採食薯莨。（民國《石城縣志》卷一〇《紀述》）

大旱，饑。（民國《遷安縣志》卷五《記事篇》）

豐大風，自西北來，壞廬舍，木石俱拔，咫尺莫辨。秋，沛、豐大水。（同治《徐州府志》卷五下《祥異》）

旱。（乾隆《宣平縣志》卷一一《紀異》；光緒《蘇州府志》卷一四三《祥異》）

鳳陽、蘇、松、常、鎮旱。（嘉慶《松江府志》卷八〇《祥異》）

以旱災免蘇州秋糧有差。（光緒《常昭合志稿》卷一二《蠲賑》）

以旱災免鎮、常、蘇、松四府秋糧有差。（光緒《丹陽縣志》卷九《恤政》）

旱，大饑，疫，米價騰甚。（同治《南康府志》卷二三《祥異》）

廣信雨黑子，人試種之，出葉如戈戟。（同治《玉山縣志》卷一〇《祥異》）

蝗。（康熙《長清縣志》卷一四《災祥》；道光《長清縣志》卷一六《祥異》；民國《無棣縣志》卷一六《物徵》）

大旱，禾苗盡槁。（康熙《長子縣志》卷一《災祥》；光緒《長子縣志》卷一二《大事記》）

大旱，人相食。（嘉慶《中部縣志》卷二《祥異》）

宣平旱。（雍正《處州府志》卷一六《雜事》；光緒《處州府志》卷二五《祥異》）

瀕海地颶風大作，居民漂没。（光緒《慈谿縣志》卷五五《祥異》）

秋，海潮溢。（嘉靖《江陰縣志》卷二《災祥》；道光《江陰縣志》卷八《祥異》）

秋，大名大旱，詔免税糧。（民國《大名縣志》卷二六《祥異》）

秋，大水。（嘉慶《備修天長縣志稿》卷九下《災異》）

秋，大旱。（民國《重修滑縣志》卷二〇《祥異》）

秋，沛、豐大水，自是歷年沛、豐均罹水患，民不聊生。（民國《沛縣志》卷二《災祥》）

春，黑風盡日，咫尺不辨。（康熙《單縣志》卷一《祥異》）

經春不雨，麥禾就稿。（李）鴻乃齋戒設壇虔禱，即日大雨，遠近霑足，二麥大熟。（雍正《直隷深州志》卷四《宦籍》）

夏，蝗。（嘉靖《太康縣志》卷四《五行》）

夏，夜，大雷雨，雷火焚報恩寺浮屠兩級。是年旱。（民國《吴縣志》卷五五《祥異》）

黑眚出。遷安大旱，饑。（康熙《永平府志》卷三《災祥》）

漳水入城。（民國《肥鄉縣志》卷三八《災祥》）

平陽、太原旱。（光緒《山西通志》卷八六《大事紀》）

臨、鞏等處大旱。秦、平、慶旱，饑。（民國《甘肅通志稿》卷一二六

《變異》）

飛蝗蔽天。（康熙《齊河縣志》卷六《災祥》；光緒《惠民縣志》卷一七《祥異》）

蝗害稼。（嘉慶《平陰縣志》卷四《災祥》）

曹州、定陶蝗。（萬曆《兗州府志》卷一五《災祥》）

河決，命都御史劉愷治之，築堤，自開元寺至苟村集凡八十里。（光緒《曹縣志》卷一八《災祥》）

薌、常大水，奏築兩壩，抵塞上流，以致沉田。（康熙《高淳縣志》卷八《賦役》）

大水。（康熙《鎮江府志》卷四三《祥異》；道光《辰溪縣志》卷三八《祥異》；光緒《金壇縣志》卷一五《祥異》）

颶濤溢作，溺民漂屋，官民之居，蕩然一墟。（嘉靖《海門縣志》卷三《建置》）

河奪淮，淮安等處水災。（民國《阜寧縣新志》卷九《水工》）

海溢，漂溺民居。（嘉靖《定海縣志》卷五《河渠》）

瀕海地颶風大作。（同治《鄞縣志》卷六九《祥異》）

瀕海地颶風大作，居民漂没。是年乏食。（光緒《慈谿縣志》卷五五《祥異》）

洧水決洧川栗家口，東南流豬匯於鄢。（同治《鄢陵文獻志》卷二三《祥異》）

蟲食禾。（同治《崇陽縣志》卷一二《災異》）

大水，街衢通舟。（乾隆《辰州府志》卷六《禨祥》；乾隆《瀘溪縣志》卷二二《祥異》）

大旱，飢。流賊遍鄉劫擄。（嘉慶《沅江縣志》卷二二《祥異》）

蝗，其多蔽野，所至食田禾殆盡。（嘉靖《惠州府志》卷一《郡事》）

大旱，無禾，百姓告饑，采薯粱過活。（康熙《石城縣志》卷三《祥異》）

旱，大饑。白氣虹直入天河，十餘夜乃散。（宣統《樂會縣志》卷八

《祥異》）

横州、永淳皆旱。（嘉靖《南寧府志》卷一一《祥異》）

邑中苦旱。居民請道人祈雨，立致滂沱，道人旋亦没於水。（乾隆《珙縣志》卷一四《雜志》）

（秋）滇池水溢，蕩析昆陽州民居百餘所，溺死者無計。（天啟《滇志》卷三一《災祥》）

秋，潮變。（嘉慶《如皋縣志》卷三《建置》）

秋，風潮。（嘉靖《靖江縣志》卷四《編年》）

秋，沛縣大水。自是歷年沛、豐均罹水患，民不聊生。（民國《沛縣志》卷二《災祥》）

秋，大旱，詔免税糧。（民國《大名縣志》卷二六《祥異》）

冬，密雲無雪。（光緒《順天府志》卷六九《祥異》）

正德八年（癸酉，一五一三）

正月

甲戌，遼東廣寧前屯衛、寧遠衛各地震，有聲如雷。（《明武宗實録》卷九六，第 2024 頁）

己卯，昏刻，月犯天高東南星。（《明武宗實録》卷九六，第 2025 頁）

庚辰，日生左右珥，色黄赤，良久漸散。（《明武宗實録》卷九六，第 2025 頁）

壬午，昏刻，金木二星合犯。（《明武宗實録》卷九六，第 2027 頁）

癸未，福建福州府地震。（《明武宗實録》卷九六，第 2027 頁）

丙戌，昏刻，金星犯外屏西第三星。（《明武宗實録》卷九六，第 2027 頁）

戊子，以災傷免順天府霸州、固安等七州縣糧草有差。（《明武宗實録》卷九六，第 2028 頁）

己丑，自丙戌至是日酉刻，金星皆晝見于申。是夜，月犯土星。（《明武宗實録》卷九六，第2029頁）

辛卯，以旱災免陝西（廣本、抱本“西”下有“西”字）安、延安等府所屬州縣，并西安左等衛所糧草有差。（《明武宗實録》卷九六，第2029～2030頁）

乙未，以旱災免直隸鳳陽等府、徐州等州縣、壽州等衛所糧草有差。（《明武宗實録》卷九六，第2031頁）

乙未，夜，月犯牛宿中星。（《明武宗實録》卷九六，第2031頁）

戊戌，是日，風霾四塞，至酉乃息。（《明武宗實録》卷九六，第2032頁）

大雪，頃刻數尺。（天啟《衢州府志》卷六《消禳》；崇禎《開化縣志》卷六《雜志》；雍正《開化縣志》卷六《雜志》；嘉慶《西安縣志》卷二二《祥異》；民國《衢縣志》卷一《五行》）

大雪。是年大旱，地震。（康熙《衢州府志》卷三〇《五行》）

初五日、十六日大風。（雍正《屯留縣志》卷一《祥異》）

朔，大雷電，雨有黑色。旱，無麦。夏潦，淮水溢。是年水長，灌過汴河，與諸湖水合。（乾隆《盱眙縣志》卷一四《菑祥》）

雨雪。是年大旱。（康熙《龍游縣志》卷一二《雜識》）

二十日，（虹暈）見於南。（嘉靖《通許縣志》卷上《祥異》）

不雨，至於夏四月，饑。知縣徐乾賑之。（萬曆《新會縣志》卷一《縣紀》）

二月

乙巳，以浙江水災，竈（廣本、抱本“竈”下有“丁”字）多溺死者，免歲辦塩課八千九百餘引，仍令巡視都御史量為賑濟，從巡塩御史林季瓊奏（廣本、抱本“奏”下有“也”字）。（《明武宗實録》卷九七，第2035～2306頁）

丙午，昏刻，月犯司恠星。是夕，火星二隕抡浙江常山縣官舍，大如鵝

卯。(《明武宗實録》卷九七，第 2038 頁)

癸亥，以久旱，命順天府官祈禱。(《明武宗實録》卷九七，第 2044 頁)

己巳，懷来衛地震。(《明武宗實録》卷九七，第 2048 頁)

三月

丁丑，山東齊河、夏津、歷城三縣大雨雹，風雷交作，拔（廣本、抱本“拔”下有“樹”字）傷稼，民有擊死者。(《明武宗實録》卷九八，第 2050～2051 頁)

甲午，以今春少雨，風霾屢作，令文武羣臣修省，遣英國公張懋、成國公朱輔、咸寧侯仇鉞祭告天地、社稷、山川，從禮部奏也。(《明武宗實録》卷九八，第 2056 頁)

大雨雹。(光緒《容縣志》卷二《禨祥》)

四月

乙巳，山東文登、萊陽二縣各地震有聲，隕霜殺稼。(《明武宗實録》卷九九，第 2061 頁)

丙辰，甘肅山丹衛天鼓鳴。夜，隕霜殺穀。(《明武宗實録》卷九九，第 2065 頁)

辛酉，以天氣暄熱，諭法司及錦衣衛獄囚，笞罪無干証者並釋之，徒流以下減等發遣，重囚情可矜疑并枷號者俱録狀以請，南京法司亦如之。(《明武宗實録》卷九九，第 2067 頁)

壬戌，酉刻，金星晝見于申。(《明武宗實録》卷九九，第 2067 頁)

癸亥，酉刻，金星晝見于申。(《明武宗實録》卷九九，第 2068 頁)

甲子，免廣東廣西災傷及有夷寇府州縣正官来朝，從抚撫按官請也。(《明武宗實録》卷九九，第 2068 頁)

乙丑，順天府以畿内旱蝗請禱，許之。(《明武宗實録》卷九九，第 2069 頁)

八日，大風雨雹驟作，吹倒民居牌坊，屋瓦如飛，江舟多覆。（嘉靖

《常德府志》)

八日，大風雨雹，壞民居。(嘉慶《沅江縣志》卷二二《祥異》)

旱，饑。(道光《新會縣志》卷一四《祥異》)

十一日，大雨雹。(乾隆《夏津縣志》卷九《災祥》；嘉靖《高唐州志》卷七《祥異》)

隕霜殺稼。(民國《萊陽縣志》卷首《大事記》)

隕霜殺稼，飛蝗蔽日。(光緒《文登縣志》卷一四《災異》)

連日大風雨，洪水泛溢。(同治《湖州府志》卷四四《祥異》；光緒《歸安縣志》卷二七《祥異》)

蝗。(萬曆《樂亭志》卷一一《祥異》；嘉慶《灤州志》卷一《祥異》)

蝗。秋七月己巳，免永平旱災夏租。(光緒《永平府志》卷三〇《紀事》)

蘭州雨槐豆。(萬曆《臨洮府志》卷二二《祥異》)

大雨没麥。秋，蝗。(嘉靖《永城縣志》卷四《災祥》)

霪雨，山水暴漲，南城門外平地深五六尺，城門民居盡毁。(雍正《東莞縣志》卷一〇《祥異》)

五月

辛未，以春夏少雨，遣英國公張懋祭告天地，成國公朱輔祭告社稷，新寧伯譚佑告山川，尚書傅珪告城隍之神，仍命文武群臣，同加修省。(《明武宗實録》卷一〇〇，第2072～2073頁)

辛未，懷来衞地震。(《明武宗實録》卷一〇〇，第2073頁)

乙亥，山東東平州及東阿縣各地震有聲。(《明武宗實録》卷一〇〇，第2075頁)

戊寅，順天府霸州、山東登州府各地震有聲。(《明武宗實録》卷一〇〇，第2076頁)

庚辰，以蟲災免彭城衞正德七年分屯田子粒十分之四，從巡按御史奏也。(《明武宗實録》卷一〇〇，第2077頁)

壬午，雷擊南京光禄寺大烹門涼樓。(《明武宗實録》卷一〇〇，第

2081 頁）

甲申，禮部尚書傅珪等疏列四方災異，且曰：“《春秋》二百四十二年所書災異不過六十九事。今自去年秋九月至夏四月，地震天鳴，雹降星隕，龍火出見，山崩地裂，共四十有二，而旱災不與焉。”（《明武宗實録》卷一〇〇，第 2082 頁）

雨石。日方中南方氣若青煙上騰，震動有聲。俄而雨石大如拳，小如卵，厥色赤黑，人競取之。（光緒《德慶州志》卷一五《紀事》）

天雨雹，厚六七寸。（嘉靖《薊州志》卷一二《災祥》）

不雨，至於秋七月。（萬曆《揚州府志》卷二二《異攷》）

旱，自五月不雨，至於秋七月。（嘉慶《如皋縣志》卷二三《祥祲》）

日中雨石，其日倏然大變，南方氣若青烟，自下騰空，震動有聲，天晷陰噎，頃間落石，城之内外大如拳，小如卵，其色赤而黑，人皆拾之。（乾隆《德慶州志》卷二《紀事》）

六月

癸卯，禁有司科歛。先是，給事中張潤（抱本作“閏”）等因天旱陳言：“近日，有司剥削軍民，多設名色，錢糧則有加耗，詞訟則有供明，文移則有打點，倒文則有違誤，肆行科歛。宜令撫按官嚴加禁約，少蘇民困，庶天意可回。”都察院議以潤（抱本作“閏”）所言皆有禁例，但法久弊生，請申明之，詔可。（《明武宗實録》卷一〇一，第 2094 頁）

壬戌，江西豐城縣西南隕火星如斗，光赤，明日火起，既滅，復作者累日，焚官民廬舍二萬餘間，死於火者三十餘人，自是民居無故火起者数家，已而復隕火星如盆，至七月二（廣本作“七”）日，災方熄。（《明武宗實録》卷一〇一，第 2101 ~2102 頁）

颶風，海水溢，民多溺死。（乾隆《潮州府志》卷一一《災祥》）

颶風大作，海溢，溺死者無數。官溪藍橋水黑，偃木自僵。（光緒《揭陽縣續志》卷四《事紀》）

蝗。（乾隆《衡水縣志》卷一一《機祥》；乾隆《鳳臺縣志》卷一二

《紀事》；同治《陽城縣志》卷一八《兵祥》）

初六日雨足，黍一穀二粒，穀一本二穗。（雍正《定襄縣志》卷七《灾祥》）

偏頭寧武八角雨魚，大者至三尺許。（道光《偏關志·志餘》）

榆次旱，忽風雷大作，拔木百餘株。（萬曆《山西通志》卷二《建置沿革》）

河復決黄陵岡……自黄陵岡決，開封以南無河患，而河北徐、沛諸州縣河徙不常。（《明史·河渠志》，第2027頁）

大旱。（乾隆《西華縣志》卷一〇《五行》）

大水，稻半熟。日中雨石，是日天忽黯黑，南方一道黑氣自下騰空，震動有聲，頃刻落石滿城，大者如拳，小者如卵，其色赤而黑。（乾隆《番禺縣志》卷一八《事紀》）

颶風，海水溢，民多溺死。是年官溪藍橋水黑旬日。（乾隆《潮州府志》卷一一《災祥》）

颶風，海溢，民溺者無算。（嘉慶《潮陽縣志》卷一二《紀事》）

日中雨石。是日天忽黯晦，南方黑氣自下騰空，震動有聲，頃刻落石滿城，大者如拳，小者如卵，色赤黑。（康熙《南海縣志》卷三《災祥》）

二十八日，有星大如月，光芒天，食頃而滅，歲饑。（光緒《川沙廳志》卷一四《祥異》）

至冬十一月，不雨，大無麦禾。（嘉靖《太康縣志》卷四《五行》）

至十二月，不雨，無麥禾。（乾隆《扶溝縣志》卷七《災祥》）

七月

己巳，以旱災免順天、永平、保定、河間等府所屬州縣夏税。（《明武宗實録》卷一〇二，第2105頁）

甲申，浙江龍泉縣有赤彈二，自空中隕于縣治，形如鵞卵，流入民居，跳躍如鬪，良久方滅。後四日復隕火塊二，所在火輙突起，延燒官民廬舍四千餘家，死者二十人。（《明武宗實録》卷一〇二，第2113頁）

丁亥，夜，金星犯酒旗下星。（《明武宗實録》卷一〇二，第2114頁）

戊子，夜，東方流星如盞，色青白，自五車東行至近濁。（《明武宗實録》卷一〇二，第2114頁）

河決曹縣天仙廟孫家口三處，曹、單居民被害益甚。（康熙《單縣志》卷一《祥異》）

河決曹縣以西天仙廟、孫家口二處。（乾隆《曹州府志》卷五《河防》）

雨石，大如卵如拳，傷人畜房屋無數。（民國《順德縣志》卷二三《前事》）

八月

丙申朔，廣西宣化縣地震。（《明武宗實録》卷一〇三，第2121頁）

丁酉，以水災減免蘇松等府，并所屬州縣存留税糧有差。（《明武宗實録》卷一〇三，第2121頁）

甲辰，廣東雷州府流星大如月，起東南，没于西北，聲如雷。（《明武宗實録》卷一〇三，第2127頁）

丁未，夜，月犯羅偃上星。（《明武宗實録》卷一〇三，第2127頁）

戊申，曉刻，金星犯軒轅右角星。（《明武宗實録》卷一〇三，第2127頁）

庚戌，四川會州衛地震，聲如雷。（《明武宗實録》卷一〇三，第2129頁）

甲寅，自庚戌至乙卯，金星皆卯刻晝見于巳。（《明武宗實録》卷一〇三，第2130頁）

丙辰，夜，月犯附耳星。（《明武宗實録》卷一〇三，第2131頁）

丁巳，夜，月犯司怪南第二星。（《明武宗實録》卷一〇三，第2131頁）

天無雲而震，既而大風雨隨之，平地水深丈餘，漂没民田千餘頃。（民國《沁源縣志》卷六《大事考》）

不雨，至明年甲戌六月朔乃雨。（嘉靖《武城縣志》卷九《祥異》）

大水，無雲而震，既而大風雨，平地水深丈餘，漂没民田四千頃有奇。（乾隆《鳳臺縣志》卷一二《紀事》）

沁州、沁源、澤州無雲而震，既而大風雨，平地水深丈餘，漂没民田四千頃。（雍正《山西通志》卷一六三《祥異》）

九月

癸未，以旱災免大同州縣衛所夏税之半。（《明武宗實録》卷一〇四，第 2139 頁）

癸未，以旱災免河南開封府等府、睢陽等衛夏税有差。（《明武宗實録》卷一〇四，第 2139 頁）

甲申，寧夏衛地震。（《明武宗實録》卷一〇四，第 2141 頁）

祁陽復雨黑子。（道光《永州府志》卷一七《事紀畧》）

十月

戊戌，山西平陽、太原等府，汾沁等州所屬趙城、介休、曲沃、屯留等縣大雨氷雹，平地水深丈餘，衝毁人畜廬舍，詔令廵撫官賑恤。（《明武宗實録》卷一〇五，第 2150 頁）

庚子，寧夏衛地震。（《明武宗實録》卷一〇五，第 2151 頁）

甲辰，免浙江開化、常山、江山、西安、龍游、遂安六縣下户正德八年之税，以地方被賊及旱災故也。（《明武宗實録》卷一〇五，第 2153 頁）

雪，殺竹木花卉三之二。（道光《桐城續修縣志》卷二三《祥異》）

癸巳，杭州雨黑水。（乾隆《杭州府志》卷五六《祥異》）

大雨雹，平地水深丈餘。（乾隆《新修曲沃縣志》卷三七《祥異》）

雪，殺竹木花草三之二。（康熙《安慶府志》卷六《祥異》）

大雪，殺物。（順治《新修望江縣志》卷九《災異》）

大雪，殺竹木幾盡。（道光《宿松縣志》卷二八《祥異》）

大雪，殺竹樹幾盡。（同治《安慶府太湖縣志》卷四六《祥異》）

雪，殺竹木殆盡。（乾隆《潛山縣志》卷二四《祥異》）

戊戌，平陽、太原、汾、沁諸屬邑大雨雹，平地水深丈餘，衝毁人畜廬舍。（《明史·五行志》，第430～431頁）

十一月

癸酉，四川馬湖府地震。（《明武宗實録》卷一〇六，第2173頁）

辛巳，山西大同府、萬全都司各地震。（《明武宗實録》卷一〇六，第2178頁）

癸未，以災傷免浙江寧波府五縣、衢州府四縣及衢州守禦千户所秋糧一十八萬石有奇。（《明武宗實録》卷一〇六，第2178頁）

乙酉，直隸貴池縣地震。（《明武宗實録》卷一〇六，第2179頁）

雨雪三十日，溪沼冰花，宛如樹形。（同治《廣信府志》卷一《星野》）

黄河堅冰，明年春二月解。（康熙《平陸縣志》卷八《雜記》）

雨雪三旬，牛畜凍死。（光緒《常山縣志》卷八《祥異》）

大雨雪，牛畜盡死。（康熙《衢州府志》卷三〇《五行》）

平陸黄河堅氷，明年春二月解。（萬曆《平陽府志》卷一〇《災祥》）

雨雪三十日，溪沼冰花，如樹木之形。（乾隆《上饒縣志》卷一《祥異》）

十二月

丁酉，四川越嶲衛有火輪見空中，聲如雷，次日地震。（《明武宗實録》卷一〇七，第2186頁）

戊戌，四川成都府、重慶府、潼川州、邛州俱地震。（《明武宗實録》卷一〇七，第2187頁）

辛丑，廣東高州府地震。（《明武宗實録》卷一〇七，第2189頁）

癸卯，山西交城縣地震。（《明武宗實録》卷一〇七，第2190頁）

丙午，福建福州府地震。（《明武宗實録》卷一〇七，第2191頁）

己酉，以今冬無雪，遣成國公朱輔、定國公徐光祚、新寧伯譚祐（廣

本作“佑”）祭告天地、社稷、山川。（《明武宗實録》卷一〇七，第2192頁）

癸丑，以水災免陝西平凉等府六州縣夏税麥豆一萬六千三百石有奇。（《明武宗實録》卷一〇七，第2193頁）

丙辰，禮部类奏災異。上曰：“四方災異頻仍，朕心祇〔祗〕懼，其命内外官同加修省，各盡職業，以回天意。”（《明武宗實録》卷一〇七，第2193頁）

五日，崇德縣霜凝，樹枝狀如垂露，味甘如飴。（光緒《嘉興府志》卷三五《祥異》）

五日，甘露降。（光緒《石門縣志》卷一一《祥異》）

初五日，甘露降，霜凝樹枝，如垂露，味如飴。（光緒《桐鄉縣志》卷二〇《祥異》）

冰凝二十餘日。（光緒《嘉善縣志》卷三四《祥眚》）

大寒，太湖冰，行人履冰往來者十餘日。（康熙《具區志》卷一四《災異》）

嚴寒，震澤冰，腹堅，成人物形；無錫溪河水冰，數日不解，人行冰上如履平地，七日後乃解。（康熙《常州府志》卷三《祥異》）

溪河大氷，數日不解，男婦老幼扶攜負載於氷上者，穩如平地。迨至七日後，亦有因而誤陷於氷者。（萬曆《宜興縣志》卷一〇《災祥》）

瑞州府夏秋旱。冬，冰凝甚，鳥獸多凍死；十二月十一日，寒甚，錦江冰合，可勝重載。（崇禎《瑞州府志》卷二四《祥異》）

夏，崇仁縣大旱。冬十二月，大雨雪，深五六尺，民多凍死。（雍正《撫州府志》卷三《祥異》）

大雪，湖冰合，人騎可行。（康熙《臨湘縣志》卷一《祥異》）

大雪丈許。（光緒《歸安縣志》卷二七《祥異》）

大雪丈許。大寒，太湖冰，行人履冰往來。（同治《湖州府志》卷四四《祥異》）

河冰厚二三尺餘，往來人馬渡其上。（嘉慶《舒城縣志》卷三《祥異》）

大雨雪，洞庭湖冰合，人騎可行。（隆慶《岳州府志》卷八《禨祥》）

是年

夏，永州大水傷稼。（道光《永州府志》卷一七《事紀畧》）

夏，旱饑。（民國《萬載縣志》卷一之三《祥異》）

夏，飛蝗蔽日。（乾隆《福山縣志》卷一《災祥》；民國《福山縣志稿》卷八《災祥》）

自夏至冬不雨，城内外火燒布政司治及民居寺觀萬餘家。（乾隆《南昌縣志》卷一三《祥異》）

大水。（嘉靖《皇明天長志》卷七《災祥》；嘉靖《歸州志》卷四《災異》；嘉慶《備修天長縣志稿》卷九下《災異》）

麥秋至忽紅，黄沙傷其根，粒隨敗，待哺而不得食，人以為異。（康熙《太平府志》卷三《祥異》）

飢旱，民採草木，實有餓死者。（乾隆《晉江縣志》卷一五《祥異》）

大旱。（康熙《上杭縣志》卷一一《禨祥》；咸豐《興甯縣志》卷一二《災祥》；同治《奉新縣志》卷一六《祥異》；同治《靖安縣志》卷一六《祥異》；民國《龍游縣志》卷一《通紀》）

旱，賑卹有差。（民國《大名縣志》卷二六《祥異》）

大水傷稼。（光緒《零陵縣志》卷一二《祥異》）

旱，蝗。（同治《山陽縣志》卷二一《祥禨》；光緒《淮安府志》卷四〇《雜記》）

風潮。（嘉靖《靖江縣志》卷四《編年》；光緒《靖江縣志》卷八《禨祥》）

雷震烈，雪片如掌，平地積深三四尺。（同治《饒州府志》卷三一《祥異》）

池水氷，結成花草木文，枝葉皆具如畫。（康熙《金華縣志》卷三《祥異》）

秋，蝻生。（康熙《齊河縣志》卷六《災祥》）

旱。（正德《袁州府志》卷九《祥異》；嘉靖《興寧縣志》卷一《災祥》；康熙《新城縣志》卷一《祥異》；道光《大同縣志》卷二《星野》；同治《江西新城縣志》卷一《禨祥》）

飛蝗蔽日。（乾隆《海陽縣志》卷三《災祥》；道光《榮成縣志》卷一《災祥》）

秋，大雨，濰水逆流，壅扶淇水入城門，壞廬舍無算。（乾隆《諸城縣志》卷二《總紀上》）

秋，黑眚見，人不敢入室。夜鳴金鼓以衛，天雨乃息。（民國《廣宗縣志》卷一《大事紀》）

冬，無雪，春，亢旱，二麥盡枯。（乾隆《容城縣志》卷八《災異》；光緒《容城縣志》卷八《災異》）

春，三水、新寧大水。（嘉靖《廣東通志初稿》卷三七《祥異》）

春，大雪。夏，大水，民饑。冬大雪。（崇禎《吴縣志》卷一一《祥異》）

春，亢旱，二麥盡枯。（光緒《保定府志》卷四〇《祥異》）

春，旱，又潦，春秋田禾俱不收。遍地刺竹花，實可食。（康熙《陽春縣志》卷一五《祥異》）

夏，眚。先是兵荒之餘，大旱之際，自北而南，忽相傳有妖，精白色，中傷者如針痕，出血，人人驚駭，遇夜擊金鐵之聲達旦，後雨罷，遂泯無跡焉。（康熙《景州志》卷四《災變》）

夏，大旱。（嘉靖《寧州志》卷六《氣候》）

夏，（旱）災。（康熙《陳留縣志》卷三八《灾孽》）

夏，大雨没麥。秋，蝗蝻食穀。（嘉靖《夏邑縣志》卷五《災異》）

自夏至冬，不雨。秋，日晦數刻，如夜，見星。（同治《進賢縣志》卷二二《禨祥》）

自夏至冬不雨，至秋七月火方息。大旱，詔賑之。仍蠲税糧十分之九。冬，雨，木冰。（康熙《南昌郡乘》卷五四《祥異》）

自夏至冬不雨。（康熙《新建縣志》卷二《災祥》）

蝗。（嘉靖《臨潁志》卷八《祥異》）

蝗害禾，民大飢。（民國《昌黎縣志》卷一二《故事》）

旱極，蝗為災。（隆慶《豐潤縣志》卷二《事紀》）

兵火後大疫，人死無數。（萬曆《滄州志》卷五《紀異》）

雨雹擊死人畜。初狂風大作，忽冰雹雨下，大如雞卵、酒杯，打死人畜甚眾。（嘉靖《真定府志》卷九《事紀》）

旱，發廩賑之。（乾隆《大名縣志》卷二七《禨祥》）

澤州、陽城、滎河蝗。（雍正《山西通志》卷一六三《祥異》）

雨雹。（嘉靖《儀封縣志》卷下《災祥》；乾隆《平定州志》卷五《禨祥》）

滎河蝗。（乾隆《蒲州府志》卷二三《事紀》）

山東大水淹城。（民國《沙河縣志》卷八《人物》）

風雨大作，潮汛洶湧。（正德《崇明縣重修志》卷一〇《寇警》）

邑荐罹大水，民阻飢。（嘉靖《常熟縣志》卷四《水利》）

大水，民多溺，（吴元）收遺骨斡餘瘞之。（萬曆《常州府志》卷一五《隱逸》）

浙江六縣旱。（《明史·五行志》，第484頁）

旱，蝗傷禾稼。（萬曆《鹽城縣志》卷一《祥異》）

水。（嘉靖《沛縣志》卷九《災祥》）

池水結冰，成花草枝葉之形，如畫。（光緒《金華縣志》卷一六《五行》）

雨雹，大如鵝卵，或大如拳，傷禾稼。（嘉慶《舒城縣志》卷三《祥異》）

旱魃，饑，疫。（乾隆《旌德縣志》卷六《政跡》）

雨雹，小者如卵，大者如瓜，壞民居田稼，牛羊多死傷。（康熙《浮梁縣志》卷二《祥異》）

雷震烈，雪片如掌，平地積深三四尺。是冬嚴寒，草木多死。（同治《樂平縣志》卷一〇《祥異》）

旱，巡按御史任漢奏免税粮十分之五。（康熙《新喻縣志》卷六《農政》）

旱，巡按御史任漢奏免税糧十分之五。（同治《新淦縣志》卷一〇《祥異》）

揖仙橋圮于水。（康熙《建寧府志》卷一一《津梁》）

饑，旱。民採草木實，有餓死者。（道光《晉江縣志》卷七四《祥異》）

旱，饑民採草木食。（嘉慶《惠安縣志》卷三五《祥異》）

旱，詔賑卹有差。（光緒《南樂縣志》卷七《祥異》）

旱，賑。（嘉靖《内黄縣志》卷八《祥異》；同治《清豐縣志》卷二《編年》）

大蝗。（光緒《虞城縣志》卷一〇《雜記》）

新野蝗食二麥。（萬曆《南陽府志》卷二《祥異》）

湖廣大旱。春，均州大疫。（光緒《湖南通志》卷二四三《祥異》；民國《湖北通志》卷七五《災異》）

巴東縣大水。（嘉靖《歸州志》卷四《災異》）

蝗害稼。（萬曆《廣東通志》卷六《事紀》）

蝗而不害。是歲蝗復作，未幾遁滅，不傷禾。（嘉靖《惠州府志》卷一《事紀》）

蝗災。（康熙《河源縣志》卷八《災祥》）

颶風折櫺星門及牌坊。（道光《新會縣志》卷三《城池》）

蝗，大饑。（光緒《鬱林州志》卷四《禨祥》）

秋初，大雨，濰水逆流，壅遏决淇水入城門，壞廬舍無算。（康熙《諸城縣志》卷九《災祥》）

秋，雨雹。（康熙《遵化州志》卷二《災異》）

冬，地燠如春。（光緒《正定縣志》卷八《災祥》）

冬，燠如春。（光緒《大城縣志》卷一〇《五行》）

冬，大雪。（嘉靖《常熟縣志》卷一〇《災異》）

冬，連日大雪，寒凍極甚，林木俱瘁，有經春不生長者。（天啟《江山縣志》卷八《災祥》）

冬，彭蠡湖冰合，可通行人。（同治《湖口縣志》卷一〇《祥異》；同治《都昌縣志》卷一六《祥異》）

冬，湖口、彭澤河流冰合，可通人行。（乾隆《彭澤縣志》卷一五《祥異》）

冬，雨，木冰。（嘉靖《豐乘》卷一《邑紀》）

八年、正德九年，沛、豐水。沛、碭、豐大水。秋，睢甯旱，菽穀不登。（同治《徐州府志》卷五下《祥異》）

八、九、十年俱水。（光緒《豐縣志》卷一六《災祥》）

八年至十年，二麥既登，忽值紅黄沙霧，傷根敗粒，張口而不得食，人以為異。（嘉靖《太平府志》卷一二《灾祥》）

正德九年（甲戌，一五一四）

正月

戊辰，揚州府通州有大星如斗，自西南流東北，光耀如晝，天鼓隨鳴。（《明武宗實録》卷一〇八，第 2201 頁）

癸酉，夜，月犯畢宿火星。陝西洵陽縣火，至丙子，西鄉縣有星隕于空中，火隨發，二縣所燬官民室廬甚衆，人畜有死者。（《明武宗實録》卷一〇八，第 2202 頁）

丁丑，陝西金州陰霾晝晦，大風雨，雷電交作，逮晡乃止。（《明武宗實録》卷一〇八，第 2202 頁）

己卯，夜，月犯靈臺中星。（《明武宗實録》卷一〇八，第 2203 頁）

乙酉，夜，月掩罰星。（《明武宗實録》卷一〇八，第 2211 頁）

十二日戌時，疾雷震電大作，已而微雪。（民國《儀封縣志》卷一《祥異》）

雷電，大雨雪。（康熙《曹縣志》卷一九《災祥》；光緒《菏澤縣志》

卷一八《雜記》；民國《定陶縣志》卷九《災異》）

十日，天鼓鳴，聲如雷。（康熙《長洲縣志》卷二《祥異》）

雷雹。（萬曆《開封府志》卷二《禨祥》）

十三日，風雷電霰。（嘉靖《通許縣志》卷上《祥異》）

十三日，雷電雨雪。正月二十三日，雨，木氷。（嘉靖《太康縣志》卷四《五行》）

二月

丁未，山東單縣夜有流星大如斗，紅光如電，自東北至西南没，天鼓隨鳴。（《明武宗實録》卷一〇九，第2239頁）

戊申，永平等府旱潦相仍，民茹草根樹皮且盡，至有闔室饑死者，廵撫都御史王倬以聞。（《明武宗實録》卷一〇九，第2239頁）

戊申，夜，月犯左執法星。（《明武宗實録》卷一〇九，第2240頁）

乙卯，寧夏衛地震有聲。（《明武宗實録》卷一〇九，第2242頁）

丁巳，甘肅莊浪衛天鼓鳴。（《明武宗實録》卷一〇九，第2243頁）

丁巳，廣東長樂縣大雨雹，狂風震電，屋瓦皆飛。（《明武宗實録》卷一〇九，第2243頁）

十二日，大雪，連阴雨。（康熙《長洲縣志》卷二《祥異》）

三月

戊寅，四川叙州府地震。（《明武宗實録》卷一一〇，第2255頁）

癸未，四川叙州府地震。（《明武宗實録》卷一一〇，第2257頁）

七日，大風，雨土，晝晦。（乾隆《通許縣舊志》卷一《祥異》）

初七日，風霾蔽日，晝晦如夜。（康熙《扶溝縣志》卷七《災祥》）

大雨雹。（嘉慶《廣西通志》卷一九三《前事》）

四月

甲午朔，四川叙州府地震。（《明武宗實録》卷一一一，第2263頁）

丙午，夜，月犯亢宿南第二星。（《明武宗實録》卷一一一，第2272頁）

壬戌，以天時亢旱，命順天府官祈禱。（《明武宗實録》卷一一一，第2276頁）

大水。（乾隆《始興縣志》卷一四《編年》；道光《直隷南雄州志》卷三四《編年》）

五月

甲子，以順天、河間、真（脱“定”字）、保定、順德、廣平、大名等府災，准存留今歲起運京邊糧草十之二三，以備賑濟，并减免拖欠該徵之数。（《明武宗實録》卷一一二，第2277頁）

乙丑，直隷開州、河南磁州暨武安、考城縣大雨雹，壞麥禾，擊死人畜。（《明武宗實録》卷一一二，第2279頁）

乙亥，夜，月犯東咸上星。（《明武宗實録》卷一一二，第2282頁）

丁丑，夜，南方流星青白色，有光，起天市西垣外，行丈餘，發光如盞，西南行至近濁。（《明武宗實録》卷一一二，第2284頁）

己卯，山東濟南府濱州天鼓鳴，隕石。（《明武宗實録》卷一一二，第2287頁）

雨雹，如卵，如碗，傷麥禾，人畜死者甚衆。（光緒《南樂縣志》卷七《祥異》）

大雨雹，毁瓦傷麥，殺鳥雀。（民國《定陶縣志》卷九《災異》）

二日，大風雨，晝晦，三日乃霽。（乾隆《通許縣舊志》卷一《祥異》）

雨雹傷麥，人畜死者甚衆，大者如拳如碗。（乾隆《大名縣志》卷二七《禨祥》）

戊辰，曲阜暴風毁宣聖廟獸吻。（《明史·五行志》，第490頁）

春，旱，五月方雨。秋，雷擊府學大成殿。（同治《南城縣志》卷一〇《祥異》）

大水，至譙樓前。（康熙《上杭縣志》卷一一《祲祥》）

雨雹。（萬曆《杞乘》卷二《今總紀》）

雨雹，如卵，如碗，傷麥，人畜死者甚衆。（光緒《南樂縣志》卷七《祥異》）

雨雹，如卵，如拳，如碗，二麥蕩然一空，人畜死傷者甚衆。（嘉靖《開州志》卷八《祥異》）

邑東南二方烈風凍雨壞禾。（乾隆《儀封縣志》卷一《祥異》）

乙丑，大風拔木，雨雹如雞卵，傷禾毁瓦，殺鳥雀。（光緒《菏澤縣志》卷一八《雜記》）

大風拔木，雨雹如雞卵，傷禾毁瓦，殺鳥鵲。時二麥將熟，蕩然無遺。（光緒《曹縣志》卷一八《災祥》）

大雨雹。（順治《定陶縣志》卷七《雜稽》）

六月

癸巳，雲南楚雄府地連震。（《明武宗實録》卷一一三，第2295頁）

甲辰，直隸鳳陽府天鼓鳴，地震有聲。（《明武宗實録》卷一一三，第2298頁）

甲辰，鳳陽府地震有聲。是年，廬、鳳、淮、陽旱。（光緒《鳳陽縣志》卷四下《紀事表下》）

丁未，夜，月犯羅偃上星。（《明武宗實録》卷一一三，第2299頁）

甲寅，四川疊溪千户所地連震，威州震亦如之。（《明武宗實録》卷一一三，第2300頁）

河源蝗而不害。（嘉靖《惠州府志》卷一《事紀》）

江大溢。（嘉靖《馬湖府志》卷七《雜志》）

七月

壬戌朔，山西偏頭守禦千户所地震。（《明武宗實録》卷一一四，第2305頁）

戊辰，近以水旱虧課，竈户流亡，所在灘蕩頗為豪強吞併。（《明武宗

實録》卷一一四，第2308頁）

壬申，陝西高陵縣地再震有聲。（《明武宗實録》卷一一四，第2312頁）

丙子，以旱災免順天、河間、保定三府所屬州縣税粮有差。（《明武宗實録》卷一一四，第2313頁）

霪雨害稼大半。（光緒《容城縣志》卷八《災異》）

應山雹殺禾菽。（光緒《德安府志》卷二〇《祥異》）

寒風作，雨暴至，禾死。（乾隆《通許縣舊志》卷一《祥異》）

霪雨傷稼。（光緒《保定府志》卷四〇《祥異》）

蝗食苗，既而禾生數穗。（道光《石門縣志》卷二三《祥異》）

瑞州大水山崩，漂没廬舍，稻未刈者生秧。（光緒《江西通志》卷九八《祥異》）

雨雹，殺禾菽。（康熙《鼎修德安府全志》卷二《災異》）

八月

辛卯朔，日有食之。（《明武宗實録》卷一一五，第2325頁）

丁酉，以災傷免山西平陽府各州縣税粮有差。（《明武宗實録》卷一一五，第2328頁）

辛丑，以災傷免真定等四府税粮之半。（《明武宗實録》卷一一五，第2329頁）

乙巳，京師地震。陝西渭源縣同日地震。（《明武宗實録》卷一一五，第2331頁）

辛亥，夜，月犯畢宿第三星。（《明武宗實録》卷一一五，第2334頁）

甲寅，自乙巳至是日，木星卯刻見于申。（《明武宗實録》卷一一五，第2338頁）

甲寅，四川茂州地震。（《明武宗實録》卷一一五，第2338頁）

丙辰，木星犯六諸王東第一星。（《明武宗實録》卷一一四，第2338頁）

戊午，以災傷免應天府所屬上元等八縣税糧有差。(《明武宗實録》卷一一五，第2338頁)

己未，以災傷免陝西西安府所屬蒲城等二十一縣税粮有差，從知府赵祜等奏也。(《明武宗實録》卷一一五，第2339頁)

二日壬辰，晝晦如夜。(道光《桐城續修縣志》卷二三《祥異》)

颶風大水傷稼。(道光《陽江縣志》卷八《編年》)

颶風傷稼。(乾隆《恩平縣志》卷三《災祥》；民國《恩平縣志》卷一三《紀事》)

晝晦，星見。(同治《廣信府志》卷一之一《星野》)

朔，晝晦如夜，見星。(萬曆《澧紀》卷一《災祥》)

颶風，害稼。(乾隆《香山縣志》卷八《祥異》)

颶風大作，擁鹹水入港，殺沿海禾稼殆盡。(康熙《陽江縣志》卷三《縣事紀》)

九月

癸亥，以旱災免廬、鳳、淮、揚等府州衛所夏税有差。(《明武宗實録》卷一一六，第2344頁)

壬午，以旱災免陝西西安左等衛（抱本作“偉等”）屯田子粒有差。(《明武宗實録》卷一一六，第2353頁)

以旱災免淮、揚府縣夏税。(宣統《泰興縣志補》卷三上《蠲恤》)

初一日，晝晦。(嘉慶《什邡縣志》卷五二《祥異》)

河復決，堤外皆大水為災。(光緒《曹縣志》卷一八《災祥》)

十月

庚辰朔，夜，四川松潘衛有星大如斗，尾長八尺，自東流西，聲如雷。(《明武宗實録》卷一一七，第2361頁)

壬辰，四川敘州（廣本、抱本“州”下有“府”字）地震。(《明武宗實録》卷一一七，第2362頁)

壬辰，山西太原府及代平、榆次等十州縣，大同府應州及山陰、馬邑二縣並地震有聲，偏頭關守禦千户所雷電，大雨雹。（《明武宗實録》卷一一七，第2362頁）

己酉，以旱災免遼東衛所屯田子粒之半。（《明武宗實録》卷一一七，第2370頁）

乙卯，四川茂州及汶川縣地震。（《明武宗實録》卷一一七，第2374頁）

戊午，四川大足縣流星如火，自東南徃西北，尾數十丈，光芒燭地，少頃，雷震南方，竟刻乃止。（《明武宗實録》卷一一七，第2379頁）

庚戌，以旱災免遼東衛所屯田子粒之半。（民國《奉天通志》卷一六《大事》）

十一月

辛酉，楚雄府地震。（《明武宗實録》卷一一八，第2384頁）

辛酉，陝西鞏昌府流星（廣本、抱本“星”下有“從”字）西北起，墜于正北，光如火，有聲如雷。（《明武宗實録》卷一一八，第2384頁）

癸亥，四川茂州，宣府、懷來衛皆地震。（《明武宗實録》卷一一八，第2385頁）

戊辰，夜，月犯壘壁陣東第四星。（《明武宗實録》卷一一八，第2386頁）

己巳，以有（抱本作“水”）災免顺天、永平、保定、何〔河〕間等府衛屯田子粒有差。（《明武宗實録》卷一一八，第2386頁）

壬申，山西解州流星自東南徃西北，大如斗，先（舊校改“先”作“光”）如火，有聲如雷。（《明武宗實録》卷一一八，第2389頁）

癸酉，山西襄陵縣西南白氣二道如帚，移時散，天鼓明〔鳴〕如雷。（《明武宗實録》卷一一八，第2390頁）

癸酉，夜（廣本、抱本“夜”下有“月”字）犯畢宿右股東第二星。（《明武宗實録》卷一一八，第2390~2391頁）

甲戌，四川成都府新都、金堂、雙流三縣各地震。（《明武宗實録》卷

一一八，第 2391 頁）

癸未，以災傷免河南開封等府、陽武等二十四州縣及弘農衛秋糧子粒有差。（《明武宗實録》卷一一八，第 2394 頁）

十二月

壬辰，命順天府官祈雪。（《明武宗實録》卷一一九，第 2401 頁）

壬辰，自十一月甲申至是日申刻，金星晝見于未。（《明武宗實録》卷一一九，第 2401 頁）

乙巳，陝西洮州衛地震。（《明武宗實録》卷一一九，第 2404 頁）

丙午，夜，南方流星青白色，光如盞，自井宿西南行至近濁，後五小星隨之。（《明武宗實録》卷一一九，第 2405 頁）

辛亥，山西解州、臨晉、襄陵、安邑、聞喜、夏縣俱地震有聲。（《明武宗實録》卷一一九，第 2407 頁）

壬子，夜，月犯氐宿。（《明武宗實録》卷一一九，第 2407 頁）

甲寅，夜，北方流星青白色，起自紫微垣西蕃，光如盞，東北行至近濁，後五小星隨之。（《明武宗實録》卷一一九，第 2408 頁）

丙辰，湖廣安陸州地震。（《明武宗實録》卷一一九，第 2410 頁）

是年

夏，旱。秋，潮，歲祲。（光緒《靖江縣志》卷八《祲祥》）

上杭水。（乾隆《汀州府志》卷四五《祥異》）

廬、鳳、淮、揚旱。（光緒《盱眙縣志稿》卷一四《祥祲》）

旱。（嘉慶《如皋縣志》卷二三《祥祲》；道光《新城縣志》卷一五《祥異》；民國《順義縣志》卷一六《雜事記》）

雨雹。（乾隆《武安縣志》卷一九《祥異》；乾隆《平定州志》卷五《禨祥》）

大水，居民漂圮，田禾渰没殆盡。（光緒《武昌縣志》卷一〇《祥異》）

大旱，蝗。（道光《重修寶應縣志》卷九《災祥》）

水。（嘉靖《徐州志》卷三《災祥》；嘉靖《沛縣志》卷九《災祥》；崇禎《碭山縣志》卷下《祥異》）

大旱。（乾隆《衡水縣志》卷一一《禨祥》；道光《長清縣志》卷一六《祥異》）

浙西自冬徂春，雨雹為災，蠶麥不利。（乾隆《杭州府志》卷五六《祥異》）

秋，大水。（嘉靖《沈丘縣志》卷一《災祥》；同治《滑縣志》卷一一《祥異》；民國《重修滑縣志》卷二〇《祥異》）

秋，大旱，菽穀不登。（民國《睢寧縣舊志》卷九《災祥》）

冬，大雪。（同治《江山縣志》卷一二《祥異》）

春，旱。（民國《南豐縣志》卷一二《祥異》）

春，雨，城圮。（乾隆《瑞金縣志》卷三《城池》）

春，大旱。知縣范府禱之，甘雨降。（民國《遂寧縣志》卷八《雜記》）

夏，大水。（天啟《封川縣志》卷四《事紀》）

順天、河間、保定、廬、鳳、淮、揚旱。（《明史·五行志》，第484頁）

雨雹如拳，大者如碗。（萬曆《廣平縣志》卷五《災祥》）

道純……知邱縣，值天旱，前官民祈弗應，公齋戒沐浴以祷，三日大澍。歲大稔。（乾隆《邱縣志》卷五《名宦》）

海溢，漂溺海濱居民十分之七。（萬曆《鹽城縣志》卷一《祥異》）

霪雨，（城垣）圮壞。（道光《南康縣志》卷二《城池》）

雨雹，如卵如拳，又大者如盂，傷麥，人畜死甚眾。（同治《清豐縣志》卷二《編年》）

大水，民居漂流，田禾渰没殆盡。（乾隆《武昌縣志》卷一《祥異》）

蝗害稼。（光緒《廣州府志》卷七八《前事》）

旱。大饑。（崇禎《梧州府志》卷四《郡事》）

蝗食禾。明年乙亥，飢。（嘉靖《貴州通志》卷一〇《祥異》）
大水。（嘉靖《貴州通志》卷一〇《祥異》）
本卫大旱。（光緒《平越直隸州志》卷一《祥異》）
大旱。秋，蝗。大饑。（萬曆《襄陽府志》卷三三《災祥》）
雨黑黍。是年秋，大熟。（康熙《岳州府志》卷二《祥異》）
秋，潦，道路行舟。（天啟《東安縣志》卷一《祥異》）
秋，有蝗，傷稼甚多。歲大歉。（嘉靖《增城縣志》卷一九《大事通志》）

正德十年（乙亥，一五一五）

正月

乙丑，山西霍州汾西、平陽、襄陵三縣俱地震。（《明武宗實録》卷一二〇，第2415頁）

丙寅，楚雄府地震。（《明武宗實録》卷一二〇，第2416頁）

庚午，月犯井宿西扇北第二星。（《明武宗實録》卷一二〇，第2416頁）

壬申，以水災免義勇、燕山、富峪、會州等二十衛屯田子粒有差。（《明武宗實録》卷一二〇，第2416頁）

甲戌，夜，月犯軒轅左角星。（《明武宗實録》卷一二〇，第2416頁）

乙亥，寧夏衛地震。（《明武宗實録》卷一二〇，第2419頁）

大雪，彌月不止。（康熙《永康縣志》卷一五《祥異》）

二月

庚寅，楚雄府地震。（《明武宗實録》卷一二一，第2429頁）

辛卯，以災傷免直隷鳳陽等府，滁、徐等（抱本作“二”）州并中都留守司所屬州縣衛所正德九年秋糧有差。（《明武宗實録》卷一二一，第2431頁）

癸卯，陝西固原州隆德縣俱地震，有聲如雷。（《明武宗實録》卷一二

一，第2436頁）

辛亥，雲南大理府地震。（《明武宗實録》卷一二一，第2442頁）

丁巳，雲南楚雄府地震，聲如雷。（《明武宗實録》卷一二一，第2444頁）

三月

辛酉，遼東廣寧衛天鼓鳴。（《明武宗實録》卷一二二，第2446頁）

己巳，月犯軒轅左角星。（《明武宗實録》卷一二二，第2452頁）

壬申，清明節遣駙馬都尉蔡震、崔元、林岳分祭長陵、獻陵、景陵、裕陵、茂陵、泰陵，文武衙門各遣官陪祭。方祭裕陵時，天忽雨。（《明武宗實録》卷一二二，第2453頁）

癸酉，夜，月掩犯亢宿南弟〔第〕二星。（《明武宗實録》卷一二二，第2455頁）

庚辰，宁夏衛地震有聲。（《明武宗實録》卷一二二，第2456頁）

癸未，近以水旱盗賊之變，所入不及前数，而官軍歲支乃踰四百萬石，此輩所去實當三分之一。（《明武宗實録》卷一二二，第2458頁）

蕭山大雨雹。（乾隆《紹興府志》卷八〇《祥異》）

雨雹，大者如拳，傷麥，殺禽鳥。（嘉靖《臨山衛志》卷二《紀異》）

十六日、四月初一日，縉雲二次大雹，遂昌地震，又大雪，積深丈餘。（雍正《處州府志》卷一六《雜事》）

大雹，三月十六日、四月初一日，凡二次。（光緒《縉雲縣志》卷一五《災祥》）

十六日，雹。（正德《永康縣志》卷七《祥異》；康熙《永康縣志》卷一五《祥異》）

無雨，二麥不熟。（光緒《容城縣志》卷八《災異》）

二十七日，雪雷，寒甚。十月二日，虹朝隮於西。（嘉靖《通許縣志》卷上《祥異》）

四月

癸卯，遼東廣寧邊堡有星自西北隕於東南，聲如雷。（《明武宗實録》卷一二三，第2469頁）

甲辰，山東鉅野縣大霧六日，殺穀。（《明武宗實録》卷一二三，第2469頁）

壬子，南直隸通州大風雨，又有星如火，自西北流東南，聲如雷。（《明武宗實録》卷一二三，第2475～2476頁）

甲寅，山東魚臺縣天鼓鳴。（《明武宗實録》卷一二三，第2477頁）

初一日，又雹。（正德《永康縣志》卷七《祥異》）

大旱。（順治《真定縣志》卷四《災祥》）

衡水大旱。（嘉靖《真定府志》卷九《事紀》）

大雨，河決焦家潭。（光緒《曹縣志》卷一八《災祥》）

二十日，通州有龍起自西北，風雨暴至，砂石蔽空，掣摧本州禮房并架閣庫、軍器庫，及壞民居四百餘間。（萬曆《揚州府志》卷二二《異攷》）

雨雹。永康、武義雹尤大如拳，傷鳥雀鷄鶩甚衆。（康熙《金華府志》卷二五《祥異》）

閏四月

壬戌，山東諸城縣雨雹殺穀。（《明武宗實録》卷一二四，第2485頁）

丙寅，山西武鄉縣、山東陽信縣冰雹殺穀及麥。（《明武宗實録》卷一二四，第2488頁）

戊辰，山東曲阜縣暴風，毁宣聖殿吻獸。（《明武宗實録》卷一二四，第2490頁）

戊辰，山西澤州及壺關縣、山東金鄉縣雨雹殺穀。（《明武宗實録》卷一二四，第2490頁）

甲申，薊州賺狗崖東墩及新開嶺關雷火，震傷三十餘人。（《明武宗實録》卷一二四，第2496頁）

甲申，順天府薊州、山東海豐縣俱冰雹，殺穀麥。（《明武宗實録》卷一二四，第2496頁）

有龍起西北，風大作，沙石蔽空，摧撤本州禮房、架閣庫、軍器庫，及壞民居四百餘間。（光緒《通州直隸州志》卷末《祥異》）

雨雹，永康、武義雹尤大如拳，傷鳥雀雞鶩甚衆。（萬曆《金華府志》卷二五《祥異》）

初一日，漲水進城四五尺。（康熙《灌陽縣志》卷九《災異》）

五月

壬辰，雲南地震踰月不止，或日至二三十震，黑氣如霧，地裂水湧，壞城垣、官廨、民居不可勝計，死者数千人，傷者倍之。地道（廣本、抱本作“氣”）之變，未有若是之烈者也。（《明武宗實録》卷一二五，第2500頁）

庚子，夜，月犯建星。（《明武宗實録》卷一二五，第2506頁）

癸丑，夜，北方流星如盞，色青白，起文昌，東北行至近濁，尾跡炸散。（《明武宗實録》卷一二五，第2513頁）

大水，城樓俱湮。（民國《陽山縣志》卷一五《事記》）

大風晝晦，自午至申乃解。（康熙《長垣縣志》卷二《災異》）

六月

壬戌，山西徐溝、太谷二縣大雨雹傷禾稼。（《明武宗實録》卷一二六，第2519頁）

甲子，以水災免河間府静海縣莊田子粒銀兩有差。（《明武宗實録》卷一二六，第2519頁）

甲子，月（廣本、抱本“月”上有“夜”字）犯房宿西咸南第二星。（《明武宗實録》卷一二六，第2519頁）

乙丑，夜，南方流星如盞，色青白，起天市東垣内，西南行至斗宿。（《明武宗實録》卷一二六，第2519頁）

丙寅，以黄河水災，免山東曹、單、武城三縣歲欠備用馬匹。（《明武

宗實録》卷一二六，第 2519 ~ 2520 頁）

庚午，夜，月食既。山西清源、交城二縣地震。（《明武宗實録》卷一二六，第 2523 頁）

辛未，山西太原府地震。（《明武宗實録》卷一二六，第 2525 頁）

沛、豐大水，有二龍鬬於泡河。（同治《徐州府志》卷五下《祥異》）

十八日，夜，暴雨水漲，頃刻丈許，淹民居，害稼。（光緒《嘉興府志》卷三五《祥異》；光緒《嘉善縣志》卷三四《祥眚》）

十八日，暴雨水漲丈許，淹没田禾。（光緒《桐鄉縣志》卷二〇《祥異》）

十八日，夜，暴雨。（光緒《石門縣志》卷一一《祥異》）

十八日，夜，暴雨水溢，壞民居，害稼。（萬曆《秀水縣志》卷一〇《祥異》）

十八，夜，暴雨，須臾水漲幾丈，至渰民家，翼日始退。（道光《石門縣志》卷一一《祥異》）

大水。（萬曆《樂亭志》卷一一《祥異》）

大水，壞民居。（嘉靖《新寧縣志·年表》）

七月

癸巳，陝西白河縣地震。（《明武宗實録》卷一二七，第 2537 頁）

辛丑，廣東海陽、潮陽、揭陽、饒平縣夜暴風雨，壞官民廬舍、城樓、山川、社稷壇，人畜没死者無筭。（《明武宗實録》卷一二七，第 2549 頁）

癸卯，夜，月犯外屏東第三星。（《明武宗實録》卷一二七，第 2550 頁）

丁未，夜，月犯天高東南星。（《明武宗實録》卷一二七，第 2552 頁）

戊申，夜，月犯司怪東第一星。（《明武宗實録》卷一二七，第 2552 頁）

辛亥，夜，東方流星如盞，色青白，自中天行至近濁。（《明武宗實録》卷一二七，第 2553 頁）

颶風大作，海水溢，漂屋拔木，沿海民死以千計。鹹潮浸灌良田，變為斥鹵。(乾隆《潮州府志》卷一一《災祥》)

河水忽僵，直立凍結爲柱，高圍可五丈，中空而旁穴。數日，流賊過，鄉民入冰穴中避之，賴以保全者頗多，人謂之“河僵”，亦前史所罕見也。(康熙《文安縣志》卷一《災祥》)

久雨，風潮。(嘉靖《靖江縣志》卷四《編年》)

八月

丁卯，夜，月犯壘壁陣東第五星。金星犯太微西垣上将星。(《明武宗實録》卷一二八，第 2559 頁)

丁丑，辰刻，雲南大理府地震。月犯左執法星。(《明武宗實録》卷一二八，第 2560 頁)

辛巳，山西平虜衛地震有聲。(《明武宗實録》卷一二八，第 2561 頁)

二十八日，東北大風猛疾，瓊山界溝澗田沼水俱飛捲西南，南渭田水約深三尺，飄溢坡岸；東北乾約四十餘丈，魚蝦堆積，人成籮拾之。(正德《瓊臺志》卷四一《災異》)

暴雨，傷禾大半。本縣恩蠲小麥一百餘石，秋粮二百二十餘石。(康熙《容城縣志》卷八《災變》)

九月

庚寅，廣東封川縣德慶守禦千户所，廣西蒼梧縣、藤縣、梧州守禦千户所各無雲而震。(《明武宗實録》卷一二九，第 2563 頁)

壬辰，山西解州地震。(《明武宗實録》卷一二九，第 2567 頁)

壬辰，夜，月犯羅堰南星。(《明武宗實録》卷一二九，第 2567 頁)

乙未，雲南大理府地大震，四日乃已。(《明武宗實録》卷一二九，第 2569 頁)

戊戌，南京三法司奉旨，以天氣暄熱，會審罪囚，當死而情可矜者五人。下刑部覆議，得免死者二人，餘重鞫，奏聞。(《明武宗實録》卷一二

九，第 2570 頁）

己亥，夜，月犯天囷西第二星。（《明武宗實録》卷一二九，第 2572 頁）

庚子，雲南大理府地復震。（《明武宗實録》卷一二九，第 2572 頁）

癸卯，夜，月犯井宿西扇北第二星。（《明武宗實録》卷一二九，第 2573 頁）

丁未，夜，月犯軒轅大星。（《明武宗實録》卷一二九，第 2578 頁）

霪雨匝月，江水泛濫，漂民居牲畜，城東門不開通。（光緒《臨高縣志》卷三《災祥》）

雷擊西山，崩七處。（光緒《富川縣志》卷一二《雜記》）

陽江鹹水傷禾。（康熙《廣東通志》卷三〇《雜記》）

十月

癸亥，月犯壘壁陣東二星。（《明武宗實録》卷一三〇，第 2587 頁）

甲子，以水災免直隸長洲、常熟、嘉定三縣，暨蘇州衛秋糧有差，從巡撫都御史鄧庠請也。（《明武宗實録》卷一三〇，第 2587 頁）

丁卯，夜，月犯天廩北第一星。（《明武宗實録》卷一三〇，第 2589 頁）

戊辰，夜，月犯畢宿西第二星。（《明武宗實録》卷一三〇，第 2590 頁）

辛未，夜，月犯井宿東扇南弟〔第〕二星。（《明武宗實録》卷一三〇，第 2592 頁）

甲戌，山東沂州地震。（《明武宗實録》卷一三〇，第 2593 頁）

乙亥，山東莒州地震。（《明武宗實録》卷一三〇，第 2594 頁）

十一月

癸卯，禮科都給事中葉相等言：“雲南大理府趙州永寧衛地震，或連二十餘日，或日二三十發，所在城屋傾圮，人死傷者千計。”（《明武宗實録》

卷一三一，第 2607 頁）

癸卯，今歲冬行春令，冰凍不堅，氣煖不雪。（《明武宗實録》卷一三一，第 2607 頁）

乙巳，以水災免浙江杭州府仁和、錢塘、海寧、富陽、餘杭、臨安、於潛、新城八縣，湖州府安吉州烏程、歸安、長興、孝豐、德清、武康六縣，台州府寧海縣夏麥、絲、綿、絹、鈔有差。（《明武宗實録》卷一三一，第 2610 頁）

己酉，災（廣本、抱本“災”上有“有”字）傷，免蔚州等衛所屯田地畝團種餘地秋糧有差，從巡按御史张經奏也。（《明武宗實録》卷一三一，第 2611 頁）

大水。（乾隆《杭州府志》卷五六《祥異》）

以水災免湖州夏税。（同治《長興縣志》卷九《災祥》）

雨黄土，著人衣及樹葉皆成泥。（乾隆《辰州府志》卷六《禨祥》）

十二月

癸丑朔，日食。（《明武宗實録》卷一三二，第 2617 頁）

癸亥，陜西會寧縣地震有声。（《明武宗實録》卷一三二，第 2626 頁）

乙丑，以冬無雪，遣定國公徐光祚、會昌侯孫銘、新寧伯譚祐、禮部尚書乇〔毛〕紀祭告天地、社稷及山川、城隍之神。（《明武宗實録》卷一三二，第 2626 頁）

丁卯，懷来衛地震。（《明武宗實録》卷一三二，第 2627 頁）

丙寅，昏刻，月犯井宿東扇北第三星。（《明武宗實録》卷一三二，第 2627 頁）

戊辰，夜望，月食。（《明武宗實録》卷一三二，第 2628 頁）

己巳，夜，月犯軒轅大星。（《明武宗實録》卷一三二，第 2628 頁）

壬申，夜，月犯太微垣左執法及次相星。（《明武宗實録》卷一三二，第 2628 頁）

己卯，以旱災免鳳陽、淮安、楊〔揚〕州、廬州四府，徐州等州縣，

暨泗、宿、淮、大、邳、徐、興化、鹽城等衛所秋糧有差。（《明武宗實録》卷一三二，第2633頁）

是年

春，無雨，二麥不熟。秋，暴雨，傷禾大半。（光緒《容城縣志》卷八《災異》）

春，雨雹，傷麥殺禽鳥。冬，大水，無麥，大饑。（光緒《餘姚縣志》卷七《祥異》）

春，雨圮（城垣）一千三百餘丈。戊寅夏，久雨，圮六百三十八丈。嘉靖丙辰大水，傾塌甚多。天啟元年春夏霪雨，衝壞如丙辰。（康熙《贛縣志》卷四《營建》）

大旱。（康熙《應山縣志》卷二《兵荒》；光緒《南樂縣志》卷七《祥異》；光緒《淮安府志》卷四〇《雜記》）

沙殺麥，如八年。（康熙《太平府志》卷三《祥異》）

夏秋大旱，米價騰踴。（嘉靖《南雄府志》上卷《郡紀》；道光《直隸南雄州志》卷三四《編年》；民國《始興縣志》卷一六《編年》）

夏秋大旱，米價踴貴。（乾隆《始興縣志》卷一四《編年》）

大旱，民飢。（民國《大名縣志》卷二六《祥異》）

附近大旱，獨新河雨不愆。臨邑蝗為患，獨不入新境。（民國《新河縣志》第一册《災異》）

水。（嘉靖《沛縣志》卷九《災祥》；康熙《續修陳州志》卷四《災異》；民國《項城縣志》卷三一《祥異》）

大水。（康熙《吴縣志》卷二《祥異》；民國《吴縣志》卷五五《祥異考》）

揚州大雨彌月，漂室廬人畜無算。是年，淮揚饑。（光緒《增修甘泉縣志》卷一《祥異附》）

大水，免糧三千五十六石四斗有奇。（嘉靖《江陰縣志》卷二《災祥》；道光《江陰縣志》卷八《祥異》）

水災。（同治《湖州府志》卷四四《祥異》；光緒《歸安縣志》卷二七《祥異》）

大雹。（光緒《縉雲縣志》卷一五《災祥》）

旱。（乾隆《松陽縣志》卷一二《祥異》；光緒《松陽縣志》卷一二《祥異》）

雹。（同治《桂東縣志》卷一一《祥異》）

秋，霪雨風潮。（光緒《靖江縣志》卷八《祲祥》）

春，黑風。（乾隆《平原縣志》卷九《災祥》）

春，雨雹，傷麥，殺禽鳥。冬大水，無麥。大饑，斗米值銀一錢三分。（光緒《餘姚縣志》卷七《祥異》）

春，雨，木氷。（嘉靖《寧州志》卷六《氣候》）

夏，旱。（乾隆《曲阜縣志》卷二九《通編》）

夏，不雨，至次年四月雨。（道光《冠縣志》卷一〇《祲祥》）

大雨雹，傷稼。（康熙《永寧州志》卷八《災祥》）

雷擊死蔡廣婦二人。（嘉靖《淄川縣志》卷二《灾祥》）

大旱，民饑。（乾隆《東明縣志》卷七《灾祥》；同治《清豐縣志》卷二《編年》）

大旱，民多殍徙。（萬曆《鹽城縣志》卷一《祥異》）

南昌等十一府災，（布政使陳恪）奏允每歲帶徵税粮二分。（康熙《南昌郡乘》卷二七《良吏》）

城垣圮於積雨。越三載，知縣張景華修復。庚辰，復圮于大水，十存一二。（道光《吉水縣志》卷四《城池》）

大水，大無麥。斗米八十錢，薪五百觔錢五十。（道光《璜涇志稿》卷七《災祥》）

大旱，饑。（嘉靖《内黄縣志》卷八《祥異》）

潦水所淹，子城串樓俱毁。（嘉靖《廣東通志初稿》卷四《城池》）

横州、永淳旱，饑。（嘉靖《南寧府志》卷一一《祥異》）

秋，雨雹。（嘉慶《郴州總志》卷四一《事紀》）

地震，大雪，積深丈餘。（康熙《遂昌縣志》卷一〇《災眚》）

冬，大雪。（民國《潼南縣志》卷六《雜記》）

正德十一年（丙子，一五一六）

正月

不雨，至六月初一日方雨。是年大有。（乾隆《衡水縣志》卷一一《機祥》）

不雨，至於夏六月，大無麥禾。（康熙《鹿邑縣志》卷八《災祥》）

二月

乙卯，山西朔州馬邑縣地震。（《明武宗實録》卷一三四，第2656頁）

丁巳，雲南大理、蒙化二府各地震。（《明武宗實録》卷一三四，第2658頁）

辛酉，夜，月犯天罇南第一星。（《明武宗實録》卷一三四，第2659頁）

癸酉，夜，月犯建星西第三星。（《明武宗實録》卷一三四，第2664頁）

甲戌，未刻，東方流星如碗，色青白，起自東中天，東北行至近濁。薊州有火星隕地，大如斗，随有白氣蜿蜒上升，夂之乃滅。（《明武宗實録》卷一三四，第2664頁）

晝晦。（乾隆《崞縣志》卷五《祥異》）

二十有六日，颶風作，雨雹大如卵，小如彈，禽獸擊死，麰麥無遺種，東南鄉尤甚。（同治《僊遊縣志》卷五二《祥異》）

二十六日，颶風，雨雹大如卵，小如彈丸，禽獸多擊死，麰麥無遺，東南方尤甚。（乾隆《僊遊縣志》卷五二《祥異》）

三月

壬午，王氏封侯，黄霧四塞。昂拜官之日異亦若此，天意照（廣本作“昭”）然，朝野駭異。（《明武宗實録》卷一三五，第 2670 頁）

丙戌，命禮部祈雨。（《明武宗實録》卷一三五，第 2671 頁）

甲午，禮部覆都给事中葉相、御史向信等奏言：“頃者四方奏報灾異，無日無之，其最甚者莫如地震，在留都則寢廟不免震驚，在雲南則諸郡幾至傾陷。計天下地震之處，十已六七，而畿甸之間，亢旱尤烈，意者中外群臣不職所致……”（《明武宗實録》卷一三五，第 2675 頁）

三日，生負張寅讀書後園書房二間，天雨紅雨，開門見簷溜書赤，以甌盛之，色久不變。報父兄暨親友，争觀之，以爲異。（嘉靖《太倉州志》卷一〇《雜志》）

十三，夜，始興東北大風雹，百物披靡。（道光《直隸南雄州志》卷三四《編年》）

四月

丁巳，定國公徐光祚、會昌候〔侯〕孫銘、新寧伯譚祐（抱本作“佑”）、禮部尚書毛紀以禱雨，奉命祭告天地、社稷、山川及城隍之神。（《明武宗實録》卷一三六，第 2687 頁）

己未，又况冬無瑞雪，春有風霾，小雨初零，隨即晴霽，祈請雖切，甘霖未降。今二麥已枯，五穀未種，災害疊見，邊報屢至。若使雨再愆期，年更荒歉，則将來可憂之禍，殆有不可勝言者。（《明武宗實録》卷一三六，第 2688 頁）

甲戌，泰陵桃谷口西小長谷雷震山脊，火起，尋熄。（《明武宗實録》卷一三六，第 2694 頁）

丙子，河南原武縣大雨雹。（《明武宗實録》卷一三六，第 2696 頁）

丁丑，山西遼州和順、榆社縣大雨雹，傷田苗，人畜有死者。（《明武宗實録》卷一三六，第 2697 頁）

庚辰，以災傷命巡撫都御史等官賑恤。(《明武宗實録》卷一三六，第2697頁)

新會大水。(嘉靖《廣東通志初稿》卷三七《祥異》；道光《新會縣志》卷一四《祥異》)

大雨雹，風雨暴作，雹大如雞卵，破屋折木，殺鳥雀。(民國《來賓縣志》下篇《禨祥》)

萬泉、保德、崞縣、河曲雨雹，大如雞卵。(雍正《山西通志》卷一六三《祥異》)

萬泉雹。(萬曆《平陽府志》卷一〇《災祥》)

雨雹，小如牛目，大如杵，禾稼盡傷，人畜亦間有斃者。(康熙《嶧縣志》卷二《災祥》)

二十六至二十九日連雨，大水。(乾隆《石城縣志》卷七《祥異》)

大風，大水。(同治《番禺縣志》卷二一《前事》；宣統《南海縣志》卷二《前事補》)

大水，漂民居。(道光《新寧縣志》卷七《事紀略》)

五月

壬午，禮部尚書毛紀以災異求去位。(《明武宗實録》卷一三七，第2699頁)

己丑，以陝西旱，令巡撫都御史多方賑濟，從右布政使王恩等奏也。(《明武宗實録》卷一三七，第2703頁)

壬辰，陝西華亭縣大風雨雹，傷禾稼，河溢，漂流房屋，人畜死者甚衆。(《明武宗實録》卷一三七，第2706頁)

大水入城，東北二市可通舟。(民國《靈川縣志》卷一四《前事》)

漢水溢。(光緒《光化縣志》卷八《祥異》)

大水入城。(同治《宜城縣志》卷一〇《祥異》)

江水大漲。(嘉靖《湖廣圖經志書》卷二《武昌府文類》)

大水，決沙市護堤，灌城脚，禾苗損壞甚衆。(嘉靖《荆州府志》卷三

一《祥異》）

丁未，安陸、沔陽大水，漢江漲溢，漂没民舍，人畜溺者甚衆。（康熙《安陸府志》卷一《郡紀》）

二十九日，北河江水湧流，聲如號，渡舟覆溺，堤岸崩潰。（乾隆《華容縣志》卷一二《志餘》）

大水入城，東北市可以通舟。（雍正《靈川縣志》卷四《祥異》）

大雨水。（嘉靖《廣西通志》卷四〇《祥異》）

夏五月間、秋八月間，陰雨連旬，大水衝堤决岸，懷山襄陵，漂流民舍孳畜，民遭陷溺而失所者衆。（嘉靖《湖廣圖經志書》卷六《荆州府文類》）

至十一月，不雨。（康熙《桐廬縣志》卷四《災異》）

六月

戊午，宣府大雨。是日，遊擊将軍靳英（抱本作“恩”）遣兵三千人於龍門城禦賊，行至漫嶺迤東，山水暴漲，官軍溺死者七十餘人。懷安城驟雨，雷大震，草場火。（《明武宗實録》卷一三八，第2721頁）

己未，自甲寅至是日，金星酉刻晝見于申。（《明武宗實録》卷一三八，第2722頁）

庚申，昏刻，月犯鍵閉星。（《明武宗實録》卷一三八，第2722頁）

辛酉，山東夏津縣雨雹。（《明武宗實録》卷一三八，第2722頁）

甲戌，宣府大雨雹。先是，宣府自正月不雨，至于五月，復以冰雹，禾稼盡死。（《明武宗實録》卷一三八，第2728～2729頁）

霪雨連旬，西潦暴漲，民居傾塌，諸山崩頹，蚕稼無收，晚秧失蒔，要明两邑爲災孔亟。（宣統《高要縣志》卷二五《紀事》）

漳河南徙。（民國《寧晉縣志》卷一《災祥》）

霪雨，水溢。（乾隆《太原府志》卷四九《祥異》）

淫雨，水出縣西南，民俱（疑當作“居”）淪圮無遺。（萬曆《榆次縣志》卷八《災祥》）

大水，蝦蟇鳴于樹上。（萬曆《武定州志》卷八《災祥》）

自去年七月不雨，至六月一日大雨三晝夜，越五日復大雨。（康熙《德平縣志》卷三《災祥》）

海潮暴至，平地湧丈餘，鄉間行旅及治畦者皆沉溺，廬舍畜産漂圮不可勝數。（正德《崇明縣重修志》卷一〇《災祥》）

大水，穿山衝石。（康熙《陽春縣志》卷一五《祥異》）

大雨水，積雨。積雨旬日。壬戌夜，潮潦暴漲，壞公私房屋數千間，城崩殆盡，冲陷民田無數。時二熟不登，江邑大災，署篆縣丞周孜凡告災者輒索賂，然後准報，以故申災不實。既而，姚令復任，如水益深，民遂大困。有飢民以牛易粟，比得升斗，回家而妻子業已餓死，其人即自經。又饑民有采草根而食者，一家十餘口遇毒。（康熙《陽江縣志》卷三《縣事紀》）

大水，雨暴潦漲，房屋崩壞，諸山傾卸，蚤稼不登，晚秧失種，爲災孔棘。（康熙《高明縣志》卷一七《紀事》）

積雨潮漲，壞城害稼。（萬曆《廣東通志》卷七二《雜録》）

鄧川州大雷，擊死九蛇，長丈餘，圍尺半，水漲漂出。（隆慶《雲南通志》卷一七《災祥》）

博白大水。秋七月，淫雨，公署民居多崩塌，人畜渰死甚衆，几二旬乃霽。（嘉靖《廣西通志》卷四〇《祥異》）

霪雨，水出縣西南，衝民廬。（道光《河曲縣志》卷三《祥異》）

大水，雨暴潦漲，房屋崩壞，諸山傾卸，蚤稼不登，晚秧失種，爲災孔棘。（光緒《高明縣志》卷一五《前事》）

七月

戊子，減免霸州及大城、文安、静海三縣常課有差，以災故也。（《明武宗實録》卷一三九，第 2736 頁）

甲午，以旱災減免山東兖州等府、濟（廣本、抱本“濟”下有“南”字）等衛所今歲之税有差。（《明武宗實録》卷一三九，第 2741 頁）

丁酉，雲南大理府地震。（《明武宗實録》卷一三九，第 2743 頁）

戊戌，雲南蒙化府地震者五。（《明武宗實録》卷一三九，第 2744 頁）

己亥，曉刻，月犯天囷（廣本、抱本“囷”下有“西第二”三字）星。（《明武宗實録》卷一三九，第2744頁）

壬寅，陝西西安府地震。（《明武宗實録》卷一三九，第2749頁）

戊申，雲南雲南府（廣本作“蒙化府”）地震。（《明武宗實録》卷一三九，第2753頁）

三日，忽雷電轟掣，雨如倒瀉一晝夜，凡城郭、廟宇等事悉蕩跌破壞。（康熙《鹽山縣志》卷一〇《藝文》）

不雨。（康熙《德州志》卷一〇《紀事》）

贛州府地震，黑風四塞，下黑子如竹實。（乾隆《贛州府志》卷一《禨祥》）

初，五鼓，巴陵東南天裂，長三丈餘，紅光刺人。（隆慶《岳州府志》卷八《禨祥》）

雨雹，大如拳。（乾隆《崞縣志》卷五《祥異》）

八月

癸丑，以旱災免順天、永平、保定、河間四府，及陝西西安府所屬州縣、山西大同州縣衛所夏税有差。（《明武宗實録》卷一四〇，第2757頁）

戊辰，南京地震，湖廣武昌府震如之。（《明武宗實録》卷一四〇，第2764頁）

大水，饑。枝江大水。（光緒《荆州府志》卷七六《災異》）

春旱。八月二十一日夜半，冷風大作，三日不止。（嘉靖《昌樂縣志》卷一《祥異》）

朔，夜大風，拔木壞屋，禽鳥折翅。（同治《餘干縣志》卷二〇《祥異》）

十一日，既夕，赤黑雲西北來，震電交作，雹大者如雞卵，類手握雪裘，二鼓乃止，縣東北禾如碾者。（嘉靖《通許縣志》卷上《祥異》）

大水。（光緒《應城志》卷一四《祥異》）

萬泉雨雪。（萬曆《平陽府志》卷一〇《災祥》）

華容大水。（乾隆《岳州府志》卷二九《事紀》）

九月

庚寅，以旱災免陝西鞏昌等府衛州縣，及山東濟南等府州縣税糧之半。（《明武宗實録》卷一四一，第 2777 頁）

丙申，貴州大雨雹，又明日地震。（《明武宗實録》卷一四一，第 2779 頁）

十月

丙辰，雲南曲靖軍民府地震。（《明武宗實録》卷一四二，第 2790 頁）

以水災減湖州、嘉興、甯波三府夏税麥及絲綿有差。（光緒《慈谿縣志》卷五五《祥異》）

煖氣如春，李皆結實。（萬曆《新寧縣志》卷二《祥異》）

十一月

癸未，廣東廉州府地震有聲。（《明武宗實録》卷一四三，第 2809 頁）

甲申，以災傷免湖廣武昌、漢陽、襄陽、常德、德安、荆州、黄州、岳州八府，沔陽、安陸二州，山西太原、平陽二府，澤、潞二州屬縣税粮（廣本“粮”下有“各”字）有差。（《明武宗實録》卷一四三，第 2809 頁）

辛卯，陝西肅州衛地震。（《明武宗實録》卷一四三，第 2811 頁）

癸巳，昏刻，月犯井宿西扇北第一星。（《明武宗實録》卷一四三，第 2811 頁）

甲午，夜，月犯天罇西第一星。（《明武宗實録》卷一四三，第 2812 頁）

癸卯，夜，月掩犯氐宿東南星。（《明武宗實録》卷一四三，第 2814 頁）

十二月

己酉，以冬無雪，令順天府官祈禱。（《明武宗實録》卷一四四，第 2819 頁）

己未，雲南楚雄、大理二府蒙化、景東二衛俱地震。（《明武宗實録》

卷一四四，第2822頁）

壬戌，宣府懷来衛地震。（《明武宗實録》卷一四四，第2824頁）

丁卯，寧夏衛地震。（《明武宗實録》卷一四四，第2824頁）

己巳，以河間府水災，命發德州水次倉粟米一萬五千（廣本作“一十五萬”）石，長蘆塩價二千六百兩，順德、廣平、大名三府及本府所属州縣倉庫錢粮以賑之。從户部議也。（《明武宗實録》卷一四四，第2825頁）

庚午，雲南景東衛地震。（《明武宗實録》卷一四四，第2826頁）

辛未，雲南大理府雷震。（《明武宗實録》卷一四四，第2826頁）

乙亥，以災傷免直隷鳳陽、淮安、揚州三府，徐州所屬州縣及鳳陽等衛，洪塘、潁上等所，陝西莊浪、西寧二衛税粮有差。（《明武宗實録》卷一四四，第2827頁）

兵部侍郎趙璜以滄州災傷，請加賑恤。從之。（乾隆《滄州志》卷一二《紀事》）

是年

春，大雨，水潦暴漲，室廬壞，山崩，早稼不登，晚禾失種。（光緒《四會縣志》編一〇《災祥》）

春夏，不雨。（光緒《德平縣志》卷一〇《祥異》）

夏，大雨，殺麥禾。（光緒《川沙廳志》卷一四《祥異》）

水，大饑，人相食。（光緒《潛江縣志續》卷二《災祥》）

颶風害稼，民告災，乃減征。（康熙《遂溪縣志》卷一《事紀》；道光《遂溪縣志》卷二《紀事》）

郭家淵决。（同治《公安縣志》卷三《祥異》）

淫雨傷禾，雷擊泰興文廟東柱。（光緒《通州直隷州志》卷末《祥異》）

天雨雹，大如盌。（民國《茌平縣志》卷一一《災異》）

大水。（嘉靖《欽州志》卷九《歷年》；萬曆《澧紀》卷一《災祥》；康熙《常熟縣志》卷一《祥異》；康熙《恩平縣志》卷一《事紀》；康熙

《景陵縣志》卷二《災祥》；乾隆《枝江縣志》卷一〇《雜志》；光緒《金壇縣志》卷一五《祥異》；光緒《霑化縣志》卷七《大事記》；民國《萊陽縣志》卷首《大事記》）

大旱。（康熙《長清縣志》卷一四《災祥》；康熙《應山縣志》卷二《兵荒》；乾隆《天鎮縣志》卷六《祥異》；道光《長清縣志》卷一六《祥異》）

旱潦為災。（光緒《文登縣志》卷一四《災異》）

旱，潦，不收。（道光《文登縣志》卷七《災祥》；道光《榮成縣志》卷一《災祥》）

雹大如雞卵，傷木殆盡。（康熙《保德州志》卷三《風土》）

雷擊殺九蛇。（咸豐《鄧川州志》卷五《災祥》）

地震，雪積丈餘。（光緒《松陽縣志》卷一二《祥異》）

松陽地震，雪積丈餘。（光緒《處州府志》卷二五《祥異》）

水灾。（光緒《慈谿縣志》卷五五《祥異》）

秋冬，旱。（光緒《嘉興府志》卷三五《祥異》；光緒《嘉善縣志》卷三四《祥眚》）

雙鳳里土岡中聲如雷，有氣從西北去。春耕田間水湧，草木盡偃。（民國《太倉州志》卷二六《祥異》）

春，不雨，麥不登。（光緒《柘城縣志》卷一〇《雜志》）

夏，大旱。（民國《濰縣志稿》卷二《通紀》）

夏，旱，二麥不收。奏聞，免夏税什七。（乾隆《修武縣志》卷九《災祥》）

夏，大水壞城，漂民居，馬欄寺山忽裂。（嘉慶《恩施縣志》卷四《祥異》）

大尹李瑭因舊城築木六成，甫十閱月，霪雨彌旬，夜復大作，積水益横暴，漫臨城下，牆崩損，覆重成之功，淪入泥。（光緒《南宫縣志》卷六《建置》）

旱荒，五穀不登，餓莩載道。（雍正《定襄縣志》卷七《灾祥》）

雹大如鶏卵，傷禾殆盡。（康熙《保德州志》卷三《風土》）

武定、海豐大水。（咸豐《武定府志》卷一四《祥異》）

水决。（康熙《荆州府志》卷八《隄防》）

登州大水。（雍正《山東通志》卷三三《五行》）

蝗。（康熙《均州志》卷二《災祥》；道光《辰溪縣志》卷三八《祥異》；同治《重修寧海州志》卷一《祥異》；同治《沅陵縣志》卷三九《祥異》）

北畿及兖州、西安、大同旱。（《明史·五行志》，第484頁）

白水塘蛟騰水沸，壞民屋。（萬曆《無錫縣志》卷二四《災祥》）

霪雨傷稼，雷擊文廟東柱。（光緒《泰興縣志》卷末《述異》）

淫雨傷禾。（萬曆《通州志》卷二《禨祥》）

水，知縣王世臣賑之。（民國《如皋縣志》卷四《蠲賑》）

旱。螟螣害稼。（乾隆《桐廬縣志》卷一六《災異》）

大旱，顆粒無收。（嘉靖《續澉水志》卷八《祥異》）

雨雪二月。（崇禎《義烏縣志》卷一八《災祥》）

通濟橋為洪水衝頽。（乾隆《上饒縣志》卷三《城池》）

旱，八分災。分守参政陳洪謨奏准免粮五分。（隆慶《臨江府志》卷六《歲眚》）

旱，分守参政陳洪謨奏免税粮十分之五。（康熙《新喻縣志》卷六《農政》）

旱，分守参政陳洪謨奏免税糧十分之五。（同治《新淦縣志》卷一〇《祥異》）

地震，大風拔木。（同治《會昌縣志稿》卷二七《祥異》）

雨雹大如雞卵。（康熙《陳留縣志》卷三八《灾孽》）

霖雨涉旬。（天啟《中牟縣志》卷二《物異》）

旱，免夏税十分之七。（康熙《懷慶府志》卷一《災祥》）

霪雨，水溢山崩，决隄害稼，壞城垣百餘丈。湖鼠、青蟲生，食稼。（乾隆《江夏縣志》卷一五《災異》）

大水，漂没民田，人畜死者無算。（同治《漢川縣志》卷一四《祥祲》）

（水）復漲，丁丑如之。皆乘舟入城市，隄防悉沉於淵民，淺者為棧，深者為巢，飄風劇雨，長波巨濤，煙火斷絶，哀號相聞，湛溺死者動以千數。（嘉靖《沔陽志》卷八《河防》）

大水入城。（萬曆《襄陽府志》卷三三《災祥》）

黔陽縣大水。（乾隆《沅州府志》卷四九《祥異》）

颶作，海溢至城，盡傷禾稼。民告災，減征。（萬曆《廣東通志》卷七二《雜録》）

夏秋，大水。（嘉靖《廣西通志》卷四〇《祥異》；康熙《平樂縣志》卷六《災祥》；嘉慶《永安州志》卷四《祥異》）

秋，潦。（成化《公安縣志》卷下《藝文》）

秋，大水。（乾隆《福山縣志》卷一《災祥》；乾隆《海陽縣志》卷三《災祥》；民國《萊陽縣志》卷九《大事記》）

冬，大雪。（民國《犍為縣志》卷八《雜志》）

丙子、丁丑連旱，大饑。（嘉靖《廣西通志》卷四〇《祥異》）

丙子、丁丑連旱，龍江、思明等處皆饑。（嘉靖《廣西通志》卷四〇《祥異》）

十一年、十二年大水，各成災八分，俱蒙照數蠲租。（嘉靖《薊州志》卷一二《災祥》）

十一年、十二年大水，入城泛舟，無麥無稻。（嘉靖《漢陽府志》卷二《方域》）

十一、十二、十三連年遭水。（康熙《潛江縣志》卷二〇《藝文》）

正德十二年（丁丑，一五一七）

正月

雨雹。（光緒《潮陽縣志》卷一三《灾祥》）

風霾，人不相見。（雍正《阜城縣志》卷二一《祥異》）

雨雹。是年春澇無麥，秋蝗無禾，民大饑。（乾隆《潮州府志》卷一一《災祥》）

風霾竟日，對面不見人。（康熙《重修阜志》卷下《祥異》）

二月

庚戌，給事中任忠言："臣奉使陝西，傳聞有張太監者来辦進貢諸物。陝西北鄰胡虜，西接番戎，地瘠早寒，民多穴居野處，衣皮哺藿，無他生計。頃因北虜入套，沿邊之民耕牧盡廢，腹裹未遭殺掠者僅三四府。又以調集士馬日費芻粮，千里轉輸，亦皆疲蔽（廣本、抱本作'敝'）。況春夏亢陽，麰麥少熟，繼以霜雪，苗稼盡死，流移逃竄，十室九空。"（《明武宗實録》卷一四六，第2850頁）

己未，以災傷免陝西鞏昌府秦隴等州縣正德十一年糧草有差。（《明武宗實録》卷一四六，第2854頁）

癸亥，陝西莊浪衛天鼓鳴。（《明武宗實録》卷一四六，第2855頁）

蘇、松、常、鎮、嘉、湖大雨，殺麥禾。二月二十三日，雷電雨雹，小者如彈丸，大者如馬首，傷麥。（光緒《嘉興府志》卷三五《祥異》）

二十三日，雷電雨雹，大者如馬首。（光緒《嘉善縣志》卷三四《祥眚》）

二十三日，雷電，大雨雹傷麥。（光緒《平湖縣志》卷二五《祥異》）

三月

己丑，以災傷免大同左等衛所及大同府所屬州縣税糧有差。（《明武宗實録》卷一四七，第2867頁）

壬辰，撫治鄖陽等處都御史陳雍奏："襄陽、荆州等府水災異常，宜賑濟。"户部覆議："准借均州香錢三千兩，及本省倉庫錢糧，亦准動支。其有不敷，則將近日生員例納，及武昌鹽船掛號等銀會計分給。"從之。（《明武宗實録》卷一四七，第2870頁）

癸卯，湖廣郴州地震，聲如雷。（《明武宗實録》卷一四七，第2880頁）

旱。（民國《上杭縣志》卷一《大事》）

四月

辛亥，以災傷免直隸保安州及宣府隆慶各衛所正德十一年税糧有差。（《明武宗實録》卷一四八，第2884頁）

丙辰，廣西來賓縣大風雨雹，抜木，毁官民廬舍，瓦石皆飛。（《明武宗實録》卷一四八，第2886頁）

甲子，江西撫州府及餘干、豐城縣，福建泉州府俱地震。浙江金鄉衛自是日至七月己丑，地凡十有五震，出白黑毛長尺。（《明武宗實録》卷一四八，第2890頁）

戊辰，以天氣暄熱，命刑部、都察院及南京法司見監罪囚一體寬恤，枷號者暫免。（《明武宗實録》卷一四八，第2890頁）

辛未，福建福州府自乙丑至是日地數震。（《明武宗實録》卷一四八，第2891頁）

蝗。（康熙《通州志》卷一一《災異》）

大水，渰禾稼，廬舍湮没。（乾隆《衡水縣志》卷一一《禨祥》）

大水。（乾隆《饒陽縣志》卷下《事紀》）

府大水，頃刻深丈餘，壞民廬舍，漂禾麥。（康熙《宜春縣志》卷一《災祥》）

邑大旱。（乾隆《瑞金縣志》卷三《寺觀》）

懷寧、桐城、宿松、望江水，免其租十之三。（康熙《安慶府志》卷六《祥異》）

十一日，來賓縣大雨雹，天忽迷冥，風雨暴作，雹落大如雞子，破屋折木，殺鳥雀。遷江縣亦然。（嘉靖《廣西通志》卷四〇《祥異》）

十二日，來賓晝晦，大雨雹破屋折木，殺鳥雀。（乾隆《柳州府志》卷一《禨祥》）

五月

乙亥，福建福州府地連（廣本無“連”字）震。（《明武宗實録》卷一四九，第2895頁）

庚辰，山西太原、靈石、武縣三縣大雨雹。（《明武宗實録》卷一四九，第2898頁）

己亥，保定府安肅縣大雨雹，平地水深三尺，傷禾稼，民有被擊死者。（《明武宗實録》卷一四九，第2909頁）

己亥，山西沁源縣大雨雹。（《明武宗實録》卷一四九，第2909頁）

辛丑，山西武鄉縣雨雹大如雞子，損禾稼。（《明武宗實録》卷一四九，第2912頁）

己亥，安肅大雨雹，平地水深三尺，傷禾，民有擊死者。（民國《甘肅通志稿》卷一二六《變異》）

八日，大雨雹。（嘉靖《昌樂縣志》卷一《祥異》）

（淮水）復決漕堤，灌泗州。（《明史·河渠志》，第2120頁）

淮水復溢，至七月乃消。水勢比之六年尤高尺有二寸，其門闕填塞，具如舊。法成，以不灌。然而徵粮地畝屢經淤没，遂多沙淤不可耕，而軍民牆屋由是日就傾壞，不復自賑矣。是年夏秋，存留米麥俱無。（嘉靖《泗志備遺》卷中《災患》）

山出蛟，損壞田廬，民有全家溺者。秋大疫。（康熙《建德縣志》卷七《祥異》）

二十六日，北鄉石斛五顯廟柱龍變，水暴至，漂溺無數。（康熙《浮梁縣志》卷二《祥異》）

念六，北鄉石斛五顯廟柱龍變，水暴至，漂溺無數。（同治《饒州府志》卷三一《祥異》）

至六月，大雨約四十餘日，滁水泛漲，街衢乘船筏以通往来，壞民廬舍不可勝紀。（嘉靖《六合縣志》卷二《災祥》）

夏五、六月，大旱，害稼。（嘉靖《廣西通志》卷四〇《祥異》）

六月

乙巳朔，日食。欽天監……推算時刻舛誤。（《明武宗實録》卷一五〇，第 2915 頁）

辛亥，福建福州府地震。（《明武宗實録》卷一五〇，第 2916 頁）

癸亥，直隸山陽縣九龍見，色皆黑。一龍吸水聲（廣本、抱本“聲”下有“聞”字）数里，攝魚舟及舟中女子至空而墮，大雨随注。（《明武宗實録》卷一五〇，第 2919 頁）

戊辰，雲南新興州地震，大雪雹傷禾稼。通海、河西、嶍峨等縣地震壞城樓房屋，民有壓死者。（《明武宗實録》卷一五〇，第 2920 頁）

壬申，江西南昌府夜有火自空而隕，光焰長丈餘，饒州府隕火亦如之。建昌縣有星自東南流至西北，光焰燭天，天鼓随鳴。（《明武宗實録》卷一五〇，第 2921 頁）

癸酉，寅時，廣東增城縣有星如斗，化為白氣而没。（《明武宗實録》卷一五〇，第 2921 頁）

乙丑，大水。（民國《昌黎縣志》卷一二《史事》）

大水傷禾稼殆盡。（乾隆《祁州志》卷八《紀事》）

雷震騰衝演武場。（光緒《永昌府志》卷三《祥異》）

大水傷稼。（康熙《晉州志》卷一〇《事紀》）

大水，禾稼盡傷。民大饑，疫死者枕藉。（民國《雄縣新志・故實略》）

暴雨兩日，水驟漲。（康熙《遵化州志》卷二《災異》）

夜，大雨。（嘉靖《高唐州志》卷七《祥異》）

唐縣大水，房屋漂流甚多，溺死者千餘人。（萬曆《南陽府志》卷二《祥異》）

大水。（嘉靖《商城縣志》卷八《祥異》）

大雨彌月，尖峯山崩。是歲大饑，鹽價甚賤，百石易米一石。（乾隆《潮州府志》卷一一《災祥》）

七月

己卯，陕西商南縣、湖廣鄖陽（廣本、抱本“陽”下有“縣”字）俱地震。（《明武宗實録》卷一五一，第2924頁）

癸未，昏刻，月犯罰星南星。（《明武宗實録》卷一五一，第2924頁）

壬辰，命署都督僉事李隆于右軍都督府僉書管事。大學士梁儲等言：“今年四、五月以後，各處水患非常。南京國家根本之地，陰雨連綿，歷兩三月不止，且又雨中雷擊神機營旗竿。鳳陽祖宗興王之地，雨久，山水驟發，臨淮、天長、五河、盱眙等縣軍民房屋盡被衝塌，田野禾稼淹没無存，老稚男婦溺死甚衆。蘇、松、常、鎮、嘉、湖等府財賦所出之地，四五十日内，大雨如注，夏麥秋稻盡遭渰死。淮、楊〔揚〕等處又南北襟喉之地。自儀真以北至扵清河，遠近一壑，茫無畔岸，房屋坍塌，人畜漂溺，難以數計。淮安新舊城内，駕船行走，居民半棲城上，河堤决口，阻壞船隻，後幫糧運，無計前行。湖廣荆襄諸處亦以霪雨，江水泛漲。至若京城内外，順天、河間、真（疑脱‘定’字）、保定等府驟雨，又數十年以來，所未有者。通州張家灣一帶彌望皆水，衝壞糧船，漂流皇木，不知其幾。且每年糧運就使盡數，俱到京、通二倉尚虚，不足供用。今先到糧船，既以沉溺，後來粮船又未可期。況宣、大二鎮每歲軍餉，大約用百五六十萬。今欲查議足勾四五年之用，又未知何處而可足。其山東登、莱等府及遼東地方，自春至夏，又苦不雨，二麥既死，秋稼未登，水旱之災，並在一時，何以堪命?”（《明武宗實録》卷一五一，第2930～2931頁）

丙申，夜，月犯畢宿右股北第二星。（《明武宗實録》卷一五一，第2934頁）

丁酉，廵撫順天等府地方右副都御史臧鳳言：“玆者淫雨連旬，山水泛漲，所在城郭坍損，民居傾壞，田禾淹没，所存無幾。上下憂惶，莫知所措。”（《明武宗實録》卷一五一，第2934頁）

辛丑，總督漕運都御史叢蘭奏：“淫雨為災，淮水泛漲，衝决漕堤，淹没人畜禾稼。”（《明武宗實録》卷一五一，第2936頁）

大水。（康熙《鹽山縣志》卷九《災祥》）

河決，没禾。（嘉靖《武城縣志》卷九《祥異》）

八月

戊申，楊慎等各言："……夫以匹夫之微，適百里之外，尚且囊衣裘以禦寒暑，佩弓刀以備盗賊。陛下暴衣露盖，曾不顧惜，此臣等之所未解也。陛下初謀此行，畿内連月大雨，及車駕至昌平，京城盡日大風揚塵。此非偶然，盖天心仁愛陛下，欲留止其行也。人言縱不足聽，天意獨不可畏乎。"（《明武宗實録》卷一五二，第2940頁）

戊申，山東萊州府地震。（《明武宗實録》卷一五二，第2941頁）

己酉，夜，東方流星如盞（廣本"盞"下有"大"字），色青白，起天倉東南行至近濁。（《明武宗實録》卷一五二，第2941頁）

壬子，兵部言："畿輔今歲水災異常，民窮盗起，勢所必至。請如近例於直隷河間府地方暫設總兵官一員，大名等府、山東武定（廣本、抱本'定'下有'州'字）等處各兵備官一員。"從之。（《明武宗實録》卷一五二，第2943頁）

戊午，以災傷停徵順天、保定、淮、揚等府及河南、山東十一年拖欠寄養備用馬匹。（《明武宗實録》卷一五二，第2945頁）

己未，巡撫僉都御史李瓚奏："河間、保定、真定、大名四府所屬州縣，并廣平、順德二府俱有水旱災，乞賑濟。"（《明武宗實録》卷一五二，第2945～2946頁）

壬戌，留鳳陽秋班京操官軍本處操備，以水災故也。（《明武宗實録》卷一五二，第2948頁）

癸亥，陞廣東左布政使吴廷舉為都察院右副都御史，往湖廣賑濟。先是，巡撫都御史秦金奏："武、漢、荆、岳、黄、襄、德、常、安、沔等府州，并所屬縣俱水災，請遣大臣發銀賑濟。"（《明武宗實録》卷一五二，第2948頁）

癸亥，是夜，南京祭歷代帝王，風雨大作，雷震死齋房吏。（《明武宗

實録》卷一五二，第 2949 頁）

夏，不雨。秋八月，大水。（雍正《吴川縣志》卷九《事蹟紀年》）

九月

丙子，夜，南方流星如盞，色青白，光明照地，起自北河，東南（廣本無“南”字）行至近濁。（《明武宗實録》卷一五三，第 2954 頁）

己卯，山東青（原脱“州”字）、濟南、萊州、登州等府俱地震。（《明武宗實録》卷一五三，第 2954 頁）

庚辰，山東益都縣雷電、冰雹、大雨交作。（《明武宗實録》卷一五三，第 2954 ~ 2955 頁）

庚辰，雲南蒙化府地震。（《明武宗實録》卷一五三，第 2955 頁）

壬午，夜，月犯秦星。（《明武宗實録》卷一五三，第 2955 頁）

癸巳，夜，月犯井宿西扇北第一星。（《明武宗實録》卷一五三，第 2960 頁）

甲午，夜，西南二方流星俱如盞，色青白，西起自危宿，南起自天庾，俱行至近濁。（《明武宗實録》卷一五三，第 2960 ~ 2961 頁）

戊戌，夜，南方流星如盞，色青白，起天苑，西南行至近濁。（《明武宗實録》卷一五三，第 2962 頁）

庚子，昏刻，北方流星如盞，色赤（廣本作“青”）黄，發光如碗，起東北，行至近濁，後有五小星隨之。（《明武宗實録》卷一五三，第 2964 頁）

辛卯，河決城武。（《明史·武宗紀》，第 209 頁）

庚子，上獵、陽和大雨雹。（《國榷》卷五〇，第 3135 頁）

雨雹。（雍正《陽高縣志》卷五《祥異》）

初七日，雷雨大作。（嘉靖《昌樂縣志》卷一《祥異》）

十月

丁未，比曉，大霧圍。乃鮮勛等人（抱本作“入”）應州城，（朱）鑾

及守偹左衛城都指揮徐輔兵至。又明日，勛等出城。（《明武宗實録》卷一五四，第2969頁）

丁未，上復（抱本“復”下有“欲”字）進兵，會天大風黑霧，晝晦，我軍亦疲困，乃還。（《明武宗實録》卷一五四，第2970頁）

辛亥，廣靈縣遊繫〔擊〕鎮軍渾源城，地震。（《明武宗實録》卷一五四，第2971頁）

丙寅（一作“甲寅”），四川叙州府雷大震。寧夏衛地震。（《明武宗實録》卷一五四，第2972頁）

丁卯，夜，東方流星如盞，色青白，起自軒轅，東行至近濁。（《明武宗實録》卷一五四，第2973頁）

丙辰，浙江温州府、雲南楚雄府俱地震。（《明武宗實録》卷一五四，第2973頁）

己未，山西沁州地震。（《明武宗實録》卷一五四，第2973頁）

己巳，自甲子至是日，木星晝見于巳。（《明武宗實録》卷一五四，第2974頁）

壬申，南京雷震霹靂，雹雨交作。（《明武宗實録》卷一五四，第2975頁）

雷。（道光《桐城續修縣志》卷二三《祥異》）

朔，雷震，大雪，至十二月止。（萬曆《秀水縣志》卷一〇《祥異》）

雷擊江邊舟檣。（正德《安慶府志》卷一七《祥異》）

十一月

丁亥，以兩淮、兩浙塩價銀各貳萬兩，分賑廬、鳳、淮、楊〔揚〕四府，以地方水災故也。（《明武宗實録》卷一五五，第2986頁）

癸巳，南京大風雷（抱本作“雪”），朴（抱本作“仆”）孝陵殿前松柏二十二株、冬青一株，圍墻内外松栢催拔者五百十餘株。（《明武宗實録》卷一五五，第2990頁）

丁酉，陝西固原州地震，聲如雷。（《明武宗實録》卷一五五，第2992～2993頁）

戊戌，雲南大理府地震。（《明武宗實録》卷一五五，第2993頁）

己亥，雲南尋甸軍民等府、嵩明等州及楊林堡守禦千户所各地震。（《明武宗實録》卷一五五，第2993頁）

朔，雷震。（光緒《石門縣志》卷一一《祥異》）

雷震，大雪至十二月乃止。（光緒《嘉興府志》卷三五《祥異》）

雷雹，大雪，十二月乃止。（光緒《嘉善縣志》卷三四《祥眚》）

雷震，大雪，十二月乃止。（光緒《平湖縣志》卷二五《祥異》）

冬至，雷。（正德《福州府志》卷三三《祥異》）

朔，雷震，大雪，至十二月止。（萬曆《秀水縣志》卷一〇《祥異》）

朔，雷震。是月復大雪，至閏十二月止。（道光《石門縣志》卷二三《祥異》）

十二月

乙（抱本作“己”）酉，雲南大理府（抱本作“衞”）大風，壞城楼、角楼。（《明武宗實録》卷一五六，第2999頁）

壬子，以水災免廬、鳳、淮、楊〔揚〕四府，暨中都留守司鳳、楊等衛所秋粮有差。（《明武宗實録》卷一五六，第2999頁）

己酉，大理衛大風，壞城樓。（《明史·五行志》，第490頁）

至閏十二月，大雪。（萬曆《新修餘姚縣志》卷二三《機祥》；光緒《餘姚縣志》卷七《祥異》）

閏十二月

壬申朔，山東曹州天鼓鳴。（《明武宗實録》卷一五七，第3009頁）

丁丑，戌刻，江西瑞州（抱本“州”下有“府”字）東方有紅氣一道升上，尋变為白，形如曲尺，中有黑氣，與外黑氣如相鬬者，移時乃没。（《明武宗實録》卷一五七，第3009頁）

庚辰，山西安邑縣地震。（《明武宗實録》卷一五七，第3009頁）

庚辰，江西瑞州府大雷雹。（《明武宗實録》卷一五七，第3009頁）

丙戌，廣西太平府地震。（《明武宗實録》卷一五七，第3012頁）

大寒，民多有凍死者。（康熙《晉州志》卷一〇《事紀》）

是年

大水害稼，免其租十之三。（道光《桐城續修縣志》卷二三《祥異》）

春夏，旱。秋，疫。（光緒《邵武府志》卷三〇《祥異》）

夏，大水，禾稼盡傷，民饑疫死。（民國《霸縣新志》卷六《灾異》）

夏，大雨殺麥禾。（嘉慶《上海縣志》卷一九《祥異》；同治《上海縣志》卷三〇《祥異》）

夏，霖雨不止，城内行船。（光緒《淮安府志》卷四〇《雜記》）

夏，大水，蛟壞田舍，秋大疫。（乾隆《銅陵縣志》卷一三《祥異》）

大水。（崇禎《肇慶府志》卷二《事紀》；天啟《東安縣志》卷一《祥異》；乾隆《江夏縣志》卷一五《祥異》；乾隆《武昌縣志》卷一《祥異》；同治《醴陵縣志》卷一一《災祥》；光緒《武昌縣志》卷一〇《祥異》；光緒《清河縣志》卷二六《祥祲》）

夏，六合霖雨，滁水泛溢，乘舟入市，民多流亡。（光緒《金陵通紀》卷一〇中）

大旱。（光緒《鬱林州志》卷四《禨祥》；光緒《撫州府志》卷八四《祥異》）

雨雹破屋。（乾隆《柳州縣志》卷一《禨祥》；光緒《馬平縣志》卷一《禨祥》）

大水，饑。（民國《順義縣志》卷一六《雜事記》）

大雨水。（光緒《唐縣志》卷一一《祥異》）

大霖雨，四旬乃止。（康熙《滑縣志》卷四《祥異》；民國《重修滑縣志》卷二〇《祥異》）

荆襄江水大漲。（光緒《荆州府志》卷七六《災異》）

祁陽大旱，大疫，螟食稼。（道光《永州府志》卷一七《事紀畧》）

大雨，殺麥禾。（光緒《蘇州府志》卷一四三《祥異》；民國《吴縣

志》卷五五《祥異考》）

大水，無麥禾。（嘉慶《如皋縣志》卷二三《祥祲》；卷二三《五行》；康熙《漢陽府志》卷一一《災祥》）

蘇、松、常、鎮、嘉、湖諸府皆水。（嘉慶《松江府志》卷八○《祥異》）

河溢，廟灣大水。（民國《阜寧縣新志》卷首《大事記》）

大水決湖隄。（道光《重修寶應縣志》卷九《災祥》）

上猶大水，冲倒城牆數十丈。（光緒《南安府志補正》卷一○《祥異》）

嘉、湖大雨，殺麥禾，大水。（同治《湖州府志》卷四四《祥異》）

鳳陽、淮安皆大水。（光緒《盱眙縣志稿》卷一四《祥祲》）

水冰，皆成竹樹花草。（嘉慶《備修天長縣志稿》卷九下《災異》）

水火凶荒。（康熙《太平府志》卷三《祥異》）

秋，霖雨害稼。（嘉慶《德平縣志》卷九《祥異》；光緒《德平縣志》卷一○《祥異》）

春，順天、保定、永平饑。（《明史·五行志》，第509~510頁）

順天、河間、保定、真定大水。鳳陽、淮安、蘇、松、常、鎮、嘉、湖諸府皆大水。荆、襄江水大漲。（《明史·五行志》，第451頁）

蘇、松、常、鎮、嘉、湖大雨，殺麥禾。（《明史·五行志》，第474頁）

春，饑，復大水。（道光《新城縣志》卷一五《祥異》）

春，大旱。（民國《長樂縣志》卷三《災祥》）

春，無麥。夏，漢水溢，溺死者甚衆。（同治《漢川縣志》卷一四《祥祲》）

春，宣化旱，蝗害稼。（嘉靖《南寧府志》卷一一《祥異》）

春，旱。秋，蝗。（民國《邕寧縣志》卷三六《災祥》）

春夏，賓及屬縣皆旱，民饑。（萬曆《賓州志》卷一四《祥異》）

春夏，賓、象二州及屬縣皆旱，民饑。（嘉靖《廣西通志》卷四○《祥異》）

邵武、光澤春夏旱。秋，疫。（嘉靖《邵武府志》卷一《應候》）

夏，大水。（乾隆《滿城縣志》卷八《災祥》；嘉慶《息縣志》卷八《災異》）

夏，大水，禾盡没。（嘉靖《固始縣志》卷九《災異》）

夏，大水，禾盡漂没，人多溺死。（乾隆《霍邱縣志》卷一二《災祥》）

夏，大水，衝塌北城官民房屋過半。（乾隆《鳳陽縣志》卷一五《紀事》）

夏，霪雨連月，淮泗暴發，民居半浸，幾為魚鱉，城市行舟。凡月餘，水勢不泄。夏，霖雨不止，洪水為災。知府薛公行禱之三日，則六月二十日也，午未間密雲四布，正西雲間掛龍六，西南掛龍二，正南掛龍一，共九龍，俱墨色，隱見不常，半起半墮；惟正南一龍淡墨色，繚繞薄霧間，乍舒乍卷，首尾鱗甲皆露，湖水沸騰從之，聲聞數里。時有泰州漁人陸潮掠魚於湖，漁舟随水騰上，至半空而下，舟中一女奴驚絶復蘇，舟亦破壞，須臾雨止。（正德《淮安府志》卷一五《災異》）

水。夏麥初登，漂泛殆盡；秋禾方盛，渰没無餘。（崇禎《泰州志》卷七《災祥》）

夏，大雨，水漲江溢，街衢可通舟，溺居民，没廬舍甚衆。（萬曆《江浦縣志》卷一《縣紀》）

夏，大水傷禾。（光緒《正定縣志》卷八《災祥》）

夏，大水，禾稼盡傷。民飢疫死。（嘉靖《霸州志》卷九《災異》）

夏，大水，禾稼盡没。（康熙《文安縣志》卷一《災祥》）

夏，大水，陸地通舟。（民國《清苑縣志》卷六《大事記》）

夏，大水，陸地行舟。（乾隆《任邱縣志》卷一〇《五行》）

夏，大水，民田渰没，寸草無餘，人相食。（康熙《安州志》卷八《祥異》）

水。夏麥初登，漂没殆盡。秋禾方盛，淹没無餘。民死者以萬計。（乾隆《小海場新志》卷一〇《災異》）

大水，各成災八分，俱蒙照數蠲租。（嘉靖《薊州志》卷一二

《災祥》）

大水，陸地通舟。（雍正《高陽縣志》卷六《禨祥》；光緒《蠡縣志》卷八《災祥》）

淫雨，河決。瘟疫流行，尸骸遍野。（康熙《博野縣志》卷四《祥異》）

滹沱河由寧晉北徙。（民國《寧晉縣志》卷一《災祥》）

大水，居民屋廬衝没者十之五六。（嘉靖《清河縣志》卷三《災祥》）

磃水大漲，決磃河古堤八十丈，衝官橋水磨二十餘座。（康熙《静樂縣志》卷四《災變》）

蝗食禾。（萬曆《山西通志》卷二六《災祥》）

黑眚見。秋，大水，丹河溢，臨河村舍多漂没。（乾隆《鳳臺縣志》卷一二《紀事》）

河決李家潭。（光緒《菏澤縣志》卷三《山水》）

黄河決口，城皆傾圮。（道光《城武縣志》卷一三《祥祲》）

河決吕家潭。（光緒《曹縣志》卷一八《災祥》）

水。奉例減免勸徵平米二萬六千三百九石零，馬草二萬四千五百包零。（嘉靖《高淳縣志》卷四《災異》）

蘇州大雨，殺麥禾。（乾隆《蘇州府志》卷七七《祥異》）

大雨，殺禾麥。（嘉慶《丹徒縣志》卷五八《祥異》）

大水，禾麥無遺。（萬曆《揚州府志》卷二二《異攷》）

大水，湖堤決。（隆慶《寶應縣志》卷一〇《災祥》）

大水，居民屋廬衝没者十之五六，邑里凋敝，蓋始於此。（嘉靖《清河縣志》卷三《災祥》）

大水，漂溺居民無算。（萬曆《鹽城縣志》卷一《祥異》）

大雨，殺麥禾，大水。（光緒《歸安縣志》卷二七《祥異》）

大水害稼。（康熙《安慶府潛山縣志》卷一《祥異》）

大水，禾盡没。（嘉靖《壽州志》卷八《災祥》）

大水，河決入淮，潰圻崩崖，室廬漂沉，禾盡没。（光緒《五河縣志》卷一九《祥異》）

夏，大水，建德蛟壞田舍。秋，大疫。（萬曆《池州府志》卷七《祥異》）

大水。時淫雨不止，洪水泛溢，城外居民運舟直達縣學前，崩圮城隍四十丈，漂流廬舍，溺死者甚眾。（康熙《上猶縣志》卷二《祥異》）

水灾，城圮。（康熙《汝寧府志》卷三《城池》）

自正德十二年大水泛溢，南北江襄大堤衝崩，湖河淤淺，水道閉塞，垸塍倒塌，田土荒蕪。即今十數年來，水患無歲無之。（乾隆《湖北下荆南道志》卷二四《疏》）

莫家潭決，黄漢大浸。布政使高季鳳築之。（康熙《潛江縣志》卷一〇《河防》）

水，大饑，民物多耗。（嘉靖《沔陽志》卷一《郡紀》）

蟲殺禾。大旱，大疫。（乾隆《祁陽縣志》卷八《雜撰》；嘉慶《邵陽縣志》卷四八《祥異》）

大旱，饑。（乾隆《湖南通志》卷一四二《祥異》）

思恩大旱，饑。（嘉靖《廣西通志》卷四〇《祥異》）

連旱，大饑。（萬曆《廣西太平府志》卷二《祥異》）

潯、貴旱，害稼。（嘉靖《廣西通志》卷四〇《祥異》）

鬱林、興業大旱，岑、藤二縣亦如之。（嘉靖《廣西通志》卷四〇《祥異》）

永川、榮昌境大蝗。（萬曆《四川總志》卷二二《灾祥》）

夏秋，大水。（道光《桐城續修縣志》卷二三《祥異》；光緒《定興縣志》卷一九《災祥》）

秋，霖潦。冬，無冰。（順治《堂邑縣志》卷三《災祥》）

秋，高明大水。（嘉靖《廣東通志初稿》卷三七《祥異》）

秋，雲南大旱，祈禱無應。（嘉慶《滇系·雜載》）

十二年、十三年大水。（萬曆《泰興縣志》卷八《遺事》）

正德十三年（戊寅，一五一八）

正月

癸卯，兵部言：“河間等處水災重大，民窮盗滋，拒殺官兵，劫奪囚犯，其勢甚（抱本作‘日’）熾，總兵官張璽從征官軍二千𢂁需粮草軍器，亟（抱本‘亟’上有‘請’字）降旨給之。”（《明武宗實録》卷一五八，第3025頁）

癸卯，户科給事中李長奏：“直隸、山東地方霪潦瀰漫，五穀絶望，京師流民相属於道，携鬻（抱本無‘鬻’字）妻（抱本‘妻’下有‘與’字）子，僅易斗粟，僵死（抱本‘死’作“尸”）枕籍〔藉〕，不忍見。”（《明武宗實録》卷一五八，第3026頁）

癸卯，户科給事中邵錫言：“去秋雨水為災，秋成夫〔無〕望，順天、保定、河間被害尤甚，真定、大名等五郡次之，人民無食，餓殍盈路，流移不止，盗賊頻起，非細故也。”（《明武宗實録》卷一五八，第3026頁）

丙午，上遂馳馬，由東華門入宿于豹房。時大雨雪，文武群臣迎駕者，仆馬相失，曳走泥淖中，衣盡沾濕。（《明武宗實録》卷一五八，第3030頁）

丁巳，留廬、鳳、淮、揚并徐州兑運粮五萬五千石，并折粮脚價銀四萬兩，及両淮両浙塩價銀各三萬兩，分發廬、鳳等府賑濟，以水災故也。（《明武宗實録》卷一五八，第3035頁）

甲子，大學士楊廷和等言：“……聖駕前日（抱本無‘日’字）自宣府還，数日之間，天色晴（抱本作‘澄’）霽，風日融和，物意皆為之暢達。至扵郊祀行禮慶成，賜宴之時，亦皆静（抱本作‘晴’）朗，無少陰晦，可見宸衷開悟，天心悦懌，有如此者。迨夫聖駕之復出也，数日之間，日光陰暗，凬氣悽慘，雨雪之餘，継以大霧昏濛，竟日咫尺莫辨。上天示戒一至于此，可不畏乎？”（《明武宗實録》卷一五八，第3043頁）

十六日，天色昏晦，未申時日光跳盪，與是晚月色皆如臙脂。十七日寅

刻，月食，比旦天亦昏晦，二日皆雨黄沙。十八日，大雪。夏秋，大水，傷禾。（光緒《嘉善縣志》卷三四《祥眚》）

十八日，大雪。夏秋，大水。（光緒《嘉興府志》卷三五《祥異》）

應天大雨彌月，漂室廬人畜無算，詔振之。（光緒《金陵通紀》卷一〇中）

振兩畿、山東水災。給京師流民米，人三斗。（《明史·武宗紀》，第209頁）

廩振水災流民瘞道死者。（咸豐《大名府志》卷四《年紀》）

二月

癸酉，遼東瀋陽等衛地震。（《明武宗實録》卷一五九，第3047頁）

癸酉，蒲河中左所天鼓鳴。（《明武宗實録》卷一五九，第3047頁）

戊寅，以災免順天、保定、河間等府歲例料物俱（廣本“俱”下有“暫”字）停止（廣本作“徵”）。（《明武宗實録》卷一五九，第3050頁）

癸巳，工科都給事中石天柱上疏言：“……伏自陛下遊幸数年以来，星变地震，大水兵荒，焚及宫寢，災变不可勝数。近（抱本‘近’上有‘而’字）者，宣府徃返之期，每每風雪慘異，天意可知，而陛下不悟，禍延太皇太后……”（《明武宗實録》卷一五九，第3071～3072頁）

己亥，四川叙州府地震。（《明武宗實録》卷一五九，第3086頁）

十八日，大水，壞民居百餘家，漂塞官民田地二十八頃三十餘畝。（同治《泰順縣志》卷一〇《災異》）

雹。（乾隆《龍川縣志》卷一《災祥》）

三月

丙午，南京工科給事中王紀言：“……逮夫郊祀期迫，突然旋蹕，祀不失期，故積久陰霾，應（抱本‘應’上有‘亦’字）期而霽。”（《明武宗實録》卷一六〇，第3090頁）

甲寅，四川慶符縣大凬雹，傷麥，壞學宫，拔木發屋，人民有死者。

（《明武宗實録》卷一六〇，第 3095 頁）

甲寅，湖廣衡州府大風雨，江水溢浸入城郭，房屋及人民多有剽没者。（《明武宗實録校勘記》卷一六〇，第 579 頁）

壬戌，遼東隕霜，禾苗皆死。（《明武宗實録》卷一六〇，第 3097 頁）

壬戌，南通州大風雨雹。（《國榷》卷五〇，第 3148 頁）

雨雹。（隆慶《高郵州志》卷一二《災祥》）

四月

庚午，湖廣衡州府大雨連綿（抱本作“旬”），江水溢，舟入城廓。（《明武宗實録》卷一六一，第 3103 頁）

壬午，衡州疾風迅雷，雹雨大如我〔鵝〕卵，稜利如刀，瓦屋皆碎，断樹木如剪。（《明武宗實録》卷一六一，第 3104～3105 頁）

壬午，大雨雹，震電，雹大如鵝卵，棱利斷樹木如翦。（同治《衡陽縣志》卷二《事紀》）

雷震常豐倉。（乾隆《福州府志》卷七四《祥異》）

善化雨雹，大者如鷄子，如磚石，城野屋瓦盡壞，山嶺崩裂百處。（乾隆《長沙府志》卷三七《災祥》）

新洋江東姚氏忽一日有青龍偃卧牆下，長可數尺。塾師誤認為蛇，以竹擲之，不中。旋即飛翔霄漢，尾植天際，頭角迤邐向下，大風拔木。頃之，又一白龍從西南來，二龍遊戲天表，積貯席捲殆空。越三日，大雨漂没田麥，僅露芒穗，小民没股刈以登場，甚艱於食。（萬曆《崑山縣志》卷八《災異》）

初一日，漲水，進城四尺。至五月初九日，又漲水，進城三尺。（康熙《灌陽縣志》卷九《災異》）

五月

己亥，朔，日食。（《明武宗實録》卷一六二，第 3113 頁）

癸丑，遼東地震。常熟縣俞野村迅雷震電，有白龍一、黑龍二，乘雲並

（抱本“並”作“并”）下，口吐火，目若炬，鱗甲、頭角皆露，撤去民居三百餘家，吸舟二十餘隻于空中，舟人墮地，多怖死（抱本“死”下有“者”字）。（《明武宗實録》卷一六二，第3116頁）

癸亥，雲南黑塩井地震，山崩井塞。（《明武宗實録》卷一六二，第3120～3121頁）

癸亥，揚州大雨彌月。（《國榷》卷五〇，第3151頁）

水，免租十分之一。（光緒《灤州志》卷九《紀事》）

雨雹害稼。（萬曆《榆次縣志》卷八《災祥》）

大水，無麥。有賑。（嘉慶《東臺縣志》卷七《祥異》）

懷寧、桐城、太湖、宿松、望江水，免其租十之四。（嘉靖《安慶府志》卷一五《祥異》）

雨雹，黍麥俱盡，其牛馬行人在道不及潛避者俱爲所殺。（嘉靖《臨潁志》卷八《祥異》）

大水，颶風。（同治《番禺縣志》卷二一《前事》；宣統《南海縣志》卷二《前事補》）

大水。知府蔣瑶奏免夏秋二税。（隆慶《高郵州志》卷一二《災祥》）

大雨，轟雷擊東城門屋十餘家，大水入城三尺餘。（正德《福州府志》卷三三《祥異》）

雷震東門，大風雨，水入城三尺。地震。（乾隆《福州府志》卷七四《祥異》）

六月

己巳朔，雲南大理府及趙州、鄧（疑脱“川”字）州浪穹縣、蒙化府同時地震。（《明武宗實録》卷一六三，第3127頁）

癸酉，山東章丘縣大風雨，水溢，壞居民四千家，人畜死者無算。（《明武宗實録》卷一六三，第3129頁）

乙亥，六科給事中朱鳴陽（廣本“陽”下有“等”字）、十三道御史袁宗儒（廣本“儒”下有“等”字）言：“去年大駕出關，災異迭見，滁州牛産八足，淮安九龍並見，江西黑氣瞑闞，四川白虹纏日，亦已甚矣。近又大風拔孝陵松柏，雷火燬獻陵明樓。原上天仁愛之意，豈以地震星變等災不足以示警戒，故出非常災扵至近，以悟皇上乎?”（《明武宗實録》卷一六三，第3142頁）

壬辰，祔孝貞太皇太后神主于太廟。上入廟門，雷雹風雨大作，燭盡滅。（《明武宗實録》卷一六三，第3146～3147頁）

甲午，十三道御史成英等言：“頃者，孝貞太皇太后神主祔廟，文武百（廣本、抱本‘百’下有‘官’字）執事大昕而入伺。至昏暮，陛下捧神主至廟門，風雨雷雹暴作，燈火盡滅，咫尺莫辨。一時人心無不驚懼，天時人事，相為倚伏，未有無感而至者。”（《明武宗實録》卷一六三，第3148頁）

丁亥，長樂縣潮溢，溺人畜，大饑。（《國榷》卷五〇，第3152頁）

劉家口關雨，城壞樓傾，鐵葉門流至樂亭。（民國《盧龍縣志》卷二三《史事》）

大雨水，渰田十之七。（乾隆《震澤縣志》卷二七《災祥》）

五日，菁山南塢至埭頭山，雪積寸許。（乾隆《烏程縣志》卷一六《雜記》）

六日，河水泛溢，民舍覆者十之三，溺死甚衆。（康熙《長山縣志》卷七《災祥》；嘉慶《長山縣志》卷四《災祥》）

騰衝旱。（光緒《永昌府志》卷三《祥異》）

大水。（光緒《永嘉縣志》卷三六《祥異》；民國《台州府志》卷一三四《大事略》）

麗水火。景甯是年六月，大水漂没田廬，溺死甚衆。（光緒《處州府志》卷二五《祥異》）

又饑。是年六月，雨彌旬，水浸縣治，惡風害稼。（光緒《福安縣志》卷三七《祥異》）

劉家口關暴雨，城壞樓傾，銕葉門流至樂亭。（康熙《永平府志》卷三《災祥》）

黑風自西北來，薄邑城西關雲霧迅合，雷雨晦冥，屋瓦皆飛，揚沙簸石，大木盡拔，有二龍戲河上，承水爲之斷流，剥毁居廬，壓死人畜以數百計，禾稼無論矣。（光緒《嶧縣志》卷一五《災祥》）

大潮没禾稼。六月，不用青銅錢，只用舊小銅錢。（乾隆《崇明縣志》卷一三《祲祥》）

大雨水，淹田。免夏税有差。（同治《雙林鎮志》卷一九《災異》）

大雨水，渰田十之七。明年夏四月，免其税糧。（乾隆《吴江縣志》卷四〇《災變》）

大風雨，水溢，漂没死者甚衆。（嘉靖《瑞安縣志》卷一〇《雜志》）

大水，漂民田廬不計，溺死者甚眾。（萬曆《景寧縣志》卷六《災變》）

十九日夜半，長樂海潮突入，高二丈餘，聲震若雷，近海居民多漂没。（正德《福州府志》卷三三《祥異》）

彌旬霪雨，颶風大發，至十九夜巨潮澎湃，進水浸縣治下者丈餘，海塘陂塍蕩壞莫計，是時田禾將花，淹没後又為惡風所卷，秋成無望。（嘉靖《福寧州志》卷一二《祥異》）

雨粟，色黑而堅。（咸豐《順德縣志》卷三一《前事畧》）

七月

戊戌，夜，金星犯井宿東扇南第二星。（《明武宗實録》卷一六四，第3151頁）

甲辰，東方流星如盞，青白色，光明照地，起自天倉，東南行至近濁。（《明武宗實録》卷一六四，第3166頁）

丙午，南京工部奏："直隷、蘇州等處雨雪侵滛，傷及禾稼，民不聊生，餓殍相望，盡出府庫以賑濟之，猶恐不足，况辨（廣本、抱本作'辦'）不急之征乎？乞停徵原派南京内官監供應物料，以甦民困。"工部覆請，詔停徵一年。（《明武宗實録》卷一六四，第3170～3171頁）

甲寅，南京六科給事中王子謨等疏言："……近者神主祔廟禮行之初，雨雹暴至，傳制册封，鐘鳴之時，風雨大作。天與祖宗之意，照（似當作‘昭’）然可見，陛下猶不覺悟，乃降勑傳旨，信意而行。祖訓不暇遵，人言不暇顧。天變于上，而不遑畏；民怨於下，而不遑恤，不知陛下何所樂而為此也。又不知左右之臣誰為陛下畫此不顧利害之謀也。今連日清晨，天色陰晦，有如昏夜，象緯氛祲，皆異常……”（《明武宗實録》卷一六四，第3182～3183頁）

乙卯，夜，月犯外屏星。（《明武宗實録》卷一六四，第3183～3184頁）

己未，月犯六諸王東第三星。金星犯鬼宿西南星。（《明武宗實録》卷一六四，第3184頁）

庚申，寧夏衛及廣武營地震。（《明武宗實録》卷一六四，第3184頁）

乙丑，以旱災免山東濟南、東昌、兖州等府州縣夏税有差。（《明武宗實録》卷一六四，第3185頁）

旱，饑。（嘉靖《邵武府志》卷一《應候》；光緒《邵武府志》卷三〇《祥異》）

奉化縣大雨連日，洪水壞民田廬舍。（嘉靖《寧波府志》卷一四《禨祥》）

水災。七月廿九日，長興、四安諸山仍復泛洪水，勢愈盛，合郡災傷。（同治《長興縣志》卷九《災祥》）

八月

辛未，夜，北方流星如盞，色青白，起天倉，東南行至近濁。（《明武宗實録》卷一六五，第3191頁）

癸巳，陝西行都司地震。（《明武宗實録》卷一六五，第3204頁）

甲午，福建福州府地震。（《明武宗實録》卷一六五，第3204頁）

丙申，夜，西方流星如盞，色赤，起自螣蛇，正東行至五車曲。（《明武宗實録》卷一六五，第3205頁）

上海大水，有九龍鬬於海。（嘉慶《松江府志》卷八〇《祥異》）

夏，大雨彌月，漂室廬人畜無算。秋八月，復大水，有九龍戰於海。

（同治《上海縣志》卷三〇《祥異》）

大水，有九龍鬥於海。（光緒《重修華亭縣志》卷二三《祥異》）

大水。（乾隆《婁縣志》卷一五《祥異》）

朔，颶發，海潮水湧入州城河，高三尺，瀕海田稼鹹浸不實。（嘉靖《福寧州志》卷一二《祥異》）

龍鬬於瀾滄江，水騰湧百丈，行者七日不渡。（隆慶《雲南通志》卷一七《災祥》）

九月

癸丑，南京守臣奏："應天、揚州、蘇、松、常、鎮等處大雨彌月，平地水深丈餘，漂溺室廬人畜，不可勝計。民間往往質鬻男女，及拆賣瓦木，以給食者。而有司督租如故，乞賑貸蠲免。"工部覆請，得旨："既水災非常，人民困弊，諸不急之徵暫且停緩。此後若有派辦，仍須酌量減省，毋致重為民困。"（《明武宗實録》卷一六六，第 3223 ~ 3224 頁）

己未，以廬、鳳、淮、揚及蘇、松（廣本"及蘇松"作"蘇常鎮"）等處水災，命巡撫都御史叢蘭、李充嗣（廣本"李充嗣"作"等"）發所在倉庫賑濟。從南京工科給事中王紀請也。（《明武宗實録》卷一六六，第 3227 頁）

丙寅，以旱災免直隸河間府所屬州縣税糧有差。（《明武宗實録》卷一六六，第 3228 頁）

新洋江東姚氏忽一日有青龍偃臥墻下，長可數尺，塾師誤認為蛇，以竹擲之，不中，旋即飛翔霄漢，尾植天際，頭角迤邐向下，大風拔木。頃之，又一白龍從西南來，二龍遊戲。大表姚氏積貯席捲殆空。越三日大雨，漂没田禾，僅露芒穗，小民没股刈以登場，甚艱于食。（萬曆《崑山縣志》卷八《災異》）

十月

戊寅，以水旱災免遼東定遼左等衛所（廣本無"所"字）屯田子粒有

差。（《明武宗實録》卷一六七，第 3234 頁）

戊寅，以大風雨雪之變，遣南京守備成國公朱輔祭告孝陵。（《明武宗實録》卷一六七，第 3234 頁）

己卯，南京六科給事中王紀、十三道御史張翀等言："頃者孝陵大風，偃木雷火，毁（廣本、抱本作'燬'）獻陵明楼，災變異常。"（《明武宗實録》卷一六七，第 3234～3235 頁）

辛巳，月食。（《明武宗實録》卷一六七，第 3235 頁）

丙寅，寧夏衛地震。（《明武宗實録》卷一六七，第 3237 頁）

癸巳，詔免蘇、松、常、鎮四府州縣税糧有差，以水災也。（《明武宗實録》卷一六七，第 3243 頁）

甲午，雲南蒙化府地震。（《明武宗實録》卷一六七，第 3243 頁）

十一月

戊戌，以水災免大名、真定所屬五州縣税糧有差。（《明武宗實録》卷一六八，第 3247 頁）

辛丑，以災傷減免浙江杭州府所屬仁和、錢塘、海寧、富陽、餘杭、臨安、新城、扵潛、昌化九縣，嘉興府秀水縣，湖州（廣本、抱本"州"下有"府"字）吉安州（舊校改"吉安州"作"安吉州"）及烏程、歸安、長興、德清、武康、孝豊六縣夏税有差。（《明武宗實録》卷一六八，第 3249 頁）

癸卯，雲南蒙化府地震。（《明武宗實録》卷一六八，第 3249 頁）

戊申，遼東及海州衛俱地震，天鼓随鳴。盖州衛天鼓鳴。（《明武宗實録》卷一六八，第 3252 頁）

己酉，以水災免江西南昌、九江、南康、饒州、臨江、袁瑞七府屬縣夏税有差。（《明武宗實録》卷一六八，第 3252～3253 頁）

己酉，以水災免應天、安、寧、池、太五府，建陽、宣州、安慶、九江四衛，并廣德州税糧馬草有差。（《明武宗實録》卷一六八，第 3253 頁）

辛亥，巡按直隸監察御史陳傑奏："鳳、廬、揚、淮等府，滁、徐等州大水，人民溺死，不知其数，訪之父老皆云自昔所無。往歳有水患，已嘗賑恤，今災尤甚，寧不思所以救之乎？但汙吏日滋，侵冒無禁，窮鄉父老聞朝廷賑貸，携扶入城，守伺月餘，反鬻及（廣本無‘及’字）兒女，慟哭以歸，此賑濟之弊也。”（《明武宗實録》卷一六八，第3253頁）

十八日，大水。（光緒《分疆録》卷一〇《災異》）

免夏税，郡守徐盈便宜處補水災五分。（光緒《嘉善縣志》卷九《郵政》）

雷。（乾隆《東流縣志》卷七《祥異》）

十二月

己巳，以災傷免山東濟南等六府所屬武定、禹城（廣本無“禹城”二字）等六十一州縣并濟南等十八衛、東平等六所秋糧子粒有差。（《明武宗實録》卷一六九，第3267頁）

乙亥，户部以蘇州府所屬州縣水災，先從廵按御史葉忠言：“减免歲徵糧草，而兑軍京糧六十五萬五千石，歲有定額，宜下廵撫臣（廣本作‘官’）通融議處，乃許折銀解太倉，以備官軍月糧支用，以後仍徵本色。”議入，報可。（《明武宗實録》卷一六九，第3268頁）

雷震。（萬曆《池州府志》卷七《祥異》）

是年

春，旱，大饑。（乾隆《東安縣志》卷九《禨祥》）

春，應天大雨彌月，漂室廬人畜無算。（同治《上江兩縣志》卷二下《大事下》）

夏，大水。（乾隆《銅陵縣志》卷一三《祥異》）

夏，大水，饑。（同治《江夏縣志》卷八《祥異》）

夏，大水，漂禾衝屋。（康熙《新城縣志》卷一〇《災祥》；康熙《博興縣志》卷三《河患》）

大水，饑。（萬曆《黄岡縣志》卷一〇《災祥》；乾隆《武昌縣志》卷一《祥異》；光緒《武昌縣志》卷一〇《祥異》）

醴陵大水。（乾隆《長沙府志》卷三七《災祥》）

大旱。（乾隆《長沙府志》卷三七《災祥》；乾隆《辰州府志》卷六《禨祥》；道光《辰溪縣志》卷三八《祥異》；同治《靖安縣志》卷一六《祥異》；光緒《平樂縣志》卷九《災異》）

大水，民多疫殍。（嘉慶《如皋縣志》卷二三《祥祲》）

貴溪大水，義井水溢如沸，禳而後止。（同治《廣信府志》卷一《星野》）

蝗生。（康熙《長清縣志》卷一四《災祥》；道光《長清縣志》卷一六《祥異》）

大雨雹。（隆慶《雲南通志》卷一七《災祥》；乾隆《大理府志》卷二八《祥異》；光緒《興文縣志》卷五《祥異》）

水災。（同治《湖州府志》卷四四《祥異》；光緒《歸安縣志》卷二七《祥異》）

大風，海潮復溢。（光緒《上虞縣志》卷三八《祥異》）

旱。（乾隆《松陽縣志》卷一二《祥異》；光緒《松陽縣志》卷一二《祥異》）

常山縣大風拔木，東隅火災。（康熙《衢州府志》卷三〇《五行》）

大水，民多渰死。（光緒《仙居志》卷二四《災變》）

大風拔木，東隅火災。（萬曆《常山縣志》卷一《災祥》；光緒《常山縣志》卷八《祥異》）

大水。（嘉靖《開州志》卷八《祥異》；嘉靖《興國州志》卷七《祥異》；崇禎《寧海縣志》卷一二《災祲》；康熙《新修醴陵縣志》卷六《災異》；康熙《太平縣志》卷八《祥異》；康熙《興化縣志》卷一《祥異》；同治《漢川縣志》卷一四《祥祲》；光緒《黄巖縣志》卷三八《變異》；光緒《羅田縣志》卷八《災異》；民國《全椒縣志》卷一六《祥異》）

會稽颶風淫雨，壞廬舍傷稼。秋，餘姚海溢。（乾隆《紹興府志》卷八〇《祥異》）

大風拔木，東隅火災。（雍正《常山縣志》卷一二《災祥》）

水為災，免夏税有差。（道光《武康縣志》卷一《邑紀》）

大水，免其租十之四。（道光《桐城續修縣志》卷二三《祥異》）

秋，大水無禾，振水災。（乾隆《諸城縣志》卷二《總紀上》）

秋，大水。（嘉靖《徐州志》卷三《災祥》；同治《陽城縣志》卷一八《兵祥》）

秋，霪雨没野，禾稼損毁，魚徧生。（康熙《陽穀縣志》卷四《災異》）

冬，大雨雪，平地深二尺。（同治《南安府志》卷二九《祥異》）

春，旱。大饑。（天啟《東安縣志》卷一《機祥》）

春，風霾。（順治《堂邑縣志》卷三《災祥》）

春，東安大疫。（光緒《順天府志》卷六九《祥異》）

春，旱。大饑，道殣相望。（康熙《文安縣志》卷一《災祥》；乾隆《任邱縣志》卷一〇《五行》）

春，雨，城圮二十一餘丈。（光緒《龍南縣志》卷四《城池》）

春，恒雨，無麥。饑饉。（萬曆《秀水縣志》卷一〇《祥異》）

春，恒雨，菜麥無收。（道光《石門縣志》卷二三《祥異》）

初夏，雹雨，無麥。雹積地尺餘，踰月始消。（順治《澄城縣志》卷一《災祥》）

夏，大雨彌月，漂室廬人畜無算。（嘉慶《上海縣志》卷一九《祥異》）

夏，大水，冒城郭。民無食，多死。（崇禎《吴縣志》卷一一《祥異》）

夏，大水，六縣皆有水災，而銅陵獨甚。（正德《池州府志》卷六《祥異》）

夏，旱，境内地震。（崇禎《撫州府志》卷一《天文》）

夏，雨，（城）圮。（康熙《雩都縣志》卷三《城池》）

夏，武昌、漢陽、黄州大水，饑。秋，應城稻田土黑起煙，苗半灼死。（民國《湖北通志》卷七五《災異》）

夏，貴州省城大水。（道光《貴陽府志》卷四〇《行署》）

夏，大旱。（嘉靖《南寧府志》卷一一《祥異》）

夏，大水，霽虹橋圮。（嘉靖《貴州通志》卷一〇《祥異》）

蝗，大饑。（萬曆《臨城縣志》卷七《事紀》；乾隆《饒陽縣志》卷下《事紀》）

蝗。（康熙《益都縣志》卷一〇《祥異》；乾隆《邢臺縣志》卷八《災祥》；民國《任縣志》卷七《祥異》）

雨雹。（乾隆《平定州志》卷五《禨祥》）

澤州、陽城、高平秋，大水，丹河漲溢，臨丹河村舍千間，多損壞。（雍正《澤州府志》卷五〇《祥異》）

邑人張某言：太陽諸里浸於河者幾萬畮，乞議捐税。都御史鄭公視狀，知縣道白如民言，所圮田宜從輕額。都御史許焉，得以糧折布。（萬曆《續朝邑縣志》卷八《紀事》）

章丘、淄川大水。長清大旱。（道光《濟南府志》卷二〇《災祥》）

山水暴發，城不没者三版，浮屍無數。（康熙《章丘縣志》卷四《祥異》）

大水，壞民廬舍。（嘉靖《淄川縣志》卷二《灾祥》）

詔賑水災。（乾隆《平原縣志》卷九《災祥》）

旱，蝗生。（嘉靖《山東通志》卷三九《災祥》）

應天、蘇、松、常、鎮、揚大雨彌月，漂室廬人畜無算。（《明史·五行志》，第474～475頁）

蘇、松、廬、鳳、淮、揚六府饑。（《明史·五行志》，第510頁）

水。奉例减免勸徵平米三萬二千三十八石零，馬草二萬三千三百九十六包零，本府帖發預偹倉穀三千三百二十七石四升，賑濟飢民四千七百二十一口。（嘉靖《高淳縣志》卷四《災異》）

大水，免糧二萬二千二百四十二石有奇。（嘉靖《江陰縣志》卷二《災祥》；道光《江陰縣志》卷八《祥異》）

大雨彌月，漂室廬人畜無算。（光緒《丹徒縣志》卷五八《祥異》）

山水湧出，凡七十餘所，漂溺甚衆，饑民多食草根。免秋糧十分之四，巡按御史葉忠發馬遞奏聞，不踰月復加恤免。（萬曆《宜興縣志》卷一〇《災祥》）

大水，賑。（崇禎《泰州志》卷七《災祥》）

淮水灌泗州，決隄，淹没人畜，廟灣大水。（民國《阜寧縣新志》卷九《水工》）

湖州、宣平、景寧、太順、台州大水。（康熙《浙江通志》卷二《祥異附》）

風潮。南北二港水暴漲，廬舍漂流，人畜蔽江而下，江南一鄉江口、徑頭、淋頭、錢家浦、尖刀屋各埭皆崩，水踰月不下，田禾盡淹，人食腐米。（民國《平陽縣志》卷五八《祥異》）

大水，城幾没者一板，百姓皇皇。（嘉靖《壽州志》卷五《官守》）

府屬水，免夏税。（康熙《南昌郡乘》卷五四《祥異》）

邑大水，知縣范永鑾親歷各處以勘澇。（乾隆《貴溪縣志》卷五《祥異》）

水，免夏税。（同治《進賢縣志》卷二二《禨祥》）

雨，城圮九十餘丈。（康熙《興國縣志》卷一《城池》）

歲大旱，發廩賑饑，尤多所全活。（光緒《漳州府志》卷二五《宦績》）

大水，饑莩載道。（乾隆《石首縣志》卷五《秩官》）

是年天旱，疫癘盛行，居民死者十之五。（嘉慶《廣西通志》卷一九三《前事》）

田州旱，丹良民食薇蕨草根，死者甚眾。（道光《白山司志》卷一五《禨祥》）

荔浦縣大旱害稼，兼以疫癘盛行，人民死者過半。（嘉靖《廣西通志》卷四〇《祥異》）

旱。饑民食薇蕨，死者甚眾。（雍正《廣西通志》卷三《禨祥》）

大雨雹，壞學宮。（光緒《興文縣志》卷五《祥異》）

大溪水溢，没民田廬，州人惶怖。鎮設醴祭河，為民請命，水不為災。（乾隆《新興州志》卷六《名宧》）

秋，大水，秋雨淋漓，水溢丹河，奔湧而來，幾壞城郭，臨丹等村壞民舍數千間。（順治《高平縣志》卷九《祥異》）

秋，大潮。（嘉靖《靖江縣志》卷四《編年》）

秋，霪雨没野，禾稼俱損毁，魚徧生。（光緒《陽穀縣志》卷九《災異》）

秋，水横溢堤壞，前横之元豐橋亦以傾斜。（民國《莆田縣志》卷二〇《水利》）

秋，稻田土黑起煙，苗增灼死。（光緒《應城志》卷一四《祥異》）

大水。冬，江漢冰合。（乾隆《江夏縣志》卷一五《雜志》）

正德十四年（己卯，一五一九）

正月

壬寅，直隸嘉定、常熟二縣地震，聲如雷。（《明武宗實録》卷一七〇，第3283頁）

乙卯，寧夏、甘肅鎮番俱地震。（《明武宗實録》卷一七〇，第3286頁）

戊午，福建甌寧縣大雨雹。（《明武宗實録》卷一七〇，第3286頁）

一日，雨雪，三日乃霽，積厚三尺，流水皆凝。牛畜禽蟲、荔枝龍眼等木皆死，蓋百年所未見。（嘉靖《福寧州志》卷一二《祥異》）

元旦，大雪，雜以霰，有如珠玉者，有如米穀麥者、菽豆者。童謡云："天官賜福，滿地雨粟，時和歲豐，家給人足。"是歲大有年。（嘉慶《順昌縣志》卷九《祥異》）

元旦，雨雪三日。（民國《霞浦縣志》卷三《大事》）

元旦，福州、長樂、福寧、延平、順昌大雨雪。順昌大雪，雜以霰，有如珠玉者，有如米穀麥者，有如菽豆者。童謡云：“天官賜福，滿地雨粟，時和歲豐，家給人足。”是歲大有年。（道光《重纂福建通志》卷二七一《祥異》）

朔，大雷雨。（光緒《撫州府志》卷八四《祥異》）

朔，冰有花。（萬曆《杭州府志》卷六《國朝事紀中》）

朔，冰有花，陰處數日不解，連雪嚴寒。夏秋，大水，米價騰湧。民大饑，疫。（崇禎《吴縣志》卷一一《祥異》）

朔，氷有花。《武林紀事》：元月民居屋瓦俱結成花朵，陰處數月不解。（康熙《仁和縣志》卷二五《祥異》）

朔，大雷雨，水溢，華蓋山嶺西角崩。（同治《崇仁縣志》卷一三《祥異》）

二月

丁丑，大祀天地扵南郊。禮畢，遂幸南海（廣本、抱本“海”下有“子”字）獵。是日辰時，京師地震風霾，至次日乃息。（《明武宗實録》卷一七一，第3294頁）

戊寅，甘肅鎮番、永昌、莊浪俱地震。（《明武宗實録》卷一七一，第3294頁）

己丑，山西平陽府陰霾障天，晝晦如夜。自未至酉，風作乃散。（《明武宗實録》卷一七一，第3304頁）

丁卯，雨雹，暴雨連旬。（乾隆《香山縣志》卷八《祥異》）

十二日早，天大雨霾黑，不辨人面，經寅卯二時。（正德《瓊臺志》卷四一《災異》）

三月

丁未，大學士梁儲、蔣冕、毛紀等言：“切見旬日以来，風霾大作，日色無光。”（《明武宗實録》卷一七二，第3326頁）

丁未，山西太原府地震。（《明武宗實録》卷一七二，第3329頁）

癸亥，陝西寧夏地震。(《明武宗實録》卷一七二，第3347頁)

戊午，風霾晝晦。(民國《順義縣志》卷一六《雜事記》)

邑西江石灘天雨。(乾隆《新野縣志》卷八《祥異》)

戊午，風霾晝晦，宫城内海子水溢四五尺，圻橋下鐵柱。(光緒《順天府志》卷六九《祥異》)

晝晦，對面人不相見。(民國《洪洞縣志》卷一八《雜記》；民國《臨汾縣志》卷六《雜記》)

晝晦，對面人不相見，一二時始霽。(萬曆《平陽府志》卷一〇《災祥》)

邑西江石灘天雨粟麥，週圍十餘里。歲其地大稔。(乾隆《新野縣志》卷八《祥異》)

四月

甲子朔，以災傷免直隷廬、鳳、淮、揚四府，徐、滁、和三州，鳳陽等十四衛、通州等六千户所税糧有差。(《明武宗實録》卷一七三，第3349頁)

己巳，月犯軒轅南第二星。(《明武宗實録》卷一七三，第3351頁)

壬申，陝西寧夏地震。(《明武宗實録》卷一七三，第3352頁)

己卯，夜望，月食。(《明武宗實録》卷一七三，第3355頁)

丙戌，昏刻，南方流星如盞，青白色，尾跡有光，起自東南，徐徐行至西北而止，後有三小星随之。(《明武宗實録》卷一七三，第3358頁)

大水，通濟橋壞，西南城盡圮，淹民廬舍無算。(同治《江西新城縣志》卷一《禨祥》)

雨雹，大如拳，傷鳥雀雞鶩甚衆。(康熙《續修武義縣志》卷一〇《庶徵》)

水。(康熙《宿松縣志》卷三《祥異》)

水，免其租半。(嘉靖《安慶府志》卷一五《祥異》；道光《桐城續修縣志》卷二三《祥異》)

大水，通濟橋壞，西南城盡圮，傾民廬舍無算。(乾隆《新城縣志》卷

三一《雜志》）

大水。（嘉靖《沙縣志》卷一《災祥》；民國《沙縣志》卷三《大事》）

邵武、泰寧大水。（嘉靖《邵武府志》卷一《應候》）

五月

己亥，巡按山東御史徐冠言："山東自流賊殘破之後，水旱相仍，人民逃竄，田多荒蕪。間有復業者，輒為里胥，追徵逋負，又復轉徙。乞命撫按官嚴督有司設法招撫，其来歸者，宜（抱本作'牛'）給牛具種子，賜復数年，竢稍安集，徐議徵科。"户部覆議以為流徙之患，不獨山東為然，山西、陜西、河南、湖廣亦皆如是……（《明武宗實録》卷一七四，第 3362 頁）

甲辰，巡按山東御史朱裳奏："城武（廣本作'武城'）、單縣二城近因水漲，盡皆滂没，乞相地改遷。"工部覆議。從之。（《明武宗實録》卷一七四，第 3366 頁）

德安大水。秋，德安大旱。夏五月，詔湖廣流民歸業者發給廩食、廬舍、牛種。（光緒《德安府志》卷二〇《祥異》）

五日，黑風晝晦。（順治《衛輝府志》卷一九《災祥》）

初五日，黑風晝晦。（道光《輝縣志》卷四《祥異》）

初九日未時，黑風至，晝晦如夜。（嘉靖《延津志・祥異》）

雨雹壞民舍。（乾隆《黄岡縣志》卷一九《祥異》）

雨雹。（光緒《羅田縣志》卷八《祥異》）

十三日，大水。（康熙《天柱縣志》下卷《災異》；康熙《靖州志》卷五《災異》；嘉慶《通道縣志》卷一〇《祥异》）

陽江大水，殺稼。（萬曆《廣東通志》卷七二《雜录》）

不雨，至秋九月，晚禾不獲。（乾隆《香山縣志》卷八《祥異》）

六月

己巳，陜西西安府大風拔木。（《明武宗實録》卷一七五，第 3380 ~ 3381 頁）

己卯，今追尊恭睿淵仁寬穆純聖獻皇帝薨……享年僅四十有四，封内比歲天鼓鳴，将薨之前一夕，有大星隕于西北。（《明武宗實録》卷一七五，第3387、3393頁）

乙酉，山西潞城縣大雨雹。（《明武宗實録》卷一七五，第3403頁）

蝗。秋，大水。（嘉靖《灤州志》卷二《世編》；民國《遷安縣志》卷五《記事篇》）

蝗。（民國《昌黎縣志》卷一二《故事》）

河漲，傾汧縣。（嘉靖《陝西通志》卷四〇《災祥》）

西江水溢，塘傾，邑市浸者數日。（嘉靖《蕭山縣志》卷二《水利》）

溧陽大水。（康熙《江寧府志》卷二九《災祥》）

江漢水。（康熙《漢陽府志》卷一一《災祥》）

乙丑漏將盡，天赤光如旦，大雨，同時蛟出，境内數十百處水波高湧，蕩析民居。是年饑。（康熙《繁昌縣志》卷二《祥異》）

乙丑五鼓，天雲，赤明如旦，雨如注。同時，蛟出境内者五百餘處，湧水蕩析民居甚衆。至秋潦水未退，田禾盡萎，民大饑，死者載道。（康熙《太平府志》卷三《祥異》）

大旱，自六月不雨，至八月。（乾隆《南昌縣志》卷一三《祥異》）

七月

丙午，遼東盖州衛地震聲如雷。（《明武宗實録》卷一七六，第3421頁）

丙辰，四川鹽井衛大雨震電，西門城樓災。（《明武宗實録》卷一七六，第3441頁）

颶風。（咸豐《順德縣志》卷三一《前事畧》）

夜，吉安城雨血，衣沾皆赤，泰和、龍泉皆然。安福西北鄉大水，山崩，邑民袁雌難變雄。（光緒《吉安府志》卷五三《祥異》）

初五日壬寅，二更，大雨，洪水衝潮逆上，浸没人家一丈餘。（嘉靖《羅川志》卷四《祥異》）

西江塘圮，大水，饑。（民國《蕭山縣志稿》卷五《水旱祥異》）

秋水大盛。七月二十日辛亥，洎十六日丁巳至八月十四日白露節狂風大雨。初六日諸山泛洪，大水突出平地丈餘，田禾盡渰，房屋人畜漂溺不計數。廿九日，長興、四安諸山仍復泛洪，水勢愈盛，合郡灾傷。（同治《湖州府志》卷四四《祥異》）

大水。七月，疫，民多受病。十二月至次年四月，大饑。（光緒《邵武府志》卷三〇《祥異》）

雨雪，平地五六寸，山頭有二三尺者。（萬曆《永福縣志》卷一《地紀》）

颶風。（康熙《南海縣志》卷三《災祥》）

大水，颶。冬雷。（民國《龍山鄉志》卷二《災祥》）

吉安城夜雨血，白衣沾之皆赤。（民國《廬陵縣志》卷一上《疆域》）

八月

庚辰，自丙寅至是日，金星晝見於申。（《明武宗實録》卷一七七，第3459頁）

辛巳，以水災免蘇、松、常、鎮等府夏税有差。（《明武宗實録》卷一七七，第3462頁）

諸州縣大雨雹，桃李重花。（乾隆《狄道州志》卷一一《祥異》）

大雨雹，桃李華。（民國《渭源縣志》卷一〇《祥異》）

大風雨損稼，民飢。（嘉慶《松江府志》卷八〇《祥異》）

大風雨，早晚二禾俱損，低鄉冬盡猶收穫未竟，民大饑。（同治《上海縣志》卷三〇《祥異》；光緒《川沙廳志》卷一四《祥異》；民國《南匯縣續志》卷二二《祥異》）

大風雨損稼，民饑。（乾隆《婁縣志》卷一五《祥異》；乾隆《華亭縣志》卷一六《祥異》）

餘姚復海溢，蕭山、西江塘圮，大水，餘姚旱。（乾隆《紹興府志》卷八〇《祥異》）

諸州縣大雨雹，桃李重華。(萬曆《臨洮府志》卷二二《祥異》)

大水。(乾隆《郯城縣志》卷三《編年》)

十五日，夜，永和縣大雨潦，水暴至，幾没城，漂溺居民甚衆。雹大如杵，平地三尺餘，積月始消。(萬曆《山西通志》卷二六《雜志》)

九月

丙午，順天府昌平州，宣府、開平等衛俱地震。(《明武宗實録》卷一七八，第 3475 頁)

丁未，直隷隆慶州等處地震。(《明武宗實録》卷一七八，第 3476 頁)

戊申，月犯天街星。(《明武宗實録》卷一七八，第 3476 頁)

壬子，福建福州府雷火擊燬員明寺塔。(《明武宗實録》卷一七八，第 3476 頁)

丙辰，福建福州、興化、泉州三府各地震。(《明武宗實録》卷一七八，第 3480 頁)

十月

壬戌，東方流星如盞，赤色，光明照地，起自下台，東北行至招摇，尾跡化為白氣，良夂散。(《明武宗實録》卷一七九，第 3485 頁)

癸亥，大學士楊廷和等具疏言："近日，地震不寧。江南乃國家財賦之所出，而連年大水為患。他如宣府冰雹大如盤甌，陝西大風，至于拔木。其餘水旱、蟲蝗、火災，不一而足，召異致變，必有其由……"(《明武宗實録》卷一七九，第 3486 頁)

戊辰，昏刻，金星犯南斗西第三星。(《明武宗實録》卷一七九，第 3488 頁)

辛未，月犯壁壘陣東第三星。(《明武宗實録》卷一七九，第 3488 頁)

癸酉，准留遼東贖罪銀于本處賑濟，以地方災傷故也。(《明武宗實録》卷一七九，第 3488 頁)

癸酉，以旱災免陝西靖虜等四衛，蘭州、河州、隴西等九縣税粮有差。

（《明武宗實録》卷一七九，第3488頁）

甲戌，四川雅州地震。（《明武宗實録》卷一七九，第3488頁）

乙亥，夜，月食既。（《明武宗實録》卷一七九，第3488頁）

乙亥，寧夏地震有聲。（《明武宗實録》卷一七九，第3488頁）

壬午，河南汝寧府許州及洧川等縣地震。（《明武宗實録》卷一七九，第3492頁）

癸未，昏刻，金星犯狗星。同夜，木星犯氐宿。（《明武宗實録》卷一七九，第3492頁）

十一月

癸卯，月犯天街星。（《明武宗實録》卷一八〇，第頁3501）

壬申，免永平水災糧芻有差。（民國《盧龍縣志》卷二三《史事》）

丁卯，雷。（嘉靖《廣東通志初稿》卷三七《祥異》）

十二月

丙寅，以水災免河南開封府等六府所屬四十五州縣、宣武等八衛所秋粮子粒有差。（《明武宗實録》卷一八一，第3506頁）

戊辰，大同山陰城地震。（《明武宗實録》卷一八一，第3506頁）

壬申，以水災免順天、河間、永平、保定四府所屬五十二州縣，及天津三衛糧草有差。（《明武宗實録》卷一八一，第3512頁）

乙亥，免大同左、陽和、高山、天城、鎮虜五衛粮草有差，以旱澇相仍、雨雹為災故也。（《明武宗實録》卷一八一，第3513頁）

乙〔己〕卯，以水災免大名、真定、順德三府所屬十一州縣税粮有差。（《明武宗實録》卷一八一，第3515頁）

庚辰，月犯上相星。（《明武宗實録》卷一八一，第3516頁）

壬午，湖廣武昌府地震。（《明武宗實録》卷一八一，第3516頁）

大雪，至次年正月止。（康熙《建德縣志》卷九《災祥》）

雪，至十五年正月末旬。（康熙《桐廬縣志》卷四《災異》）

大雨雪，池水冰，樹木皆枯，民多凍死。（雍正《欽州志》卷一《沿革》

是年

春，地震。夏秋，大水，免糧四萬四千一百四十三石有奇。（道光《江陰縣志》卷八《祥異》）

春，大水。（嘉靖《建寧縣志》卷一《災異》；民國《建寧縣志》卷二七《災異》）

夏，旱。（光緒《慈谿縣志》卷五五《祥異》）

夏，旱。秋，大水，禾穗盡腐。（光緒《嘉善縣志》卷三四《祥眚》）

夏，旱饑。秋，海溢。（光緒《餘姚縣志》卷七《祥異》）

夏，旱。秋，大水，禾爛。（光緒《嘉興府志》卷三五《祥異》）

夏，大水。秋，大旱。（嘉靖《隨志》卷上；康熙《德安安陸郡縣志》卷八《災異》；光緒《咸甯縣志》卷八《災祥》）

大水。（萬曆《滁陽志》卷八《災祥》；康熙《孝感縣志》卷一四《祥異》；康熙《長沙府志》卷八《祥異》；雍正《樂至縣志·祥異》；乾隆《遂寧縣志》卷一二《雜記》；嘉慶《蕭縣志》卷一八《祥異》；嘉慶《備修天長縣志稿》卷九下《災異》；道光《安岳縣志》卷一五《祥異》；光緒《邵武府志》卷三〇《祥異》；光緒《孝感縣志》卷七《災祥》；光緒《桐鄉縣志》卷二〇《祥異》；民國《任縣志》卷七《紀事》）

大旱，斗米一錢二分。（康熙《休寧縣志》卷八《禨祥》）

大旱。（崇禎《興寧縣志》卷六《災異》；乾隆《江夏縣志》卷一五《祥異》；咸豐《興甯縣志》卷一二《災祥》；同治《江夏縣志》卷八《祥異》；同治《靖安縣志》卷一六《祥異》）

大水，漂没人物。（乾隆《西華縣志》卷一〇《五行》；民國《西華縣續志》卷一《大事記》）

蝗。（萬曆《辰州府志》卷一《災祥》；乾隆《滑縣志》卷一三《祥異》；民國《重修滑縣志》卷二〇《祥異》）

瀏陽大水。（乾隆《長沙府志》卷三七《災祥》）

大水，壞官民廬舍，傷禾稼。蕭、沛亦大水。（同治《徐州府志》卷五下《祥異》）

大風雨，大水，民饑。（嘉慶《高郵州志》卷一二《雜類》）

大風拔木，江海溢數十丈，漂没廬舍。（雍正《揚州府志》卷三《祥異》；乾隆《江都縣志》卷二《祥異》）

以蘇州等府水災，蠲免夏税有差。（光緒《常昭合志稿》卷一二《蠲賑》）

大水決湖隄。（道光《重修寶應縣志》卷九《災祥》）

漢江水漲，漂没民舍甚衆。（嘉慶《白河縣志》卷一四《祥異》）

水為災。（道光《武康縣志》卷一《邑紀》）

大水，準折如十三年。（同治《長興縣志》卷九《災祥》）

長樂大雨雪。（乾隆《福州府志》卷七四《祥異》）

雨雪，平地五六寸，高原至二三尺。（乾隆《永福縣志》卷一〇《災祥》；民國《永泰縣志》卷二《大事》）

秋，夜，雨雹，小者如拳，大者如杵，水深三尺，城中漂流男女三十餘口，禾稼尽減。（民國《永和縣志》卷一四《祥異》）

秋，水大盛，合郡災傷。（同治《孝豐縣志》卷八《災歉》）

春，大疫。秋，大水。（康熙《安州志》卷八《祥異》）

春，黑風。（光緒《陵縣志》卷一五《祥異》）

春，西北鄉大水，山崩，東山墖頹。（康熙《安福縣志》卷一《祥異》）

春，雨，（城垣）復圮三十餘丈。（康熙《雩都縣志》卷三《城池》）

春，大水。冬，雷。（乾隆《番禺縣志》卷一八《事紀》）

春，霖雨、霜雪六十餘日。（民國《長樂縣志》卷三《災祥》）

春夏連雨月餘，麥禾無損。（嘉靖《尉氏縣志》卷四《祥異》）

春夏秋皆不雨，民饑，死者甚眾。（嘉靖《廣西通志》卷四〇《祥異》）

夏，漢江水漲。（嘉靖《漢中府志》卷九《災祥》）

視其城中卑，江水西來衝之，多激流迅湍，欹折崩圻，而學宫正居其卑。夏，縣書報江溢大水，城陷，學宫悉没。（道光《重修雩陽縣志》卷四

《藝文》）

夏，大水。（崇禎《撫州府志·天文》；天啟《新修來安縣志》卷九《祥異》；乾隆《金谿縣志》卷三《祥異》）

夏，又大水。（順治《新修望江縣志》卷九《祥異》）

夏，南昌大旱，自六月不雨至八月。（乾隆《南昌縣志》卷一三《祥異》）

夏，大旱，禾苗將枯，（肖）義於山川壇祈雨，届期雨至。（道光《英德縣志》卷一一《列傳》）

夏，南寧大旱，害稼。（嘉靖《廣西通志》卷四〇《祥異》）

夏，平南旱。秋，大風害稼。（嘉靖《廣西通志》卷四〇《祥異》）

晝晦，對面人不相見，一二時始霽。（康熙《解州全志》卷九《災祥》）

潤德泉久涸，復湧出。（光緒《岐山縣志》卷一《地理》）

己卯、庚辰大水，橫瀝、沙行二岡田獨稔，灾鄉多從貿易，（閔行）市始知名。（崇禎《松江府志》卷三《鎮市》）

白露日，大風雨，蚤晚二禾俱損，水鄉冬盡收穫未竟。（嘉靖《上海縣志》卷六《雜志》）

秋，震雷，碎其正殿之二柱。（崇禎《松江府志》卷五三《道院》）

水。本府帖遵奉勑諭，發官帑銀一千三百二十五兩九錢零，賑濟飢民揚珣等二千六百八十三口。（嘉靖《高淳縣志》卷四《災異》）

大水，免糧四萬四千一百四十三石有奇。（嘉靖《江陰縣志》卷二《災祥》）

復水，民饑，大疫。免秋糧七萬三千九十八石，知府王教發粟賑貸。（萬曆《宜興縣志》卷一〇《災祥》）

大水，湖決南北。（嘉靖《寶應縣志略》卷一《災祥》）

大風拔木，海潮溢，民居廬舍半漂没，人多溺死。（嘉慶《東臺縣志》卷七《祥異》）

城為霪雨所壞。（乾隆《鉛山縣志》卷三《建置》）

天雨血，著衣皆赤血。（同治《龍泉縣志》卷一八《祥異》）

山河泛漲，東南城垣淹頹。（民國《重修汜水縣志》卷二《建置》）

郡大旱。（康熙《邵陽縣志》卷六《祥異》）

大水，自潼至遂，民舍墊溺無算。（嘉靖《潼川志》卷九《祥異》）

夏秋水溢，江湖洶湧，麥稻皆不登，饑民以榆皮蒸食。疫痢，大餓，死者載道。（嘉靖《太平府志》卷一二《灾祥》）

秋，大水灌城，東北圮。（嘉靖《沈丘縣志》卷一《災祥》）

秋，大水。（萬曆《合川志》卷八《災祥》）

秋，大雨雹，桃李重華。（康熙《渭源縣志》卷三五《祥異》）

冬，大雪，末年地震數日。古老云：正德年間雖經冦亂，却年豐穀賤。（道光《博平縣志》卷一《禨祥考》）

十四年、十五年，復大水。（嘉慶《溧陽縣志》卷一六《雜類》）

正德十五年（庚辰，一五二〇）

正月

丁未，酉刻，星隕於山西龍舟（廣本作“隴州”）谷巡檢司廳事，少頃，火作，廳事悉燬。（《明武宗實録》卷一八二，第3526頁）

壬子，山西太原府地震。（《明武宗實録》卷一八二，第3527頁）

甲寅，以水災免直隷鳳、淮、揚三府、徐、滁、和三州所屬三十四州縣，及鳳陽、徐、邳等十五衛所糧草有差。（《明武宗實録》卷一八二，第3527頁）

戊午，以旱澇災傷免湖廣（廣本、抱本“廣”下有“武昌”二字）安陸等十五府州所屬六十一州縣，及長沙等二十二衛所税糧有差。（《明武宗實録》卷一八二，第3528頁）

以水災免淮屬糧草有差。又以淮安等處大饑，人相食。自去冬屢行振貸，巡撫史叢蘭、巡按成英猶以振濟不給為言，請蘇松截留運米及輕賣銀給

之。（光緒《安東縣志》卷五《民賦下》）

朔，雷電暴雨，平地水深丈餘。四月不雨至於六月。（康熙《應山縣志》卷二《兵荒》）

至三月，南昌府屬恒雨。夏四月，大水。撫按王守仁、唐龍奏免税差。（康熙《南昌郡乘》卷五四《祥異》）

至三月，連雨。夏四月，大水。（康熙《新建縣志》卷二《災祥》）

至三月，霪雨。夏四月，大水。免税。（同治《進賢縣志》卷二二《禨祥》）

至三月，恒雨。四月，大氷决堤，漂民居二十餘家，大傷稼。五月，三龍見於楓林橋，暴風壞屋。時御史唐龍疏請賑恤。（嘉靖《豐乘》卷一《邑紀》）

二月

庚申，夜，南方流星如盞，青白色，尾跡有光，起自軫宿，東南行至近濁。（《明武宗實録》卷一八三，第 3533 頁）

自正月己未至是月辛酉，金星晝見於巳。（《明武宗實録》卷一八三，第 3533 頁）

乙丑，陝西秦州地震有聲如雷。昏刻，月犯天街星。（《明武宗實録》卷一八三，第 3534 頁）

丁卯，夜，土星犯羅偃星。（《明武宗實録》卷一八三，第 3535 頁）

戊辰，昏刻，月犯五諸侯東第二星。（《明武宗實録》卷一八三，第 3536 頁）

辛未，夜，月犯軒轅南第三星。（《明武宗實録》卷一八三，第 3537 頁）

壬申，夜，南方流星赤白，有光如盞，起自翼宿，南行至近濁。（《明武宗實録》卷一八三，第 3537 頁）

壬午，山西太原府地聲（廣本、抱本作“震”）。（《明武宗實録》卷一八三，第 3538 頁）

甲申，山西平陽府及洪洞、趙城縣有流星如火，自東南而西，有聲如雷，山東臨淄、樂安縣亦如之。(《明武宗實録》卷一八三，第3539頁)

丙戌，雷火燬直隸金山衛城樓，及華亭縣學魁星堂。(《明武宗實録》卷一八三，第3539頁)

戊子，夜，南方流星如盞，赤色，光明照地，起自太微垣内，西南行至雲中。(《明武宗實録》卷一八三，第3539頁)

旱甚。(乾隆《安溪縣志》卷一〇《雜記》)

三月

庚寅，以水災免陝西寧遠（廣本、抱本"遠"下有"縣"字）税糧一千九百九十餘石，草一千七百七十餘束。(《明武宗實録》卷一八四，第3541頁)

壬辰，昏刻，月犯月星。(《明武宗實録》卷一八四，第3541頁)

丙申，雲南安寧、姚安、大理、賓川、蒙化、鶴慶等處俱地震，蒙化震二日，仆城垣廬舍，民有厭（廣本、抱本作"壓"）死者。(《明武宗實録》卷一八四，第3542頁)

辛丑，時大學士梁儲、蔣冕以扈駕在南京，亦言："近日以來，天氣陡寒，惡風號怒，陰霾蒙翳，日慘無光，四望群山，皆不能辦。江船多漂溺者，遠近人心莫不驚恐，皆謂時當三月，和氣未臻，而陰沴為災，乃至於此，皆臣等輔導無狀之所至也。伏望廻鑾，以安社稷，仍将臣等罷歸。"皆不報。(《明武宗實録》卷一八四，第3545頁)

辛丑，山西寧武守禦千户所風霾。(《明武宗實録》卷一八四，第3546頁)

甲辰，夜，月犯亢宿南第一星。(《明武宗實録》卷一八四，第3546頁)

辛亥，四川雙流、新津二縣大雨雹傷稼。(《明武宗實録》卷一八四，第3546頁)

大風拔木，木柯火光飛流。(乾隆《東明縣志》卷七《灾祥》)

大風拔木，木杪火光飛流。（嘉靖《開州志》卷八《祥異》）

大風拔木。（咸豐《大名府志》卷四《年紀》）

四月

庚申，夜，西方流星如盞，光照地，尾跡炸散，自太微東垣（廣本、抱本“垣”下有“内”字）西北行至近濁。（《明武宗實録》卷一八五，第3547頁）

甲子，夜，北方流星如盞，色青白，光照地，尾跡炸散，起自貫索，北行至近濁。（《明武宗實録》卷一八五，第3548頁）

壬申，四川長寧、珙縣大雨雹，狂風拔樹，漂牲畜，損禾稼甚衆。（《明武宗實録》卷一八五，第3549頁）

癸酉，夜，月食。（《明武宗實録》卷一八五，第3549頁）

庚辰，山西滎河縣大雨雹，傷禾稼。（《明武宗實録》卷一八五，第3549頁）

甲申，大學士梁儲、蔣冕言：“臣等自去年八月隨駕而南，罪人既得，留南京者，已經八月，而宸濠等解至，又兩月餘矣。今夏令已深，天氣炎熱。不時暴風大作，或將賊船漂沉，暑濕薰蒸，或將賊衆病没，則皇上此來，櫛風沐雨，越江涉湖，徒勞無益。”（《明武宗實録》卷一八五，第3549頁）

丙戌，陝西鞏昌府有星如日，色赤，自東北流西南而隕，東西天鼓鳴。（《明武宗實録》卷一八五，第3550頁）

雨雹，大如雞卵。（民國《成安縣志》卷一五《故事》）

大風雨，雹殺飛走，拔大木，壞廬舍。（同治《廣信府志》卷一《星野》）

大風雨雹，積地盈尺，拔大木，壞廬舍。（同治《廣豐縣志》卷一三《祥異》）

大雨水。（民國《沙縣志》卷三《大事》）

大雨雹，以風，積地盈尺，殺飛禽走獸，大木斯拔，壞庐舍。麥無秧

苗，入土無幾。又大水，崩崖堙穀，大壞田庐，民以飢殍。（嘉靖《永豐縣志》卷四《雜志》）

大水。（乾隆《清遠縣志》卷一四《紀事》；道光《佛岡直隸軍民廳志》卷三《庶徵》；同治《餘干縣志》卷二〇《祥異》）

大雨雹，積地盈尺，殺飛禽走獸，大木（疑當作“風”）拔廬舍，壞麥，無秧苗。夏（五月）大水，崩崖堙穀，大損田廬。民以飢殍。（乾隆《上饒縣志》卷一一《祥異》）

大雨，水漲入城，民多溺死。（嘉靖《沙縣志》卷一《災祥》）

十五日，漲水，進城二尺。（康熙《灌陽縣志》卷九《災異》）

五月

辛丑，以水旱災免直隸寧國、池州、太平、安慶四府所屬十七縣，及安慶、建陽二衛糧草有差。（《明武宗實録》卷一八六，第3555～3556頁）

庚戌，雲南大理府地震。（《明武宗實録》卷一八六，第3557頁）

又大水。（同治《廣信府志》卷一《星野》；同治《廣豐縣志》卷一之三《祥異》）

大水，壞民田廬。巡按御史唐龍奏免税粮十分之五。八月復大水，歲大饑。（康熙《新喻縣志》卷六《農政》）

六月

丁卯，雲南白（廣本無“白”字）塩井，黑風雨（廣本無“雨”字）累作，渰没上下鹽井，及倒塌公解、民居、墻垣甚衆。（《明武宗實録》卷一八七，第3562頁）

己巳，四川綿、威二州，保、中江二縣各地震。（《明武宗實録》卷一八七，第3562頁）

辛未，廣東程鄉縣地震聲如雷。（《明武宗實録》卷一八七，第3562頁）

戊寅，山西蒲州、陝西華州及華陰縣各地震，華州次日又震。（《明武宗實録》卷一八七，第3564頁）

辛巳，山西大同府大雨雹，損禾稼甚衆。（《明武宗實録》卷一八七，第3564頁）

癸未，夜，台州府有火自空而隕者三，大如盤，觸草木皆焦，良夂乃滅。（《明武宗實録》卷一八七，第3569頁）

丙戌，遼東盖州衛地震，日三次。（《明武宗實録》卷一八七，第3570頁）

丁巳，雹。（康熙《永平府志》卷三《災祥》）

大水。（康熙《龍游縣志》卷一二《雜識》；康熙《衢州府志》卷三〇《五行》；同治《江山縣志》卷一二《祥異》）

雨雹，城市大如果實，山野有如鵝卵者。（道光《儀徵縣志》卷四六《祥異》）

大水，寶陀巖蜃出，樓廡皆漂壞，與三清山蜃出同日。開化亦然。（同治《江山縣志》卷一二《祥異》）

大水，江山寶陀岩、開化、三清山同日蜃出，樓廡皆漂蕩。（天啟《衢州府志》卷六《災祥》）

雨雪。（同治《南城縣志》卷一〇《祥異》）

大雨。（同治《南豐縣志》卷一二《祥異》）

（丁丑）雨雪。（同治《廣昌縣志》卷一《祥異》）

七月

雨雹，大者如杵。（雍正《陽高縣志》卷五《祥異》）

十九日，雨雹，大如鷄卵，甚者如舂杵，禾稼盡傷。（嘉靖《威縣志》卷一《祥異》）

望日，大水，李莊東嶽廟玉皇樓石梯皆没，上至平臺。（民國《南溪縣志》卷六《雜紀》）

八月

庚申，夜（廣本無“夜”字），福建福州、泉州二府各地震。（《明武

宗實録》卷一八九，第 3585 頁）

辛酉，雲南景東衛地震，聲如雷，摇仆軍器庫、城牆、公廨、民居，地多坼裂。（《明武宗實録》卷一八九，第 3585 頁）

己丑，山東濟南東昌府濮州、東阿、嘉祥、壽張縣，河南開封府及考城縣各地震。（《明武宗實録》卷一八九，第 3588 頁）

庚午，初，監察御史成英言："南京應天等衛屯田，其在江北滁、和、六合等縣者，地勢低下，屢遭水患。"（《明武宗實録》卷一八九，第 3590 頁）

壬申，以災傷免直隸揚、鳳、淮、徐（廣本作"滁"）所屬十二州縣及淮安、大河二衛夏税有差。（《明武宗實録》卷一八九，第 3590 頁）

丁丑，雲南大理府趙州大雨山崩。（《明武宗實録》卷一八九，第 3592 頁）

癸未，以水災免江西十三府税糧有差。（《明武宗實録》卷一八九，第 3595 頁）

澄邁西隅都民曾孜有蠻石窟下坵田，連苗移置上坵田之上，疊高數尺，淫雨連月。（道光《瓊州府志》卷四二《事紀》）

淫雨連月。（咸豐《瓊山縣志》卷二九《雜志》）

癸未，仁和縣大雨雹。二十八日，仁和小林地方周一二十里下冰雹，大者如斗，小者如椀，壞田禾樹木。（萬曆《杭州府志》卷六《國朝事紀中》；康熙《仁和縣志》卷二五《祥異》）

閏八月

壬寅，上漁于江口，次日如瓜洲，避雨民家。是夜，宿望江樓。（《明武宗實録》卷一九〇，第 3597 頁）

申時，五色雲見於郡西。（萬曆《瓊州府志》卷一二《災祥》）

九月

丁卯，以水災免順天、永平、保定、河間四府所屬州縣夏税有差。

（《明武宗實録》卷一九一，第3602頁）

戊寅，以旱災（廣本“災”下有“减”字）免陜西鞏昌、臨洮二府，及蘭州、甘州等衛夏税有差。（《明武宗實録》卷一九一，第3605頁）

大水。（光緒《武進陽湖縣志》卷二九《祥異》；光緒《無錫金匱縣志》卷三一《祥異》）

暴風，龍開河小港、女兒港，壞舟數百，溺死商人無算。（同治《德化縣志》卷五三《祥異》）

丁卯，免永平水災夏税有差。（民國《盧龍縣志》卷二三《史事》）

戊寅，以旱災免鞏昌、臨洮二府及蘭州、甘州等衛夏税有差。（道光《蘭州府志》卷一二《雜記》）

初二日，暴風，龍開河小港、女兒港壞船數百，溺死商人無算。（嘉靖《九江府志》卷一《祥異》）

淫雨，十八夜，洪水大漲，濱海民全殆盡，死數百人。（乾隆《定安縣志》卷三《災祥》）

淫雨連月。九月十九夜，洪水非常，漲溢數日乃消，自瓊、臨、澄、定數縣房屋畜俱為漂蕩，人溺死者幾千，一城公宇、民居、牆俱為積雨淫傾殆盡。（正德《瓊臺志》卷四一《災異》）

秋間，淫雨連月，至九月十九夜大水漲溢，數日乃消。自瓊至澄，房屋畜産漂荡，人溺死者幾千，公宇民居傾壞殆盡。（康熙《澄邁縣志》卷九《紀災》）

洪水漲溢，瓊、澄、臨、定四縣房屋漂蕩，人畜溺死者千計，環城民舍牆垣傾圮殆盡。（道光《瓊州府志》卷四二《事紀》）

十月

庚辰，雲南府地震。（《明武宗實録》卷一九二，第3609頁）

丙申，以水災（廣本作“旱”）免遼東三萬等衛、鐵嶺中左等所屯田子粒之半。（《明武宗實録》卷一九二，第3609頁）

乙巳，以冰雹免山西大同縣，并大同前等六衛田糧有差。（《明武宗實

録》卷一九二，第3610頁）

巳〔己〕酉，遼東盖州衛地震，聲如雷。（《明武宗實録》卷一九二，第3610頁）

辛亥，直隸淮安府地震。（《明武宗實録》卷一九二，第3610頁）

十一月

庚午，直隸崇明沙千户所火，自空隕于海，大如斗，曳尾如虹，天鼓隨鳴。同日，崑山縣空中火光起，聲如雷。（《明武宗實録》卷一九三，第3618頁）

鄞縣雷鳴，地震。（嘉靖《寧波府志》卷一四《禨祥》）

雷鳴，地震。（乾隆《象山縣志》卷一二《禨祥》）

十二月

壬辰，辰刻，日生背氣及左右珥，俱赤色，久之漸散。（《明武宗實録》卷一九四，第3634頁）

壬辰，彰德府地震。（《明武宗實録》卷一九四，第3634頁）

庚子，以水旱免四川保寧、順慶二府巴州、蒼溪等一十（廣本作“十一”）州縣税糧有差。（《明武宗實録》卷一九四，第3636頁）

丙午，以霜災免山西行都司并大同府所屬衛所州縣秋糧有差。（《明武宗實録》卷一九四，第3637頁）

丙午，以災傷免陜西西安府所屬州縣并西安左等衛所税糧有差。（《明武宗實録》卷一九四，第3637頁）

二十日，木氷。（萬曆《嘉定縣志》卷一七《祥異》）

是年

春，吉水雨，山悟空寺生竹一本四幹。（光緒《吉安府志》卷五三《祥異》）

夏，大水，至冬不涸。（光緒《武昌縣志》卷一〇《祥異》）

夏，風潮。（光緒《靖江縣志》卷八《祲祥》）

夏，餘姚旱，大饑，米斗直銀一錢。（萬曆《紹興府志》卷一三《災祥》）

大水，東南鄉蕩壞田畆民廬，不可勝計。（康熙《休寧縣志》卷八《禨祥》）

淮、揚、廬、鳳三十六州縣旱。（光緒《盱眙縣志稿》卷一四《祥祲》）

雨雹，其初如彈丸，漸大如臼，殺人畜數不勝計。（光緒《臨高縣志》卷三《災祥》）

復蝗，食禾且盡。（民國《重修滑縣志》卷二〇《祥異》）

水，大饑。（嘉慶《如皋縣志》卷二三《祥祲》）

六合大風潮，没民田廬。（光緒《金陵通紀》卷一〇中）

大水。（崇禎《瑞州府志》卷二四《祥異》；道光《重慶府志》卷九《祥異》；同治《奉新縣志》卷一六《祥異》；同治《餘干縣志》卷二〇《祥異》；光緒《淮安府志》卷四〇《雜記》）

淮揚旱。（光緒《增修甘泉縣志》卷一《祥異附》）

丹陽、金壇大水。（光緒《丹陽縣志》卷三〇《祥異》）

安仁、姚源寇，火，官廨民廬殆盡，雨黑黍。德興、姚源寇，後大旱，赤地數百里，民轉死流離者，十室而九。（同治《饒州府志》卷三一《祥異》）

大水，衝破城舍民居。（民國《萬載縣志》卷一之三《祥異》）

大水，觀風橋圮。（萬曆《常山縣志》卷一《災祥》；雍正《常山縣志》卷一二《災祥》；光緒《常山縣志》卷八《祥異》）

大水，至冬不涸。（同治《江夏縣志》卷八《祥異》）

大旱，斗米銀一錢，四十日平。（民國《靈川縣志》卷一四《前事》）

夏，風潮。（康熙《靖江縣志》卷五《祲祥》）

夏，大雨，城北隅圮，知府羅輅重修。（嘉靖《袁州府志》卷二《建置》）

夏，雨連綿，江湖漲溢，沿湖稻苗多淹没。（同治《都昌縣志》卷一六

《祥異》）

夏，旱。秋，澇，早晚無收。（同治《崇仁縣志》卷一三《祥異》）

夏，大旱。知縣程麟（疑當作“禱”）雨於龍洞溪，即日大雨。（民國《犍為縣志》卷八《雜志》）

大雨連綿，水集土潤，殿堂牆堵潰圮，偃覆殘盡。（光緒《望都縣志》卷九《碑記》）

雨雹。（萬曆《山西通志》卷二六《災祥》；乾隆《平定州志》卷五《禨祥》）

大雨，東山水至，破堤入城，東西垣俱没毁。（萬曆《靈石縣志》卷三《祥異》）

河水泛漲，岸崩。（萬曆《咸陽縣新志》卷二《建置》）

蝗蟲蔽日。（順治《綏德州志》卷一《災祥》）

飛蝗蔽天。（康熙《米脂縣志》卷一《災祥》）

甘州旱。（民國《東樂縣志》卷一《祥異》）

大風。（萬曆《江浦縣志》卷一《縣紀》）

大水，民益艱食。至冬，桃李俱花，二麥皆穎。（崇禎《吳縣志》卷一一《祥異》）

大水渰禾。（道光《璜涇志稿》卷七《災祥》）

大水，民艱食。（萬曆《常熟縣私志》卷四《敘産》）

旱。（嘉慶《揚州府志》卷七〇《事略》；光緒《鳳陽縣志》卷一五《紀事》）

大凶饑，又水。（嘉靖《重修如皋縣志》卷六《災祥》）

（城垣）為雨壞。（同治《鉛山縣志》卷六《建置》）

歲大旱，邑令趙君德剛疏請賑銀七千餘兩。（民國《德興縣志·原序》）

臨江府水，八分災，壞民田廬。巡按御史唐龍奏准免粮五分。是歲八月又水，歲饑。（嘉靖《臨江府志》卷四《歲眚》）

報恩觀，永樂十四年圮于水，正德十五年復圮于水。（康熙《建安縣志》卷八《藝文》）

復蝗，禾且盡。（康熙《滑縣志》卷四《祥異》）

蝗。（嘉靖《許州志》卷八《祥異》；嘉靖《鄢城縣志》卷一二《祥異》）

大水，田禾淹没，民舍衝决。（康熙《淅川縣志》卷八《災祥》）

雨雹，其初如彈丸，漸大如臼，殺人畜，數不勝計。（康熙《臨高縣志》卷一《災祥》）

蜀素無雪，是歲雪盈寸。又，蝗不入境。（乾隆《上海縣志》卷一〇《名宦》）

水溢，舟入津署，官民露處石子山，三日乃消。（乾隆《江津縣志》卷一《祥異》）

秋，水泛溢，（漳水）南决，自安陽顯王村南流，折而東，至崔家橋，又東過永和吕村入衛，袤百餘里，水勢盛時廣至四十里。其患甚鉅，而臨漳猶屢被焉。（乾隆《彰德府志》卷五《山川》）

秋，飛蝗蔽天，蟲螟遍野，至十六年尤甚。（康熙《單縣志》卷一《祥異》）

秋，大旱，穀一斗銀一錢，凡四十日而平。（康熙《桂林府志·祥異》）

秋，大旱，斗米銀一錢，凡四十日而平。（雍正《靈川縣志》卷四《祥異》）

冬，大雨水。（同治《番禺縣志》卷二一《前事》；宣統《南海縣志》卷二《前事補》）

庚辰、辛巳二年，大水，舟楫通于舊城南市橋。（萬曆《淮安府志》卷八《祥異》）

正德十四年以後，連罹五年大水。繼自嘉靖三年以來，迭遭九年蝗旱，疲癃滿目，逃亡過半。上年二麥鮮收，夏秋久旱，田苗枯槁，顆粒無收，兼以蝗蝻遍野，草根食盡，人無薪樵，牛馬亦無牧放之處。是以十室九空，朝不謀夕，或變易畜産，或鬻賣子女，或夥為鹽徒，或潛行鼠盜，以為目前偷生苟活之計，因無系戀，相率流離。（乾隆《重修桃源縣志》卷九《藝文》）

十五年、十六年，連年大雨傷稼，境中特甚。（康熙《朝城縣志》卷一〇《災祥》）

正德十六年（辛巳，一五二一）

正月

甲寅，是日寅刻，直隸太平府東南有星如火，變白色，長可六七尺，横懸東西，復變勾屈之狀，良夂乃散。……今是星色紅如火，寅見東南，蓋國皇也。（《明武宗實録》卷一九五，第3645頁）

乙卯，以旱災免淮、鳳陽（廣本作“楊鳳”，抱本“陽”作“楊”）、徐二十三州縣，及長淮等十三衛所糧草有差。（《明武宗實録》卷一九五，第3646頁）

庚申，以旱災免西寧、洮州二衛税糧有差。（《明武宗實録》卷一九五，第3647頁）

元旦，雨雪三日，平地積三尺，數日始消，高崖陰谷，浹月不消，草枯獸死。（光緒《福安縣志》卷三七《祥異》）

一日，雪三日，高山彌月猶末消，鳥犬多死。（萬曆《福寧州志》卷一〇《祥異》）

（雪）平地積深三尺，數日始消。高山陰谷不消者彌月，鳥獸多死。（乾隆《福寧府志》卷四三《祥異》）

兩京、山東、河南、山西、陝西自正月不雨至於六月。（《明史·五行志》，第484頁）

黑風蔽日，晝晦。（光緒《代州志》卷一二《大事記》）

以旱災免淮、揚等州縣税粮。（宣統《泰興縣志補》卷三上《蠲恤》）

朔，有白氣亘西南，長四五丈，廣三四尺，漸微如線，乃没。（康熙《嘉定縣志》卷三《祥異》）

不雨，至於六月。（民國《禹縣志》卷二《大事記》）

不雨，至於六月。秋七月，大雨雹，民饑，人食榆屑。有狼入境殺人，牝牡相隨。（道光《河曲縣志》卷三《祥異》）

至六月，不雨，大饑，癘疫流行，死者無算。（民國《文安縣志·志餘》）

二月

丙戌，昏刻，月掩犯金星。（《明武宗實録》卷一九六，第3661頁）

庚子，昏刻，火星犯鬼宿東北星。月犯氐宿東南星。（《明武宗實録》卷一九六，第3669頁）

嚴霜成凍。（光緒《雲南縣志》卷一《祥異》）

三月

癸丑朔，日食。（《明武宗實録》卷一九七，第3673頁）

大水。（乾隆《建寧縣志》卷一〇《災異》）

二十七日申時，慶雲見於城西。初，結成上下如二華蓋，須臾有黑雲覆于上，白氣射之，亘天。（康熙《瓊山縣志》卷九《雜志》）

遂寧大雨雹，壞廬傷稼。（嘉靖《潼川志》卷九《災祥》）

四月

壬寅，昏刻，金星犯鬼宿西北星。（《明世宗實録》卷一，第37頁）

甲辰，夜二更，流星如盞大，青白色，起天市垣内，西南行至房宿，尾跡炸散。後有二小星隨之。（《明世宗實録校勘記》卷一，第8頁）

庚戌，昏刻，流星如雞彈大，青白色，有光，起自柳宿，西北行至近濁没。（《明世宗實録校勘記》卷一，第11頁）

甘露降。（乾隆《鳳翔府志》卷一二《祥異》）

清遠大水。高明雨雹，其雹甚大，壓死人畜。（嘉靖《廣東通志初稿》卷三七《祥異》）

水。四月，疾風驟雨，發屋折木，平地水高丈餘，蕩塞田畝。是年六月

大旱，八分災，巡按御史唐龍奏准免粮五分。（嘉靖《臨江府志》卷四《歲眚》）

大水，歲大饑。四月，疾風暴雨，蛟出山裂，發屋折木，平地水湧丈餘，塞田畝。（康熙《新喻縣志》卷六《農政》）

二十四日，大雷雨，五十六都白鷳溪有聲如雉鳴，忽起蛟，山崩石裂，水湧數丈，人畜壓溺者無算，沿溪田盡成沙石。五月，復大雨水溢，平地四五尺，居民漂溺，黄洲橋毁南岸三墩。（同治《崇仁縣志》卷一三《祥異》）

大水。四月，疾風暴雨，蛟出山裂，發屋折木，平地水深丈餘。（同治《新淦縣志》卷一〇《祥異》）

五月

壬子，朔，是日，日精門災。（《明世宗實録》卷二，第 61 頁）

壬子，朔，夜四更，流星如雞彈大，青白色，尾跡有光，起自常陳，北行至文昌没。（《明世宗實録校勘記》卷二，第 13 頁）

丙辰，禮科都給事中邢寰等以日精門災，又旱久不雨，請修舉實政，以回天意。上嘉納之，仍令禮官擇日禱雨。（《明世宗實録》卷二，第 74 ~ 75 頁）

辛酉，昏刻，流星如盃大，青白色，有光，起自正南雲中，南行至近濁没。（《明世宗實録校勘記》卷二，第 18 頁）

壬戌，初，上命禮官擇日禱雨，未及期而雨降。上喜，乃遣駙馬都尉蔡震告謝天地，惠安伯張偉告社稷，崇信伯費柱告山川之神。（《明世宗實録》卷二，第 92 頁）

戊辰，夜四鼓，流星如雞彈大，赤色，有光，起自天市垣，南行至天江没。（《明世宗實録校勘記》卷二，第 20 頁）

乙亥，夜三鼓，流星如雞彈大，青白色，有光，自大角旁西北行，至近濁没。（《明世宗實録校勘記》卷二，第 21 頁）

丙子，欽天監刻漏博士杜鉞言：“正德以來，逆瑾擅專，壅惑主聽。時五官監候楊源憂祚并以奏報天象，被杖有致死者。自後臺官多為全身保妻子之計，匿不以聞。今皇上聖明，克謹天戒，宜勑本監諸臣敬乃有事，凡遇天象示異，如頃者雷聲連延、冰雹卒變、五星休旺、風不應時之類，一一占奏，無隱天象。”（《明世宗實録》卷二，第108頁）

丙子，夜五鼓，月犯天陰（抱本作“隆”）星。（《明世宗實録》卷二，第109頁）

大水，民饑。（天啟《封川縣志》卷四《事紀》）

六月

癸未，夜二更，火星犯右執法（閣本“法”下有“又流星如雞彈大，赤色，有光，自霹靂行至羽林軍没”二十字）。（《明世宗實録》卷三，第120頁）

己丑，貴州思州府見天上有紅焰火團，自南飛過北而去，天鼓鳴，良久方息，鎮巡等官以聞。（《明世宗實録》卷三，第126頁）

壬辰，夜二更，流星如雞蛋大，赤色，有光，起奎宿，行至近濁没。（《明世宗實録校勘記》卷三，第25頁）

癸卯，陜西撫案〔按〕官奏：“米脂縣四月初七日酉時分，西北方有星火大如斗，随有紅光一道，約長三丈餘，半空冉冉轉動向西北，移時變白氣而滅。……遼東撫案官奏，該鎮五月二十二日有星大如盃，尾長丈餘，光如月，自東西流，如箭而墜。午時，天鼓鳴者三。”（《明世宗實録》卷三，第145頁）

己酉，北直隷、山東、河南、山西、陜西、南直隷、江北淮揚諸郡俱旱，自正月不雨。至于是月，福建福州等府亢旱，癘疫盛行，府縣官病死者四十餘員，軍民死者無算。（《明世宗實録》卷三，第153頁）

初，九玉山山水暴漲，漂没田廬，有舉家被溺者。（同治《玉山縣志》卷一〇《祥異》）

世宗初立，陜西諸郡大旱，疫。（雍正《陜西通志》卷四七《祥異》）

大水。（嘉慶《番郡璅録》卷二《祥異》；民國《潼南縣志》卷六《祥異》）

大水丈餘，漂没民舍。（同治《分宜縣志》卷一〇《祥異》）

初九日，玉山縣山溪瀑漲，勢若滔天，漂蕩民居，渰没田土，至有舉家没溺無孑遺者。（康熙《廣信府志》卷一《星野》）

遂寧大水。（嘉靖《潼川志》卷九《災祥》）

七月

癸丑，遼東遼陽城黄風黑霧，大雨龍見，河水泛漲，壞城垣民舍，壓死者甚衆。（《明世宗實録》卷四，第 167 頁）

丙辰，夜一更，土星逆行犯代星。（《明世宗實録》卷四，第 171 頁）

又三更南方有星如雞彈大，青白色，尾有光，起自虚宿，南行至近濁没。（《明世宗實録校勘記》卷四，第 31 頁）

丁巳，夜二更，流星如雞彈大，青白色，起自文昌，北行至近濁没。五更有星如杯大，青白色，有光，起自土司空，南行至近濁，後有二小星隨之。（《明世宗實録校勘記》卷四，第 31 頁）

辛酉，夜一更，有流星如盞大，青白色，起自宿，西行至近濁没。尾有白氣，曲曲如蛇形，久之乃散。五更有流星如雞彈大，赤色，有光，起自南河，東行至近濁没。（《明世宗實録校勘記》卷四，第 33 頁）

己巳，京師久雨。上諭禮部曰："淫雨傷稼，朕心憂惶，其令欽天監擇日齋戒祈禱。"（《明世宗實録》卷四，第 190 頁）

壬申，上以京師久雨，米價騰踊，諭户部發京倉及通州倉粮五十萬平價出糶。有富豪積貯于家，乘時射利者，治其罪。（《明世宗實録》卷四，第 194 頁）

丙子，行人鄧繼曾以久雨上疏言："近日以来，明詔雖頒，而廢閣者太（抱本作'大'）半；大獄已審，而遲留者尚多。擬旨間或出於中人，奸諛漸得幸于左右，禮有當遵，而不從其大；孝有所重，而或泥於情。納諫如流，施行者寡；矯枉似正，習染猶存。是陛下修己親賢之誠，漸不如始，故天降淫雨，以示警戒。"（《明世宗實録》卷四，第 203 頁）

丙子，夜一更，有星如雞彈大，赤色，有光，起自危宿，東行至近濁，

尾跡炸散。又有流星如雞彈大，青白色，起自紫微垣，南行至天津没。（《明世宗實録校勘記》卷四，第35～36頁）

大水，没城三尺。（嘉慶《長寧縣志》卷一二《祥異》）

八月

丁亥，是日辰時，金星見于巳位。（《明世宗實録》卷五，第217頁）

己丑，夜二更，流星如雞彈大，青白色，起自天倉，東南行至雲中没。（《明世宗實録校勘記》卷五，第38頁）

庚寅，是日辰時，陜西固原州地震，有聲如雷。（《明世宗實録》卷五，第219頁）

庚寅，夜四更，有星如雞彈大，青白色，有光，自文昌東行至近濁没。是夜，月犯壘壁陣東第四星。（《明世宗實録校勘記》卷五，第39頁）

丙午，夜一更，流星如雞彈大，青白色，起自天棓，行至貫索没。（《明世宗實録校勘記》卷五，第43頁）

不雨，至十二月。（乾隆《杭州府志》卷五六《祥異》）

九月

己酉，夜四更，流星如雞彈大，青白色，起自螣蛇，行至雲中没。（《明世宗實録校勘記》卷六，第44頁）

庚戌，夜，流星如雞彈大，青白色，起自羽林軍，行至近濁没。（《明世宗實録校勘記》卷六，第44頁）

辛亥，夜四更，流星如盞大，青白色，起自中臺，行至北斗杓没。（《明世宗實録》卷六，第45頁）

壬子，廣西太平府地震有聲。（《明世宗實録校勘記》卷六，第45頁）

壬子，昏刻，流星如雞彈大，青白色，起自中天，南行至近濁，後有二小星隨之。三更，流星如雞彈大，青白色，起自室宿，西北行，至天津没。（《明世宗實録校勘記》卷六，第45頁）

甲寅，夜三星〔更〕，西方有流星如雞彈大，赤色，起自室宿，西北行

至虚宿没。又流星如盞大，赤色，光明照地，起自鈎陳，行至天棓，尾跡炸散。(《明世宗實録校勘記》卷六，第 46 頁)

丁巳，瀋陽中衛奏，有星起西北，光如火，有聲，往東方落，天鼓鳴如雷。(《明世宗實録》卷六，第 246 頁)

己未，遼陽（抱本作“東”）湯站堡七月初四日，風雨驟作，大水溢涌，衝倒城垣三十五丈，壞道路三十餘里，壓死一十二人。上聞之曰：“是災異非常，守臣宜痛加脩省，以回天意。其被災者，即時賑卹。”(《明世宗實録》卷六，第246 頁)

壬戌，夜一更，流星如雞彈大，青白色，起自壁宿，西南行至斗宿，尾跡炸散。(《明世宗實録校勘記》卷六，第 47 頁)

癸亥，夜四更，月犯外屏西第三星。(《明世宗實録校勘記》卷六，第 48 頁)

己巳，夜五更，月犯五諸侯星，曉刻，金星犯太微垣右執法星。(《明世宗實録》卷六，第 254 ~255 頁)

庚午，以災例免山西石州等州、崞縣等縣税粮。(《明世宗實録》卷六，第 255 頁)

辛未，以災例免宣府等衛所、馬營等城堡、隆慶等州、永寧等縣税糧。(《明世宗實録》卷六，第 257 頁)

壬申，貴州永寧衛地震。(《明世宗實録》卷六，第 259 頁)

癸酉，夜五更，月犯靈臺上星。(《明世宗實録》卷六，第 259 頁)

乙亥，夜，金星犯太微垣左執法星（抱本無“夜金星犯太微垣左執法星”十一字)。(《明世宗實録》卷六，第 261 頁)

乙亥，三更流星如雞彈大，赤色，起自北斗摇光星，行至雲中没。(《明世宗實録校勘記》卷六，第 50 頁)

丁丑，夜一更，流星如雞彈大，青白色，起自天倉，西北行至近濁没。(《明世宗實録校勘記》卷六，第 51 頁)

戊寅，陝西莊浪等衛夏旱不雨，至秋雨潦，瘟疫大行，軍民死者二千五百餘人。(《明世宗實録》卷六，第 270 頁)

暴雨，水驟溢太平都，民居橋樑壞者甚眾，城西南隅衝潰。（光緒《四會縣志》編一〇《災祥》）

四會大風雨，一夕風雨暴至，壞城郭，倒龍橋，船艘木筏損失甚衆。（嘉靖《廣東通志初稿》卷三七《祥異》）

十月

庚辰，夜一更，流星如雞彈大，赤色，尾跡有光，起自紫微東蕃内，北行至七公相犯。（《明世宗實録校勘記》卷七，第53頁）

丁亥，是夜曉刻，金星犯進賢星。（《明世宗實録》卷七，第274頁）

乙酉，昏刻，流星如雞彈大，青白色，起自北斗杓，北行至近濁没。（《明世宗實録校勘記》卷七，第53頁）

乙未，夜四更，流星如雞彈大，赤色，起自參宿，西南行至近濁没。（《明世宗實録校勘記》卷七，第54頁）

癸卯，夜二更，流星如雞彈大，青白色，起自天囷，西南行至羽林軍没。（《明世宗實録校勘記》卷七，第56頁）

甲辰，夜三更，流星如雞彈大，青白色，起自天大將軍，西行至螣蛇。又流星如雞彈大，青日色，發光如盞大，起自壁宿，北行至近濁，後一小星隨之。（《明世宗實録校勘記》卷七，第56頁）

丙午，以旱災蠲免定遼、遼海、三萬、東寧等衛本年屯田子粒有差。（《明世宗實録》卷七，第282頁）

丙午，夜五更，流星如雞彈大，青白色，發光如盞大，起自張宿，西南行至近濁没，後有二小星隨之。（《明世宗實録校勘記》卷七，第56～57頁）

十一月

乙卯，是夜五更，流星如雞子大，青白色，發光如盞大，起自上台，行至北斗杓，尾跡炸散。（《明世宗實録校勘記》卷八，第59頁）

丙辰，夜一更，流星大如雞子，青白色，有光，起自北河，東北行至近濁没，後有二小星隨之。（《明世宗實録校勘記》卷八，第59頁）

戊午，夜四更，流星大如雞子，赤色，起自左執法，西行至下台没。（《明世宗實録校勘記》卷八，第60頁）

辛酉，甘肅行都司黑風晝晦（閣本“晦”下有“自申时至翌日曉刻方散”十字）。（《明世宗實録》卷八，第295頁）

甲子夜一更，月犯五諸侯第四星。（《明世宗實録》卷八，第295頁）

丁卯，夜曉刻，金星犯鍵閉星。（《明世宗實録》卷八，第298頁）

辛未，夜四更，西方有星大如雞子，赤色，發光如盞大，起自畢宿，西行至近濁没。（《明世宗實録校勘記》卷八，第62~63頁）

甲戌，夜五更，流星大如雞子，青白色，有光，起自角宿，東南行至庫樓没。（《明世宗實録校勘記》卷八，第64頁）

丙子，蠲山西大同所轄十一州縣、大同前等十七衛所今年租有差，以風、霾、旱、雹為災也。（《明世宗實録》卷八，第315頁）

戊寅，夜五更，流星如雞子大，青白色，起自貫索，至天市垣没，後有二小星隨之。（《明世宗實録校勘記》卷八，第65頁）

十二月

戊子，夜，月犯昴宿西第一星。（《明世宗實録》卷九，第327頁）

辛卯，即今金星晝見，冬不嚴寒，各處水旱為災，天意不和，宜正心修德，施惠澤，除弊政，以召休祥。（《明世宗實録》卷九，第331頁）

辛卯，甘肅行都司狂風自西北起，聲如牛吼，壞官民廬舍、樹木無筭。（《明世宗實録》卷九，第333頁）

壬辰，夜，流星如鷄子大，青白色，起畢宿，正西行至近濁没。（《明世宗實録校勘記》卷九，第68頁）

乙未，是日亥時，甘肅行都司有星墜如火，大如車輪，至地，復上而散。（《明世宗實録》卷九，第344頁）

庚子，夜曉剌，金星犯建星。（《明世宗實録》卷九，第349頁）

丙午，夜曉刻，金星與木星相犯。（《明世宗實録》卷九，第356頁）

除夕，大雷電。（民國《淮陽縣志》卷八《災異》）

除日，震電。（康熙《續修陳州志》卷四《災異》）

除夜，雷雹交作。（萬曆《開封府志》卷二《禨祥》）

是年

春夏，不雨。（康熙《保德州志》卷三《風土》）

春夏，不雨，斗米五錢。（乾隆《府谷縣志》卷四《祥異》）

夏，雷擊新市鎮居姓家。（康熙《德清縣志》卷一〇《災祥》）

沁河決，城中水深數尺。（乾隆《獲嘉縣志》卷一六《祥異》）

南京旱。（光緒《金陵通紀》卷一〇中）

大水，舟楫通於舊城南市橋。（光緒《淮安府志》卷四〇《雜記》）

大水，起於夜半，視甲午高一丈。（康熙《宜黄縣志》卷一《禨祥》；道光《宜黄縣志》卷二七《祥異》）

大水丈餘，漂没民舍。（民國《分宜縣志》卷一六《祥異》）

旱。（崇禎《長樂縣志》卷九《災祥》；民國《無棣縣志》卷一六《祥異》）

大旱。（光緒《永嘉縣志》卷三六《祥異》）

雨冰雹。（康熙《安肅縣志》卷三《災異》；民國《徐水縣新志》卷一〇《大事記》）

颶風，大雨傷稼。（光緒《吴川縣志》卷一〇《事略》）

秋，大水。（康熙《堂邑縣志》卷七《災祥》；民國《重修滑縣志》卷二〇《祥異》）

秋冬，旱。（光緒《嘉興府志》卷三五《祥異》；光緒《嘉善縣志》卷三四《祥眚》）

春，大水。（光緒《惠民縣志》卷一七《祥異》）

春，武定大水。（民國《無棣縣志》卷一六《祥異》）

春夏不雨，斗米三錢，人有菜色，野無完樹，死者枕藉。自來荒年莫此爲甚。（康熙《保德州志》卷三《風土》）

春夏不雨，斗米五錢，人皆飢色，野無完樹，死者枕籍。（乾隆《府谷

縣志·祥異》）

夏，旱。（嘉靖《灤州志》卷二《世編》；康熙《永平府志》卷三《災祥》；乾隆《曲阜縣志》卷二九《通編》）

夏，淫雨彌月，平地水深尺餘，無禾。（嘉靖《開州志》卷八《祥異》）

夏，大水，饑。（崇禎《肇慶府志》卷二《事紀》）

汾河水泛，漂没禾黍無限。舊河本在史家庄之東，一夕移於其西。是歲大飢。（天啟《太原縣志》卷三《祥異》）

蝗。（康熙《岢嵐州志》卷一《祥異》）

盂縣曹邨龍見，風雨晝晦，拔木毁屋，黑氣上蔽太虚。（乾隆《平定州志》卷五《禨祥》）

大旱，疫。（嘉慶《洛川縣志》卷一《祥異》）

本衛年荒，運糧賑濟，全活甚多。解組歸祖，厲河泛漲，有摧城之勢。（道光《靖遠縣志》卷四《鄉賢》）

飛蝗蔽天，蟲螟遍野，至十六年尤甚。（康熙《單縣志》卷一《祥異》）

連年大雨傷稼，境中特甚。（康熙《朝城縣志》卷一〇《災祥》）

歲比不登，辛巳風秕；壬午秋，大風雨害稼；癸未夏旱，高鄉種不入，秋，大風連雨，熟稼多浥損。（崇禎《松江府志》卷一〇《田賦》）

大旱，四塘圮廢，水利不脩，運舟淺閣。（康熙《江都縣志》卷一三《藝文》）

大水，舟楫通于舊城南市橋。（同治《重修山陽縣志》卷二一《雜記》）

颶風發，雨大作，傷禾稼。（乾隆《吴川縣志》卷九《事蹟紀年》）

秋，風潮。（嘉靖《靖江縣志》卷四《編年》）

秋，大水。（康熙《滑縣志》卷四《祥異》；康熙《堂邑縣志》卷七《災祥》）

秋，大雨雹。（康熙《高明縣志》卷一七《紀事》）

秋冬，旱。（崇禎《吴縣志》卷一一《祥異》）

世宗嘉靖年間

（一五二二至一五六六）

嘉靖元年（壬午，一五二二）

正月

丙辰，夜曉刻，金星犯牛宿。（《明世宗實録》卷一〇，第369頁）

戊午，夜曉刻，水星犯羅堰星。（《明世宗實録》卷一〇，第370頁）

己未，清寧宫後三小宫災，欽天監掌監事光禄寺少卿華湘言："正德十六年二月，火星犯鬼宿，冬十一月，金星犯鍵閉。臣謹按占書並主火災。後至五月，乾清宫内火。仰見上天示戒，端不虚也。臣等去歲嘗奏太白晝見，秋雷大（廣本作'不'，舊校'大'下增'鸣'字），金木相犯，兹皆變之大于火者。伏望皇上祗嚴天戒，益修德政，以弭災變。"疏下所司知之。（《明世宗實録》卷一〇，第370頁）

己未，夜昏刻，月犯五諸侯星。（《明世宗實録》卷一〇，第370頁）

己未，本夜，金星與木星相犯。（《明世宗實録》卷一〇，第370頁）

癸亥，夜，月犯太微垣上将星。（《明世宗實録》卷一〇，第374頁）

甲子，夜，月犯太微垣左執法星。（《明世宗實録》卷一〇，第374頁）

丁卯，是日，日色慘白，變青無光。午時，黄霧四塞，未、申時，大風揚塵。（《明世宗實録》卷一〇，第380頁）

庚午，以火災風霾諭禮部："行欽天監擇日遣官祭告天地、宗廟、社稷，仍戒飭文武百官，同加修省，以回天意。"（《明世宗實録》卷一〇，第384～385頁）

辛未，夜曉刻，月犯箕宿。（《明世宗實録》卷一〇，第386頁）

正月下卯正午，昏霧四塞。（道光《永州府志》卷一七《事紀畧》）

不雨。至五月，淫雨彌旬，洪水害稼，没民居。冬大饑，死者衆。（同治《餘干縣志》卷二〇《祥異》）

一日，雷電大雨。（嘉靖《太康縣志》卷四《五行》）

地震。（乾隆《河南府志》卷一一六《祥異》）

綿州自春正月至夏六月，不雨。（嘉靖《四川總志》卷一六《災祥》）

二月

丙戌，巳時，白虹彌天。（《明世宗實録》卷一一，第409頁）

己丑，以水災免河南開封府及汝州秋税。（《明世宗實録》卷一一，第410頁）

壬辰，夜，月食一十分七十八秒。（《明世宗實録》卷一一，第410頁）

丙申，夜，月犯房宿南第二星。（《明世宗實録》卷一一，第413頁）

水。（民國《淮陽縣志》卷八《災異》）

水災。（康熙《續修陳州志》卷四《災異》）

至四月不雨，溪井皆竭。（光緒《龍泉縣志》卷一一《祥異》）

三月

癸亥，命順天府擇日齋戒祈雨，仍勅内外臣工一體修省，以春分後雨澤愆期也。（《明世宗實録》卷一二，第438頁）

春，杭州旱，時久晴無雨，河渠枯竭。三月，杭州大水。《武林紀事》：自春徂夏，田成巨河。（康熙《仁和縣志》卷二五《祥異》）

三十日，雷迅。地震。（嘉靖《黄陂縣志》卷上《災祥》）

春，旱，河渠枯涸。三月至六月，大雷雨，成巨浸。（民國《吴縣志》

卷五五《祥異考》）

春，大旱，河渠枯涸。三月至六月，大水。秋七月己巳，颶風大作。（道光《璜涇志稿》卷七《災祥》）

四月

戊寅，本夜，晓刻，木星犯牛宿下星。（《明世宗實録》卷一三，第453頁）

庚辰，陝西寧夏衛地震有聲。（《明世宗實録》卷一三，第454頁）

辛巳，江西寧州地震。（《明世宗實録》卷一三，第455頁）

癸未，夜一更，月生連環暈及斗，左右攝提星俱在暈内，蒼白色鮮明，有頃，漸散。（《明世宗實録》卷一三，第456頁）

甲申，雲南左衛等地方大雨雹，大者如雞子，小者如弾丸，禾苗、房屋被傷者無算。（《明世宗實録》卷一三，第456～457頁）

丙申，上以天氣暄熱，命法司、錦衣衛見監，笞罪無干證者釋之，徒流以下減等擬審發落，重囚情可矜疑并應枷號者，疏名以請。疏上，寬恤有差，自是歲以為常。（《明世宗實録》卷一三，第462頁）

甲申，雨雹，傷禾苗、民居無算。（道光《昆明縣志》卷八《祥異》）

丙寅，雨，五龍見於北。（民國《昌圖縣志》卷一《災祥》）

大水。（同治《袁州府志》卷一《祥異》）

五月

己未，四川蓬溪縣大雨雹，大如鵞弾，小如雞子，打傷牛馬（廣本、閣本、抱本作“馬牛”）禽畜，壞碎民居房屋、禾苗無算。同日，大昌縣雨雹，大水衝漂，損傷尤甚。（《明世宗實録》卷一四，第480～481頁）

己巳，江南北大風拔木。（《國榷》卷五二，第3260頁）

雨雹大如拳，大風拔民居，石佛村楊樹大幾合抱，迅雷擊之，裂而爲二，越三日復屬。（乾隆《祁州志》卷八《祥異》）

五日，大雨雹，雲中隱然龍見。是日大水，幾没城郭。（乾隆《莊浪志略》卷一九《災祥》）

大水入城，廬舍田禾渰没幾盡。（道光《永州府志》卷一七《事紀畧》；光緒《零陵縣志》卷一二《祥異》）

大水，市上行舟。（同治《饒州府志》卷三一《祥異》）

大庾大水，饑，詔免田租之半。（光緒《南安府志補正》卷一〇《祥異》）

春夏大水，漂没民居，龍河渡沙洲復起。四月，泮池雙虹見，自南竟北五日。五月，大水，饑。（民國《萬載縣志》卷一之三《祥異》）

水災。五月，大旱。（同治《湖州府志》卷四四《祥異》）

大清河溢，壞城郭民居。（康熙《利津縣新志》卷九《祥異》）

各府大水。饑。（光緒《江西通志》卷九八《祥異》）

府屬大水。饑，免起運米。（康熙《南昌郡乘》卷五四《祥異》）

大水，饑。（康熙《新建縣志》卷二《災祥》）

霪雨連漲，比成化壬寅水更高三尺。其年澇傷，無麥禾。（乾隆《上饒縣志》卷一一《祥異》）

大水入城，衢巷行舟，民居盡没。（同治《弋陽縣志》卷一四《祥異》）

霪雨連漲，比成化壬寅水高五尺。其年仍澇傷，無麥禾。（乾隆《貴溪縣志》卷五《祥異》）

大水，市上行舟。（康熙《鄱陽縣志》卷一五《災祥》）

大水，堤决共一千七百餘丈，壞民田廬，漂男女数十人。（嘉靖《豐乘》卷一《邑紀》）

大水，民饑。（康熙《撫州府志》卷一《災祥》）

大水，饑。詔免田租之半。（乾隆《南安府大庾縣志》卷一《祥異》）

全州大雨水，山崩田没，洪水泛漲，漂流房屋，渰死人口無數。（康熙《桂林府志·祥異》）

十三日，漲水，進城三尺；至十六日又漲水，進城二尺。（康熙《灌陽縣志》卷九《災異》）

大水，五日不消，溺死人畜，闐壓田地。（康熙《陽朔縣志》卷二

《災祥》）

己未，蓬州雨雹大如鵝卵，傷人及物。（道光《蓬州志略》卷一〇《雜記》）

大水。十五日，大雨，至十九日止。（雍正《處州府志》卷一六《雜事》；光緒《龍泉縣志》卷一一《祥異》）

各府大水，民饑。（同治《袁州府志》卷一之一《祥異》）

至八月，大水，漂民廬舍，舟航入城市。（同治《安義縣志》卷一六《祥異》）

至八月，大水，舟航入市，漂民舍不計其數。（同治《建昌縣志》卷一二《祥異》）

旱。五月己未，蓬州雨雹，大如鵝子，傷亦如之。（嘉慶《四川通志》卷二〇三《祥異》）

六月

甲申，以旱命順天府官率所屬祈禱雨澤。（《明世宗實録》卷一五，第493頁）

丁亥，以旱災免歙縣、休寧、祁門、黟縣、婺源、績溪税粮有差。（《明世宗實録》卷一五，第494頁）

大旱。（康熙《續修陳州志》卷四《災異》；民國《淮陽縣志》卷八《災異》）

風雨暴至，江水泛溢。（乾隆《望江縣志》卷三《災異》）

春，大旱。夏六月，水害稼，民大饑。（康熙《宿松縣志》卷三《祥異》）

大水，禾盡没。（康熙《德安縣志》卷八《災異》）

大水，市行舟。（同治《寧州志》卷三九《祥異》）

颶風大作，潮水泛漲，漂没千餘家，知府羅一鶚調三縣人夫修築。（光緒《廣東考古輯要》卷九《堤堰》）

大風拔木。冬，大饑。（同治《饒州府志》卷三一《祥異》）

大風拔木。（康熙《鄱陽縣志》卷一五《災祥》）

七月

己酉，以南直隸、江西、浙江、湖廣、四川旱災，詔各撫按官講求荒政，積穀預備，務使窮民各霑實惠。(《明世宗實録》卷一六，第504頁)

乙丑，是夜，南京大風雨雷電，震動居民房屋，至四更方止。(《明世宗實録》卷一六，第513頁)

己巳，是日，南京暴風雨，江水湧溢，郊社、陵寢、宫闕、城垣、吻脊、欄楯皆壞，拔樹至萬餘株，大江船隻漂没甚衆。直隸鳳陽、揚州、廬州、淮安等府同日大風雨雹（東本作"雹"），河水泛漲，壞官民廬舍樹株，溺死人畜無算。(《明世宗實録》卷一六，第515頁)

己巳，大風，屋瓦漫飛，樹木皆折。(嘉靖《六合縣志》卷二《災祥》)

己巳，颶風作，四面旋激，雨奔注，海溢，民漂死無算。(民國《太倉州志》卷二六《祥異》)

己巳，颶風忽作，四面旋激，雨如奔湍，震號怒吼，勢若摧山崩壑。拔木飛瓦，屋宇傾倒者百二十有三，畜壓傷死者九十有四，湖海泛溢，居民漂流，死者無筭。歲荒民病，遠近老幼扶攜入城，知州劉世龍一時設法賑濟，民多賴以全活。(嘉靖《太倉州志》卷一〇《雜志》)

螟，大旱。地震。(光緒《永平府志》卷三〇《紀事》；民國《昌黎縣志》卷一二《故事》；民國《盧龍縣志》卷二三《史事》)

朔，大風自北來，拔木飛瓦。二十五日，大風雨，海溢，壞官民居，崇壽寺銀杏大數圍，拔而仆地，至冬一夕自立。(同治《上海縣志》卷三〇《祥異》)

朔，大風自北來，拔木飛瓦。二十五日，大風雨，海溢，壞官民居。(光緒《川沙廳志》卷一四《祥異》；民國《南匯縣續志》卷二二《祥異》)

二十三日，大風雨，潮漲如海，三日，邑宇崩塌居廬，漂没死者數萬，歲大祲。(光緒《靖江縣志》卷八《祲祥》)

二十三日，風潮，縣境如海，縣治崩塌，民廬漂没殆盡，死者數萬。

（嘉靖《靖江縣志》卷四《編年》）

二十四日，大風拔木，禾稼盡空。冬氣暖如春，草木皆華，間有實，歲洊饑。（民國《太和縣志》卷一二《災祥》）

二十四日，大風，拔木摧禾。冬暖如春，諸果木皆華，間有實。（嘉靖《潁州志》卷一《郡紀》）

廿四日，風自西北，自暮達旦，拔伐樹木，摧折禾稼，已實者摇落一空，方秀者偃伏遍野，人盡失望。是冬和氣如春，桃李諸果木皆華，間或有實者。歲荐饑。（順治《潁上縣志》卷一一《災祥》）

二十四日，大風拔木，禾盡偃。冬襖。（萬曆《太和縣志》卷一《災異》）

二十五日，震雷，大風雨，江海暴溢，民居蕩析，死者數千人。（嘉慶《如皋縣志》卷二三《祥祲》）

二十五日，大風竟日，太湖水高丈餘。濱湖三十里内，人畜屋廬漂溺無算。（乾隆《震澤縣志》卷二七《災祥》）

二十五日，震雷，風雨大至，江海暴溢，民居蕩析，死者數千人。（光緒《通州直隸州志》卷末《祥異》）

二十五日，大風雨，江潮湧漲，没民居甚眾。（乾隆《江都縣志》卷二《祥異》）

二十五日，自辰至酉，大風拔木，壞廬舍，太湖水溢丈餘，没田禾。（光緒《嘉興府志》卷三五《祥異》）

二十五日，揚州大風雨，江潮湧漲，漂溺甚衆。（雍正《揚州府志》卷三《祥異》）

廿五日，颶風大作，樹木振拔，民居破壞，舟行漂溺者無筭，一晝夜方息。（萬曆《崑山縣志》卷八《災異》）

大風雨抜木，壞民廬舍，是歲大侵。（萬曆《嘉定縣志》卷一七《祥異》）

二十五日，自辰至酉，大風拔木，太湖水溢丈餘，没田禾。（光緒《嘉善縣志》卷三四《祥眚》）

二十五日，大風雨，壞官民居。崇壽寺銀杏數圍，拔而仆地，至冬一夕自立。（乾隆《上海縣志》卷一二《祥異》）

二十五日，颶風大作，平地潮湧丈餘，人民渰死無數，流移外境者甚多。（萬曆《新修崇明縣志》卷八《災祥》）

二十五日未、申時，海風大作，沿江林木合抱者皆摧拔。至夜半風勢轉烈，平地水高二丈餘，江海混為一壑，茫無涯岸，巨木在高阜者，惟露枝梢。沿江舳艫廬舍皆漂溺，人死者無數。父老相傳百年來無此異也。時大水中有火光閃爍，其聲轟轟若萬馬之馳。近世或颶風大作，則夜間空中火飛無數，人皆見之。火極明處，則風必極盛，樹木屋宇當之者無不摧仆。（《稗史彙編》卷一七二《災祲》）

大風，以水災減田場租稅。（萬曆《江浦縣志》卷一《縣紀》）

春旱，河渠枯涸。三月至六月，大雷雨，成巨浸。七月二十五日巳時，天昏冥，風雨雷電交作，及一晝夜，飄瓦摇屋，喬木盡拔。具區水嘯，沿湖室廬人畜漂没。間有少壯附木隨風著岸得生，云：浮沉水面，但見滿湖皆火。（崇禎《吴縣志》卷一一《祥異》）

二十五日，颶風大作，一晝夜樹木摧拔，民居破壞，舟行漂溺者無算。（乾隆《崑山新陽合志》卷三七《祥異》）

廿五，大風雨拔木，江海嘯湧，漂室廬人畜無筭。（萬曆《常熟縣私志》卷四《敘産》）

二十五，大風竟日，太湖水高丈餘，濱湖三十里内人畜屋廬漂溺無算。翌日覓流屍，十無二三，間有附木隨風抵岸得生者。從遠望之，但見滿湖皆火云。時田禾多被災，明年六月，免稅糧之半。（乾隆《吴江縣志》卷四〇《災變》）

夏秋旱。七月二十五日大風雨，拔木，平地水深數尺。（嘉慶《無錫縣志》卷三一《祥異》；光緒《無錫金匱縣志》卷三一《祥異》）

二十五日，風災，大水。（康熙《武進縣志》卷三《災祥》）

二十五日，大風雨，及夜江溢，平陸水湧丈餘，沿江廬舍盡漂没，死者無筭，田疇蕩然。（隆慶《儀真縣志》卷一三《祥異》）

大風拔木，海潮泛溢，民居廬舍漂没幾半。（崇禎《泰州志》卷七《災祥》）

大風雨雹，江溢，壞人畜田廬。（萬曆《泰興縣志》卷八《祥異》）

二十五日，海潮溢，死人無算。（民國《阜寧縣新志》卷首《大事記》）

二十五日，暴風雨，火塊閃爍雜其中，徹晝夜，海潮湧，竈舍竈丁俱漂没，莫知其所在。（嘉慶《東臺縣志》卷七《祥異》）

夏，蝗。七月，廬、鳳、淮、揚四府同日大風雨雹，河水泛漲，溺死人無算。冬，氣暖如春，草木皆華，間有實者。（光緒《壽州志》卷三五《祥異》）

驟風暴雨，毁屋壞垣，木拔石走，鳥雀俱斃。（康熙《五河縣志》卷一《祥異》）

大風發屋。（萬曆《滁陽志》卷八《災祥》）

海溢，大風拔木，鳥雀多死者。（嘉靖《皇明天長志》卷七《災祥》）

大風拔木，鳥雀多死者。（天啟《新修來安縣志》卷九《祥異》）

大水，没城郭。秋七月，風雷電大作，沿江地震，至嶽麓山而止。（嘉靖《長沙府志》卷六《物異》）

旱。秋七月，風雷雹大作。（同治《瀏陽縣志》卷一四《祥異》）

大水。（康熙《平樂縣志》卷六《災祥》；嘉慶《永安州志》卷四《祥異》）

淮、鳳同日大風雨雹，河水泛漲，溺死人畜無算。（光緒《盱眙縣志稿》卷一四《祥祲》）

海溢，大風拔木，鳥獸多死。（嘉慶《備修天長縣志稿》卷九下《災異》）

八月

丙子，以江西水災，再免起運米二十萬石，仍命巡按御史查嘉靖元年税糧應免分數以聞，併勅鎮巡三司等官督率所屬加意優卹，務使人霑實惠，以稱朝廷憫念小民至意。（《明世宗實録》卷一七，第520頁）

庚辰，夜昏刻，月犯房宿南第二星。亥刻，土星逆犯壘壁陣西第五星。（《明世宗實録》卷一七，第521頁）

甲午，山西太原府地震。（《明世宗實録》卷一七，第528頁）

乙未，以山西雨雹災，免大同府衛夏税有差。（《明世宗實録》卷一七，第529頁）

乙未，夜曉刻，火星在鬼宿犯積尸氣。（《明世宗實録》卷一七，第529頁）

丙申，楚王榮㓕奏："宗室禄糧欠缺，婚喪不舉。乞預借湖廣布政司庫銀一萬七千兩給之，准以後歲禄之數。"事下户部議，預借無例，且彼處連歲水災，蠲免税粮數多，實無積貯可借。（《明世宗實録》卷一七，第529頁）

大旱。八月不雨，地乾丈餘，五穀不能種，餓死盈野。（乾隆《寧武府志》卷一〇《事考》）

水決柘林，漂死王恕等九十六人。（光緒《潛江縣志》卷一〇《河防》）

颶風，江河鳥雀浮。是年，拆國明等寺，佛像俱燬。（康熙《南海縣志》卷三《災祥》）

颶。（民國《順德縣志》卷二三《前事》）

不雨，至二年三月，麥盡死。秋，穀大稔，其收數倍。（嘉靖《薊州志》卷一二《災祥》）

九月

丙午，以南京大風雨災，遣成國公朱輔、駙馬都尉蔡震、惠安伯張偉祭告天地、宗廟、社稷，致齋三日，仍勅魏國公徐鵬舉祭告孝陵。（《明世宗實録》卷一八，第546～547頁）

辛亥，以雹災免山西馬邑、廣靈二縣秋糧有差。（《明世宗實録》卷一八，第547頁）

辛酉，夜五更，月犯昴宿西第一星。（《明世宗實録》卷一八，第551頁）

癸亥，以水災免池州、安慶二府，及高淳、溧水二縣，九江、安慶二衛

兑軍糧半徵折色。（《明世宗實録》卷一八，第552頁）

己巳，是日五更，大風揚塵，晝晦。（《明世宗實録》卷一八，第556頁）

辛未，酉刻，金星見于申位。（《明世宗實録校勘記》卷一八，第112頁）

十月

壬午，夜四更，流星如盞大，赤色，尾跡有光，起自勾陳，西北行至紫微西蕃外，尾跡化為白氣，曲如蛇行，良久乃散。（《明世宗實録》卷一九，第562頁）

甲申，亥刻，直隸永平等府地震有聲，次日連震數次。（《明世宗實録》卷一九，第563頁）

甲申，以淮揚等府灾傷，詔免總督漕運巡撫都御史總兵赴京議事。（《明世宗實録》卷一九，第563頁）

戊子，夜昏刻，金星犯南斗杓西第二星。（《明世宗實録》卷一九，第566頁）

壬辰，禮部類奏災異，得旨："上天示戒，近日京師地震，各處地方災異疊見，朕心警惕，與爾文武羣臣同加修省，以回天意，仍擇日遣官祭告天地、宗廟、社稷、山川。"（《明世宗實録》卷一九，第566～567頁）

壬辰，夜三更，月犯五諸侯東第二星。（《明世宗實録》卷一九，第567頁）

丙申，以災傷免山西安東、中屯、威遠等衛及應州等處税糧有差。（《明世宗實録》卷一九，第569頁）

丙申，以遼東等處旱災，詔官軍月糧每石加銀二錢，不為例，仍以該鎮麥鈔，并揚州臨清等處變置房産等銀，轉發接濟。（《明世宗實録》卷一九，第569～570頁）

十月以遼東等處旱災，十一月以遼東災傷，免廣寧前屯等二十八衛所屯田子粒有差。十二月，遼東開原大饑。（民國《奉天通志》卷一七《大事》）

十一月

戊申，夜昏刻，月犯秦星。（《明世宗實録》卷二〇，第578頁）

庚戌，命順天府齋戒祈雪。（《明世宗實録》卷二〇，第579頁）

丙辰，夜四更，月犯昴宿西第一星。（《明世宗實録》卷二〇，第582頁）

丁巳，以遼東災傷，免廣寧前屯等二十八衛所屯田籽粒有差。（《明世宗實録》卷二〇，第582頁）

壬戌，兵科給事中劉琪言："陝西、宣大諸鎮粮儲虚耗，頃水旱復多蠲免……"（《明世宗實録》卷二〇，第591～592頁）

壬戌，以山西陽和、高山、天城三衛雨雹傷禾，詔免夏税有差。（《明世宗實録》卷二〇，第592頁）

丙寅，夜昏刻，木星犯羅堰下星。（《明世宗實録》卷二〇，第597頁）

戊辰，以災傷免廬州、淮安、鳳陽、揚州四府及滁、和二州税粮有差。（《明世宗實録》卷二〇，第598頁）

十二月

癸酉，朔，以浙江湖州府水災，令該府漕運糧米再改折六萬石，每石徵銀七錢。（《明世宗實録》卷二一，第601頁）

甲戌，夜昏刻，金星與土星相犯。（《明世宗實録》卷二一，第601頁）

乙亥，以湖廣武昌等府災傷，改嘉靖元年本色漕運米二十五萬石，以十萬四百七十五石折銀，每石徵銀七錢。（《明世宗實録》卷二一，第601～602頁）

壬午，上以入冬無雪，諭禮部擇日齋戒，遣官祭告天地、社稷、山川之神。（《明世宗實録》卷二一，第606頁）

庚寅，兵部議覆浦子口地方與新江口關，晝操夜守，及上下江旱，廵按伏官軍先因彼此隔陟，守備官徒以文書遥制，不救緩急。（《明世宗實録》卷二一，第618頁）

雨雹，大雷。（民國《光山縣志約稿》卷一《災異》）

湖州水災，再折糧六萬石，發鹽課五千兩振之。（同治《長興縣志》卷九《災祥》）

雷電，雨雪。（嘉靖《河南通志》卷四《祥異》）

雷電。（萬曆《杞乘》卷二《今總紀》）

十五日，紅風四塞，自辰至戌。（康熙《鹿邑縣志》卷八《災祥》）

雷電，大雪。（萬曆《南陽府志》卷二《祥異》）

二十九日，雷電，雨雪。（嘉靖《杞縣志》卷八《祥異》））

是年

春，水。夏秋，旱。（嘉靖《漢中府志》卷九《災祥》；嘉慶《白河縣志》卷一四《祥異》；光緒《洵陽縣志》卷一四《祥異》）

春，大水。（雍正《瑞昌縣志》卷一《祥異》；同治《彭澤縣志》卷一八《祥異》；民國《滎經縣志》卷一三《五行》）

春夏，大水，田成渠河。（嘉靖《海寧縣志》卷九上《祥異》）

夏，宿遷大水，無麥禾。冬，大饑，人相食。（同治《宿遷縣志》卷三《紀事沿革表》）

鵲巢於室，大水害稼，春旱夏澇。（道光《桐城續修縣志》卷二三《祥異》）

英德水漲十餘丈，壞民居廬舍。（同治《韶州府志》卷一一《祥異》）

大有年，龍起紅豆，冲空中，聞笙歌聲。時山崩水溢，漂民居五十餘家。（光緒《普安直隸廳志》卷一《災祥》）

旋風雨雹。（光緒《清河縣志》卷三《災異》）

大旱。（康熙《孝感縣志》卷一四《祥異》；光緒《孝感縣志》卷七《災祥》）

水壞城。（同治《衡陽縣志》卷二《事紀》）

大水七日，風雷電大作，沿江地震，至嶽麓山而定，城郭多没。（乾隆《長沙府志》卷三七《災祥》）

旱。(咸豐《邳州志》卷六《民賦下》；光緒《上虞縣志》卷三八《祥異》；光緒《增修灌縣志》卷一四《祥異》)

水，從都御使陶琰奏，發太倉銀三萬兩振之。(光緒《安東縣志》卷五《民賦下》)

大風，自江北來，屋瓦皆飛，樹木盡拔。(道光《上元縣志》卷一《庶徵》)

大風。(萬曆《興化縣新志》卷一〇《外紀》)

星、都、建大水，舟行入市。(同治《南康府志》卷二三《祥異》)

廣信霪雨，比成化壬寅水迹高五尺，無麥禾。(同治《廣信府志》卷一《星野》)

大水。(康熙《武昌府志》卷三《災異》；康熙《湘鄉縣志》卷一〇《兵災附》；同治《德化縣志》卷五三《祥異》；同治《九江府志》卷五三《祥異》；民國《祁陽縣志》卷二《事略》)

地震，大風晝晦。(道光《觀城縣志》卷一〇《祥異》)

水災。(光緒《歸安縣志》卷二七《祥異》)

海溢。(《乍浦九山補志》卷九《石塘》；光緒《平湖縣志》卷二五《祥異》)

水為災，疏聞，賑之。(道光《武康縣志》卷一《邑紀》)

夏秋，旱。(乾隆《南鄭縣志》卷一二《紀事》；光緒《鳳縣志》卷九《祥異》)

秋，螟，大旱，地震。(民國《昌黎縣志》卷一二《故事》)

春，旱。(嘉靖《興化縣志》卷四《詞翰》)

春，旱，二月至四月初旬不雨，溪井皆竭。五月大水，十五日大雨，至十九日止，平地高一丈五尺許。濟川橋七石墩皆壞，人畜死傷無筭，留槎洲民居數十家漂蕩俱盡。(萬曆《括蒼彙紀》卷一五《災眚》)

春夏大水，漂没民居，龍河渡沙洲復起。(康熙《萬載縣志》卷一二《災祥》)

春夏大水，漂没民居千餘家。(崇禎《瑞州府志》卷二四《祥異》)

春夏大水，漂没民居無算。（同治《上高縣志》卷九《災異》）

夏，蝗。冬，大饑，氣暖如春，果木皆華，間有實。（乾隆《霍邱縣志》卷一二《災祥》）

夏，大水，無麥禾。冬，大饑，人相食。（萬曆《宿遷縣志》卷八《祥異》）

夏，蝗。冬，氣暖如春，草木皆花，間有實。（乾隆《鳳陽縣志》卷一五《紀事》）

夏，蝗。冬，大饑。（天啟《鳳陽新書》卷四《星土》）

夏，旱，免秋糧有差。（光緒《黄州府志》卷八《蠲䘏》）

夏，山水暴發，頃起數丈，巨木叢篁蔽江而下，怒濤迅急，益以竹木撞擊，橋墩震撼，水從罅漏，漱蕩沙土，橋於是大壞。（康熙《桂林府志·關梁》）

夏，大水，城圮。水退，民多瘟死。（嘉靖《衡州府志》卷七《祥異》）

霪雨，禾菽盡爛，水漲丁家巷口。（乾隆《盱眙縣志》卷一四《菑祥》）

雨雹傷禾。（嘉慶《邢臺縣志》卷九《災祥》）

雨雹損禾。（民國《沙河縣志》卷一一《祥異》）

旋風雨雹。時城西有男子陳文與數人耘田，猛風旋起，因失文所在；俄而雨雹，文至邑南一百餘里始墜於地。（同治《清河縣志》卷五《災祥》）

大蝗。（萬曆《寧津縣志》卷四《祥異》）

江溢，敗民居，死者漂野。（道光《海門縣志》卷二《耆舊》）

水災，民飢。（雍正《安東縣志》卷一五《祥異》）

寶應氾光湖西南高，東北下，雨霪風厲，輒衝决鹽城、興化、通泰，良田悉受其害。（光緒《鹽城縣志》卷一七《祥異》）

壬午年至丁酉，歲歲蝗蝻生發，食傷田苗，雖隆冬經旬積雪，而遺種亦不能滅。（嘉靖《重修邳州志》卷三《災異》）

自芒種至夏至，洪水不泄，禾苗多被害。（乾隆《桐廬縣志》卷一六《災異》）

水為災。疏聞。（康熙《歸安縣志》卷六《災祥》）

水災，折糧，發監課賑饑。（同治《孝豐縣志》卷四《賑卹》）

山水壞堰渠。（道光《麗水縣志》卷三《水利》）

懷寧、桐城、宿松、望江水。春旱夏澇，害稼。（嘉靖《安慶府志》卷一五《祥異》）

大水害稼，春旱夏澇。（道光《桐城續修縣志》卷二三《祥異》）

泗、盱霪雨二月，禾蕎盡爛。（萬曆《帝鄉紀略》卷六《災患》）

大水，漲及縣治，民居漂溺，人多死焉。（嘉靖《武寧縣志》卷六《雜異》）

大水，舟行入市。（同治《星子縣志》卷一四《祥異》）

水。（道光《樂平縣志》卷一二《祥異》）

大水，歲饑。巡撫都御史陳琳、巡按御史程啟充會奏免税糧十分之七。（隆慶《臨江府志》卷六《歲眚》）

大水，歲饑。巡按御史陳琳、按院陳啟充會議，奏免税粮十分之七。（道光《新喻縣志》卷六《食貨》）

水漲城傾。（同治《奉新縣志》卷四《城垣》）

大水，民饑。（同治《東鄉縣志》卷九《祥異》）

大水。饑，免起運米。（同治《進賢縣志》卷二二《禨祥》）

大水，縣治俱没。（嘉靖《進賢縣志》卷一《災祥》）

贛水漲溢，殍者盈江。（光緒《吉水縣志》卷四〇《人物》）

大水，歲饑。（康熙《新淦縣志》卷五《歲眚》）

洪水。（康熙《通城縣志》卷九《災異》）

大水，城門没。（光緒《永明縣志》卷四三《祥異》）

水，荒。（康熙《武岡州志》卷九《災祥》）

大水，橫流泛溢，山石崩裂。（同治《新化縣志》卷一一《政典》）

大水，决堤防。（嘉靖《常德府志》卷一《祥異》）

水，溢漲湧射，嚙城址，南門内外數百家岌岌不自保，西門負郭田百餘畝悉蕩為壑。（道光《直隸南雄州志》卷二〇《藝文》）

水漲十餘丈，壞民居廬舍。（同治《韶州府志》卷一一《祥異》）

蒼梧大水，漂民廬舍萬餘。（乾隆《梧州府志》卷二四《禨祥》）

容縣大水，連漲數日。（乾隆《梧州府志》卷二四《禨祥》）

嘉靖九年（疑為“元年”），龍泉二月至四月不雨，溪井皆涸。（光緒《處州府志》卷二五《祥異》）

秋，大雹傷稼。（光緒《武定直隸州志》卷四《祥異》）

秋，大水淹没（布政分司署）。（乾隆《汜水縣志》卷四《建置》）

蝗。冬，大饑。（康熙《蒙城縣志》卷二《祥異》）

海連溢，塘大圮。（嘉靖元年）海潮大作。癸未繼之，塘圮視昔加倍。潮乘隙以進，泛濫及百里許。（雍正《浙江通志》卷六三《海塘》）

元年、二年，海連溢。（光緒《海鹽縣志》卷一三《祥異考》）

元年、二年，海連溢，塘大圮。（光緒《海鹽縣志》卷六《輿地考》）

元年至五年，俱大水。（康熙《鹽山縣志》卷九《災祥》；民國《鹽山新志》卷二九《祥異表》）

嘉靖二年（癸未，一五二三）

正月

己酉，夜一更，月生連環暈，昴、畢二宿及五車等星俱在暈内，左右珥各蒼白色。（《明世宗實録》卷二二，第635頁）

庚戌，夜五更，火星入太微垣，犯内屏西南星。（《明世宗實録》卷二二，第635頁）

辛亥，夜，昏刻，月犯昴宿西北星。（《明世宗實録》卷二二，第637頁）

癸亥，五更，月犯日星。（《明世宗實録》卷二二，第643頁）

朔，雷雨竟日。春旱，秋霖。冬大飢，野多餓殍，發倉賑濟。（民國《夏邑縣志》卷九《災異》）

朔，雷雨竟日。春旱，秋霖。冬大饑，人多相食。（光緒《永城縣志》卷一五《灾祥》）

南京地震，應天大旱，饑，人相食，侍郎席書振之，仍蠲馬價。（光緒《金陵通紀》卷一〇中）

大風霾，雨赤沙，自正月至六月不雨，無麥。（乾隆《夏津縣志》卷九《災祥》）

地震。是年，大旱。（民國《德縣志》卷二《紀事》）

至六月，不雨，旱，禾槁死。（萬曆《揚州府志》卷二二《異攷》）

不雨，至夏六月。（光緒《泰興縣志》卷末《述異》）

至六月，不雨。（嘉靖《皇明天長志》卷七《災祥》；嘉慶《備修天長縣志稿》卷九下《災異》）

至六月，不雨，禾盡枯。（天啟《新修來安縣志》卷九《祥異》）

至六月，不雨，禾盡槁。（萬曆《滁陽志》卷八《災祥》）

至夏六月，不雨，禾稼槁死。（嘉慶《高郵州志》卷一二《雜類》）

大旱，自正月至六月不雨。秋，大水，民饑，人相食。（嘉慶《如皋縣志》卷二三《祥祲》）

大風霾，雨赤沙。自正月至六月不雨，無麥禾。（嘉慶《東昌府志》卷三《五行》）

二月

癸未，遼東旱災，巡撫都御史李承勛奏請賑恤。（《明世宗實録》卷二三，第659頁）

乙酉，以旱災免（廣本、閣本“免”下有“宣”字）府等衛徵收粮草之半。（《明世宗實録》卷二三，第660頁）

丙戌，夜，月（廣本、閣本“月”下有“食”字）一十分六十八秒。（《明世宗實録》卷二三，第661頁）

大風晝晦，樹木相搏擊，出火。（乾隆《諸城縣志》卷二《總紀上》）

十三日，狂風大作，吹沙蔽天，行人往往埋壓。通州、順義尤甚，壓死數十餘人。（康熙《薊州志》卷一《祥異》）

風霾大作，黄沙蔽天，行人多被壓埋。（康熙《通州志》卷一一《災

異》）

風霾大作，黄沙蔽天，行人被埋。（乾隆《武清縣志》卷四《禨祥》）

狂風大作，飛沙霾，厭〔壓〕死十餘人。（康熙《遵化州志》卷一《災異》）

風霾大作，黄沙蔽天。（萬曆《香河縣志》卷一〇《災祥》）

風霾大作。（光緒《永清縣志》卷一三《雜志》）

夜黑風，觸物有火光，至旦乃止，四野草色如焚。（光緒《高密縣志》卷一〇《祥異》）

三月

丁未，夜二更，月犯五車東南星。（《明世宗實録》卷二四，第682頁）

戊申，旱，命順天府祈雨。（《明世宗實録》卷二四，第682頁）

戊申，雲南府地震，有聲如雷。（《明世宗實録》卷二四，第682頁）

辛亥，雲南曲靖府地震。（《明世宗實録》卷二四，第685頁）

丙辰，工科左給事中安磐言："亢旱風霾，變不虚生。夫霾，豈陛下明有所蔽歟？天旱，豈陛下澤不下究歟？開歲以来，法宫不聞露禱之誠，外庭不下求言之（廣本、閣本、抱本作'詔'），非所以承天地子萬民也。"（《明世宗實録》卷二四，第690頁）

癸亥，禮部左侍郎賈詠等以久旱風霾，疏請脩省。上是之，命止齋醮及一切興造不急之務，遣定國公徐光祚、武定侯郭勛、鎮遠侯顧仕隆、惠安伯張偉祭告天地、宗廟、社稷、山川。頃之，復詔禮部曰："亢旱久，風霾不息，二麥未秀，烁種未布，朕心惶惶。"（《明世宗實録》卷二四，第695頁）

甲子，山東郯城縣隕霜傷麦。（《明世宗實録》卷二四，第698頁）

辛未，木星、金星俱晝見。（《明世宗實録》卷二四，第701頁）

辛未，殞霜殺禾。（《明世宗實録》卷二四，第701頁）

癸亥，鄰城隕霜殺麥。（《國榷》卷五二，第3277頁）

大風晝晦，踰旬始息。（民國《大名縣志》卷二六《祥異》）

初二日，大風霾，紅沙四塞，白晝為昏，六日復作。（道光《重修武强縣志》卷一〇《禨祥》）

十二日，大風，始赤继黑，樹鸟伏地，列炬無光，逾時乃止。（乾隆《雞澤縣志》卷一八《災祥》）

十二日，黑風自北起，咫尺無所見。秋，霪雨四十日，禾稼盡爛。（順治《定陶縣志》卷八《藝文》；民國《定陶縣志》卷九《災異》）

十二日，黑風，晝晦如夜。（嘉靖《威縣志》卷一《祥異》）

十二日午，黑風晝晦，至酉方消。（民國《續修范縣縣志》卷六《災異》）

十二日午時，黑風晝晦，至酉方消。（光緒《壽張縣志》卷一〇《雜事》）

十二日未時，忽無風晝晦，踰時始明，赤氣騰空，飛鳥隕落街衢。（乾隆《儀封縣志》卷一《祥異》）

十二日未時，忽無風而晝晦，逾時始發明，乃上下四方盡赤，其飛鳥墜於街衢者甚眾。（萬曆《儀封縣志》卷四《災異》）

大風，黑沙蔽日，白晝為昏。（民國《無極縣志》卷一九《大事表》）

大風晝晦，踰旬始息。（光緒《南樂縣志》卷七《祥異》）

大風晝晦，踰旬始息。春旱，秋大霖雨，民饑。（民國《重修滑縣志》卷二〇《祥異》）

黑風大起，白晝如夜。（康熙《陽穀縣志》卷四《災異》；光緒《陽穀縣志》卷九《災異》）

大風紅霾，白晝為昏。（康熙《晉州志》卷一〇《事紀》）

深州、武强、無極等縣大風，紅沙暗日，白晝為昏。（嘉靖《真定府志》卷九《事紀》）

大風，晝晦如夜。（康熙《成安縣志》卷四《總紀》）

風沙，無麥，狂風驟起，沙土自空而降，凡三日，麥苗被沙墮死。（順治《高平縣志》卷九《祥異》）

大風霾。（萬曆《汶上縣志》卷七《災祥》）

大風霾，雨紅沙，日暗。夏秋，旱。饑，民多餓殍。（道光《博平縣志》卷一《禨祥》）

大風晝晦，踰旬始息。是年春旱，秋大霖雨，民飢。（康熙《滑縣志》卷四《祥異》）

月末，無雨，至秋八月。民大饑。知縣李謨設粥賑濟。（雍正《巢縣志》卷二一《瑞異》）

大風晝晦，移時復明。（嘉靖《新修清豐縣志》卷八《祥異》）

大風晝晦，踰旬始息，是年夏旱。秋霖雨，累月不止。春間斗米幾百錢，死者相望於道。（嘉靖《開州志》卷八《祥異》）

大風晝晦，咫尺不見人。夏旱。秋霖雨，死者相望於道。明年春，米至斗百錢。（康熙《長垣縣志》卷二《災異》）

雨黄沙，着人衣，俱成泥漿。（康熙《通州志》卷一一《災異》）

雨黄沙。（乾隆《武清縣志》卷四《禨祥》；光緒《永清縣志》卷一三《雜志》）

雨黄沙，着人衣，俱成泥跡。（萬曆《香河縣志》卷一〇《災祥》）

春，風沙，無麥。三月，白洋澱風浪，死取藕人數百，邑南沙壓死薪者數十。絶無麥。（萬曆《任丘志集》卷八《祥異》）

大風揚沙，害麥。（咸豐《武定州志》卷一四《祥異》）

四月

壬申朔，太（阁本“太”上有“享”字）廟，上以災異脩省，勑諭中外文武群臣曰：“朕嗣大曆服，撫臨億兆，仰惟上天付託之重，俯念小民屬望之切，蚤亱孜孜，圖新治理，未嘗敢懈。頃因風雷水溢之變，已嘗勑諭中外臣工，同加脩省，天未悔禍。粵自去秋曆〔歷〕冬以至今春，畿甸之内，雨雪愆期，恠風屢作，塵霾蔽天，四方灾異，奏報頻仍。朕心甚懼，深思上天所以示戒之故……”（《明世宗實録》卷二五，第703頁）

甲戌，以災異脩省遣官祭天地、宗廟、社稷、山川。（《明世宗實録》卷二五，第706頁）

庚辰，六科都給事中張翀等以亢旱上疏言：“應天以實不以文，動民以行不以言。若徒務修省之名，飾祭告之具，踵行故事，罔事遠圖，恐终無以斡旋化機，感召和氣。”因引成湯六事，以備責時政。言甚剴切，上嘉納之。（《明世宗實録校勘記》卷二五，第158頁）

丙戌，刑科給事中劉世揚言：“去冬無雪，比来亢旱。陛下側身修行，齋戒省徇，雨雪随至，此皆一念之所感。”（《明世宗實録》卷二五，第714頁）

麥將熟，繼以亢旱，秋禾盡槁。（光緒《五河縣志》卷一九《祥異》）

大風，連日不止，折損禾苗大半，己卯至壬午大雨，河水泛漲，衝没田禾，金州等衛男女漂溺者共一百四十名口，牛馬等畜四百五十有餘，傾倒民舍城垣公館數多。是歲，免田租之半。（嘉靖《遼東志》卷八《雜志》）

大風，連日不止，損禾苗大半。冬，金州、復州大雪，深丈餘，人畜凍死者甚眾。（康熙《蓋平縣志》卷上《祥異》）

旱。（乾隆《杭州府志》卷五六《祥異》；嘉慶《昌樂縣志》卷一《總紀》；民國《濰縣志稿》卷二《通紀》）

旱。秋，杭州大霖雨。（乾隆《杭州府志》卷五六《祥異》）

旱，隕霜殺麥。（民國《成安縣志》卷一五《故事》）

至六月，不雨，禾半收。（光緒《福安縣志》卷三七《祥異》）

不雨，至七月大旱，民大饑。（康熙《臨湘縣志》卷一《祥異》）

閏四月

丙午，上諭司禮監太監張佐等曰：“朕惟刑獄重事，自嗣統以来，未嘗不特加慎重，夫何去年自秋歷冬以来，今春畿甸之内，雨雪愆期，風霾屢作，四方灾異，奏報頻仍。”（《明世宗實録》卷二六，第735～736頁）

丙午，上復以天氣暄熱，令太監張淮傳示刑部，亟如前旨議覆，尚書林俊等請移諮南京法司并錦衣衛一体奉行，制可。（《明世宗實録》卷二六，第736～737頁）

壬戌，以真定府旱災，蠲免存留夏税有差。（《明世宗實録》卷二六，第745頁）

丙寅，夜昏刻，火星犯太微垣左（廣本、抱本、閣本作“右”）執法。（《明世宗實録》卷二六，第747～748頁）

己巳，以亢旱諭禮部禱雨。（《明世宗實録》卷二六，第749頁）

旱，隕霜殺麥。（民國《成安縣志》卷一五《故事》）

五月

庚午朔，四川威州、茂州地震。（《明世宗實録》卷二七，第751頁）

辛未，陝西同州地震。（《明世宗實録》卷二七，第751頁）

甲戌，山西蒲州地震有聲。（《明世宗實録》卷二七，第753頁）

丁丑，山西大同前衛雨雹，大如雞子，深四五尺。（《明世宗實録》卷二七，第755頁）

戊寅，卯時，雷雨交作，擊觀象臺候風杆，連石坐碎之。（《明世宗實録》卷二七，第755頁）

辛巳，夜，昏刻，月犯心宿後星。（《明世宗實録》卷二七，第757頁）

丙戌，夜五更，月犯女宿（東本無“女宿”二字）秦星。（《明世宗實録》卷二七，第760頁）

丁亥，總理河道侍郎李瓚以天旱水澁，漕兵不通，自劾乞休。不允。（《明世宗實録》卷二七，第760頁）

戊子，夜五更，月掩犯木星。（《明世宗實録》卷二七，第761頁）

癸巳，以旱災詔減順德府所屬州縣田粮有差。（《明世宗實録》卷二七，第764頁）

旱，無麥禾。（光緒《定興縣志》卷一九《災祥》）

大旱，民不得稼。（民國《吴縣志》卷五五《祥異考》）

大旱。（同治《湖州府志》卷四四《祥異》；同治《長興縣志》卷九《災祥》）

黄風蔽天，晝晦。旱，無麥禾。（康熙《定興縣志》卷一《禨祥》）

黄風蔽天，晝暝。旱，無麥禾。（順治《易水志》卷上《災異》）

旱。民饑。（康熙《陽穀縣志》卷四《災異》）

亢旱，運河水涸。（道光《石門縣志》卷二三《祥異》）

麥乃有秋，而繼以亢旱，稻豆盡槁。冬遂大饑，暨於春月，凍餓疫癘而死者不可勝數。（嘉靖《泗志備遺》卷中《災患》）

高州大水，浸城四五尺，官署民居皆起。（嘉靖《廣東通志初稿》卷三七《祥異》）

五、六月，不雨，苗盡槁。奏免田租有差。（光緒《黄岡縣志》卷二四《祥異》）

五、六月，不雨，苗盡槁，斗米值價壹錢伍分。奏免田租有差。（康熙《蘄州志》卷一二《災祥》）

六月

己酉，總理河道户部右侍郎李瓚奏："夏旱不雨，漕河水涸，運舡重載難行。乞動支輕齎銀兩，以佐搬淺之費。"户部議，上從之。（《明世宗實録》卷二八，第770頁）

辛亥，以旱災免直隸廣平府永年等縣粮税有差。（《明世宗實録》卷二八，第771頁）

癸丑，晚刻，金星犯井宿東扇北第二星。（《明世宗實録》卷二八，第773頁）

己未，夜，山東即墨縣地震有聲。（《明世宗實録》卷二八，第776頁）

辛酉，四更，月犯昴宿西第一星。（《明世宗實録》卷二八，第777頁）

癸亥，山東沂州郯城縣大水，溺死男婦一百餘名口，漂牛畜六百餘頭隻。（《明世宗實録》卷二八，第777頁）

甲子，山東安丘、莒州、日照縣大水。（《明世宗實録》卷二八，第

777 頁）

戊辰，是月，直隸大名、順德、鳳陽、廬州、徽州、安慶，浙江嘉興，河南開封，江西吉安、袁州、廣信等府州縣旱。（《明世宗實録》卷二八，第 779 頁）

戊辰，湖廣寶慶府蝗（閣本“蝗”下有“河南許州、山東莒州水”九字）。（《明世宗實録》卷二八，第 779～780 頁）

大風雨，官署城樓民舍多傾壞，漂没行舟。（《舊志》作“四年己酉秋”）（同治《象州志》卷下《紀故》）

旱，禱之，雷雨而雹。（民國《靈川縣志》卷一四《前事》）

朔，大雨，雷火燔松江道院。秋八月，大水。（光緒《川沙廳志》卷一四《祥異》）

朔，大雨。秋八月，大水。（民國《南匯縣續志》卷二二《祥異》）

無雲而雨，大水自五道河湧出，有大木浮於上，不知何來，冲没田廬。（民國《蒙化縣志稿》卷二《祥異》）

大雨雹。（嘉靖《寧州志》卷六《氣候》；乾隆《饒陽縣志》卷下《事紀》；道光《深州直隸州志》卷末《禨祥》）

澤州、高平無麥，平定雨雹，洪洞黑眚見。汾西饑。（雍正《山西通志》卷一六三《祥異》）

十三日，日中狂風拔木，晚大雨，夜半忽寒冽如深冬，猝不得衣被，有叫號達旦者，老弱多成病，蠅蚊盡死，至秋不復見。南蘇州北郡中不如是甚也。（乾隆《錫金識小録》卷二《祥異補》）

朔，大雨，震雹，火燔縣南松江道院，經日始息。（嘉慶《松江府志》卷八〇《祥異》）

朔，大雨，雷火燔松江道院。（同治《上海縣志》卷三〇《祥異》）

旱。（嘉靖《隨志》卷上）

旱，命祈禱，雷雨而雹。（康熙《桂林府志・祥異》）

旱，命巫祈禱，雷雨而雹。（雍正《靈川縣志》卷四《祥異》）

無雲不（疑當作“而”）雨，有大水自五道河湧出，溪流大木，衝埋廬

舍田疇。（隆慶《雲南通志》卷一七《災祥》）

七月

壬申，浙江定海等衛奏："空中有聲如雷，風雨驟作，地大震，城堞盡毀。"（《明世宗實録》卷二九，第783頁）

壬申，山東膠州、昌邑、高密、濰縣、蓬、萊陽、福山、黄縣大水。（《明世宗實録》卷二九，第783頁）

丙子，夜，曉刻，金星犯鬼宿東南星。（《明世宗實録》卷二九，第783頁）

戊寅（東本無"戊寅"二字），淮安、徐州、揚州等府州縣大水，漂房屋六百家，溺死男婦八十餘名口。（《明世宗實録》卷二九，第784頁）

庚寅，以旱災免山東濟南等府、直隸德州等衛存留税粮有差。（《明世宗實録》卷二九，第790頁）

庚寅，山西天（廣本、閣本、東本作"大"）同前衛大雨雹，殺禾稼。（《明世宗實録》卷二九，第790頁）

甲午，南京監察御史陶儼以南京應天等府旱災，民多流亡失業，請大發内帑及餘塩贓罰銀兩，以備賑卹。（《明世宗實録》卷二九，第791頁）

霖雨害稼。（光緒《邵武府志》卷三〇《祥異》）

徐州大水。（民國《銅山縣志》卷四《紀事表》）

揚州大水。（光緒《增修甘泉縣志》卷一《祥異附》）

雨，至於九月，歲歉，人相食。（嘉慶《備修天長縣志稿》卷九下《災異》）

三日，大風拔木，湖溢，漂溺民居。（民國《吴縣志》卷五五《祥異考》）

三日，大風拔木，太湖溢，漂没民居。（同治《長興縣志》卷九《災祥》）

三日，疾風暴雨交作，塘水倏溢。（道光《石門縣志》卷二三《祥異》）

三日，大風拔木，太湖溢，漂没民居。（同治《湖州府志》卷四四《祥異》）

七月、八月，大風潮。七月初五日，處暑，時方久旱至此日。（萬曆

《錢塘縣志·灾祥》）

二十五日，大風雨拔木，毁民舍。大水，河隄决，民饑。（嘉慶《高郵州志》卷一二《雜類》）

霖雨害稼。（嘉靖《邵武府志》卷一《應候》）

霪雨百日。（嘉靖《許州志》卷八《祥異》；嘉靖《臨潁志》卷八《祥異》）

淫雨。（嘉靖《商城縣志》卷八《祥異》）

大水崩城，官廬民舍一空。（萬曆《襄陽府志》卷三三《災祥》）

大風潮。（乾隆《杭州府志》卷五六《祥異》）

明海泛溢，漂溺民居。（道光《璜溼志稿》卷七《災祥》）

霪雨不止，晚禾無收。民饑，免税粮一萬石。是年大水，衝决泰州、江都、海門等處河堤，漂没田廬。歲大饑，民相食，疫作。勅南京兵部右侍郎席書賑之，免嘉靖三年租三萬石。（萬曆《揚州府志》卷二二《異攷》）

霪雨不止。（光緒《泰興縣志》卷末《述異》）

大雨至九月，澇甚。是歲大饑，民相食。（天啟《新修來安縣志》卷九《祥異》）

大雨。（萬曆《滁陽志》卷八《兵制》）

八月

戊戌朔，直隷蘇州、松江、常州、鎮江府大水，没禾稼。（《明世宗實録》卷三〇，第 795 頁）

辛丑，河南開封等大水。（《明世宗實録》卷三〇，第 801 頁）

壬寅，以旱災免山西應、蔚等州，大同、懷仁等縣，及大同、玉林等衛，山陰、馬邑等所今年租有差。（《明世宗實録》卷三〇，第 801 頁）

壬寅，夜曉刻，水星犯太微垣上将星。（《明世宗實録》卷三〇，第 801 頁）

癸卯，順天、保定、永平、河間四府所轄十州六十縣皆以旱灾詔蠲今年租有差。（《明世宗實録》卷三〇，第 801 頁）

乙巳，遼東廣寧衛天鼓鳴。（《明世宗實録》卷三〇，第802頁）

戊申，夜一更，太陰犯十二諸國秦星。（《明世宗實録》卷三〇，第803頁）

己酉，夜三更，月犯壘壁陣西第五星。（《明世宗實録》卷三〇，第803頁）

乙卯，以旱災免河南開封、彰德、衛輝三府所屬十四州縣，及彰德衛、衛輝前千户所軍民田租有差。（《明世宗實録》卷三〇，第805頁）

庚申，遼東金州、復州、盖州等處大雨水暴發，决城堡，壞倉庫、廨宇、廬舍，民溺死者二三百人，牲畜無筭。（《明世宗實録》卷三〇，第808頁）

辛丑（舊校改“丑”作“酉”），夜哓刻，金星犯太微垣左執法。（《明世宗實録》卷三〇，第808頁）

無雲而雨，三閲月乃止。（光緒《麻城縣志》卷一《大事》）

大水。（隆慶《豊縣志》卷下《祥異》；同治《上海縣志》卷三〇《祥異》；光緒《蘇州府志》卷一四三《祥異》；民國《吴縣志》卷五五《祥異考》）

象山縣大風雨，海溢壞堤及廬舍，溺人。（嘉靖《寧波府志》卷一四《禨祥》）

蘇、松、常、鎮四府大水。（嘉慶《松江府志》卷八〇《祥異》）

初三日，大風湧，海水衝去太平門外沙場廬舍百餘家。秋，杭州大霖雨。（乾隆《杭州府志》卷五六《祥異》）

朔，颶發，海潮漲湧，瀕海合家受傷。望日復發。（嘉靖《福寧州志》卷一二《祥異》）

無雲雨三閲月。（康熙《麻城縣志》卷三《災異》）

大雨水。（嘉靖《廣東通志初稿》卷三七《祥異》）

丁巳，方釋奠，忽颶風亘天，大風拔木摧屋，縣學欞星門毁。（乾隆《香山縣志》卷八《祥異》）

二十八日未時，雨雹如栗大，遵化尤甚。不踰月，有鐵門關之變，死于

達賊者數十人。（嘉靖《薊州志》卷一二《災祥》）

二十八日未時，雨雹。（乾隆《遵化州志》卷二《災異》）

復霖雨。民大饑，死者相望于道。（乾隆《東明縣志》卷七《灾祥》）

霖雨。民大饑。（乾隆《大名縣志》卷二七《禨祥》）

九月

癸酉，夜昏刻，月犯南斗魋（抱本作"魁"）東節（抱本作"第"）二星。（《明世宗實録》卷三一，第815頁）

甲戌，山西隰州地震有声。（《明世宗實録》卷三一，第816頁）

丙子，夜一更，月犯壘（廣本、阁本"壘"下有"壁"字）陣（阁本"陣"下有"西"字）第二星。（《明世宗實録》卷三一，第817頁）

辛卯，総理粮儲巡撫應天工部尚書兼都御史李充嗣以地方旱灾風变，陳乞罷免。（《明世宗實録》卷三一，第826頁）

邑北小石橋鋪甘露降於楸樹。（乾隆《新野縣志》卷八《祥異》）

大旱。九月，大水。（光緒《武昌縣志》卷一〇《祥異》）

大雨雹。（光緒《惠民縣志》卷一七《祥異》）

黑氣見，西北來，晝晦，金鐵、樹木有火光。（康熙《壽光縣志》卷一《總紀》）

黑氣見，自西北起，晝晦，金鐵、樹木有火光。（萬曆《安邱縣志》卷一下《總紀》）

黑氣自西北起，晝晦。（民國《濰縣志稿》卷二《通紀》）

大水。（康熙《武昌縣志》卷七《災異》）

復大澇，民相饑死。（萬曆《滁陽志》卷八《兵制》）

十月

辛丑，以水災減免遼東瀋陽、左邉（廣本、閣本作"定遼"）等十六衛所税粮有差。（《明世宗實録》卷三二，第835頁）

甲辰，夜昏刻，月犯壘壁陣東第六（阁本作"二"）星。（《明世宗實

録》卷三二，第 836 頁）

戊申，以旱雹災免直隸大名府各州縣税粮，及大同前衛中所屯粮各有差。（《明世宗實録》卷三二，第 838 頁）

戊午，夜二更，月犯軒轅左角星。（《明世宗實録》卷三二，第 842 頁）

庚申，以災傷免山東各府衛税粮子粮（廣本、閣本、抱本作“粒”）有差。（《明世宗實録》卷三二，第 843 頁）

淮水又溢，遂大饑。次年春，凍餒疫癘死者無算，人乃相食。（光緒《五河縣志》卷一九《祥異》）

淮水又溢，遂大饑。次年春，凍餒疫癘死者無筭，人乃相食。（康熙《五河縣志》卷一《祥異》）

山東蝗飛入薊州、永平府界，遺種於地中。是冬連雪，不能殺。（嘉靖《薊州志》卷一二《災祥》）

十一月

庚午，以旱災免鎮江、蘇州、常川〔州〕、松江等府税粮有差。（《明世宗實録》卷三三，第 847 頁）

壬申，昏刻，月犯木星。（《明世宗實録》卷三三，第 849 頁）

丙子，以旱災免保定、河間二府属縣税粮有差。（阁本無此段）（《明世宗實録》卷三三，第 850 頁）

乙酉，以順天府薊州等州縣，及鎮朔等衛所水旱蝗災，蠲税有差。（《明世宗實録》卷三三，第 853 頁）

乙酉，夜曉刻，月犯軒轅左角星。（《明世宗實録》卷三三，第 854 頁）

己丑，户部言：“河南地方水旱相仍，請以近發太倉銀三萬餘両，并本地預備倉粮無礙庫銀，酌量被災輕重，給發賑濟。”得旨：“地方災傷，朕心矜念，巡撫官其選委良吏，設法賑濟，務使民霑實惠，應徵錢粮暫止，候（廣本、閣本作‘俟’）豐年帶徵。”（《明世宗實録》卷三三，第 855 頁）

庚寅，先是，大學士楊廷和等以直隸江北水災異常，疏請集議賑救，并蠲一應歲派額辦錢粮。上曰："災傷重大，朕心惻然，其議所以賑救之。"捡是，户部集廷臣，條陳救荒八事以請。一，開納吏農等役，即以所納銀補漕運蠲免之数……（《明世宗實録》卷三三，第856頁）

壬辰，夜昏刻，木星犯壘壁東第六星。（《明世宗實録》卷三三，第858頁）

癸巳，以旱災免四川彭山縣下永豊等鄉，并成都右衛中所屯田粮税，其涪州、資縣、遂寧未經覆勘者，命勘處如例。（《明世宗實録》卷三三，第858頁）

甲午，以旱災免真定、順德、廣平、大名各属州縣税粮有差。（《明世宗實録》卷三三，第860頁）

十二月

庚子，以災傷免應天、廬、鳳、淮、楊（廣本作"揚"）等府，滁、和、徐等州嘉靖元年、二年未徵草場子粒銀両。（《明世宗實録》卷三四，第861頁）

壬寅，以水旱災免河南彰德等府夏税有差。（《明世宗實録》卷三四，第862頁）

己酉，寧夏地震。（《明世宗實録》卷三四，第867頁）

庚戌，大學士楊廷和等乃疏曰："今年直隷、浙江等府水旱異常，額徵税糧，尚冀蠲免。若更差官織造一切物料工役，何能措辦？非惟逼勒逃亡，抑恐激成他變。况經過淮、揚、邳諸州府，見今水旱非常，高低遠近，一望皆水，軍民房屋田土，槩被渰没，百里之内，寂無爨烟，死徒（疑當為'徙'）流亡，難以数計。所在白骨成堆，幼男稚安（廣本、閣本、抱本作'女'），稱斤而賣，十餘歲者，止可（廣本、阁本'可'下有'得錢'二字）数十，母子相視痛哭，投水而死。官已議為賑貸，而錢粮無從措置，日夜憂惶，不知所出。"（《明世宗實録》卷三四，第868～869頁）

庚戌，夜昏刻，月犯五諸侯東第一星。(《明世宗實録》卷三四，第872頁)

壬子，夜曉刻，月犯軒轅大星。(《明世宗實録》卷三四，第873頁)

雷電，雨雪。(光緒《臨漳縣志》卷一《災祥》)

二十二日，祈雪，二十二五日降雪，大雪深尺餘。(民國《德平縣續志》卷一〇《異聞》)

廿八午，大雷電雨雪，水盡黑。是歲田粮通免。(順治《潁上縣志》卷一一《災祥》)

二十九日，雷，雹。(天啟《中牟縣志》卷二《物異》)

二十九日，大雪深三尺，民多凍死者。(嘉靖《蘄水縣志》卷二《災祥》)

除夕，風雪大作，平地須臾尺餘，飄入民居，燈燭皆滅，行人凍死相枕藉，至元旦下午方止。(同治《樂平縣志》卷一一《祥異》；同治《鄱陽縣志》卷二一《災祥》)

大風雪暴作，死者相枕藉。(嘉靖《常德府志》卷一《祥異》)

大風雪暴作，民凍死者枕藉。(康熙《龍陽縣志》卷一《祥異》)

大風雪，死者甚多。(萬曆《桃源縣志》卷上《祥異》)

是年

春，黑風晝晦，樹鳥伏地，列炬無光，踰時止。(光緒《永年縣志》卷一九《祥異》)

春，不雨，至夏雨暘。(同治《廣豐縣志》卷一〇《祥異》)

春，晝晦。秋，旱。(康熙《堂邑縣志》卷七《災祥》)

春夏，大旱。秋，大水，饑民相食。(光緒《通州直隸州志》卷末《祥異》)

鎮江三縣春夏大旱，處暑後，大雨，升米百錢。(光緒《丹陽縣志》卷三〇《祥異》)

春夏，旱，秋，有蝗。(道光《東阿縣志》卷二三《祥異》)

春夏，大旱，無麥。秋，大水，免税糧之半。（乾隆《平原縣志》卷九《災祥》）

海溢，春夏大饑。（光緒《平湖縣志》卷二五《祥異》）

徽、池等郡及滁州大旱，發帑銀漕米賑之。（民國《全椒縣志》卷六《蠲賑》）

應天、蘇、松、淮、揚、徽、池等郡，徐、滁等州大旱，特留蘇、松折兑銀兩。（道光《徽州府志》卷五《郵政》）

大旱，民多疫。（嘉靖《安慶府志》卷一五《祥異》；道光《桐城續修縣志》卷二三《祥異》）

大旱。（嘉靖《黄陂縣志》卷上《災祥》；萬曆《澧紀》卷一《災祥》；萬曆《桃源縣志》卷一《祥異》；康熙《武昌縣志》卷七《災異》；康熙《繁昌縣志》卷二《祥異》；康熙《朝城縣志》卷一〇《災祥》；康熙《湘鄉縣志》卷一〇《兵災附》；乾隆《荆門州志》卷三四《祥異》；乾隆《平江縣志》卷二四《事紀》；道光《繁昌縣志書》卷一八《祥異》；道光《嵊縣志》卷一四《祥異》；同治《大冶縣志》卷八《災異》；同治《嵊縣志》卷二六《祥異》；同治《漢川縣志》卷一四《祥祲》；民國《嵊縣志》卷三一《祥異》；民國《德縣志》卷二《紀事》）

旱，饑殍盈野，星孛天市。（乾隆《銅陵縣志》卷一三《祥異》）

夏，大水，饑。（民國《建寧縣志》卷二七《災異》）

秋，雷震府署儀門及城南門。（宣統《高要縣志》卷二五《紀事》）

大水，晝晦如夜。（嘉靖《霸州志》卷九《災異》；民國《霸縣新志》卷六《灾異》）

旱，斗米千錢，民大饑，發粟賑邺之。（民國《大名縣志》卷二六《祥異》）

夏，黄風大起，飛沙蔽空，無麥禾。（光緒《唐縣志》卷一一《祥異》）

黑風晝晦如夜，樹鳥皆伏於地，列炬無光，逾時乃止。（光緒《清河縣

志》卷三《災異》）

兩京、山東等七省旱，赤地千里，殍殣載道。（光緒《吴橋縣志》卷一〇《災祥》）

大風晝晦，踰旬始息。夏旱，秋八月復霖雨，民大饑，死者相望于道。（乾隆《東明縣志》卷七《灾祥》）

秋，淫雨百日，平地行舟。冬，大饑，人相食。（康熙《商丘縣志》卷三《災祥》）

淫雨壞稼。（民國《確山縣志》卷二〇《大事記》）

霪雨。（康熙《上蔡縣志》卷一二《編年》）

霪雨害稼。（順治《汝陽縣志》卷一〇《禨祥》）

德安大旱，赤地千里，殍殣載道。（光緒《淮安府志》卷二〇《祥異》）

石首、枝江大旱，饑。（光緒《荆州府志》卷七六《災異》）

德安大饑，湖廣大旱，赤地千里，殍殣載道。（道光《安陸縣志》卷一四《祥異》）

大水。（嘉靖《徐州志》卷三《災祥》；嘉靖《漢中府志》卷九《災祥》；康熙《鹽山縣志》卷九《災祥》；康熙《莒州志》卷二《災異》；乾隆《興安府志》卷二四《祥異》；乾隆《南鄭縣志》卷一二《紀事》；同治《衡陽縣志》卷二《事紀》；光緒《豐縣志》卷一六《災祥》）

湘鄉、寧鄉大旱，瀏陽大水没城郭。（乾隆《長沙府志》卷三七《災祥》）

蕭饑，碭旱疫，豐大水，沛河決塞運道，壞廬舍，民多流亾。睢甯亦大饑，人相食。（同治《徐州府志》卷五下《祥異》）

旱，米石銀二兩。（光緒《崑新兩縣續修合志》卷五一《祥異》）

大旱。秋，大水。（光緒《無錫金匱縣志》卷三一《祥異》）

沛河決塞運道，壞廬舍，民多流亡。（民國《沛縣志》卷二《災祥》）

泰州大水，民飢，疫作。（雍正《揚州府志》卷三《祥異》）

蘇松等郡大旱，特留監價關課折漕等銀賑之。（光緒《常昭合志稿》卷一二《蠲賑》）

蝗，饑，人相食。（光緒《安東縣志》卷五《災異》）

夏，大旱。秋，大水。冬，大疫，人相食。（同治《山陽縣志》卷二一《雜記》；光緒《淮安府志》卷四〇《雜記》）

夏，大旱。秋，大水決湖隄。（道光《重修寶應縣志》卷九《災祥》）

旱，並疫。（嘉靖《徐州志》卷三《災祥》；崇禎《碭山縣志》後卷《祥異》）

旱，米價騰踊。（萬曆《崑山縣志》卷八《災異》）

大旱，米價騰湧，人相食。（道光《上元縣志》卷一《庶徵》）

大水，民用大饑。（萬曆《興化縣新志》卷一〇《外紀》）

大旱，民多饑死。（嘉慶《溧陽縣志》卷一六《雜類》）

大饑，民相食，且病疫。是年，大水衝決江都、泰州等處河堤。（乾隆《江都縣志》卷二《祥異》）

夏秋間，大水。（民國《增修膠志》卷五三《祥異》）

秋，騰衝旱。（光緒《永昌府志》卷三《祥異》）；隆慶《雲南通志》卷一七《災祥》

旱。（光緒《騰越廳志稿》卷一《祥異》）

復旱，民饑。（光緒《上虞縣志》卷三八《祥異》）

大水，歲三至。（道光《武康縣志》卷一《邑紀》；光緒《歸安縣志》卷二七《祥異》）

冰雹如斗，傷人畜無算。（光緒《分水縣志》卷一〇《祥祲》）

諸暨水，會稽、餘姚、上虞旱。（乾隆《紹興府志》卷八〇《祥異》）

夏，大水無禾。（康熙《德清縣志》卷一〇《災祥》）

秋，雨水，雷震。（康熙《安肅縣志》卷三《災祥》；民國《徐水縣新志》卷一〇《大事記》）

春，晝晦。（康熙《新城縣志》卷一〇《災祥》）

春，晝晦如夜。（崇禎《固安縣志》卷八《災異》）

春，風沙，無麥。（嘉靖《河間府志》卷七《祥異》；嘉靖《興濟縣志書》卷上《祥異》；民國《青縣志》卷一三《祥異》）

春，黑風晝晦，天色赤，逾時乃明。（康熙《邯鄲縣志》卷一〇《災異》）

春，大風，始赤，變黑，晝晦，樹鳥皆伏於地。（萬曆《廣平縣志》卷五《災祥》）

春，黑風，晝晦如夜，烈炬無光，逾時乃止。（順治《曲周縣志》卷二《災祥》）

春，大風，飛沙三日，麥苗多壓死。（乾隆《鳳臺縣志》卷一二《紀事》）

春，黑風暴雨，木拔。地震。歲大旱。（光緒《肥城縣志》卷一〇《祥異》）

春，黑風暴雨，木拔。地震。是歲大旱。（嘉慶《平陰縣志》卷四《災祥》）

春，大風，晝晦。秋，旱。（順治《堂邑縣志》卷三《災祥》）

春，旱。秋，大水，湖决。大饑。（嘉靖《寶應縣志略》卷一《災祥》）

春，大水，又大饑。（嘉靖《建寧縣志》卷一《災異》）

春，三月不雨，至于夏六月，運河井泉竭。是年大饑，遣户部待郎席書發粟賑之。時斗米百餘錢，人相食，水陸殍屍無筭。（隆慶《儀真縣志》卷一三《祥異》）

春迄夏復大旱。（嘉靖《興化縣志》卷四《詞翰》）

春夏，大旱，處暑後大水，高低皆災，斗米錢二銀。（康熙《金壇縣志》卷一《祥異》）

鎮江三縣春夏大旱，至處暑後大水，斗米百錢。（康熙《鎮江府志》卷四三《祥異》）

春夏，旱。秋淫雨，稿禾盡腐。（萬曆《六安州志》卷八《災異》）

春，不雨，民皆驚憂。及交夏，雨暘時若，不病農，麥大有收，間有一

莖兩生岐者。（嘉靖《永豐縣志》卷四《雜志》）

春夏，旱，大饑。（康熙《咸寧縣志》卷六《災祥》；道光《安陸縣志》卷一四《祥異》；光緒《咸甯縣志》卷八《災祥》）

春夏，旱。秋，霪雨，禾稼盡腐。朝命賑濟，兼勸義民出賑。（乾隆《英山縣志》卷二六《祥異》）

夏，旱。（嘉慶《江津縣志》卷六《災祥》；嘉慶《永安州志》卷四《祥異》）

兩京、山東、河南、湖廣、江西及嘉興、大同、成都俱旱，赤地千里，殍殣載道。（《明史·五行志》，第484頁）

風沙晝晦。（光緒《大城縣志》卷一〇《五行》）

夏，黄風大起，飛沙蔽空，天日晝昏，大無麥禾。（萬曆《保定縣志》卷二六《祥異》；乾隆《滿城縣志》卷八《災祥》；民國《清苑縣志》卷一《災祥》）

夏，大旱，秋澇，損遲稻，秋粮減免四分六厘。（嘉靖《蘄水縣志》卷二《災祥》）

夏，大旱。秋，久雨。（嘉靖《興國州志》卷七《祥異》）

夏，大風沙，晝昏。無麥禾。（崇禎《蠡縣志》卷八《災祥》；雍正《高陽縣志》卷六《禨祥》；光緒《蠡縣志》卷八《災祥》）

夏，水，大饑。（嘉慶《禹城縣志》卷一一《灾祥》）

夏，旱。秋，大水。詔免元年税糧之半。（乾隆《曲阜縣志》卷二九《通編》）

夏，旱，高鄉種不入。秋，大風連雨，熟稼多浥損。（崇禎《松江府志》卷一〇《田賦》）

夏，旱，縣境風沙無麥。（光緒《東光縣志》卷一一《祥異》）

夏，旱。秋，水，衝决河堤，漂没回廬。歲大饑，兼以疫作，死亡無筭，蠲賑。（崇禎《泰州志》卷七《災祥》）

夏，旱，饑。（萬曆《新修餘姚縣志》卷二三《禨祥》）

夏，水。秋，蝗。（嘉靖《沈丘縣志》卷一《災祥》）

夏，旱。秋至冬，滛雨害稼。桃、李、梨、杏冬華。（嘉靖《太康縣志》卷四《五行》）

夏，旱。秋，淫雨。無為、舒城、巢、六安、英山并饑，朝命户部侍郎席書會同撫按賑濟。（嘉慶《廬州府志》卷四九《祥異》）

夏，旱。秋，霪雨，大飢。（乾隆《无为州志》卷二《灾祥》）

夏，旱。秋，滛雨。歲大饑，人相食，斗米千錢，餓死者枕藉於道。（嘉慶《舒城縣志》卷三《祥異》）

入夏，大旱，風霾累日。初秋，霪雨，連綿數月，百穀無登，河水五經泛漲。冬月積陰無霽，六畜傷損殆盡。（順治《潁上縣志》卷一一《災祥》）

夏，亢旱，風霾累日。入秋，霪雨不止，百穀無登。冬月，積陰無霽。歲遂大飢，暨于春月，凍餓疫癘而死者不可勝計，商販不通，人乃相食，繼以大疫，有数口之家無孑遺者。（嘉靖《宿州志》卷八《災祥》）

夏，大旱，風霾。秋，恒雨，禾稼腐。冬，恒陰，雨雪。民大饑。（康熙《靈璧縣志略》卷一《祥異》）

夏，旱，風霾，人相食。詔户部尚書席書來賑。秋，大雨三月。冬，陰三月。（天啟《鳳陽新書》卷四《星土》）

夏，旱。秋，大水。（康熙《武進縣志》卷三《災祥》）

黄風大起，飛沙遍野。大無麥禾。（康熙《安州志》卷八《祥異》）

風沙，無麥。（康熙《獻縣志》卷八《祥異》）

大風晝晦，逾旬始息。夏，旱。（乾隆《東明縣志》卷七《灾祥》；乾隆《大名縣志》卷二七《禨祥》）

黑風，晝晦如夜，樹鳥皆伏於地，列炬無光，逾時乃止。（光緒《清河縣志》卷三《災異》）

旱，赤地千里。是年五月丁丑，大同前衛雨雹。（乾隆《大同府志》卷二五《祥異》）

大旱，赤地千里。（光緒《懷仁縣新志》卷一《祥異》）

雨雹。（乾隆《平定州志》卷五《禨祥》）

命出太倉銀二十萬，赴陜西蝗旱地方給賑。（乾隆《三原縣志》卷九《祥異》）

大水入鎮，靖堡城淹没廬舍。（光緒《靖邊志稿》卷四《雜志》）

旱，運河水涸。（道光《濟甯直隸州志》卷一《大事》；道光《鉅野縣志》卷二《編年》）

河决，大水。（咸豐《金鄉縣志略》卷一〇下《事紀》）

霪雨連旬，黄河横溢，城廬盡没。（康熙《單縣志》卷一《祥異》）

應天、蘇、松、淮、揚、徽、池等郡，徐、滁等州大旱，特留蘇、松折兑銀兩折鹽價，蘇、常粳白米，滸墅關鈔課，應天府缺官皂薪贖鍰等金，并發太倉銀二十萬兩，折漕米九十萬石賑之。（光緒《常昭合志稿》卷三《蠲賑》）

大旱，米價騰湧，遣侍郎席書賑之。（萬曆《應天府志》卷三《郡紀下》）

大旱，南北流移，人相食。（光緒《溧水縣志》卷六《賦役》）

旱，奉例减免勸徵〔徵〕平米一萬六千五十四石零，馬草一萬六千三百三十三包零。（嘉靖《高淳縣志》卷四《災異》）

旱，米價騰湧。夏間米石價銀一兩，小民枵腹者甚多。（萬曆《崑山縣志》卷八《災異》）

大旱，溪河見底，妨稼。米價騰貴。（道光《璜涇志稿》卷七《災祥》）

大旱，民不得稼。（嘉靖《常熟縣志》卷一〇《災異》）

旱，荒。（萬曆《常州府志》卷七《賑貸》）

亢旱，運河絶流，西溪亦無滴水，其底有碓磑之類，似昔爲人居者。（萬曆《宜興縣志》卷一〇《災祥》）

大水，河堤决，大饑。（康熙《興化縣志》卷一《祥異》）

大祲，盜賊蜂起，人相食。秋旱。冬，凍飢疫死者無數。（乾隆《盱眙縣志》卷一四《菑祥》）

秋，颶風大作，城之樓堞半圮。（萬曆《紹興府志》卷一《疆域》）

旱，饑。（萬曆《會稽縣志》卷八《災異》）

水。（光緒《諸暨縣志》卷三《災祥》）

旱，民饑。（光緒《上虞縣志》卷三八《祥異》）

大旱，人相食。（萬曆《合肥縣志·祥異》）

大旱，流民載道，餓殍盈野。（萬曆《銅陵縣志》卷一〇《祥異》）

大旱，絶禾稼。是年自二月至六月不雨，民未種植，至秋大饑，斗米三百錢，死亡無算。（嘉靖《和州志》卷一五《祥異》）

大旱，民饑疫死，積尸滿野。（民國《全椒縣志》卷一六《祥異》）

夏，不雨。侯患之，于六月九日釋政，偕僚屬、鄉大夫，上禱于南壇。（嘉靖《寧國縣志》卷四《藝文》）

徽、池等郡及滁州大旱，特留蘇、松折免銀兩折鹽價，蘇常粳白米，滸墅關鈔課，應天府缺官皂薪贖鍰等金，併發太倉銀兩折漕米賑之。（光緒《安徽通志》卷八〇《蠲賑》）

大旱，發米銀賑之。（乾隆《績溪縣志》卷二《郵政》）

池州等郡大旱，發銀粟賑之。（道光《建德縣志》卷六《蠲賑》）

旱，八分災。巡撫都御史盛應期奏准免粮五分。（嘉靖《臨江府志》卷四《歲眚》）

旱，巡撫都御史高公韶、巡按御史秦武會奏免税粮十分之五。（道光《新喻縣志》卷六《食貨》）

旱。巡撫都御史盛應期奏免税糧十分之五。（同治《新淦縣志》卷一〇《祥異》）

大水，圮青靈橋墩閘。（雍正《崇安縣志》卷八《災祥》）

大風晝晦。（光緒《南樂縣志》卷七《祥異》）

大風，晝晦逾旬。夏，旱。秋，復霖雨，民飢。（乾隆《内黄縣志》卷六《編年》）

霪雨壞稼。（民國《確山縣志》卷二〇《大事記》）

大旱，殍流無算。（康熙《湖廣武昌府志》卷三《祥異》；乾隆《江夏

縣志》卷一五《祥異》）

大旱，歲大饑。（乾隆《石首縣志》卷一《編年》）

湖廣旱，赤地千里，殍殣載道。（光緒《湖南通志》卷二四三《祥異》）

岳州大旱。（隆慶《岳州府志》卷八《禨祥》）

大旱，赤地千里，殍殣載道。（光緒《湘陰縣圖志》卷二九《災祥》）

瀏陽大水，没城郭。（康熙《長沙府志》卷八《祥異》）

乏食。（康熙《武岡州志》卷九《徵異》）

大旱，民饑。（嘉靖《常德府志》卷一《祥異》；光緒《龍陽縣志》卷一一《災祥》）

大旱，安鄉殍尸積野。（乾隆《直隸澧州志林》卷一九《祥異》）

河决。（嘉靖《南雄府志》卷下《城池》）

大水。知縣余悦開城北門，以便民登山。（順治《陽山縣志》卷八《雜志》）

旱，赤地千里，殍殣載道。（道光《新津縣志》卷三六《祥異》；同治《重修成都縣志》卷一六《祥異》）

旱，赤地千里。（光緒《增修灌縣志》卷一四《紀餘》）

彩雲見。（道光《龍安府志》卷一〇《祥異》）

一夕忽大風雨，山後石移至山前，相向僅百步；次年，忽一夕風雨如前，移石相合焉。（嘉靖《貴州通志》卷一〇《祥異》）

五色雲見。（民國《續修馬龍縣志》卷一《災祥》）

新興五色雲聚西山，數日不散。（道光《澂江府志》卷二《星野》）

大風拔木，晝晦。（康熙《良鄉縣志》卷七《災異》）

大旱，疫，民多逋逃。（同治《安慶府太湖縣志》卷四六《祥異》）

大旱，疫。（民國《潛山縣志》卷二九《祥異》）

知縣李調元處補旱災一分，又賑過饑民穀五千九百四十一石。（光緒《嘉善縣志》卷九《恤政》）

夏秋，大旱。（順治《新修望江縣志》卷九《災異》）

夏秋，旱，大饑。自冬至次年夏大疫。米價騰湧，貧民多啖草根樹皮，街市餓殍枕藉，人有相食者。（嘉靖《六合縣志》卷二《災祥》）

夏秋，霖潦驟溢，極目如平湖，傷民稼穡，蕩覆厥居，城苦浸灌。（嘉靖《長垣縣志》卷九《碑記》）

大旱。秋，大水。是年賜田租之半。（乾隆《無錫縣志》卷四〇《祥異》）

秋，大水，河決。是年堤堰崩圮，衝壞廬舍，平野中清碧接天，民多流亡。（嘉靖《沛縣志》卷九《災祥》）

秋，霖不止，大饑。（康熙《嘉興府志》卷二《祥異》）

秋，潮大作，泛溢百里，舊堤悉圮。（光緒《嘉興府志》卷三〇《海塘》）

秋，大旱，疫。（康熙《宿松縣志》卷三《祥異》）

秋，大雨三月。（乾隆《霍邱縣志》卷一二《災祥》）

秋，大旱，民流離餓死無筭。（萬曆《滁陽志》卷八《災祥》）

秋，霪雨害稼。（萬曆《汝南志》卷二四《災祥》；嘉慶《息縣志》卷八《災異》）

秋，霪雨。（康熙《上蔡縣志》卷一二《編年》）

秋，淫雨百日。斗米百錢。（嘉靖《固始縣志》卷九《災異》）

秋，石門雨血。（嘉靖《新寧縣志·年表》）

秋，淫雨百日。斗米百錢。（嘉靖《固始縣志》卷九《災異》）

秋，淫雨浹旬。（乾隆《扶溝縣志》卷七《災祥》）

秋，霪雨浹十旬，冬大饑。（康熙《鹿邑縣志》卷八《災祥》）

冬，大水。（嘉靖《衡州府志》卷七《祥異》）

癸未、甲申歲連稔。（嘉慶《法華鄉志》卷七《官署》）

二年及五年大旱，草根樹皮俱食盡，餓殍載道。（光緒《浦江縣志》卷一五《祥異》）

嘉靖三年（甲申，一五二四）

正月

丙寅朔，南京地震有聲，直隸開州濬縣、東明縣，陝西西安府、河南開封府及許州皆震。（《明世宗實録》卷三五，第 881 頁）

癸酉，夜昏刻，木金二星相犯。（《明世宗實録》卷三五，第 882 頁）

丙子，曹州地震。（《明世宗實録》卷三五，第 883 頁）

丙子，洛陽、郾師、新安等縣天鼓鳴。（《明世宗實録》卷三五，第 883 頁）

壬午，五星聚于營室。（《明世宗實録》卷三五，第 883 頁）

己丑，夜四更，月犯南斗東第二星。（《明世宗實録》卷三五，第 889 頁）

壬辰，户科都給事中張漢卿等言："先該户部覆題應天等府地方亢旱，欲將淮浙運司餘塩銀兩，及南京折納乾魚，并變賣没産銀兩，動支賑濟。但前項區處銀兩，類非見在往賑官員所可措手，饑困之民朝不謀夕，若俟文移往來，緩不急（廣本、抱本作'及'，閣本作'濟'）事。乞特發太倉銀兩，星馳往賑，庶幾有濟。"上曰："直隸地方灾傷重大，人民流離困苦，朕心惻然。户部即發太倉庫銀十五萬兩，付差去賑濟（閣本作'便於太倉銀庫内，動支十五萬兩，上緊差官，送與差去賑濟'），侍郎、都御史等官分賑應天、淮、鳳等府，務使窮民各沾實惠。"（《明世宗實録》卷三五，第 890～891 頁）

乙未，以災傷免南京錦衣等四十二衛屯粮有差。（《明世宗實録》卷三五，第 892～893 頁）

地震，二月十五日夜復震。（光緒《川沙廳志》卷一四《祥異》）

雨雹大如卵，壞居民房屋，傷死鳥獸。（咸豐《順德縣志》卷三一《前事畧》）

黑風晝晦。(康熙《續修陳州志》卷四《災異》；民國《項城縣志》卷三一《祥異》；民國《商水縣志》卷二四《雜事》；民國《淮陽縣志》卷八《災異》)

十六夜，月正明，黑雲貫之，界為兩邊；二十日天晴，木有白介。二月初三夜，黑氣亘天，自東而西凡五道。四月，蝗盡生，食苗殆半。七月，遺種生蝻，未幾自死；十一日，大風拔樹，霹靂雨雹。(嘉靖《薊州志》卷一二《災祥》)

雨雹。大有年。(宣統《南海縣志》卷二《前事補》)

廣州雨雹。(嘉靖《廣東通志初稿》卷三七《祥異》)

二月

丙申朔，以災免江西吉安等（廣本無“等”字）府税粮有差。(《明世宗實録》卷三六，第895頁)

丙申朔，山西井坪堡地震。(《明世宗實録》卷三六，第895頁)

己亥，以雨雹災（廣本“災”下有“傷”字）免陝西西寧衛屯粮有差。(《明世宗實録》卷三六，第896頁)

庚戌，夜，南京地震。(《明世宗實録》卷三六，第903頁)

癸丑，南京給事中顧秦（廣本、閣本、抱本作“溱”）等言：“南京根本重地，前者旱甚，塵生於河。今日水甚，舟行於山，將來之備，不可不豫。”(《明世宗實録》卷三六，第904~905頁)

甲寅，户部言：“近該南京守備太監秦文、魏國公徐鵬舉、侍郎席書、御史朱衣各疏報災請賑。竊計今天下灾，應天、江北最甚，江南次之，湖廣又次之。江北人相食，死者遍野，頃又雷電非時，地震千里，昏霧四塞，其氣如藥，非小變也。”(《明世宗實録》卷三六，第905頁)

丙辰，夜五更，月犯南斗西（廣本無“西”字）第三星。(《明世宗實録》卷三六，第907頁)

丁己〔巳〕，山西太原府地震有聲。(《明世宗實録》卷三六，第

907頁）

庚申，上勅諭羣臣曰："近來江北、江南并湖廣等處水旱相仍，地方饑饉，人民相食，所在盜賊成羣。應天、鳳陽并河南、山東、陝西等處元旦同時地震，方冬雷電交作，山崩（抱本'崩'下有'地'字）陷，災變非常。近日，京城風霾蔽天，春深雨澤愆期。"（《明世宗實録》卷三六，第908頁）

壬戌，以灾免鎮、蘇、常、松（閣本作"蘇、松、常、鎮"）四府税粮有差。（《明世宗實録》卷三六，第911頁）

山陰地震，大歉，斗米一錢四分。餘姚蝗，會稽、上虞、嵊大旱。（乾隆《紹興府志》卷八〇《祥異》）

初三日，黑氣亘天，自東而西凡五道。（康熙《遵化州志》卷二《災異》）

大風晝晦。（光緒《菏澤縣志》卷一八《雜記》）

大風晝晦，自未至酉，人畜不辨。（光緒《曹縣志》卷一八《災祥》）

黄霾障天，晝晦如夜。（宣統《濮州志》卷二《賦役》）

至五月不雨，秋復蝗。（光緒《清河縣志》卷三《災異》）

至五月不雨，秋復蝗蝻徧地。（嘉靖《清河縣志》卷一《祥異》）

不雨，至于五月。秋蝗。（嘉靖《威縣志》卷一《祥異》）

嘉靖三〔二〕年二、三、四月，大旱，溪河涸，耕者束手。知府傅鑰虔禱，五月五日大雨二降，然栽蒔過，時禾僅半發。（康熙《太平府志》卷三《祥異》）

三月

壬申，夜三更，月犯五諸侯第一星。（《明世宗實録校勘記》卷三七，第233頁）

癸酉，夜昏刻，月犯鬼宿西北星。（《明世宗實録校勘記》卷三七，第233頁）

癸巳，南京刑部主事桂萼、張璁有言，乃命會官併議，且各行取来京。

其日，天氣本是清明，午後陡變為陰晦，至暮，而風霾尤甚。（《明世宗實録》卷三七，第946頁）

癸巳，以災傷停徵鎮江、太平二府拖欠粮米。（《明世宗實録》卷三七，第947頁）

大旱，蝗蝻徧野。（乾隆《平原縣志》卷九《災祥》）

十二日，大風，晝晦如夜，至晚方息。（乾隆《衡水縣志》卷一一《禨祥》）

大風揚沙，害麥。（光緒《惠民縣志》卷一七《祥異》；民國《濟陽縣志》卷二〇《祥異》；民國《陽信縣志》第二册卷二《祥異》）

大風霾，雨紅沙，日暗。（嘉慶《東昌府志》卷三《五行》）

大風霾，雨紅沙，晝晦。夏秋大熟。（道光《博平縣志》卷一《禨祥》）

高州雨雹。（嘉靖《廣東通志初稿》卷三七《祥異》）

四月

丙申，直隸真定府無極縣有恠（舊校改“恠”作“怪”，抱本作“狂”）風自西北来，先紅後黑，咫尺不辦（舊校改“辦”作“辨”）人，折樹木，雞犬亂鳴。有頃，震雷暴雨。（《明世宗實録》卷三八，第949～950頁）

庚戌，金星晝見於中（廣本、閣本、抱本作“申”）位。（《明世宗實録》卷三八，第962頁）

丙辰，自正月不雨，至於四月。命順天府祈禱。（《明世宗實録》卷三八，第973頁）

丁己〔巳〕，以旱災風霾，罷端陽節閲驃騎龍船遊宴。諭禮部擇日齋戒，遣官祭告天地、社稷、山川。文武百官同加脩省。（《明世宗實録》卷三八，第973頁）

戊午，禮部左侍郎吴一鵬等疏言：“臣等謹按四方奏報，自二年六月迄今二月，其間天鳴者三，地震（廣本‘震’下有‘者’字）三十八，秋冬雷電雨雹十八，暴風、白氣、火、地裂、山風（廣本、閣本、抱本作‘崩’）為池、産妖各一，民饑相殺食者二，非常之變，倍於徃時。”（《明世宗實録》卷三八，第974頁）

不雨，至于六月。九月，梅花盛開且落。（乾隆《福寧府志》卷四三《祥異》）

不雨，至六月。（民國《霞浦縣志》卷三《大事》）

大雨，雹大如雞卵，人畜皆為所殺。（康熙《商丘縣志》卷三《災祥》）

五月

乙丑朔，蔣冕言：“……詔諭已頒，孰不仰嘆。皇上專意正統孝養，宮闈之盛美，惟修飾空室，以盡追孝禮儀，該部奉旨欲會臣等議擬。是日，風霾蔽天，人心惶惧。竊惟修飾空室，不待（廣本、阁本作“特”）創建。”（《明世宗實録》卷三九，第985頁）

甲戌，史部尚書喬宇言：二臣相繼下獄，恐刑罰不中，無以感格天心。况兹天氣炎蒸，法司罪人俱蒙釋減，若此文學侍從之臣，仰知聖慈必在矜憫……”（《明世宗實録》卷三九，第990頁）

己丑，直隸壽州霍丘縣天鼓鳴，有流星大如斗，從西南徃東北。（《明世宗實録》卷三九，第1002頁）

颶風大作，海嘯，漂溺民居。塘圮，鹵水湧入内河。（乾隆《杭州府志》卷五六《祥異》）

新野大水。（萬曆《南陽府志》卷二《祥異》）

至十一月不雨。（乾隆《桐廬縣志》卷一六《災異》）

六月

丙申，御史王泮言：“近者，雷電失期，雨暘愆候。伊洛秦楚，同日地震，江淮曹宋之間，人有相食者，此其變不虛作。”（《明世宗實録》卷四〇，第1005頁）

戊午，以災傷免應天、太平二府上元、當塗九縣草場地租有差。（《明世宗實録》卷四〇，第1032頁）

辛酉，順天、保定、河間及徐州蝗。户部請勅有司捕蝗（廣本作“之”）。（《明世宗實録》卷四〇，第1032頁）

旱，蝗。（民國《南皮縣志》卷一四《故實》）

雨黄餅如豆瓣。秋八月，大水。（乾隆《杞縣志》卷二《祥異》）

徐州蝗。（民國《銅山縣志》卷四《紀事表》）

旱，秋，大水，是年大疫。（民國《項城縣志》卷三一《祥異》）

旱。（康熙《續修陳州志》卷四《災異》；民國《商水縣志》卷二四《雜事》；民國《淮陽縣志》卷八《災異》）

江北昏霧，其氣如藥。（《明史·五行志》，第427頁）

順天、保定、河間、徐州蝗。（《明史·五行志》，第438頁）

山東旱。（《明史·五行志》，第484頁）

湖廣、河南、大名、臨清饑。南畿諸郡大饑，父子相食，道殣相望，臭彌千里。（《明史·五行志》，第510頁）

雨黄餅，如豆瓣。（萬曆《杞乘》卷二《今總紀》）

七月

壬申，以旱災免應天、蘇州、松江、常州、鎮江、徽州、寧國、池州、太平、安慶十府，廣德、太倉二州夏税有差。（《明世宗實録》卷四一，第1040頁）

丁亥，以水災詔免河南開封府等處夏税有差。（《明世宗實録》卷四一，第1081頁）

樂會、萬州大風，海溢數十里。（道光《瓊州府志》卷四二《事紀》）

大水驟溢，壞公署民居，漂没田禾，人多溺死者，郡匿不以聞。知府李傅至即上疏懇請獲免。是歲，秋糧十之三。（乾隆《歸善縣志》卷一八《雜記》）

颶風海溢。（乾隆《揭陽縣正續志》卷七《事紀》）

永寧大風雨，雷電，拔木撼石。（光緒《吉安府志》卷五三《祥異》）

金谿隕雹殺稼。（光緒《撫州府志》卷八四《祥異》）

蝗飛蔽天，傷稼。（康熙《利津縣新志》卷九《祥異》）

三日，大風雨，雷電，拔木撼石，屋瓦皆飛。（乾隆《永寧縣志》卷一《災祥》）

樂會、萬州颶風大作，雨落如注，震蕩彌空，屋瓦皆飛，居民廬舍十去其八。林樹合抱折之，抛出數丈地，人亦為覆牆所壓，或風逓落河海，死牛馬豕鹿溺死無筭。海舟飄平陸一二里許，浮苴棲於木末。父老駭之，以為從古未之有也。（康熙《廣東通志》卷三〇《雜紀》）

七、八月大旱，生蝗。九月多水，生蟊，高低鄉並災。斗米千錢，後至千三四百，民噎糠粃，饑死大半。入冬雷雨不止。（崇禎《吴縣志》卷一一《祥異》）

八月

甲午，以旱災減免山東濟南等府所属新城、蒲臺、沂州、費縣、莒州、膠州、寧海、茌平等州縣，及靈山諸城等衛所夏税。（《明世宗實録》卷四二，第 1089 頁）

丙午，以旱蝗災減免順天、永平、保定、河間四府各州縣夏税。（《明世宗實録》卷四二，第 1097 頁）

辛酉，以旱災減免山西大同府所属州縣及各衛所夏税。（《明世宗實録》卷四二，第 1107 頁）

大颶，海溢，沿海居民漂没無算。（乾隆《潮州府志》卷一一《災祥》）

颶風。（咸豐《順德縣志》卷三一《前事畧》）

丙午，免永平旱蝗夏税。（光緒《永平府志》卷三〇《紀事》；民國《盧龍縣志》卷二三《史事》）

大水。是年，大疫。（民國《淮陽縣志》卷八《災異》）

以旱免夏税。（萬曆《交河縣志》卷七《蠲賑》）

大旱，蝗。（康熙《蘇州府志》卷二《祥異》）

大水。（萬曆《杞乘》卷二《今總紀》）

大水。其年大疫。（乾隆《陳州府志》卷三〇《祥異》）

夜大風，揚沙走石，拔樹壞屋。（嘉慶《龍川縣志》第五册《祥異》）

大颶，海溢，潮、揭、饒之民沿海居者，皆為漂没，浮尸遍港，舟不能行。（嘉靖《潮州府志》卷八《災祥》）

八、九月，霪雨傷禾，覆垣屋無算。是年，瘟疫流行，死者十之四。（乾隆《陳州府志》卷三〇《祥異》）

九月

癸酉，以旱蝗免遼東廣寧、寧遠諸衛屯粮。（《明世宗實録》卷四三，第1118頁）

癸未，夜五更，月犯五諸侯東第一星。（《明世宗實録》卷四三，第1126頁）

甲申，夜三更，月犯鬼宿西北星。五更，又見月犯積尸氣。（《明世宗實録》卷四三，第1128頁）

十四日，雷，雨雹。（萬曆《秀水縣志》卷一〇《祥異》；光緒《嘉興府志》卷三五《祥異》；光緒《嘉善縣志》卷三四《祥眚》）

十月

癸巳，夜曉刻，火星犯太微垣上將星。（《明世宗實録》卷四四，第1136頁）

甲午，以湖廣荆州、岳州、襄陽、常德等府水災，准改折南京倉粮，暫免徵各項物料。（《明世宗實録》卷四四，第1136頁）

甘露降。（乾隆《汀州府志》卷四五《祥異》）

十六日，龍降東村，雷雨大作。（康熙《嘉定縣志》卷三《祥異》）

十六日，大雷雨，龍壞民廬，有兄弟三家聯居，中為兄室，且素不友，是日人廬悉攝去，左右無損。（光緒《寶山縣志》卷一四《祥異》）

十一月

壬戌，巡撫鳳陽（東本作“揚”）都御史胡錠等言：“淮陽、廬、鳳、徐、滁、和先旱後水，又河溢，漂没田廬人畜，請行蠲卹。”户部覆以上年賑剩銀粮，貯在倉庫者，亟發備賑。两淮群（廣本、閣本、抱本作“郡”）縣漕粮十五萬餘俱改折應兑，軍舡量留休息，其（東本、閣本“其”下有“豐”）沛（抱本無“沛”字）城池堤岸為河水衝潰者，下撫按（東本“按”下有“官”字）議濬築。上曰：“朕覽奏，心甚測（舊校改‘測’作‘惻’）然，一切改折蠲賑，俱如所擬，災傷分数，亟行查勘以聞。”（《明世宗實録》卷四五，第1153頁）

癸亥，以災傷免河南開封等府存留税粮有差。（《明世宗實録》卷四五，第1154頁）

甲子，曉刻，火星犯左執法。（《明世宗實録》卷四五，第1157頁）

十二月

癸巳，夜，曉刻，火星犯進賢星。（《明世宗實録》卷四六，第1176頁）

丙午，夜四更，月犯鬼宿東南星。（《明世宗實録》卷四六，第1184頁）

甲寅，夜，曉刻，月犯房宿南第二星。（《明世宗實録校勘記》卷四六，第346頁）

杭、嘉等府有旱災，令無災處所免軍米并兩京俸銀共折五十萬石，兑軍米每石折銀五錢，俸米每石折銀七錢，省其耗費，以補災傷。（光緒《嘉興府志》卷二三《蠲卹》）

是年

蝗。（民國《順義縣志》卷一六《雜事記》）

春，旱。夏，大疫，死者幾半，餓殍横途。秋霪雨，傷禾豆，詔有司賑

恤。（嘉靖《永城縣志》卷四《災祥》）

夏，蝗。秋，水。（民國《青縣志》卷一三《祥異》）

夏，湖廣旱，赤地千里，永明獨大稔。（道光《永州府志》卷一七《事紀畧》）

夏，蝗。秋，大水。（嘉靖《興濟縣志書》卷上《祥異》；康熙《三河縣志》卷上《災異》；乾隆《河間府新志》卷一《紀事》）

夏，旱，蝗。秋，大水。（康熙《東光縣志》卷一《禨祥》；民國《滄縣志》卷一六《大事年表》）

夏，蝗。秋，大水。春，寒，雨沙，縣無麥。（乾隆《任邱縣志》卷一〇《五行》）

夏，旱，斗米百錢。（嘉靖《靖江縣志》卷四《編年》）

夏，旱，巡撫王堯封建義倉，賑貸三氏子孫。（乾隆《曲阜縣志》卷二九《通編》）

夏秋，米踴貴。九月十四日雷，雨雹。（萬曆《秀水縣志》卷一〇《祥異》）

大水。（崇禎《烏程縣志》卷四《災異》；康熙《鹽山縣志》卷九《災祥》）

大雨水，是年鴿變。（光緒《潮陽縣志》卷一三《灾祥》）

旱。（嘉靖《真陽縣志》卷九《祥異》；康熙《滑縣志》卷四《祥異》；同治《平江縣志》卷四七《人物》；民國《重修滑縣志》卷二〇《祥異》；民國《慈利縣志》卷一八《事紀》）

先旱蝗，後多風雨，大饑，斗米百錢。（乾隆《震澤縣志》卷二七《災祥》）

徐州蝗。（嘉慶《蕭縣志》卷一八《祥異》）

旱，蝗。令納蝗子五斗，准三等缺，又以振濟淮屬銀數不足，將兩淮鹽引發商變賣，并改折漕糧，以甦民困。（光緒《安東縣志》卷五《民賦下》）

山東旱，臨清饑。（民國《臨清縣志·大事記》）

大旱。（嘉靖《續澉水志》卷九《藝文》；萬曆《會稽縣志》卷八《災異》；萬曆《龍游縣志》卷一〇《災祥》；康熙《長清縣志》卷一四《災祥》；康熙《永康縣志》卷一〇《祥異》；嘉慶《岳州府慈利縣志》卷六《荒歉》；道光《新修東陽縣志》卷一二《禨祥》；同治《嵊縣志》卷二六《祥異》；民國《澧縣縣志》卷三《災賑》）

蝗蝻遍野。（乾隆《欒陵縣志》卷三《祥異》）

大水，大饑。（同治《湖州府志》卷四四《祥異》）

旱，大饑。（康熙《衢州府志》卷三〇《五行》；同治《江山縣志》卷一二《祥異》；民國《衢縣志》卷一《五行》）

會稽、上虞、嵊大旱。（萬曆《紹興府志》卷一三《災祥》）

旱，斗米千錢，民大饑，詔發粟振卹。（咸豐《大名府志》卷四《年紀》）

雨雹，狀如磚石，大傷禾稼。（萬曆《山西通志》卷二六《災祥》）

雨雹，大如磚石，傷禾稼。（乾隆《平定州志》卷五《禨祥》）

大風晝晦，自未至酉，人畜不辨。（道光《城武縣志》卷一三《祥祲》）

楊村田夫，白晝為雷擊死樹下。（康熙《朝城縣志》卷一〇《災祥》）

旱蝗，府議半災。貢生陸昌為民力争，獲以全災上聞，發粟賑濟，設法捕蝗，全活甚眾。自春至夏，疫癘大作，死者相枕於道。（雍正《六合縣志》卷八《災祥》）

大水，民艱食。（萬曆《常熟縣私志》卷四《敘産》）

旱蝗甚。令納蝗子五斗，准三等吏缺。（雍正《安東縣志》卷一五《祥異》）

旱，大饑，道殣相望，命巡撫唐龍卹賑。（嘉慶《東臺縣志》卷七《祥異》）

蟲害稼。（道光《昌化縣志》卷五《災祥》）

大水。本府開報八分，酌議改兑。（乾隆《長興縣志》卷一〇《災

祥》)

大旱，福泉山裂，深闊丈許，今地名坼坑。(同治《嵊縣志》卷二六《祥異》)

斗米一錢伍分。(同治《江山縣志》卷一二《災祥》)

大雨，城圮。(光緒《江西通志》卷六六《城池》)

境内隕雹殺稼。(乾隆《金谿縣志》卷三《祥異》)

元日，雨雪。(乾隆《莆田縣志》卷三四《祥異》)

秋，大水。(康熙《獻縣志》卷八《祥異》)

秋，蝗，蝗飛蔽天，遺種生蝻，食禾殆盡。(民國《考城縣志》卷三《事紀》)

秋，大水。是年大疫。(民國《項城縣志》卷三一《祥異》)

秋，不雨，至明年春二月。(嘉靖《潼川志》卷九《災祥》；光緒《遂寧縣志》卷六《災祥》)

秋，不雨，至明年春二月，乃雨。(民國《潼南縣志》卷六《祥異》)

秋，水。(嘉靖《沈丘縣志》卷一《災祥》)

淫雨，大水，秋至冬害稼，覆民舍。(嘉靖《太康縣志》卷四《五行》)

冬，無冰。(光緒《樂清縣志》卷一三《災祥》)

嘉靖四年(乙酉，一五二五)

正月

丁卯，曉刻，金星犯建星西第一星。(《明世宗實録》卷四七，第1199頁)

一日，黄霧四塞。(嘉靖《遼東志》卷八《雜志》)

元旦，黄霧四塞。冬大雪，人畜多凍死。(民國《遼陽縣志·敘録》)

二月

壬辰，以旱災免南京錦衣等四十二衛屯粮一十萬六千三百石。（《明世宗實録》卷四八，第1217頁）

乙未，以河間、保定二府，大同、瀋陽二衛蟲蝗、水災，免田租輕重有差。（《明世宗實録》卷四八，第1220頁）

戊午，夜曉刻，火星犯平道東星。（《明世宗實録》卷四八，第1230頁）

雨雹，壞民居，折樹木。（民國《尤溪縣志》卷八《祥異》）

縣之西境雨雹損桑。是歲秋，螟蝨食苗。（康熙《德清縣志》卷一〇《災祥》）

大雨雹。（嘉靖《廣東通志初稿》卷三七《祥異》；道光《新會縣志》卷一四《祥異》；道光《開平縣志》卷八《事紀》）

樂會大雨雹漫地，大者如彈丸。（萬曆《廣東通志》卷七二《雜録》）

三月

甲申，以水災詔停徵（廣本“以水災詔停徵”作“以水災免徵”，閣本作“以水災停徵”）湖廣荆、岳二府工部物料（閣本“料”下有“以水旱災傷，從巡撫都御史張琮請也”十五字）。（《明世宗實録》卷四九，第1245頁）

隕霜殺桑。（光緒《廣德州志》卷五八《祥異》）

四月

壬寅，以旱災免霸州等州縣京營牧馬草場子粒銀兩有差。（《明世宗實録》卷五〇，第1255頁）

甲辰，夜（閣本“夜”下有“五更”二字），月犯星（廣本、閣本作“心”）宿中星。（《明世宗實録》卷五〇，第1255頁）

丙午，夜，月犯南斗魁第四星。（《明世宗實録》卷五〇，第1256頁）

丁未，大同衛（閣本“衛”下有“花園村邢家莊”六字）雨雹，大如雞卵，殺豆麥。（《明世宗實録》卷五〇，第1257頁）

辛亥，以天氣喧〔暄〕熱，命法司寬恤罪囚，於是刑部疏已枷號十八人，應枷號者三人上請，并命釋之。（《明世宗實録校勘記》卷五〇，第380頁）

大雨雹。（康熙《保定府祁州束鹿縣志》卷九《災祥》；嘉慶《束鹿縣志》卷九《災祥》）

太谷雨雹，如雞卵。（乾隆《太原府志》卷四九《祥異》）

有風如火，日平忽明，風如火燭，行路人中之悉病傷寒，多至死者，農夫不知避忌，死者尤衆。（乾隆《諸城縣志》卷二《總紀上》）

大旱，米價騰湧，民至采蕨以食。（萬曆《惠州府志》卷二《郡事紀》）

大旱。（乾隆《龍川縣志》卷一《事紀》）

五月

己未朔，以天氣暄熱，命法司寬恤罪囚。（《明世宗實録》卷五一，第1269頁）

辛酉，順天府永清縣雨雹殺麥。（《明世宗實録》卷五一，第1271頁）

甲戌，順天府東安縣、漷縣雨雹，如鵞卵，自未至酉，大殺禾稼。（《明世宗實録》卷五一，第1285頁）

乙酉，順天府永清縣風雹殺麥。（《明世宗實録》卷五一，第1285頁）

戊子，順天府固安縣雨雹，如雞卵。（《明世宗實録》卷五一，第1296頁）

六月

壬辰，以水旱災免鳳陽、淮安、揚州、滁、徐、和等處府州縣正官朝覲。（《明世宗實録》卷五二，第1300頁）

戊申，以災傷免山東兖州等六府各屬州縣及安東等衛所存留夏税並屯粮有差。（《明世宗實録》卷五二，第1306頁）

大雨雹。（康熙《進賢縣志》卷一八《災祥》；光緒《長治縣志》卷八《大事記》）

十二日，雹。（咸豐《固安縣志》卷一《災異》）

雹傷麥，殺秋禾。歲饑。（康熙《潞城縣志》卷八《災祥》）

大雹，如鵝卵，殺二麥秋禾。歲饑。（雍正《屯留縣志》卷一《祥異》）

登州大雨，壞城。（《明史·五行志》，第475頁）

二十六日，象州大風雨。（嘉靖《廣西通志》卷四〇《祥異》）

涼風，六月初伏日，如秋。（嘉靖《太康縣志》卷四《五行》）

七月

壬戌，以災傷免霸州、通州、涿州、蘇（廣本、閣本、抱本作“薊”）州及文安、大城、順義、香（原脱“香”字）河、保定、大興、懷柔、宛平、良鄉等縣馬價。（《明世宗實録》卷五三，第1314頁）

丁丑，災（廣本、閣本、抱本“災”上有“以”字）傷，免順天府所屬地方料價。（《明世宗實録》卷五三，第1321頁）

戊寅，以災傷免河南開封府等處税粮有差。（《明世宗實録》卷五三，第1322頁）

己卯，是日，雷擊南京、長安左門吻獸（抱本作“獸吻”）。（《明世宗實録》卷五三，第1322頁）

甘露降松栢上，如霜錫，食之甘。（乾隆《龍溪縣志》卷二〇《祥異》）

大水。（康熙《續修陳州志》卷四《災異》；光緒《歸安縣志》卷二七《祥異》；民國《項城縣志》卷三一《祥異》；民國《淮陽縣志》卷八《災異》）

錦西雨雹，有物如龍，拽去二小莊房舍、廟宇三百餘間，器械林木無算。冬，遼陽，金、復州大雪，深丈餘，人畜凍死。（嘉靖《遼東志》卷八

《雜志》）

蝗。（康熙《進賢縣志》卷一八《災祥》；咸豐《武定府志》卷一四《祥異》）

水淹田，蟲食稼殆盡。（光緒《烏程縣志》卷二七《祥異》）

大雨水，城中水高丈餘，村落倍之，漂没廬舍畜産甚多。（嘉靖《增城縣志》卷一九《大事通志》）

歸善大水。知府李傳請免田租十之三，從之。時積雨彌旬，水驟溢，壞公署民居，漂没田禾，人多溺死者。郡匿不以聞，及傳至，即疏請免是歲秋糧十之三。輿論多（諱）之。（萬曆《廣東通志》卷六《事紀》）

東莞大雨水。（嘉靖《廣東通志初稿》卷三七《祥異》）

八月

壬寅，雲南永昌軍民府、騰衝軍民指揮使司各地震。（《明世宗實録》卷五四，第1332頁）

癸卯，直隸徐州、歸德衛、懷遠縣，鳳陽府壽州、潁州，河南開封府、懷慶府俱地震，有聲如雷。（《明世宗實録》卷五四，第1332頁）

甲寅，以大同府灾，免正官朝覲。（《明世宗實録》卷五四，第1336頁）

甲寅，以灾免順天、保定、河澗（舊校改“澗”作“間”）三府所屬州縣粮税有差。（《明世宗實録》卷五四，第1336頁）

蠓虿害稼。（嘉靖《廣德州志》卷九《祥異》）

二十七日辰時，羅藏溪白氣升天，如龍然。（隆慶《雲南通志》卷一七《災祥》）

九月

己未，以灾傷免鳳陽、淮安、楊（閣本作“揚”）州所屬州縣及徐、滁二州、鳳陽等衛所税粮有差。（《明世宗實録》卷五五，第1339頁）

壬戌，遼東盖州衛地震，有聲如雷。（《明世宗實録》卷五五，第

1339 頁）

己巳，以山東灾傷盜警，免濟南兗州、東昌、青州所屬州縣正官朝覲。（《明世宗實録》卷五五，第 1341 頁）

壬申，鳳陽府及徐州、大名府（廣本作“徐州及大名府”）長垣縣，開封府祥符、陳留縣各地震。（《明世宗實録》卷五五，第 1341 頁）

乙亥，以灾傷免江西南昌、新建、進賢、豊城、餘干五縣秋粮有差。（《明世宗實録》卷五五，第 1346 頁）

丙子，是日遼東盖州衛及寧遠衛俱地震。（《明世宗實録》卷五五，第 1346 頁）

蝨害稼。自八月間，毒熱不解，蝨生禾根，食禾幾盡，生翼飛去，如黑煙衝天，田禾十損八九。（康熙《錢塘縣志》卷一二《災祥》）

大雨，稻成不能刈。（光緒《桐鄉縣志》卷二〇《祥異》）

大雨，稻成而不能刈。（康熙《桐鄉縣志》卷二《災祥》；光緒《烏程縣志》卷二七《祥異》）

（德清縣）大雨，稻成而不能刈。（同治《湖州府志》卷四四《祥異》）

大水。（嘉靖《廣西通志》卷四〇《祥異》）

十月

壬辰，以灾免大同軍民存粮有差。（《明世宗實録》卷五六，第 1356 頁）

戊戌，以災免深州及武强、隆平二縣存留粮。（《明世宗實録》卷五六，第 1361 頁）

甲申（舊校改“申”作“辰”），以灾免浙江绍興、湖州二府存留粮有差。（《明世宗實録》卷五六，第 1364 頁）

丁未，以災異免遼東各衛所屯粮有差。（《明世宗實録》卷五六，第 1365 頁）

己酉，以蘇、松、常三府灾免存留粮如例，仍折徵兑軍米四十萬五千石，極灾縣分盡從折徵，暫停（廣本、閣本“停”下有“徵”字）逋。

（《明世宗實録》卷五六，第1365頁）

庚戌，以灾免四川簡州、資陽等縣存（廣本、閣本“存”下有“留”字）粮有差。（《明世宗實録》卷五六，第1365頁）

壬子，禮部類奏四方災異（廣本、閣本作“變”），天鼓鳴極（廣本、閣本作“五”），地震六十三，星隕入（廣本、閣本作“八”），氷雹十一，火六，氣二，虚（廣本、閣本作“雪”）寒二，雷擊者（廣本、閣本“者”下有“三”字）山崩二（廣本、閣本作“三”），水溢八，産妖二，疫一。（《明世宗實録》卷五六，第1365～1366頁）

癸丑，以災免浙江杭州、湖州二府及所属正官朝覲。（《明世宗實録》卷五六，第1366頁）

晦，杭州大雷電，雨。（乾隆《杭州府志》卷五六《祥異》）

晦，杭州大雷電，雨，三十日辰時，大雷震電，一時驟雨如注。（康熙《仁和縣志》卷二五《祥異》）

十一月

甲子，以災傷免蘇、松、常（原脱，據廣本、閣本補）寧國四府所属州縣正官朝覲。（《明世宗實録》卷五七，第1379頁）

丙寅，以灾傷免徐州、淮安并杭州等府，宣府、隆慶等衛税粮有差。（《明世宗實録》卷五七，第1379頁）

乙亥，山西平陽府地震有聲。（《明世宗實録》卷五七，第1381頁）

辛巳，以灾免順天府所属州縣并冀州等衛税粮有差。（《明世宗實録》卷五七，第1384頁）

雷。（嘉靖《廣東通志初稿》卷三七《祥異》）

雷鳴二日。（嘉靖《新寧縣志・年表》）

十二月

壬辰，山東萊州府地震。（《明世宗實録》卷五八，第1387頁）

丙申，以水灾詔湖廣荆州府、沔陽等州縣嘉靖四年分原泒兑軍未（廣

本、閣本、抱本作“米”）及南京倉米折銀徵解，其餘歲辦物料等項俱暫停徵。（《明世宗實録》卷五八，第1387頁）

癸卯，以灾傷詔停徵霸州、文安等州縣逋負馬價。（《明世宗實録》卷五八，第1392頁）

壬子，以灾傷免直隷淮安府、徐州并所屬州縣及邳州等衛秋粮有差。（《明世宗實録》卷五八，第1396頁）

癸丑，遼東地震。（《明世宗實録》卷五八，第1396頁）

閏十二月

乙卯朔，日有食之。（《明世宗實録》卷五九，第1397頁）

乙丑，以灾傷免直隷順天、河間各衛屯田子粒有差。（《明世宗實録》卷五九，第1399頁）

己巳，是歲五月，山東登州府地震者再。七月大雨，壞城垣，民以疫死者四千一百二十八人。（《明世宗實録》卷五九，第1402頁）

乙亥，以遼東灾傷，再發銀九萬二千六百兩，准嘉靖六年例及量包屯粮不敷之數。（《明世宗實録》卷五九，第1403～1404頁）

丁丑，以水灾免山東魚臺、金鄉二縣粮草有差。（《明世宗實録》卷五九，第1404頁）

是年

春，風霾竟日。（雍正《高陽縣志》卷六《機祥》；光緒《蠡縣志》卷八《災祥》）

夏，餘姚旱疫。（萬曆《紹興府志》卷一三《災祥》）

夏，大雨水。（光緒《定興縣志》卷一九《災祥》）

樂會大雨雹，會同大水，申請蠲免田租。（道光《瓊州府志》卷四二《事紀》）

夏秋，旱，蝨生禾根，食禾幾盡。（民國《吴縣志》卷五五《祥異考》）

大水。（嘉靖《潼川志》卷九《祥異》；嘉靖《貴州通志》卷一〇《祥異》；崇禎《處州府志》卷一二《祥異》；康熙《懷柔縣新志》卷二《災祥》；康熙《鹽山縣志》卷九《災祥》；康熙《遂昌縣志》卷一〇《災眚》；民國《順義縣志》卷一六《雜事記》）

大雹如鵝卵，殺稼。（康熙《撫寧縣志》卷一《災祥》）

枝江水災。（光緒《荆州府志》卷七六《災異》）

秋，大熟，漢漲漂没，民無以生。知縣周延疏于朝，獲免租。（光緒《潛江縣志續》卷二《災祥》）

大蝗，無禾。（嘉靖《徐州志》卷三《災祥》；嘉靖《沛縣志》卷九《災祥》；民國《沛縣志》卷二《災祥》）

揚州水。（萬曆《揚州府志》卷二二《異攷》；乾隆《江都縣志》卷二《祥異》）

大旱。（康熙《長清縣志》卷一四《災祥》；道光《長清縣志》卷一六《祥異》）

雨雹。（康熙《良鄉縣志》卷七《災異》；乾隆《平定州志》卷五《禨祥》；民國《太谷縣志》卷一《年紀》）

水渰田，有蟲食稼殆盡。十月，免存留糧有差。（道光《武康縣志》卷一《邑紀》）

麗水、松陽、遂昌大水。（雍正《處州府志》卷一六《雜事》）

黄河泛溢，决邑城，公私廬舍蕩析一空，縣治學宫俱為傾圮，天光水色，浩蕩無際，茫然數萬頃之巨波也。丙戌歲，乃徙縣治于華山之陽，學宫随之。越二十餘年，歲辛亥水退，遺址猶存。（順治《新修豐縣志》卷一〇《藝文》）

秋冬恒雨，赤氣亘天。自十一月十八日至五年九月，日未出之先、既入之後，赤氣亘天，雖雨亦然。（光緒《吴川縣志》卷一〇《事略》）

秋冬霪雨，明春始息。（咸豐《順德縣志》卷三一《前事畧》）

春，風霾竟日，天地晦暝。（萬曆《保定府志》卷一五《祥異》；乾隆《滿城縣志》卷八《災祥》；民國《清苑縣志》卷一《災祥》）

春，風霾竟日，晝暝。夏，大雨水。（康熙《定興縣志》卷一《禨祥》）

春，風霾竟日，晝暝。夏，大水。（順治《易水志》卷上《災異》）

春，合肥民田麥自生。（萬曆《合肥縣志·祥異》）

春，洪水衝没，民復病。（雍正《萬載縣志》卷二《津渡》））

春日又雪。（乾隆《莆田縣志》卷三四《祥異》）

夏，水潦灌城，周圍土牆頹然圮矣。（光緒《沔陽州志》卷三《建置》）

大雹如鵝卵，殺稼，歲饑。（康熙《撫寧縣志》卷一《災祥》）

大雹如雞卵，殺稼。（隆慶《豐潤縣志》卷二《事紀》）

夏，大雨。（民國《新城縣志》卷二二《災禍》）

蝗。（萬曆《交河縣志》卷七《災祥》；乾隆《無錫縣志》卷四〇《祥異》）

淫雨江溢，崩城傷禾。（萬曆《階州志》卷一二《災祥》）

大蝗。（康熙《高密縣志》卷九《祥異》）

夏秋，旱。（萬曆《常熟縣私志》卷四《敘產》）

大水，蟲復殺稼。（萬曆《常州府志》卷七《賑貸》）

大水，虫復殺稼。勘實災傷四分，免平米，改折兑運正米三萬六百四十石，除官吏師生俸廪等糧不兑外，照例擬免。（道光《武進陽湖縣合志》卷一一《食貨》）

秋，河水大溢。（嘉靖《重修邳州志》卷三《災異》）

秋，螟蟲生發，禾苗根株不留。鄉民以油灑之，飛而去，少頃復來，忽生黑殼蟲無數，食螟遂盡。（康熙《餘杭縣志》卷八《災祥》）

以旱免税粮。（乾隆《平湖縣志》卷五《蠲卹》）

蟲食稼殆盡，免糧税。茗志：夏初大水，民車救，苗禾方盛，忽有虫，蒼白色，體不盈半粟，類酒醋中虫，小翅能飛，叢集苗根節間嗟食之，苗如火燔死。捕之則散躍，飛去復集，人皆呼為白癧。（乾隆《武康縣志》卷一《祥異》）

夏旱，疫。（萬曆《新修餘姚縣志》卷二三《禨祥》）

夏，雷震死民郭銀。（康熙《鹿邑縣志》卷八《災祥》）

夏旱，秋潦，饑饉薦臻。（乾隆《長樂縣志》卷六《名宦》）

水，大決，（安濟橋）潰。（乾隆《新城縣志》卷二《津梁》）

掛榜山雷擊石下，響聲崩裂，今俗呼為“雷打石”（同治《龍泉縣志》卷一八《祥異》）

下沙橋，嘉靖四年仍圮于水。（萬曆《浦城縣志》卷一二《津梁》）

淫雨，山水暴漲，館前驛沿河田地推壞八百餘畝，房物無算。（乾隆《汀州府志》卷四五《祥異》）

雹，殺稼。（民國《湖北通志》卷七五《災異》）

大水決虎渡堤。（嘉靖《荆州府志》卷二〇《災異》）

水。（同治《枝江縣志》卷一《災異》）

天多風。（民國《寧鄉縣志·年記》）

（州城）為潦水所圮。（嘉靖《廣東通志初稿》卷四《城池》）

全蜀大旱。（同治《德陽縣志》卷四二《災祥》）

普安龍起，紅豆冲空，中聞笙歌聲，時山崩水溢，漂民居五十餘家。（乾隆《普安州志》卷二一《災祥》）

秋，水。（嘉靖《沈丘縣志》卷一《災祥》）

秋，雨殺苗。（嘉靖《霸州志》卷九《災異》）

秋，大水。（乾隆《新安縣志》卷七《禨祚》）

秋，大旱。（嘉慶《邵陽縣志》卷四八《祥異》）

秋冬，恒雨；又自十一月至五年九月，日未出之先、既入之後，赤氣亘天，雖雨亦然。（雍正《吴川縣志》卷九《事蹟紀年》）

秋，大風雨，官署城樓民舍多傾壞，漂没行舟。（乾隆《象州志》卷一《禨祥》）

秋，霪雨，歷冬至春始晴。（宣統《南海縣志》卷二《前事補》）

嘉靖五年（丙戌，一五二六）

正月

丙申，是夜，月犯鬼宿西南星。（《明世宗實録》卷六〇，第 1411 頁）

庚子，以蝗災詔免鎮江丹徒、丹陽二縣原帶徵嘉靖二年錢糧，金壇縣帶徵已完，特令改折四年兑軍米，以蘇民困。（《明世宗實録》卷六〇，第 1412 頁）

壬子，兵部言："順天、保定、河間三府州縣，因地養馬，因馬免糧，原有定額，即地有水澇，人有逃亡，止應暫蠲逋負之数。"（《明世宗實録》卷六〇，第 1422 頁）

赤氣横境。是年旱，井泉皆涸。（同治《德化縣志》卷五三《祥異》；同治《九江府志》卷五三《祥異》）

赤氣横境。旱，井泉皆涸。（同治《湖口縣志》卷一〇《祥異》）

至四月，不雨。（萬曆《永福縣志》卷一《時事》）

雨，至於四月。（民國《長樂縣志》卷三《災祥》）

霪雨，至夏四月止。（光緒《五河縣志》卷一九《祥異》）

霪雨至於四月，湖地二麥渰浸，萎死者過半。（嘉靖《宿州志》卷八《災祥》）

恒雨，至夏四月。（康熙《靈璧縣志略》卷一《祥異》）

霪雨，至於四月，湖地二麥渰浸，萎死者大半。秋成頗收，而稻、豆、黍、穀又價傷太賤，乃賦役追迫，一時易賣且盡。患慮其終不繼也。（嘉靖《泗志備遺》卷中《災患》）

霪雨，至夏四月止。（康熙《五河縣志》卷一《祥異》））

至四月，不雨，知府汪文盛奏蠲是歲租賦。（乾隆《永福縣志》卷一〇《災祥》）

至四月，不雨，知府汪鳴（乾隆縣志作"文"）盛奏蠲是歲租賦。（民

國《永泰縣志》卷二《大事》）

二月

己未，以旱災免西寧衛屯糧。（《明世宗實録》卷六一，第1429頁）

庚辰，以災傷免山西太原等（廣本、閣本脱“等”字）府，文水、祁縣（廣本、閣本無“縣”字）、交城、清源、浮山、平遥、襄垣、翼城、榆社、屯留等縣（廣本、閣本“翼城、榆社、屯留等縣”作“翼城、榆社諸縣及潞州屯留縣”）税糧有差。（《明世宗實録》卷六一，第1436～1437頁）

容縣大水，連漲數日，龍灣水退，見兩岸龍車軌迹。（光緒《容縣志》卷二《氣候》）

雨大作，壞民圩岸，二麥盡死。（嘉靖《江陰縣志》卷二《災祥》）

久雨，民廬多傾塌，二麥盡死。（嘉靖《靖江縣志》卷四《編年》）

八日，雷擊劉縣丞衙。（乾隆《永寧縣志》卷一《災祥》）

大雹雨。（嘉慶《新安縣志》卷一三《災異》）

三月

甲申朔，廣東瓊山縣雨霜雹傷禾。（《明世宗實録》卷六二，第1439頁）

乙酉，江西廣昌縣雨雹殺禾苗。（《明世宗實録》卷六二，第1439頁）

丁未，陝山（廣本、閣本、抱本作“陝西”）清水縣、禮縣（廣本、閣本無“禮縣”二字）地震。（《明世宗實録》卷六二，第1450頁）

己酉，陝西階州地震。（《明世宗實録》卷六二，第1451頁）

大雹。（嘉靖《安化縣志》卷五《祥異》）

四月

丙辰，階州地震連日，聲如雷。（《明世宗實録》卷六三，第1456頁）

戊午，以災傷命停徵順天、永平、保定、河間四府拖欠料（廣本作“粮”）銀。(《明世宗實録》卷六三，第 1456 頁)

癸亥，雲南永昌軍民府、騰衝軍民指揮使司及騰越州同日地震。(《明世宗實録》卷六三，第 1461 頁)

癸亥，貴州安南衛地震，聲如雷，壞城垣。(《明世宗實録》卷六三，第 1461 頁)

壬申，貴州安南衛地復震，歹（廣本無“歹”字）蘇屯等山崩，壓官田二十畝，壞民舍。(《明世宗實録》卷六三，第 1467 頁)

癸酉，遼東金州衛地震。(《明世宗實録》卷六三，第 1468 頁)

戊寅，雷擊阜成門城樓南角吻獸（抱本作“獸吻”），及迤北地九鋪旗杆。(《明世宗實録》卷六三，第 1469 頁)

旱，至九月方雨，禾麻菽粟皆死。是年，五穀乏種，福安以祈禱得雨，槁苗復生。(乾隆《福寧府志》卷四三《祥異》)

旱，至九月方雨，禾麻菽粟皆死。是年，五穀乏種。(民國《霞浦縣志》卷三《大事》)

旱，至七月方雨，禾麻菽粟多死。是年，五穀乏種。(嘉靖《福寧州志》卷一二《祥異》)

不雨，至秋七月。(崇禎《尤溪縣志》卷四《災祥》)

大雨雹。(光緒《容縣志》卷二《氣候》)

春，霪雨。至夏四月，二麥淹死。(光緒《盱眙縣志稿》卷一四《祥祲》)

五月

癸未朔，四川建昌卫地震有聲。(《明世宗實録》卷六四，第 1474 頁)

己丑，湖廣荆門州地震，聲如雷，陝西泯州衛大雨雹。(《明世宗實録》卷六四，第 1476 頁)

辛卯，陝西紅城子雨雹，殺禾菽。(《明世宗實録》卷六四，第 1477 頁)

乙未，夜，月犯江天（閣本作“天江”，廣本無“天”字）南第一星。（《明世宗實録》卷六四，第1478頁）

丁酉，是夕月食。（《明世宗實録》卷六四，第1479頁）

庚子，金星晝見。（《明世宗實録》卷六四，第1480頁）

甲辰，直隸保定府满城縣雨雹，大如雞卵，傷禾稼。（《明世宗實録》卷六四，第1484～1485頁）

迅風，大雨雹，城屋多圮。（嘉靖《南雄府志》上卷《郡記》；道光《直隸南雄州志》卷三四《編年》）

迅風，大雨雹，城屋圮壞，草木摧折。（民國《始興縣志》卷一六《編年》）

大霖雨，幾一月。（萬曆《寧津縣志》卷四《祥異》）

大水。（同治《豐城縣志》卷二八《祥異》）

下旬至七月，不雨。（同治《崇仁縣志》卷一三《祥異》）

夏旱九旬，縣官省刑，賑貸而雨，稿禾復生，秋得薄收。（萬曆《福安縣志》卷九《祥變》）

大旱。自夏五月至秋九月，不雨，無禾。（嘉慶《連江縣志》卷一〇《灾異》）

大風拔木。（康熙《陽春縣志》卷一五《祥異》）

至秋九月不雨，知府汪文盛奏蠲歲賦。汪文盛築羅源城，歸途為邑，布畫城規，擬為堵築，以憂去，不果。（民國《連江縣志》卷三《大事記》）

不雨，至七月。忽有物如瓜，自天墜轉地，有聲。須臾，大震，雨下如注。（乾隆《永春州志》卷一五《祥異》）

不雨，至七月。忽有物如瓜，自天墜地，有聲。須臾，大雷電，雨下如注。（民國《永春縣志》卷三《災祥》）

不雨，至於七月。田禾無實，知府汪文盛奏蠲是年田租。（乾隆《長樂縣志》卷一〇《祥異》）

至八月，旱，無禾。（光緒《分疆録》卷一〇《災異》）

至八月不雨，民大饑。（光緒《太平縣志》卷一《蠲賑》）

至八月，旱，不雨，無禾。（同治《泰順縣志》卷一〇《災異》）

六月

甲寅，山西蔚州及廣靈縣雨雹，殺禾稼。（《明世宗實録》卷六五，第1488~1489頁）

乙卯，山東沂州水。（《明世宗實録》卷六五，第1489頁）

丙辰，直隸河間府州縣水。（《明世宗實録》卷六五，第1489頁）

丁巳，山西大同縣雨，氷雹大如雞子，傷禾稼。（《明世宗實録》卷六五，第1489頁）

甲子，陝西五郎壩雨，水三丈餘，衝决官舍及吏民七十餘家。（《明世宗實録》卷六五，第1496頁）

丙寅，山西馬邑，直隸靈壽、静海縣皆雨雹。（《明世宗實録》卷六五，第1497頁）

丁卯，萬全都司及宣府皆雨雹，大者如甌，深尺餘（廣本作“許”）。（《明世宗實録》卷六五，第1497頁）

戊寅，徐、沛河水溢，壞豊縣城。（《明世宗實録》卷六五，第1504頁）

戊寅，直隸沭陽、山東禹城縣俱水。（《明世宗實録》卷六五，第1504頁）

辛巳，曉刻，金星犯井東南第二星。（《明世宗實録》卷六五，第1507頁）

大水。（光緒《定興縣志》卷一九《災祥》）

十五日，雨雹大如拳，傷人畜，盡毁禾稼。（同治《靈壽縣志》卷三《災祥》）

黄水陷城。（光緒《豐縣志》卷一六《災祥》）

旱蝗，蘆荻筱簜，為之一空，幸不傷苗稼。（光緒《丹陽縣志》卷三〇《祥異》）

十五日，天大雷電，冰雹，大者如碗碟，小者如雞子旦（“旦”字疑衍），人畜遇之立死，百穀蕩毁。（萬曆《靈壽縣志》卷九《災祥》）

旱，蝗，蘆荻草蕩為之一空，幸不食苗禾。（光緒《丹陽縣志》卷三〇《祥異》）

二十七日，黄水陷城，遷徙華山。（順治《新修豐縣志》卷九《災祥》）

大旱。（順治《廬江縣志》卷一〇《災祥》；同治《靖安縣志》卷一六《祥異》）

大旱。六月二十八日，亭午無雲，龍見於石塘村王姓屋上，高僅二三丈，蜿蜒倒行半里許，俄而雲霧合，風雷交作，擊死土長崗農家一婦、三牛，沙湖袁漢家瓦屋一座悉拔去。（嘉慶《廬江縣志》卷二《祥異》）

蝗飛蔽天。（嘉靖《許州志》卷八《祥異》）

六月、七月不雨，田禾槁。（嘉靖《福寧州志》卷一二《祥異》）

七月

癸未，江西南豐縣雨雹，大如椀，形如人頭。（《明世宗實録》卷六六，第1510頁）

癸未，浙江遂昌縣雨雹，頃刻，積二尺，大殺麻豆。（《明世宗實録》卷六六，第1510頁）

癸未，山東萊陽棲霞縣、湖廣攸縣俱大雨雹，傷人畜。（《明世宗實録》卷六六，第1510頁）

甲申，戌刻，有火毬三，大可五六尺餘，從北方向東墜，其光燭天。（《明世宗實録》卷六六，第1511頁）

庚寅，以旱災免四川綿、巴等七州，成都、華陽等十七縣田租有差。（《明世宗實録》卷六六，第1515頁）

庚寅，山西平虜衛隕霜，殺禾稼。已又雨大注，山水驟至，壞城郭廬舍，民有溺死者。（《明世宗實録》卷六六，第1515頁）

丁酉，御史朱豹言：“日者各處奏報水溢、霜隕、雨雹、地震、人異，甚可驚駭。”（《明世宗實録》卷六六，第1520頁）

蝗，大水害稼。（光緒《惠民縣志》卷一七《祥異》）

旱。七月旱，蝗，勘災蠲免。（康熙《常州府志》卷三《祥異》）

壬午朔，遂昌縣雨雹，頃刻積二尺，殺豆麥。（雍正《浙江通志》卷一〇九《祥異》）

十七日，忽有物如西瓜從天而下，流轉於地，有聲若雷，不甚烈，民駭不識。須臾大發聲震，衆皆昏眩仆地，既而雨下如注。（康熙《永春縣志》卷一〇《祥異》）

大風。（嘉靖《廣東通志初稿》卷三七《祥異》）

八月

戊午，以水災免南京應天府，及直隸太平、徽州、池州、廣德等州縣夏税有差。（《明世宗實録》卷六七，第1534頁）

丙寅，以災傷詔以湖廣漕運米十萬石，俱徵折色，仍發太和山香錢賑濟饑民并補（廣本、閣本、抱本“補”下有“禄米”二字）月糧之缺者。（《明世宗實録》卷六七，第1536頁）

壬申，以江西災傷准折兑運米二十七萬石。（《明世宗實録》卷六七，第1538頁）

癸酉，掌詹事府事禮部尚書吴一鵬，給假展墓回京，奏言：“臣道途所經，見江南諸郡，久旱不雨，暑氣酷烈，田禾枯槁，人畜暍（抱本作‘渴’）死，及渡淮以北，則田廬渰没，渺然巨浸千有餘里。夫天災流行，雖治世所難免，而變災為祥，顧慮之何如。請遣使體勘，蠲租貸粟，而于渦河堙塞等處，或疏故道，或開支河，務求實效。”章下所司。（《明世宗實録》卷六七，第1539頁）

乙亥，以旱災免四川潼川、儀隴等四十三州縣，及泥溪等長官司税糧有差。（《明世宗實録》卷六七，第1539頁）

恩平、新會大風拔木。（道光《新會縣志》卷一四《祥異》）

都隴里，大風傾摧民舍。（光緒《北流縣志》卷一《禨祥》）

九月

癸未，夜，火星犯太微西垣上将星。（《明世宗實録》卷六八，第1543頁）

戊子，鳳陽巡撫都御史高友璣、巡按御史劉隅各奏徐州并豐、沛二縣水患異常。（《明世宗實録》卷六八，第1554頁）

乙未，以水災免真定、河間二府所屬州縣，并河間等衛所税糧有差。（《明世宗實録》卷六八，第1555頁）

乙未，以水災免徐州豐縣馬價。（《明世宗實録》卷六八，第1555頁）

二十三日立冬，雷電，雨雹。（康熙《廬江縣志》卷二《祥異》）

十月

壬子，以旱（廣本、閣本、抱本作“旱”）災詔免徵應天、太平、安慶、徽州、池州、鎮江、常州、蘇州、松江九府税糧，浙江杭州、嘉興、湖州、紹興、金華、衢州、寧波、台州、嚴州、温州欠各衛所屯糧有差，停徵户部年例，坐泒物料，查各倉庫銀米，賑濟之。（《明世宗實録》卷六九，第1567頁）

甲寅，以災傷免遼東各衛所屯糧有差。（《明世宗實録》卷六九，第1567頁）

丙辰，以水災免山東府州縣，并濟南等衛所及廬州等府州縣、滁州等衛所各税糧有差。（《明世宗實録》卷六九，第1567頁）

戊午，以雹災免山西大同前後各衛所、大同府所屬各州縣税糧有差。（《明世宗實録》卷六九，第1569頁）

辛酉，以災傷詔免鎮江等府、丹徒等縣帶徵逋税。（《明世宗實録》卷六九，第1570頁）

壬戌，蔚州衛有星隕如升，天鼓鳴。（《明世宗實録》卷六九，第1571頁）

癸亥，以災傷詔免宣府各衛所、隆慶等州縣、太原府所屬州縣并太原衛

各税糧有差。(《明世宗實録》卷六九，第1571頁)

甲子，以災傷詔免廬、鳳、淮、揚四府税糧（閣本脱“糧”以上十五字)，停徵應鮮物料及留淮南鹽價四萬接濟。(《明世宗實録》卷六九，第1571頁)

丁卯，禮部言：“今歲四方災異，臣等歷考史籍，未有如今日者。氷雹害稼，大如雞卯（舊校改‘卯’作‘卵’)，如杯碟者，古則有之，其大如碗，似人頭，古未有也。大風偃禾拔木，吹倒房屋者，古則有之，其捲掣廟宇及民舍至百数十家，了無蹤跡，又再三見扵一镇，古未有也。”(《明世宗實録》卷六九，第1571～1572頁)

戊寅，以湖廣灾傷詔減免税糧，仍發太和山香錢賑濟。(《明世宗實録》卷六九，第1581頁)

以旱災免税粮。(光緒《平湖縣志》卷八《蠲恤》)

十一月

癸未，今各處春旱秋霖，天妖地異，國家賦入，半屬蠲除。(《明世宗實録》卷七〇，第1584頁)

甲申，以災傷詔停（抱本作“免”）徵山東沂州及沂州衛，魚臺、單、費等縣馬匹。(《明世宗實録》卷七〇，第1585～1586頁)

丙戌，以虫蝗災詔免四川簡州、資陽等處税糧有差。(《明世宗實録》卷七〇，第1587頁)

戊子，以災傷免儀真衛及泰州、鹽城二所屯糧有差。(《明世宗實録》卷七〇，第1588頁)

甲午，夜，月食。(《明世宗實録》卷七〇，第1589頁)

乙未，以災傷命省差湖廣刷卷御史。(《明世宗實録》卷七〇，第1589頁)

壬寅，大學士費宏以災異自劾求退，上優詔褒留不允。(《明世宗實録》卷七〇，第1591頁)

十二月

甲寅，寧夏災傷，詔停徵各衛所屯田（閣本作“粮”）子粒。（《明世宗實録》卷七一，第1597頁）

癸亥，大学士楊一清以災異修省上言：“臣近观禮部所奏，今年災異如遼東、山陜、江浙、湖廣地震不下三（廣本、閣本、抱本作‘二’）十餘次，各處雹災傷稼殪人。南北直隸、江浙诸處亢旱爲虐，山東豊、沛洪水泛濫，遼東有雷雨之變，贵州有山萠（廣本、閣本、抱本作‘崩’）之警。”（《明世宗實録》卷七一，第1602頁）

丙寅，以災傷免湖廣武昌府等處税糧有差。（《明世宗實録》卷七一，第1618頁）

辛未，以災傷免鳳陽府等處秋糧有差。（《明世宗實録》卷七一，第1620頁）

丙子，先是，禮部尚書吴一鵬上言：“清河以北，兖州以南，水勢彌茫，田廬淹没。請訪求渦河湮塞等處，或濬故道，以通其流；或開支河，以分其勢。”（《明世宗實録》卷七一，第1620頁）

十一、十二日，慶遠府大霜，池水皆冰，人以為瑞。（雍正《廣西通志》卷三《禨祥》）

大雨雪，池水結冰，樹木皆枯，民多凍死。（雍正《欽州志》卷一《歷年紀》）

大雨雪，池水冰結，樹木皆枯，民多凍死。時採珠海上，螺筐夜有火光，人皆異之。（崇禎《廉州府志》卷一《歷年紀》）

是年

銅陵等縣水災，詔許改折起運漕糧，及蠲免存留有差。（民國《蕪湖縣志》卷二二《蠲賑》）

夏旱，至於九月，縣官省刑賑貸，祈禱得雨，稿禾復生，秋得薄收。（光緒《福安縣志》卷三七《祥異》）

夏秋，旱，稻絶收。（乾隆《僊遊縣志》卷五二《祥異》）

韶屬旱，知府唐昇奏減民租賦之半。（同治《韶州府志》卷一一《祥異》）

旱，知府唐昇奏減民租賦之半。（光緒《曲江縣志》卷三《祥異》）

大風拔木。（康熙《恩平縣志》卷一《事紀》；乾隆《平定州志》卷五《禨祥》；道光《陽江縣志》卷八《紀事》；民國《續修昔陽縣志》卷一《祥異》；民國《恩平縣志》卷一三《紀事》）

漳河决於魏縣雙井鎮。知縣李冕築堤禦之，民免於患。（民國《大名縣志》卷二六《祥異》）

枝江旱。（光緒《荆州府志》卷七六《災異》）

夏，大水，漂民廬。（光緒《興寧縣志》卷一八《災祲》）

旱，無麥。（嘉慶《如臯縣志》卷二三《祥祲》）

旱，蝗。（光緒《丹徒縣志》卷五八《祥異》）

大水，城陷。（嘉靖《徐州志》卷三《災祥》）

揚州旱。（乾隆《江都縣志》卷二《祥異》）

大旱。（雍正《常山縣志》卷一二《災祥》；乾隆《武寧縣志》卷一《祥異》；嘉慶《蘭谿縣志》卷一八《祥異》；同治《都昌縣志》卷一六《祥異》；同治《鄱陽縣志》卷二一《災祥》；同治《高安縣志》卷二八《祥異》；民國《萬載縣志》卷一之三《祥異》；民國《新昌縣志》卷一八《災異》）

大水。（天啟《滇志》卷三一《災祥》；道光《宣威州志》卷五《祥異》；光緒《霑益州志》卷四《祥異》；民國《萬泉縣志》卷終《祥異》）

蝗蔽天。（乾隆《延長縣志》卷一《災祥》）

旱。（崇禎《寧海縣志》卷一二《災祲》；同治《湖州府志》卷四四《祥異》；光緒《慈谿縣志》卷五五《祥異》）

大旱，蝗飛蔽天。（康熙《衢州府志》卷三〇《五行》；嘉慶《西安縣志》卷二二《祥異》；民國《衢縣志》卷一《五行》）

飛蝗蔽天。（同治《江山縣志》卷一二《祥異》）

大旱，饑，草俱盡，死者相枕。（光緒《黄巖縣志》卷三八《變異》；民國《台州府志》卷一三四《大事略》）

旱，饑。（光緒《仙居志》卷二四《災變》）

夏，奉化大旱，蝗起，禾稼無収。（嘉靖《寧波府志》卷一四《禨祥》）

諸暨、新昌大旱。（乾隆《紹興府志》卷八〇《祥異》）

大旱，饑。（光緒《樂清縣志》卷一三《災祥》）

義烏縣旱，蝗飛蔽天。（萬曆《金華府志》卷二五《祥異》）

大旱，饑甚，人食草木。（康熙《臨海縣志》卷一一《災變》）

青田、縉雲、松陽大旱，溪流幾絶。（雍正《處州府志》卷一六《雜事》）

春，雨暘失（時），二麥寡種。夏苦旱，至五月乃雨。六月，復飛蝗入境。（康熙《宿州志》卷一〇《祥異》）

夏，大水，漂民廬。（乾隆《興寧縣志》卷一〇《災異》）

夏，無雲雷震。（康熙《新城縣志》卷一〇《災祥》）

夏，大旱。（康熙《新建縣志》卷二《災祥》；光緒《費縣志》卷一六《祥異》）

夏，旱。（嘉慶《上高縣志》卷三《泉水》）

大饑。九月，以水災免税粮。（萬曆《交河縣志》卷七《災祥》）

大風拔木。（乾隆《樂平縣志》卷二《祥異》）

大風拔木。（萬曆《山西通志》卷二六《災祥》）

萬泉大水。（萬曆《平陽府志》卷一〇《災祥》）

陝西屢發大風，卷掣廟宇、民居百數十家，了無蹤跡。（《明史·五行志》，第490頁）

鎮靖大水入城，廬舍淹没，惟存雉蝶。（康熙《靖邊縣志·災異》）

延長蝗蔽天。（嘉慶《延安府志》卷五《大事表》）

旱，勘災三分，免平米一十萬一千三百七十五石。（萬曆《常州府志》卷七《錢穀》）

旱，斗米貳錢。（崇禎《寧海縣志》卷一二《災祲》）

大旱，饑，草根俱盡，死者相枕。（萬曆《黄巖縣志》卷七《紀變》）

旱，不為害。穀價八錢一石。（康熙《浦江縣志》卷六《災祥》）

淫雨害稼。（嘉靖《廣德州志》卷九《祥異》）

十三府大旱。（光緒《江西通志》卷九八《祥異》）

（九江）旱，井泉皆涸。（同治《德化縣志》卷五三《祥異》）

大水，平疇蕩為巨浸。（道光《重纂福建通志》卷二七一《祥異》）

大旱，無禾麥。（乾隆《莆田縣志》卷三四《祥異》）

歲旱，米貴。令黄懌勸民出粟助賑，民賴不饑。（乾隆《安溪縣志》卷一〇《雜記》）

雨雹，大如牛頭。（嘉靖《臨潁志》卷八《祥異》）

漢水決洋渡堤，漢川水。（同治《漢川縣志》卷一四《祥祲》）

旱，秋粮減免二分。（嘉靖《蘄水縣志》卷二《災祥》）

水决荆門州沙陽堤。（乾隆《荆門州志》卷三四《祥異》）

漢水決洋渡。（同治《鍾祥縣志》卷一七《祥異》）

上津東鐵爐溝水溢入城，家多湮没。（同治《鄖西縣志》卷二〇《祥異》）

大旱，禾麥無收。（康熙《衡州府志》卷二二《祥異》）

歲大旱，多嘯劫。（嘉慶《沅江縣志》卷二二《祥異》）

旱，下鄉為甚。知府唐升奏免縣民官賦之半。（康熙《翁源縣志》卷一《祥異》）

雨雹，民有中雹而斃者。（嘉靖《貴州通志》卷一〇《祥異》）

秋，蝗蟲傷稼。（咸豐《順德縣志》卷三一《前事畧》）

秋，雷震府署儀門及城南門。（宣統《高要縣志》卷二五《紀事》）

冬，雨雪深五尺。（乾隆《德安縣志》卷一四《祥祲》）

大旱，改折免米。（同治《進賢縣志》卷二二《禨祥》）

五年、六年、七年旱、蝗，蘆荻篠蕩為之一空，幸不食苗稼。（萬曆《重修鎮江府志》卷三四《祥異》）

五年起，連七年飛蝗蔽天，所下處蘆荻篠簜為之一空，幸不食禾苗。（光緒《金壇縣志》卷一五《祥異》）

嘉靖六年（丁亥，一五二七）

正月

乙未，以災免南京錦衣衛等四十二衛屯田子粒有差。（《明世宗實録》卷七二，第1633頁）

庚子，夜五更，月犯心宿西星。（《明世宗實録》卷七二，第1638頁）

壬寅，夜曉刻，月犯南斗杓西第二星。（《明世宗實録》卷七二，第1638～1639頁）

八日，大雷雨，暴風。（道光《石門縣志》卷二三《祥異》）

雨雹。（宣統《南海縣志》卷二《前事》）

雷震，雨雹，大者如斗。（咸豐《順德縣志》卷三一《前事畧》）

不雨，夏四月乃雨。（嘉靖《杞縣志》卷八《祥異》）

不雨，至夏四月。（乾隆《儀封縣志》卷一《祥異》）

二月

壬子，以災傷免福建福州等府、廣西桂林等府税粮有差。（《明世宗實録》卷七三，第1644頁）

戊辰，以災傷免廣東韶州、南雄二府属税粮有差。（《明世宗實録》卷七三，第1648頁）

宕溪出蛟，大水，决没田宅數十頃，人畜多死。（民國《鹽乘縣志》卷一一《災異》）

三月

甘露降。（乾隆《汀州府志》卷四五《祥異》）

甘露再降府署及郡學司獄桃樹。（光緒《長汀縣志》卷三二《祥異》）

二十六日，雨土，二日乃止。（民國《續修昔陽縣志》卷一《祥異》）

甘露降畢尚書亨墓。（康熙《新城縣志》卷一〇《災祥》）

大風霾，咫尺莫辨，空中若火狀。（萬曆《樂亭志》卷一一《祥異》）

大風，晝晦。（乾隆《饒陽縣志》卷下《事紀》）

（昔陽縣）二十六日，雨土，二日乃止。（乾隆《樂平縣志》卷二《祥異》）

二十六日，雨土，越二日復雨土。（光緒《平定州志》卷五《祥異》）

至六月不雨，詔加賑卹，免税糧。（民國《大名縣志》卷二六《祥異》）

春夏，大旱，自三月不雨，至六月乃雨。（光緒《南樂縣志》卷七《祥異》）

不雨，至六月乃雨。（光緒《南樂縣志》卷七《祥異》）

不雨，至六月乃雨。賑。（同治《清豐縣志》卷二《編年》）

不雨，六月乃雨。（嘉靖《開州志》卷八《祥異》）

四月

己未，上以地方災傷詔奪各掌印官俸二月，管粮官提問如例。（《明世宗實録》卷七五，第1678頁）

乙丑，禮部以天旱，請行順天府祈雨。上曰："近日亢旱不雨，風霾時作，土脉焦枯，農事可慮。令該府率屬祈禱，須齋戒竭誠，以回天意。"（《明世宗實録》卷七五，第1680頁）

己巳，以災傷免廣西額辦錢粮一年。（《明世宗實録》卷七五，第1683頁）

大雨雹。（民國《鄆城縣記》第五《大事篇》）

大雪。（嘉靖《随志》卷上；康熙《孝感縣志》卷一四《祥異》；光緒《孝感縣志》卷七《災祥》）

雨雹。（乾隆《平定州志》卷五《禨祥》）

雨雹傷稼。（嘉靖《鄆城縣志》卷一二《祥異》）

大雨雪。冬，大雷電。（同治《瀏陽縣志》卷一四《祥異》）

大水，浸没邪渡橋。（康熙《連山縣志》卷七《紀變》）

大水。（乾隆《連州志》卷八《祥異》）

風，毀麥折屋。（嘉靖《沈丘縣志》卷一《災祥》）

五月

丁丑，朔，日有食之。（《明世宗實録》卷七六，第 1687 頁）

癸未，時久旱，順天府官禱雨，未應。（《明世宗實録》卷七六，第 1694 頁）

戊子，以祈雨遣武定侯郭勛祀社稷壇，鎮遠侯顧仕隆祀山川壇。（《明世宗實録》卷七六，第 1697～1698 頁）

戊戌，以水災免涿州，良鄉、固安、永清、大城、文安五縣税粮有差。（《明世宗實録》卷七六，第 1705 頁）

甲午，京師雨錢。（《明史·五行志》，第 488 頁）

大水。（乾隆《平江縣志》卷二四《事紀》；同治《臨湘縣志》卷二《祥異》）

六月

癸丑，陝西鎮番衛大風拔木，復大雨雹，殺傷三十（東本作“千”）餘人。（《明世宗實録》卷七七，第 1716 頁）

丁巳，是夜亥刻，月犯心宿。（《明世宗實録》卷七七，第 1718 頁）

己未，以旱災免陝西臨洮、鞏昌二府，蘭州等衛所屯粮有差。（《明世宗實録》卷七七，第 1719 頁）

乙丑，以真定、順德、廣平、大名四府所屬州縣及各衛所旱災，免粮税有差。（《明世宗實録》卷七七，第 1722 頁）

丁卯，昏刻，金星犯靈臺上星。（《明世宗實録》卷七七，第 1723 頁）

戊辰，以災傷免河間、保定二府州縣粮税有差。（《明世宗實録》卷七七，第 1723 頁）

癸酉，是月，平涼大雷雨，晝晦。湪谷水暴漲，壞民居，漂士女萬計。

（《國榷》卷五三，第3356頁）

十九日夜，京城雨雹交作。（民國《京師坊巷志》卷二《東江米巷》）

蕭山縣淫雨，壞江塘，平原成巨浸，沿塘民家皆漂没。（民國《蕭山縣志稿》卷五《水旱祥異》）

淫雨，西江塘壞，民居多溺死，平原皆成巨浸。餘姚大水，無麥苗。（乾隆《紹興府志》卷八〇《祥異》）

不雨。冬，震電。（康熙《孝感縣志》卷一四《祥異》；光緒《孝感縣志》卷七《災祥》）

蝗飛蔽日。（康熙《柏鄉縣志》卷一《災祥》）

漂没田郭室廬，溺居民以萬數，沸聲如雷，有漂至西安尚生者。（光緒《平涼縣志》卷四《雜記》）

旱，六月乃雨。（乾隆《東明縣志》卷七《灾祥》）

大水，自吉陽溪而下，田疇、廬舍、橋梁多為衝毁，溺死者無筭，西市水深八尺。（康熙《休寧縣志》卷八《禨祥》）

蝗蝻生。（嘉靖《夏邑縣志》卷五《災異》）

蝗蝻生，厚數寸。（嘉靖《永城縣志》卷四《災祥》）

大蝗，黍稷一空。（康熙《寧陵縣志》卷一二《災祥》）

大雨雹，水溢，人畜多溺死。（同治《漢川縣志》卷一四《祥祲》）

戊辰，急風，大雨雹，人畜多死。（同治《鍾祥縣志》卷一七《祥異》）

大水，民田廬皆壞；戊辰，迅風，大雨雹，是夜人畜多溺死。（康熙《景陵縣志》卷二《災祥》；光緒《沔陽州志》卷一《祥異》）

不雨。（萬曆《襄陽府志》卷三三《祥災》）

旱。冬，大雪，震電。（嘉靖《随志》卷上）

陽春大風雨，諸傜山崩。六月朔後，雨下如注，至六日颶風大作，白晝晦冥，山崩者三十餘處，溺死三百餘傜，牛畜死者不計。（崇禎《肇慶府志》卷二《事紀》）

七月

壬辰，以山東濟南、東昌、兖、青、登、萊旱災，詔蠲稅粮有差。

（《明世宗實録》卷七八，第 1741 頁）

己亥，以順天、永平二府災，詔蠲税有差。（《明世宗實録》卷七八，第 1744 頁）

雨雹，大下〔者〕如拳，禾稼鳥畜觸者皆死。（嘉靖《廣德州志》卷九《祥異》）

賑湖廣水災。（嘉慶《湖南通志》卷四〇《蠲䘏》）

水。（乾隆《直隸澧州志林》卷一九《祥異》）

陝西大旱。（乾隆《富平縣志》卷一《祥異》）

八月

丙午朔，以災傷免陝西延安府税粮有差。（《明世宗實録》卷七九，1749 頁）

戊申，以災傷免山西行都司所屬十七衛所、大同府所屬十一州縣税粮有差。（《明世宗實録》卷七九，第 1749 頁）

庚午，湖廣大水，漂没民田廬，凡五府二十四州縣。（《明世宗實録》卷七九，第 1762 頁）

隕霜殺菽。（光緒《泗水縣志》卷一四《災祥》）

廣州颶風，大雨水，清遠、增城、龍門、東莞為甚，水高七八尺，害稼及壞民居。（嘉靖《廣東通志初稿》卷三七《祥異》）

九月

己卯，以江西水，河南、山西旱，減免田租有差。（《明世宗實録》卷八〇，第 1769 頁）

己丑，以旱災免鳳陽、淮安等府存留夏税有差。（《明世宗實録》卷八〇，第 1782 頁）

十月

乙巳朔，以災傷免湖廣武昌等十府粮税有差。（《明世宗實録》卷八一，

第 1791 頁）

乙卯，以災傷免萬全都司及宣府等衛所屯粮有差。（《明世宗實録》卷八一，第 1799 頁）

乙丑（抱本無“乙丑”二字），以災傷免陝西慶陽府寧州，真寧、安化、合水、環四縣及慶陽衛田粮有差。（《明世宗實録》卷八一，第 1811 ~ 1812 頁）

戊辰，夜，京師地震。（《明世宗實録》卷八一，第 1816 頁）

十一月

乙未，以災免浙江紹興、湖州，山東濟南、兖州、東昌、青州、萊州、登州等處及靖海、德州等衛税粮屯粮有差。（《明世宗實録》卷八二，第 1846 頁）

丙申，上遇（抱本、閣本作“諭”）禮部：“冬已過半，氣未凝寒，雨雪愆期，咎在朕躬。”（《明世宗實録》卷八二，第 1846 頁）

十二月

丙午，以雹災免山西應州及大同縣等處税粮有差。（《明世宗實録》卷八三，第 1856 頁）

陰，大雷電。（乾隆《杞縣志》卷二《祥異》；道光《尉氏縣志》卷一《祥異附》）

無雪。（萬曆《襄陽府志》卷三三《祥災》）

是年

春夏大水，無麥苗，大饑。（光緒《餘姚縣志》卷七《祥異》）

蝗，禾稼草木食盡。（民國《全椒縣志》卷一六《祥異》）

旱，二麥多槁。（光緒《五河縣志》卷一九《祥異》）

麗水大旱，景寧大飢。（雍正《處州府志》卷一六《雜事》）

大水，禾盡堰。（康熙《連城縣志》卷一《歷紀》；民國《連城縣志》

卷三《大事》）

總督王瓊奏固原甘露降。（宣統《固原州志·祥異》）

大旱，蝗蔽天。（天啟《東安縣志》卷一《機祥》；民國《東次縣志》卷一《五行》）

蝗，旱。（嘉靖《霸州志》卷九《災異》；民國《霸縣新志》卷六《灾異》）

旱，六月迺雨。（乾隆《東明縣志》卷七《灾祥》）

旱。（民國《項城縣志》卷三一《祥異》；民國《淮陽縣志》卷八《災異》；民國《重修滑縣志》卷二〇《祥異》）

蝗蝻生，五穀不登。（乾隆《洵陽縣志》卷一二《祥異》；嘉慶《白河縣志》卷一四《祥異》；光緒《洵陽縣志》卷一四《祥異》）

麗水大旱，是年松陽麥大稔。（光緒《處州府志》卷二五《祥異》）

復大旱，無禾，較五年尤甚。（同治《泰順縣志》卷一〇《災異》；光緒《分疆録》卷一〇《災異》）

石首大水，潰隄，市可行舟。（光緒《荊州府志》卷七六《災異》）

蝗。（崇禎《固安縣志》卷八《災異》；康熙《良鄉縣志》卷七《災異》；光緒《肥城縣志》卷一一《雜記》；光緒《德平縣志》卷一〇《祥異》）

大水。（嘉靖《九江府志》卷一《祥異》；嘉靖《漢陽府志》卷二《方域》；康熙《長清縣志》卷一四《災祥》；道光《長清縣志》卷一六《祥異》；同治《湖口縣志》卷一〇《祥異》；同治《都昌縣志》卷一六《祥異》；同治《高安縣志》卷二八《祥異》；民國《祁陽縣志》卷二《事略》）

秋，山水漂溢，溺死者甚衆。（同治《孝豐縣志》卷八《災歉》）

秋，湖廣大水。七月，賑水災。（道光《永州府志》卷一七《事紀畧》）

安吉雨血。秋，山水溢，遞鋪死者百餘人。（同治《湖州府志》卷四四《祥異》）

冬，大雪。（民國《壽光縣志》卷一五《编年》）

冬，大寒，民多凍死者。（乾隆《諸城縣志》卷二《總紀上》）

春，空中有火，大如車輪。［民國《開原縣志》卷八、九（合卷）《人事》］

春，大水。（萬曆《澧紀》卷一《災祥》）

春夏，旱，無麥苗。（光緒《代州志》卷一二《大事記》）

春，雨暘失時，二麥少種。夏復苦旱，至於五月乃雨。六月，復有飛蝗入境。（嘉靖《宿州志》卷八《災祥》）

春，旱，無麥苗。夏大旱，蝗。六月，蝻復生。（康熙《靈璧縣志略》卷一《祥異》）

春，大旱。（乾隆《永寧縣志》卷上《災祥》；光緒《吉安府志》卷五三《祥異》；民國《廬陵縣志》卷一《祥異》）

夏，旱。（嘉靖《沈丘縣志》卷一《災祥》）

夏，雨雹。五月至九月方雨，禾稼枯死。民大饑。（萬曆《南陽府志》卷二《祥異》）

夏，大旱。（嘉靖《威縣志》卷一《祥異》）

夏，大水。（雍正《瑞昌縣志》卷一《祥異》）

治河水。（康熙《平山縣志》卷一《事紀》）

州境水災，被難流民群集公署。（光緒《保安州續志》卷二《敦行》）

蝗飛蔽日，明年復為災。（康熙《武强縣新志》卷七《災祥》）

二尹於旱魃之時，循舊典謁廟，致沛甘霖。（光緒《續修嶍縣志》卷七《藝文》）

蝗飛蔽天，自河南來。（乾隆《富平縣志》卷一《祥異》）

城南之水，皆入於涇。（民國《平涼縣志》卷四《藝文》）

（臨邑縣）蝗。大風飄瓦。（光緒《德平縣志》卷一〇《祥異》）

飛蝗翳空。（康熙《郯城縣志》卷九《災祥》）

河決曹、單、城武等縣，梁靖口等處，衝入雞鳴臺。（康熙《單縣志》卷一《祥異》）

河決曹、單、城武等處，入雞鳴台，奔運河，橫艘阻不進。（宣統《增修清平縣志》卷三《河渠》）

旱，蝗，蘆荻草蕩為之一空，幸不食禾稼。（康熙《鎮江府志》卷三四《名宦》）

（河）又決曹、單、城武，楊家、梁靖二口，吴士舉莊衝入雞鳴臺，奪運河，沛地淤填七八里。（民國《沛縣志》卷四《河防》）

雨血。秋，山水溢漂，溺逓鋪市，死者百餘人。（嘉靖《安吉州志》卷一《災異》）

和州水決圩，害稼。（嘉靖《和州志》卷一五《祥異》）

雨陽愆期，二麥不熟。（康熙《五河縣志》卷一《祥異》）

大水，城有覆者。（同治《鄱陽縣志》卷三《城池》）

水，八分災。巡撫都御史梁材、巡按御史潘壯會議，奏准免粮五分。（嘉靖《臨江府志》卷四《歲眚》）

水。巡按都御史梁材、巡按御史潘仕會奏，免税粮十分之五。（康熙《新喻縣志》卷六《農政》）

水。巡按都御史梁材、巡按御史潘□（疑爲“壯”，另作“仕”）會奏，免税糧十分之五。（同治《新淦縣志》卷一〇《祥異》）

大雨連綿，溪漲，海溢。（乾隆《晉江縣志》卷一三《人物》）

大旱，賑。（嘉靖《内黄縣志》卷八《祥異》）

旱，六月廼雨。明年春，米斗過百錢，因行折二錢，人有相食者。（康熙《長垣縣志》卷二《災異》）

霪雨，雷擊破岳陽樓柱。（隆慶《岳州府志》卷八《禨祥》）

大水，人畜漂流。（嘉慶《沅江縣志》卷二二《祥異》）

旱，民大儀〔饑〕。（道光《鄰水縣志》卷一《祥異》）

旱，無麥。（康熙《晉寧州志》卷一《災祥》）

秋，大水，邑西城不浸者三版，居猶壑。（嘉慶《增城縣志》卷一七《藝文》）

秋，蝗。（光緒《費縣志》卷一六《祥異》）

冬，大寒。（光緒《費縣志》卷一六《祥異》）

冬，酷寒異常，貧民多凍死者。（康熙《諸城縣志》卷九《祥異》）

六年、七年大蝗。（嘉慶《平陰縣志》卷四《災祥》）

六、七年間，大水。（嘉靖《長泰縣志》卷下《災祥》）

六年、七年、八年，俱大水。（光緒《豐縣志》卷一六《災祥》）

六年至十二年，蝗旱相仍，人多饑死。（道光《來安縣志》卷四《祥異》）

至十七年，皆蝗。（萬曆《興化縣新志》卷一〇《外紀》）

丁亥年至癸巳，蝗災相仍。（萬曆《滁陽志》卷八《災祥》）

嘉靖七年（戊子，一五二八）

正月

乙亥，日重暈，生珥，左右有戟，俱赤黄色，又虹白（抱本、閣本作“白虹”）彌天，良久散。（《明世宗實録》卷八四，第1891頁）

癸未，夜，月犯井宿鉞星。（《明世宗實録》卷八四，第1895頁）

癸巳，以平凉府雹災，免軍民田租有差。（《明世宗實録》卷八四，第1900頁）

甲午，夜，月犯氐宿東南星。（《明世宗實録》卷八四，第1901頁）

戊戌，夜，月犯建星西第二星。（《明世宗實録》卷八四，第1908頁）

甘露降于旌孝、石銘、欽化等里松樹，其甘如飴。（乾隆《長泰縣志》卷一二《災祥》）

元日，甘露降，贛州長泰巡撫汪鋐以聞。（同治《贛縣志》卷五三《祥異》）

元旦，雷電雨雹，竟日不止。後大旱，歲無粟禾。斗米五錢，饑死者甚衆。（道光《安岳縣志》卷一五《祥異》）

霍州大雷電。秋，襄陵、太平、翼城、洪洞、趙城、汾西、曲沃、臨汾饑。（雍正《平陽府志》卷三四《祥異》）

朔，晝晦，雷震雨雹，竟日不止。自五月至八月，不雨，大無禾粟，斗米五

錢，草根樹皮取食殆盡，饑死流亡十之七。（萬曆《誉山縣志》卷八《災祥》）

二十二日，城中風火交作，民舍盡燬，將延府治，推官鄭宗錦叩地籲天，反風滅火，府治倉庫無災。（嘉靖《貴州通志》卷一〇《祥異》）

（中山）不雨，至於夏六月。（乾隆《香山縣志》卷八《祥異》）

二月

庚戌，初弘治間，以山西地方大旱，人民流亡，抛荒土地，准減半徵納，三年復故。（《明世宗實録》卷八五，第1923頁）

三月

丁丑，夜，昏刻，月犯天關星。（《明世宗實録》卷八六，第1942頁）

至秋八月，不雨。（光緒《解州志》卷一一《祥異》；民國《解縣志》卷一三《舊聞考》）

至秋八月，不雨，河東凶。明年己丑麥大熟。秋，霖雨四十日，傷禾稼。（康熙《平陸縣志》卷八《雜記》）

旱。夏，饑。（嘉靖《高唐州志》卷七《祥異》）

雹大如雞子，迅雷烈風。（嘉慶《龍川縣志》第五册《祥異》）

不雨，夏四月不雨。（乾隆《大理府志》卷二八《災祥》）

四月

庚戌，上敕諭文武羣臣："朕以藩服，仰承天命，遵我皇兄遺詔，入奉祖宗丕緒。自即位以來，冲幼寡昧，無所聞知，近或心志稍開，夙夜恐惕，靡敢逸肆。而政治未孚，比年災異屢見，近日之間，大風吹沙，塵霾蔽天，各處地方或旱澇（抱本作'潦'）連闻，或地震同日。"（《明世宗實録》卷八七，第1970～1971頁）

甲寅，以甘露降，遣武定侯郭勛詣郊壇，告謝天地。（《明世宗實録》卷八七，第1975頁）

福安雨雹，壽寧龍見，雨雹，人畜俱傷。（乾隆《福寧府志》卷四三

《祥異》）

十五日，偶有龍飛，随雨大雹，人畜皆罹其災，屋瓦損三分之二。（康熙《壽寧縣志》卷八《災變》）

餘杭縣旱，忽然大風雷，雨雹，大者如椀，小者如雞子，較雨點更密，人民驚走，牛馬奔逸。（嘉慶《餘杭縣志》卷三七《祥異》）

大風晝晦。大饑。（康熙《永平府志》卷三《災祥》；嘉慶《灤州志》卷一《祥異》）

大風晝晦。（康熙《昌黎縣志》卷一《祥異》）

大雨水。（乾隆《南和縣志》卷一《災祥》）

大旱，忽大風雷雹，大雨水没禾苗。（崇禎《吴縣志》卷一一《祥異》）

泗州夏四月旱，蝗。又大水。七月十二日雨，至二十三日止。（萬曆《帝鄉紀略》卷六《災患》）

十五日，偶有龍飛，随雨大雹，人畜皆罹，屋瓦損三分之二。（康熙《壽寧縣志》卷八《雜志》）

大雨雹。（乾隆《什邡縣志》卷一四《災祥》）

至八月，不雨，大饑。（萬曆《襄陽府志》卷三三《祥災》）

五月

大水。（嘉靖《邵武府志》卷一《應候》；道光《陽江縣志》卷八《編年》；光緒《邵武府志》卷三〇《祥異》）

大旱。（民國《成安縣志》卷一五《故事》）

大旱，民饑。（民國《項城縣志》卷三一《祥異》）

大旱，大風，拔木折屋，民大饑。（民國《淮陽縣志》卷八《災異》）

旱。（民國《無棣縣志》卷一六《祥異》）

大旱。秋大蝗。（康熙《廣平府志》卷一九《災祥》）

雨雹傷麥。（康熙《交城縣志》卷一一《藝文》）

雨雹傷麥禾。復種，秋成。（天啟《文水縣志》卷一〇《災祥》）

不雨。七月，蝗大起，食禾苗，并及衣服書籍，民皆飢散。知縣姜潤身、張好古相繼設法捕治之。（光緒《鹽城縣志》卷一七《祥異》）

大旱，大風拔木折屋，民大饑。（乾隆《陳州府志》卷三〇《祥異》）

至七月不雨。（道光《石門縣志》卷二三《祥異》）

六月

安陸風雷拔木，秋大旱。（光緒《德安府志》卷二〇《祥異》）

襄陽、宜城、南漳、�陽、穀城、光化、均州大旱，饑，人相食，都御史張禄繪饑民十圖以獻，請帑賑。（同治《宜城縣志》卷一〇《祥異》）

風雷拔水。秋，大旱，饑。（光緒《咸甯縣志》卷八《災祥》）

蝗。（乾隆《饒陽縣志》卷下《事紀》）

冀州、隆平、武强縣蝗為災。（嘉靖《真定府志》卷九《事紀》）

隆平縣蝗為災。（隆慶《趙州志》卷九《災祥》）

飛蝗自東南來，群飛蔽空，不辨天日，每止處，平地厚二三寸，禾稼盡為所食。（嘉靖《通許縣志》卷上《祥異》）

旱，民饑。（嘉靖《柘城縣志》卷一〇《災祥》）

大旱。冬大饑，民之流離者難以數計，是春尤甚，人相食。父老謂：比之成化二十年，殆過之也。（嘉靖《臨潁志》卷八《祥異》）

襄陽、宜城、南漳、棗陽、穀城、光化、均州大旱，饑，人相食。都御史張禄繪饑民十圖以獻，請帑賑濟。（乾隆《襄陽府志》卷三七《祥異》）

旱。（嘉靖《随志》卷上）

不雨。（崇禎《長沙府志》卷七《祥異》）

高州颶風。秋大旱，民饑。（嘉靖《廣東通志初稿》卷三七《祥異》）

七月

旱蝗，饑。（同治《陽城縣志》卷一八《兵祥》）

京師大風霾，聲如雷，天色赤如火者三日夜。内閣楊邃庵因問職方吴郎中以邊上聲息，吴答以無聞。楊曰：“北虜遇大風霾即乘機入寇。”吴未及

答。次日，邊報至。（《稗史彙編》卷一七一《灾祲》）

霪雨，大水害稼。巡撫都御史唐龍奏請捐兑米折馬價，免夫役以恤之。（隆慶《儀真縣志》卷一三《祥異》）

蝗自西北來，環縣四境遮蔽天日，前後相繼數十日。歲大饑，民之死亡八九。（乾隆《寶豐縣志》卷五《災祥》）

八月

辛丑，工部右侍郎兼左僉都御史潘希曾疏言："近來（抱本、閣本作'年'）沛漕沙淤，旋挑旋塞，蓋因（廣本、抱本、閣本作'由'）秋水泛漲，黄河奔衝所致。"（《明世宗實録》卷九一，第2080頁）

壬子，以旱災免開封、河南（閣本作"河南開封"）、彰德、衛輝、懷慶等各府州縣衛所存糧有差。（《明世宗實録》卷九一，第2090頁）

丙寅，欽天監言："本年閏十月朔，以《大統曆》推日不食，以回回曆推日食二（抱本作'三'）分四十七秒。"疏下所司。（《明世宗實録》卷九一，第2104頁）

颶風。（光緒《潮陽縣志》卷一三《災祥》）

颶風大作。是年，饑。明年復旱，斗米一錢，民多采草木之根以食。（雍正《惠來縣志》卷一二《災祥》）

霜，饑，人相食。（光緒《綏德直隸州志》卷三《祥異》）

德安大旱，饑。（光緒《德安府志》卷二〇《祥異》）

仁懷隕霜殺稼。（道光《遵義府志》卷二一《祥異》）

隕霜殺稼。（康熙《堂邑縣志》卷七《災祥》）

大祲。八月，忽有天火一塊，大如甕，後隨如斗、如升、如拳者不絶，垂地而散。此時日色如火，地氣如蒸，人若居火中。至十六日，大火延燒房屋五千餘間、坊表數十座。（雍正《藍田縣志》卷四《紀事》）

四日，大雨，自午至未，平地水丈許，崩城十有三丈。是月十三日，蝗自西北來，落地食穀無遺。（萬曆《六安州志》卷八《妖祥》）

大雨，四日自午至未平地水深丈餘。是月，蝗蟲北來，落地尺許，食穀

無遺。（乾隆《英山縣志》卷二六《祥異》）

同安初九日夜大風，拔木發屋瓦。至初十日晚，雨下如注，風乃止。惟荔枝、龍眼葉焦然。（萬曆《閩書》卷一四八《祥異》）

月中，蝗，厚尺許，食穀幾盡。（嘉慶《舒城縣志》卷三《祥異》）

颶風，是年饑。明年復旱，斗米至一錢，民多采草木之根以食。（隆慶《潮陽縣志》卷二《縣事紀》）

颶風大作，年饑。（乾隆《潮州府志》卷一一《災祥》）

九月

大水。（嘉靖《徽郡志》卷八《附祥異》；雍正《陽高縣志》卷五《祥異》；民國《次安縣志》卷一《地理》）

十月

龍見，大風拔木。（同治《宿遷縣志》卷三《紀事沿革表》）

夏蝗。十月二十五日，白虹亘天。（光緒《靖江縣志》卷八《祲祥》）

龍見，大風拔木，文廟圮。（民國《宿遷縣志》卷七《五行》）

樂會、崖州旱。大饑。（道光《瓊州府志》卷四二《事紀》）

閏十月

河決，東衝入昭陽湖，廟道口淤數十里。（民國《沛縣志》卷四《河防》）

十一月

壬寅，以旱災免湖廣起運南京等項錢糧。（《明世宗實録》卷九五，第2203頁）

癸卯，今聖諭，朕聞皇后梓宫行殿處守護官軍，至今人馬未給粮草。且前日，大風猛烈，山間寒氣尤甚，號哭稱苦，有所不免。朕聞之，若裂己膚。夫百姓皆是天民，當此嚴寒，即動履亦難，乃朝夕身投草露……（《明世宗實録》卷九五，第2203～2204頁）

丁未，以水灾免大名、廣平、順德、真定秋糧有差。（《明世宗實録》卷九五，第2207頁）

庚戌，以旱災免寧夏鎮所屬地方秋糧馬草，仍發銀賑濟，從巡撫都御史翟鵬請也。（《明世宗實録》卷九五，第2210頁）

乙卯，以旱灾免河南開封府秋糧。（《明世宗實録》卷九五，第2212頁）

丙辰，以水灾免順天府及所屬衛所秋糧馬草屯田子粒有差。（《明世宗實録》卷九五，第2217頁）

白氣長數十丈，横入天河。（康熙《平山縣志》卷一《事紀》）

十二月

白虹亘天，逾月而散。（光緒《盂縣志》卷五《災異》）

秋冬，大饑。十二月十六日夜，西北有白氣入雲漢，其光如燈。（嘉靖《杞縣志》卷八《祥異》）

十七日，有白虹東指天河中，西抵天際，通宵不滅，九十餘日始散。（乾隆《平定州志》卷五《禨祥》）

十七日，有白虹東指天河中，西抵天際，通宵不滅，凡九十餘日始散。（光緒《壽陽縣志》卷一三《祥異》）

旱。十二月，白虹貫日。（萬曆《儋州志》卷二《祥異》）

望，白氣亘天津。（《明史·五行志》，第490頁）

是年

春，大蝗，飢，人相食，大疫。（民國《濰縣志稿》卷二《通紀》）

春，甘露降于松樹，潔白凝沍，味甘如飴。（康熙《漳浦縣志》卷四《災祥》）

春夏不雨。秋，蝗遍野。（光緒《壽張縣志》卷一〇《雜事》）

夏，龍見蛟潭，大雨七日。（同治《桂東縣志》卷一一《祥異》）

夏，旱蝗。秋，大水。（萬曆《如皋縣志》卷二《五行》；嘉慶《如皋

縣志》卷二三《祥祲》)

夏，蝗。(康熙《鹽山縣志》卷九《災祥》；光緒《靖江縣志》卷八《祲祥》)

夏，旱，蝗蝻生。秋，大水。(乾隆《江都縣志》卷二《祥異》)

夏，無雲雷震。(康熙《新城縣志》卷一〇《災祥》)

蝗，大水。(乾隆《盱眙縣志》卷一四《菑祥》；光緒《盱眙縣志稿》卷一四《祥祲》)

黟大水。(道光《徽州府志》卷一六《祥異》)

麗水水。(雍正《處州府志》卷一六《雜事》)

大旱，告糴惠潮二州。(乾隆《僊遊縣志》卷五二《祥異》)

大寒。(乾隆《莊浪志略》卷一九《災祥》)

秦州各縣大旱，人相食。(道光《兩當縣新志》卷六《災祥》)

大旱。(嘉靖《貴州通志》卷一〇《祥異》；嘉靖《潼川志》卷九《祥異》；嘉靖《漢陽府志》卷二《方域》；嘉靖《續澉水志》卷九《藝文》；萬曆《合州志》卷八《災祥》；順治《崇信縣志》卷下《災異》；順治《偃師縣志》卷二《災祥》；康熙《通城縣志》卷九《災異》；康熙《恩平縣志》卷一《事紀》；康熙《昌平州志》卷二六《紀事》；康熙《孟津縣志》卷三《祥異》；康熙《遂寧縣志》卷三《災祥》；乾隆《偃師縣志》卷二九《祥異》；乾隆《重修盩厔縣志》卷一三《祥異》；乾隆《涿州志》卷五《事蹟》；乾隆《臨潼縣志》卷九《祥異》；乾隆《威遠縣志》卷一《祥異》；乾隆《滎澤縣志》卷一二《災祥》；乾隆《莊浪志略》卷一九《災祥》；乾隆《湖州府志》卷三八《祥異》；乾隆《直隸澧州志林》卷一九《禨祥》；嘉慶《洛川縣志》卷一《祥異》；嘉慶《沅江縣志》卷二二《祥異》；道光《會寧縣志》卷一二《祥異》；同治《長興縣志》卷九《災祥》；同治《益陽縣志》卷二五《祥異》；光緒《普安直隸廳志》卷一《災祥》；光緒《資州直隸州志》卷三〇《祥異》；光緒《臨朐縣志》卷一〇《大事表》；光緒《豐都縣志》卷一《祥異》；民國《恩平縣志》卷一三《紀事》；民國《鄉寧縣志》卷八《大事記》；民國《重修岐山縣志》卷一〇《災祥》；民國《潼南縣志》卷六《祥異》)

播州大旱。（道光《遵義府志》卷二一《祥異》）

旱，蝗。（乾隆《平原縣志》卷九《災祥》；光緒《永年縣志》卷一九《祥異》）

旱，民食土石。（光緒《潛江縣志續》卷二《災祥》）

大旱臨境，民轉徙不可勝計，有棄子于道路者。（民國《續修范縣縣志》卷六《災異》）

螟蝗，大饑。（光緒《德平縣志》卷一〇《祥異》）

蝗。（康熙《武邑縣志》卷一《祥異》；民國《齊東縣志》卷一《災祥》）

大蝗。（康熙《齊東縣志》卷一《災祥》；康熙《長清縣志》卷一四《災祥》；道光《長清縣志》卷一六《祥異》）

旱災，蠲免被災全税。（民國《太倉州志》卷二六《祥異》）

復大旱。（嘉慶《溧陽縣志》卷一六《雜類》）

蝗害稼。（康熙《堂邑縣志》卷七《災祥》）

飛蝗害稼。（乾隆《夏津縣志》卷九《災祥》；道光《博平縣志》卷一《機祥》；民國《夏津縣志續編》卷一〇《災祥》）

大旱，饑。（康熙《孝感縣志》卷一四《祥異》；康熙《京山縣志》卷一《祥異》；乾隆《永壽縣新志》卷九《紀異》；光緒《孝感縣志》卷七《災祥》；光緒《永壽縣志》卷一〇《述異》）

飛蝗蔽天。（同治《稷山縣志》卷七《祥異》）

大旱，無禾。（乾隆《解州安邑縣運城志》卷一一《祥異》）

郡大旱，斗米千錢，人相食。（乾隆《鳳翔府志》卷一二《祥異》）

延綏夏潦，秋霜。（嘉慶《延安府志》卷五《大事表》）

禄豐大水。（康熙《雲南通志》卷二八《災祥》）

旱。（嘉靖《馬湖府志》卷七《雜志》；嘉靖《普安州志》卷一〇《祥異》；萬曆《沃史》卷二《今總紀》；同治《桃源縣志》卷一〇《政治》；光緒《騰越廳志稿》卷一《祥異》）

長興大旱。（同治《湖州府志》卷四四《祥異》）

大水。（隆慶《雲南通志》卷一七《災祥》；順治《新修豐縣志》卷九

《災祥》；同治《麗水縣志》卷一四《災祥附》）

關中大旱，民流。（萬曆《渭南縣志》卷一六《災祥》；光緒《新續渭南縣志》卷一一《祲祥》）

蝗飛蔽天，日宿集，如塚生息，至十六年方止。（乾隆《諸城縣志》卷二《總紀上》）

大旱，蝗。（嘉靖《貴州通志》卷一〇《祥異》；順治《淇縣志》卷一〇《灾祥》；康熙《平度州志》卷六《災祥》；民國《襄陵縣志》卷二三《舊聞考》）

湖廣大旱。（道光《永州府志》卷一七《事紀畧》；光緒《湖南通志》卷二四三《祥異》）

大風，晝晦，地震。（民國《安次縣志》卷一《地理》）

夏秋，大旱，大賑之，詔免田租十之八。時斗米錢過千，始行折半錢，小民艱鮮為尤甚。（民國《大名縣志》卷二六《祥異》）

秋，騰越旱。（光緒《永昌府志》卷三《祥異》）

秋，颶風，連月屢作，民大饑。（乾隆《潮州府志》卷一一《災祥》）

秋，大旱，民多饑死，至八年春尤甚。（嘉靖《鄧州志》卷二《郡紀》；乾隆《鄧州志》卷二四《祥異》）

秋，大旱，民多饑死，至八年春尤甚，及春夏之交。（乾隆《新野縣志》卷八《祥異》）

大旱。秋，蝗食稼，民大饑，父子相食。（康熙《裕州志》卷一《祥異》）

大旱，冬十月災。（宣統《高要縣志》卷二五《紀事》）

秋，蝗蔽天。（嘉靖《恩縣志》卷九《災祥》；宣統《恩縣志》卷一〇《災祥》）

秋，大旱，蝗。（民國《翼城縣志》卷一四《祥異》；民國《臨晉縣志》卷一四《舊聞記》）

地大震，屋瓦皆鳴，池水盡沸，踰时始止。（乾隆《福寧府志》卷四三《祥異》）

甘露降於松栢上，如雪鋪，食之甘美。（康熙《平和縣志》卷一二

《災祥》）

春，旱。夏，旱。（嘉靖《新寧縣志·年表》）

春，大風，起蛟。（光緒《興國州志》卷三一《祥異》）

春，桂東龍出於郊，大雨七日。（萬曆《郴州志》卷二〇《祥異》）

春，蝗蝻食二麥絶。秋，飛蝗蔽天，盡傷禾稼。至十二年蝗始絶。（光緒《費縣志》卷一六《祥異》）

春夏，不雨。秋，蝗遍野。（光緒《壽張縣志》卷一〇《災變》）

春夏，旱。秋七月，蝗蝻生，害稼殆盡。（康熙《陽武縣志》卷八《災祥》）

夏，旱。（康熙《清水縣志》卷一〇《災祥》）

夏，冰。秋，霜。（乾隆《綏德州直隸州志》卷一《歲徵》）

夏，旱，蝗蝻生。秋，大水。上命減免米折馬價，減夫役留操軍以恤之。（萬曆《揚州府志》卷二二《異攷》）

夏，旱，蝗生，積地厚數寸。秋，大水。有賑。（嘉慶《東臺縣志》卷七《祥異》）

夏，旱，河竭，民多乏食。（康熙《景陵縣志》卷二《災祥》）

夏，旱，河竭。（嘉靖《沔陽志》卷一《郡紀》）

夏，不雨，苗盡枯。九月，雨浹旬，禾萎爛。冬，饑，冰堅盈尺，民凍死載道。（乾隆《陳州府志》卷三〇《祥異》）

夏，大旱。（康熙《鹿邑縣志》卷八《災祥》；光緒《四會縣志》編一〇《災祥》）

夏，旱，斗米百餘錢，餓殍枕藉。（萬曆《榆次縣志》卷八《災祥》）

夏，大水，龍蛇出没，山陷成淵。（康熙《陽江縣志》卷三《縣事紀》）

夏，大旱，自春徂夏弗雨，川澤皆竭，民廢耕作，人有饑色。（乾隆《新興縣志》卷六《編年》）

大風晝晦。九月，大水。（民國《安次縣志》卷一《五行》）

大水，入西關廂，民舍有漂没家産者。（康熙《山海關志》卷一《災祥》）

黄霧四塞。(萬曆《保定府志》卷一五《祥異》)

戊子，亦旱，縣丞劉存善禱之，随雨。(光緒《續修崞縣志》卷七《藝文》)

蝗復為災。(康熙《武强縣新志》卷七《災祥》)

旱蝗，食禾稼，地赤。(光緒《鉅鹿縣志》卷七《災異》)

河東諸州縣大旱，蝗。(萬曆《平陽府志》卷一〇《災祥》)

澤州旱，蝗。饑。(乾隆《鳳臺縣志》卷一二《紀事》)

大旱，蝗，二麥無收。秋禾失望，民不聊生。知縣張偉開倉賑濟，逾歲乃安。(民國《襄陵縣志》卷二三《祥異》)

蝗，飛遮天日，嚙禾稼為赤地。(萬曆《稷山縣志》卷七《祥異》)

大旱，蝗，諸州縣皆然。(康熙《臨晉縣志》卷六《災祥》)

大旱，人相食，餓死無數。(嘉靖《陝西通志》卷四〇《災祥》)

旱，大饑，人相食。(康熙《臨潼縣志》卷六《祥異》)

歲惡民流。五月至九月，不雨。(萬曆《華陰縣志》卷七《祥異》)

蝗飛蔽天。(乾隆《雒南縣志》卷一〇《災祥》；乾隆《商南縣志》卷一一《祥異》；民國《商南縣志》卷一一《祥異》)

大旱，斗米千錢，人相食。(乾隆《鳳翔縣志》卷八《祥異》)

大旱，斗米千錢，民相食。(順治《扶風縣志》卷一《災祥》)

大旱，人相食，死者不可勝計。(萬曆《郿志》卷六《事紀》)

鞏昌大旱，人相食。(乾隆《甘肅通志》卷二四《祥異》)

大旱。饑，人相食，斗米銀三四錢，民大流亡，十存一二。(嘉靖《平凉府志》卷三《祥異》)

旱，人相食。(嘉靖《慶陽府志》卷一八《紀異》；康熙《登封縣志》卷九《災祥》)

大旱，人相食。(萬曆《襄陽府志》卷三三《災祥》)

旱，人相食，米石四兩。(乾隆《環縣志》卷一〇《紀事》)

各縣大旱，人相食。(乾隆《直隷秦州新志》卷六《災祥》)

歲大旱，饑骼遍野，流亡載道。(民國《新纂康縣縣志》卷一八《祥異》)

大旱，民饑。（萬曆《階州志》卷一二《災祥》）

蝗飛蔽天，蝗蝻遍地。五穀幾絶，大饑。（光緒《德平縣志》卷一〇《祥異》）

蝗蝻食二麥。秋，飛蝗蔽天，民大饑。（康熙《魚臺縣志》卷四《災祥》）

旱，歲祲。（光緒《江東志》卷一《祥異》；光緒《寶山縣志》卷一四《祥異》）

旱，歲祲，賑銀。（乾隆《嘉定縣志》卷三《祥異》）

旱災，蠲免被災全税。（嘉慶《直隸太倉州志》卷一九《恩旨》）

旱。蝗，蘆荻草蕩為之空，幸不食禾稼。（萬曆《重修鎮江府志》卷三四《祥異》）

飛蝗蔽天，所下處蘆荻草蕩為之一空，幸不食禾苗。（光緒《金壇縣志》卷一五《祥異》）

旱，蝗。勘災六分，免平米二十萬二百餘石。（道光《武進陽湖縣合志》卷一一《食貨》）

連旱。（康熙《嘉興府志》卷九《水利》）

暴雨，平地水深數尺。（康熙《合肥縣志》卷二《祥異》）

蝗旱相仍，民甚苦之。（天啟《新修來安縣志》卷九《祥異》）

大水，有青蓮漂至南津。（乾隆《建昌府志》卷二《禨祥》）

大旱，禾稼絶收。（乾隆《莆田縣志》卷三四《祥異》）

水旱相仍，民饑。（嘉靖《尉氏縣志》卷四《祥異》）

蝗，大饑。（順治《新鄭縣志》卷五《祥異》）

飛蝗蔽天，食禾盡。（天啟《中牟縣志》卷二《物異》）

蝗，寸草無存。（康熙《新鄉縣續志》卷二《災異》）

大旱，蝗。明年春大饑，人相食。（道光《輝縣志》卷四《祥異》）

大旱，蝗。民多饑死。（順治《封邱縣志》卷三《祥災》）

澇。（順治《温縣志》卷下《災祥》）

大蝗，大饑，人相食。（萬曆《原武縣志》卷上《祥異》）

旱，范臨境地方轉徙流移，不可勝計，有棄子于道路者。（嘉靖《范縣志》卷五《灾祥》）

河決。（乾隆《柘城縣志》卷二《建置》）

大風，拔木折屋。（順治《沈丘縣志》卷一三《災祥》）

蝗食稼，大飢。（嘉靖《葉縣志》卷二《妖祥》）

大蝗，歲饑。（嘉靖《息縣志》卷八《祥異》）

（方城縣）大旱。秋蝗食稼。民大飢，野多餓殍，乃相食。（嘉靖《裕州志》卷一《災祥》）

闔郡旱，伊邑蝗，皆大饑，死者大半。（道光《汝州全志》卷九《災祥》）

蝗飛蔽空，饑民死者大半。（順治《伊陽縣志》卷二《災異》）

沔陽、漢陽、保康大旱。襄陽、郴縣大旱，饑。黄陂大荒。（康熙《湖廣武昌府志》卷三《祥異》）

旱，饑。（光緒《黄州府志》卷八《蠲卹》）

復旱。（嘉靖《荆州府志》卷二〇《災異》）

大旱，蝗蟲蔽天。（順治《遠安縣志》卷四《祥異》）

大旱，殍横于野，饑民爨而食之。（萬曆《襄陽府志》卷三三《祥災》）

旱，黎民阻饑。己丑春又旱，百姓喁喁。（乾隆《揭陽縣正續志》卷八《藝文》）

萬州白氣如虹，直入天河，十餘夜乃散。（道光《瓊州府志》卷四二《事紀》）

騰越秋旱。（康熙《永昌府志》卷二三《災祥》）

矣納廠大雨，溺死者甚眾。（光緒《武定直隸州志》卷四《祥異》）

河陽、江川夜有白氣見於西，上入天河，經月乃滅。（道光《雲南通志稿》卷三《祥異》）

夏秋，全蜀大旱，次年春，大饑疫。（嘉靖《四川總志》卷一六《災祥》）

夏秋，大旱。（道光《龍安府志》卷一〇《祥異》）

夏秋，大旱，免田租十之八，大賑。（嘉靖《内黄縣志》卷八《祥異》）

秋，大旱，蝗。餓死者道路相接。（光緒《翼城縣志》卷二六《祥異》）

蝗。秋，大水。（嘉靖《寶應縣志略》卷一《災祥》）

秋，蝗，大饑，人相食。（萬曆《襄陽府志》卷三三《災祥》）

秋，颶發連月，民多饑。（嘉靖《潮州府志》卷八《災祥》）

秋，河南旱，蝗。盜賊蜂起。（道光《重修伊陽縣志》卷末《雜記》）

秋，大旱，詔免田租十之八，大賑。時斗米過千錢，始行折半錢，小民艱難為尤甚。（光緒《南樂縣志》卷七《祥異》）

秋，大旱，民多饑死。（乾隆《新野縣志》卷八《祥異》）

秋，大雨，西城崩。（崇禎《廉州府志》卷三《城池》）

秋，大旱。（光緒《榮昌縣志》卷一九《祥異》）

秋，河水泛溢，田廬盡傷，不減正德丁丑之患。（康熙《安州志》卷八《祥異》）

秋，蝗。（康熙《安肅縣志》卷三《災異》）

秋，蝗飛蔽日。（嘉靖《廣平府志》卷一五《災祥》）

冬，無雪。（道光《鎮原縣志》卷七《祥眚》）

大旱。冬十月，災。（宣統《高要縣志》卷二五《紀事》）

七年、八年相繼旱荒無收，民餓死者大半，活者相食，間有父子夫妻相殘而不忍觀者。至九年，麥大熟，每斗十三文錢。（嘉靖《魯山縣志》卷一〇《災祥》）

大旱。民饑，死溝壑者百餘人，鴉啄犬囓。己丑又饑，死者倍。（乾隆《舞陽縣志》卷一〇《藝文》）

高明饑。自春徂夏弗雨，川澮皆竭，民廢耕耨，斗米至八十錢。（嘉靖《廣東通志初稿》卷三七《祥異》）

戊子、己丑歲大旱。（康熙《監利縣志》卷九《人物》）

七年、十年兩秋半旱。（康熙《蘄州志》卷一二《災異》）

嘉靖戊子、萬曆乙亥、崇禎戊辰，海或溢，或决塘。（順治《海寧縣志略・海塘》）